营养医学专家 张立人 —— 著

不只是护肤

护肤、抗老、减轻炎症、平衡激素、提升免疫力的居家营养宝典

Nutrition *For*
Your Skin

电子工业出版社

Publishing House of Electronics Industry

北京·BEIJING

[推荐序] 皮肤是健康的折射，可以反映一个人的老化程度

我认为直至 2023 年，关于皮肤健康的书籍如果不提及肠 - 脑 - 皮轴和人体共生微生物与个体皮肤之间的关系，那一定不会是一个全面客观的作品。有幸阅读了本书，尽管不是 100% 的完美，但我仍然相信这是一部当代非常全面和详尽的护肤圣经。

人体包装材料虽然只有大约两平方米面积的皮肤，却被公认为人类这个物种最大的外防护器官。皮肤保护我们的身体免受有害微生物、污染的空气和脏水、宇宙射线、紫外线等环境压力的影响，甚至在对抗有害化妆品上也默默无闻地帮助了我们。皮肤还根据环境温度挥发或者保存水分，调节我们的体温，接受和反馈触觉信息，适度释放代谢物，滋养皮肤共生微生物来强化抗感染能力，还通过光反应合成对我们身材骨骼维系至关重要的物质维生素 D。

皮肤也是人类另一个表面——内表面的肠管状态的折射。看一个人的皮肤甚至可以看到他的肠管状况、心理状态。没有人能否认，就大多数而言，拥有更好皮肤的人同时也怀有良好的心态和自豪感；相反，不少满面痤疮者也会多少有些不自信或心理阴影。事实上，早在 2017 年我的实验室在《科学通报》上发表了关于肠 - 脑 - 皮轴研究进展的文章，提及："全球最常见的皮肤病——粉刺（或称痤疮、青春痘，Acne vulgaris），大约会影响 80% 的青少年到青壮年，仅在美国就导致每年 30 亿美元的财政损失。皮肤免疫疾病——牛皮癣（或称银屑病，Psoriasis）影响全球 2%～3% 的人群，过敏性皮炎（Atopic dermatitis, AD）影响 10%～20% 的儿童患者"。到 2023 年，这个数字毫无疑问还在年年刷新。

令人不安的是，至今大部分家庭并不知道越来越多皮肤病的失控与饮食的质和量，以及不合格的日化用品有关。

本书清晰地提示读者，皮肤是健康的折射，可以反映一个人的老化程度，可以

暗示一个人的心情，甚至可以推测一个人的寿数。这也是为什么医生经常看一眼就会知道病人的玄机所在。皮肤甚至可以暴露一个人的情商、智商、教养程度，和疾病，因为这些特征正是由表及里、从肠到脑、由脑及表，难以掩饰的表达。作者在第 3 章特别提示了错误饮食对皮肤的影响，这一章直刺那些满面痤疮还无糖不欢的患者，他们大概绝想不到甜蜜给他们带来的后患。

　　我不想继续剧透更多本书中的内容，因为它们一环扣一环地揭示了皮肤问题与饮食和环境以及免疫、内分泌、神经、消化等多个系统相关，并提供了切实的解决方案，值得你自己认真阅读。

　　什么样的人需要读这本书呢？对自己的皮肤状态不满意，并且不希望用化妆品去涂抹遮掩，而是用自然和饮食方法去调整自己来获得光鲜靓丽皮肤的人，那些容易发生各类皮肤过敏的人，那些备受红斑狼疮和牛皮癣折磨的人，那些希望自己到老也不要长出一脸苦大仇深皱纹的人，以及一切希望保持年轻心态和身体健康的人。

金锋

东京大学人类学博士

中国科学院教授

肠脑心理学实验室研究员

[作者序] 保养皮肤，就是关注全身健康

作为有整合医学专长的临床医生，常有患者问我："张医生，为何我用尽方法，仍无法让皮肤健康？"

我回答："因为长久以来，你太疏于关注全身健康了！"

有古语："皮之不存，毛将焉附？"我认为："身之不存，皮将焉附？"医学证据显示，追求皮肤健康，前提是全身的五脏六腑也健康。我从整理大量循证医学资料与临床经验开始，到成书之日，竟已历时5年。本书系统性地析论：皮肤健康与全身健康的关系，营养素如何同时改善皮肤与全身健康。尽管外用营养素作为皮肤疗法，已有成熟的药妆学支撑，但以口服补充为主，且从临床切入的皮肤营养学，在全世界仍少见。

本书关注的营养医学，是整合医学的环节之一。整合医学囊括了常规的医学疗法，以及用以增强疗效的辅助疗法，包括功能医学检测、饮食疗法、营养疗法、生活方式疗法、正念减压疗法等。在皮肤症状尚未严重到确认疾病的程度前，本书内容可作为预防医学制定策略；当已达到确认疾病的严重程度时，需要专业医生进行诊断与治疗，再考虑用有循证医学证据支持的辅助疗法，来克服治疗中出现的障碍，达到更满意的疗效。不少时候，患者需要和医生讨论后，再施行辅助疗法。

阅读完本书可能会发现，并没有一颗"万灵丹"适合所有的人，每个人的体质都是独一无二的，即使症状一样，生病的根本原因也不一样！我不希望读者将本书所有饮食、营养疗法来个"吃到饱"，认为这样就可以永葆青春了。在正规医疗外，善用循证医学证据，细腻地找出每个人体质的弱点，选择适合个体的辅助疗法，是整合医学医生无可取代的价值。

皮肤医学美容领域博大精深，我特别感谢中国台湾形体美容外科医学会理事长

暨 101Skin 晶漾诊所院长杨弘旭医生的悉心指导、林稚娟小姐的大力支持，以及多位皮肤科、整形外科、妇产科和身心医学、医学美容及营养医学领域的朋友们的指教。阅读完本书后，即刻开始行动吧，用本书的知识让皮肤与全身变得更健康，整个人也变得更美丽、更年轻！

注：书中所提及的案例，皆是根据本人多年临床心得所改编的故事，并未特别指实际患者。如有雷同，纯属巧合。本书内容呈现循证医学证据，以及本人临床经验，并不能代表针对个体的医疗建议。因篇幅较大，虽尽力校对，错误疏漏在所难免，请各方海涵并且指教。

目录

参考书目

PART I
认识皮肤与症状

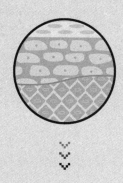

CHAPTER 1

认识皮肤
与症状的关联

🌀 01 皮肤的构造与功能

2019 年 12 月 9 日，新西兰怀特岛火山突然爆发，当时岛上有 47 名游客，造成 22 人死亡，22 人重伤，伤者全身烧伤面积超过 70%，烧烫伤病房床位紧张，多人病危。当地卫生局医学主任华生医生（Peter Watson）说："急需 120 万平方厘米皮肤！"

这惊人的一幕，让人意识到"皮之不存，毛将焉附？"皮肤对全身的重要性不言而喻。

皮肤是人体最大的器官，成人皮肤表面积可达 $1.5 \sim 2.0 m^2$。还有多种附属构造，包括毛发、指甲、汗腺、血管、神经、黑色素细胞及皮肤相关免疫系统等。

皮肤由表及里分为表皮、真皮、皮下组织（图 1-1）。表皮由 4 层细胞所构成，由外而内依序是角质层、颗粒层、棘层、基底层，它构成重要的皮肤屏障，发挥多项作用。

- 保护作用：防御外在的机械性伤害、紫外线、化学性伤害，以及冷热等物理伤害等，抵抗微生物入侵。
- 避免水分蒸发：能将人体的经皮水分散失（Transepidermal water loss, TEWL）控制在合理范围内。
- 产生免疫功能：由角质形成细胞（Keratinocytes）、树突细胞、郎格罕细胞、记忆 T 细胞、单核细胞、肥大细胞等构成人体防护军团。

- 温度控制：通过血液循环、流汗，调节人体核心温度。

- 感觉功能：皮肤具有绵密的神经网状结构，以及各种感受器，使皮肤具有敏锐的感觉。当疼痛、灼热或瘙痒的感觉出现时，人就知道要改变行为，避免危害了。[1]

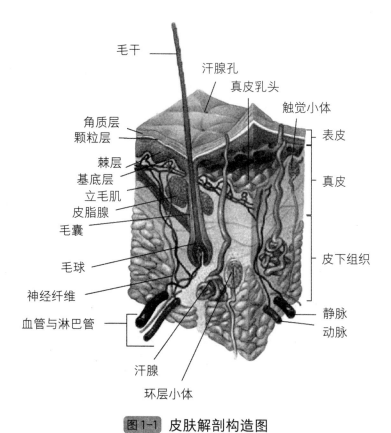

毛干
汗腺孔
真皮乳头
触觉小体
角质层
颗粒层
表皮
棘层
真皮
基底层
立毛肌
皮脂腺
毛囊
皮下组织
毛球
神经纤维
静脉
血管与淋巴管
动脉
汗腺
环层小体

图 1-1 皮肤解剖构造图

出处：取材自维基百科公开版权（https://commons.wikimedia.org/wiki/File:Skin.png）

🐌 02 表皮角质层

Henry 是一名 30 岁男性工程师，抱怨最近两个月小腿内侧瘙痒。这段时间他刚好搬家，所以怀疑邻居有问题。对方是独居老人，似乎不常洗澡，身体有味道，风一吹就把味道吹到 Henry 这里，他怀疑瘙痒是这些味道造成的。

检查发现，他有皮脂缺乏性皮炎（Asteatotic dermatitis）。他提到搬家，我便询问他的居家环境。原来，他之前住郊区山上，整天都要开除湿机，总能吸出一大缸水。搬到市区以后，他依然习惯性地开除湿机，但很纳闷："是不是机器坏了，为什么总吸不到什么水？"

与此同时，他觉得小腿皮肤瘙痒严重，特别是晚上洗完热水澡后。

我给他分析："你的除湿机应该没坏，以前山上湿度太大，你用除湿机很好，但到了一般湿度的环境，你还是继续强力除湿，会导致所处环境湿度太低，皮肤因为干燥而瘙痒。加上你洗澡用肥皂，把皮脂都洗掉了，进一步加剧了问题，也会导致情况恶化喔！"

他恍然大悟，说："没想到皮肤的状况，跟我的居住环境也有关！"

没错，看似平常的皮肤症状，与表皮的保水状态有关。

角质层（Stratum corneum）是表皮的最外层，平均有 15 个细胞的高度，它们没有细胞核与细胞器，就像层层堆叠的"砖块"，旁边围绕着细胞间双层脂质，就像"水泥"，"砖块"与"水泥"构成了严密的防水层，看起来像万里长城的墙壁，称为皮肤屏障。[2]

在"砖块"里，这些死去的角质细胞（Corneocyte）蕴藏着丰富的天然调湿因子（Natural moisturing factor, NMF），由氨基酸与丝聚蛋白（Filaggrin）分解产物所形成，具有吸水作用。

当皮肤经过肥皂清洗，天然调湿因子浓度大幅下降。年纪增长，天然调湿因子也会减少，老年人皮肤干燥与此有关。

在"水泥"里，细胞间双层脂质的构成为神经酰胺（Ceramide，50%）、胆固醇（30%）、长链脂肪酸（20%），这些脂质由角质形成细胞的层状颗粒释放。保湿剂中若此 3 种成分比例为 1∶1∶1，就被认为能够强化皮肤脂质结构，改善皮肤屏障功能。[3]

皮肤的保水（Hydration）功能，由表皮的含水梯度决定，从下到上含水量依序为基底层（70%）→棘层（65%）→颗粒层（50%～60%）→角质层（20%～35%）。

角质层下方是颗粒层，细胞中的角质透明颗粒（Keratohyalin granule）具有丝聚蛋白原（Pro-filaggrin），转换为丝聚蛋白，形成前述的天然调湿因子。同时，丝聚蛋白与角蛋白交叉结合，构成皮肤的强度与结构。

03 角质层异常：冬季瘙痒、老年皮肤干燥与粗糙

在秋冬季节，皮肤容易出现冬季瘙痒，这种皮炎与"干冷"有关。温度降低、湿度也降低的时候，直接与空气接触的皮肤（比如脸颊、双手）会特别痒，在年长者中比较常见。

研究发现，角质形成细胞表面纳米级的突起与皮炎的产生，以及天然调湿因子缺乏都有关。针对健康人皮肤的研究也发现，相较于夏季，在冬季脸颊的角质形成细胞突起增加，天然调湿因子减少，呈现出皮肤保水度不足的问题，需要加强保湿剂的使用。有趣的是，冬天的手背有较高的天然调湿因子。[4]

当环境湿度降低，皮肤保水度也降低时，会诱发皮肤分解丝聚蛋白，天然调湿因子就是丝聚蛋白分解产物（Filaggrin degradation products），可以解释为何冬天的手背有较高的天然调湿因子。相反，当皮肤保水度足够时，丝聚蛋白分解的现象减少，天然调湿因子也会减少。

年纪增长，皮肤脂肪明显减少，经皮水分散失增加，皮肤保水度降低，启动代偿机制，促进丝聚蛋白分解，以增加天然调湿因子。[4]

由于丝聚蛋白存在于角质层中，担当皮肤屏障的重要角色，丝聚蛋白分解的代价，可能是皮肤屏障功能降低，增加了皮炎的发生风险。

此外，许多人抱怨皮肤总是粗糙，角质很厚，或者脱屑，因此开始习惯性抠抓，但越抓越严重，为什么？

这也和缺水有关。角质细胞间的蛋白质连接（角质化桥粒，Corneodesmosomes）需要酶作用来分解，才能让老旧角质细胞脱落。当含水量不足时，这些老旧角质细胞就持续堆积，变成不正常脱屑，可能掉一大块，但有些脱落的老旧角质细胞还在皮肤上。[3]

🦠 04 角质层异常：以特应性皮炎为例

特应性皮炎（Atopic dermatitis）好发于婴儿期与儿童期，长期出现皮肤瘙痒、干燥、皮疹、脱屑，婴儿期好发于脸与身体伸侧，儿童期好发于脖子、肘弯、膝弯等曲侧。

所谓"特应性体质"，就是俗称的"过敏体质"，不仅皮肤出现皮疹，还常合并过敏性鼻炎、结膜炎、哮喘等过敏性疾病。

特应性皮炎又称异位性皮炎，是一种慢性、反复发作的炎性皮肤病，受到遗传、环境与免疫因素影响，但核心病理在于皮肤屏障缺损，与丝聚蛋白（Filaggrin）基因突变有关，丝聚蛋白是分化为角质层的必要原料。[5]

英国伦敦大学国王学院研究发现，丝聚蛋白基因若出现 DNA 片段缺失，称为无效突变（Null mutation），此时基因功能完全消失，或无法产生此基因的 mRNA，可能出现预后不佳型特应性皮炎（从婴儿期持续到成年）。[6] 丝聚蛋白基因若出现 DNA 序列变异，称为拷贝数变异（Copy number variation, CNV），也会影响特应性皮炎的发生。较高的拷贝数变异，反而不容易发生特应性皮炎。[7]

因为皮肤屏障出现缺损，碰到过敏原、微生物感染时，免疫反应增强，经皮水分散失也特别严重，引起瘙痒感的刺激阈值降低，就很容易出现症状。[8]

🦠 05 真皮与皮下组织

真皮（Dermis）位于表皮与皮下组织间，有毛囊、皮脂腺、汗腺、顶泌汗腺（大汗腺）、血管、神经等分布，含量最多的是胶原蛋白（Collagen）。真皮的上半层称为乳突（Papillary）真皮，下半层称为网状（Reticular）真皮，前者的胶原蛋白较细，细胞密度较高，血管分布较多。

组成真皮的主要细胞是成纤维细胞（Fibroblast），负责制造胶原蛋白、弹力蛋白（Elastin）、其他基质蛋白质（糖蛋白、糖胺聚糖）、分解酶（胶原酶、基质金属蛋白酶等）。免疫细胞也存在于真皮，包含肥大细胞、多核体、淋巴细胞、巨噬细胞等。[2]

皮下组织，占正常男性体重的 9%～18%、女性体重的 14%～20%。皮下组织又称为浅层筋膜，从上至下分为三层。

- 顶部层：包含血管、淋巴与神经，也富含胡萝卜素，外观偏黄。
- 外套层：由柱状脂肪细胞组成，能缓冲压力，避免外伤。对于病理性肥胖患者，这部分脂肪可占到体重的 60%～70%，但眼皮、甲床、鼻梁、阴茎等处并不具有此构造。
- 深部层：脂肪细胞被纤维膜区隔为叶状排列，这也是适合抽脂的部分。此层垂直扩展会造成橘皮组织（Cellulite）。

尽管皮下脂肪太多令人不悦，但脸部脂肪的流失会带来老化的印象。[2]

🌀 06 皮脂腺

24 岁的英语老师 Jeniffer，双手出现慢性皮炎。我指出："你反复洗手、喷酒精，导致手部干痒、脱皮、裂伤。这是因为水、肥皂（洗手液），以及搓揉动作都带走了手上的皮脂，酒精挥发也带走水分，让皮肤保水度大幅下降。"

她恍然大悟地说："我平常最讨厌身上油油的，以前就习惯要洗得干干的。原来皮脂对于皮肤的健康这么重要！"

手部需要皮脂，脸部也是。但大多数人都讨厌脸上油腻腻的。有句广告台词是："你的皮肤，油到可以煎蛋啦！"真是传神。

患者问医生："为什么我的脸总是出油？"

医生回答："因为皮脂腺活动旺盛，所以出油嘛！"

皮脂腺分泌的油脂（Sebum）依组成比例高低，分别是甘油三酯（30%～50%）、蜡酯（Wax esters, 26%～30%）、游离脂肪酸（15%～30%）、角鲨烯（Squalene, 2%～20%）、胆固醇酯（Cholesterol esters, 3%～6%）、胆固醇（1.5%～2.5%）。[9]

患者又问医生："那为什么我的皮脂腺活动这么旺盛？"

是皮脂腺自己出了什么问题吗？其实，这是个困难的问题。皮脂腺"喷油"，就像是加油站的油枪一样。油从哪里来？可不是从加油站底下直接挖到石油，而是从遥远的油田通过油管、运油船、运油车，然后才从加油枪里喷出来的。重点是"油田"，也就是全身性的因素。

以脸部过度出油来说，根本原因包括以下因素。[2]

- 饮食因素：吃高血糖指数食物、牛奶或乳制品（尚未有一致看法）、含有激素成分的食物和有激素成分的营养补充剂。
- 过敏因素：包含热刺激，如热水、光源、激光。
- 性激素因素：青春期、经前综合征、更年期、多囊卵巢综合征（PCOS）。
- 压力因素：同时影响心理与生理，过度分泌压力激素，如促肾上腺皮质激素释放激素（Corticotropin releasing hormone, CRH）、皮质醇及睾酮（Testosterone）。
- 药物因素：口服或外用类固醇或含有激素成分的药物。

皮肤出油看似简单，真正的原因很复杂。

07 皮脂腺异常：以痤疮为例

患者常问我："医生，我明明没做错什么，为什么长痘痘？"
一般来说，形成痤疮的关键病理顺序如下。

- 过度出油：皮脂腺过度分泌皮脂。
- 过度角化：毛囊角质形成细胞过度分泌角质。
- 毛孔堵塞：累积的皮脂与角质无法顺利排出毛孔，在毛孔内堆积形成粉刺（Comedones）。白头为闭合性粉刺；黑头为开放性粉刺，黑色是皮脂与角质接触外界氧气，逐渐氧化所产生的颜色。
- 感染：痤疮丙酸杆菌（Propionibacterium acnes）大量增生。
- 炎症反应：形成炎性丘疹或囊肿[10]。

过度出油的原因在前面介绍过了。过度出油会加重皮肤炎症、角质化异常,原因是脂质过氧化物,特别是过氧化角鲨烯(Squalene peroxide)增加,刺激角质形成细胞(Keratinocyte)释放炎性介质,毛孔过度角化,形成粉刺与皮脂腺增生。亚油酸(Linoleic acid)减少,导致毛孔过度角化,表皮屏障功能变差,粉刺内炎性介质渗透性增高。皮肤中维生素 E 浓度下降,也加重了炎症反应。[9]

过度角化与毛孔堵塞通常是不自觉造成的,常见原因如下。

- 抠痘、挤痘或接受激光光疗,因为炎症而导致毛孔阻塞。
- 化妆品或药妆品堵塞毛孔,通常是暂时性的。
- 因为过度清洁、皮肤干燥、摩擦皮肤或接受酸类换肤,导致毛孔角化堆积。
- 使用去角质产品或洗脸机,导致"代偿性"角质增生。
- 化妆品或酸类换肤导致脂质组成改变。

当毛孔阻塞,囤积的皮脂成为痤疮丙酸杆菌这种厌氧革兰氏阳性菌的极佳营养来源,造成细菌大量增生时,毛囊就变成名副其实的"细菌乐园"了。

接下来,免疫系统认出这些细菌,启动炎症反应,出现红肿、化脓的"痘痘"。此外,痤疮丙酸杆菌的脂肪酶分解皮脂中的甘油三酯,释出游离脂肪酸而刺激皮肤。痤疮丙酸杆菌也能借由分泌炎症前驱物,直接诱发 Toll 样受体(Toll-like receptors, TLRs)而产生炎症反应。[2,11]

回到一开始患者的问题,我这样回答:"痤疮最根本的原因就是'出油',只要针对'出油'的多种全身性原因进行治疗,大部分痤疮是可以避免的。"

08 汗腺与顶泌汗腺

汗腺分泌含有水、盐及各种电解质的汗液,能带走皮肤的热量,调节身体温度,保护皮肤屏障。它有交感神经分布,并受其调控。全身都有汗腺,以不同密度分布,没有汗腺的部位只有耳道、嘴唇、包皮、阴茎头、阴蒂、小阴唇等处。[12] 多汗症困扰将于 Chapter 11 详细介绍。

顶泌汗腺（大汗腺）比汗腺大些，分布局限在外耳道、眼皮、腋下、乳房（乳晕、乳腺）、肚脐周围、生殖器、肛门、包皮、阴囊等处，分泌少量油状液体，作为气味分子的前驱物，以及其他具有生理作用的物质。[12] 体气困扰将于 Chapter 7 详细介绍。

在此以外耳道为例，外耳道顶泌汗腺分泌耳垢（Cerumen），形成天然的防水屏障，并且维持酸性环境，可以抑制细菌生长。

但是，许多人喜欢清耳垢，用掏耳勺过度用力抠，导致皮肤屏障被破坏，加上碰到泳池脏水，就成为金黄色葡萄球菌、绿脓杆菌、大肠杆菌、变形菌的"乐园"，导致外耳炎，表现为外耳道异常瘙痒、有刺痛感，又称为"游泳者的耳朵"。免疫力低的人，如糖尿病患者，严重时可出现绿脓杆菌蜂窝组织炎，甚至颅底骨髓炎。

治疗的重点在于避免过度抠抓、摩擦、过度清洁，让外耳道保护性的蜡质重建，以恢复耳垢的自然屏障。其次，运用弱酸性乳液，让皮肤的酸碱值偏酸，抑制细菌与霉菌生长。最后，回避接触过敏原，减少耳部皮肤过敏与抠抓，以免造成皮肤屏障破损与后续的细菌感染。[13]

✺ 09 毛囊、头发与指甲

毛囊中有毛发，旁边有皮脂腺、立毛肌、顶泌汗腺等。毛发根部有毛乳头（Hair papilla），决定了毛球（Hair bulb）的大小，以及毛发的粗细。毛乳头上方的毛基质（Hair matrix）细胞能分化为发干细胞以及内根鞘。毛基质内的黑色素细胞决定了头发的颜色。

毛发由外至内分为角质层、皮质层、髓质层，直径仅为 50～70μm，比细海砂还小，是 10μm 悬浮颗粒（PM10）的数倍而已（图 1-2）。头发可以保护头皮免于过多日晒，头皮正是皮肤癌的多发部位。眼睫毛、鼻毛、眉毛可免于空气异物入侵身体。[1]

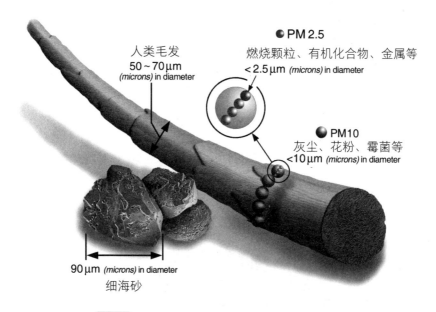

人类毛发
50~70μm
(microns) in diameter

● PM 2.5
燃烧颗粒、有机化合物、金属等
< 2.5μm (microns) in diameter

● PM10
灰尘、花粉、霉菌等
<10μm (microns) in diameter

90μm (microns) in diameter
细海砂

图1-2 人类毛发与悬浮微粒的大小比较

出处：取材自维基百科公开版权（链接：https://commons.wikimedia.org/wiki/File:PM_and_a_human_hair.jpg），Environmental Protection Agency

毛发的生长周期分三阶段。

- 生长期（Anagen）：稳定地生长 3~6 年，占所有毛发 85% 以上。

- 退化期（Catagen）：为期 2 周，毛球凋亡，毛发缩短为原先的 1/3，占比为 1%~3%。

- 休止期（Telogen）：为期 2~4 个月，毛发变成杵状进而脱落，占比低于 15%。[1]

　　指甲构造如图 1-3 所示，白色半弧形的甲弧影（lunula）就是甲基质（Nail matrix）的远端部分，指甲的生长区域。指甲生长速度慢，一般手指甲完全更换需要 4~6 个月，脚趾甲需要 12~18 个月，年轻人比年长者快。指甲生长太快（如干癣）或太慢（如特应性皮炎），常是由于受到皮肤病或全身疾病的影响。[1]

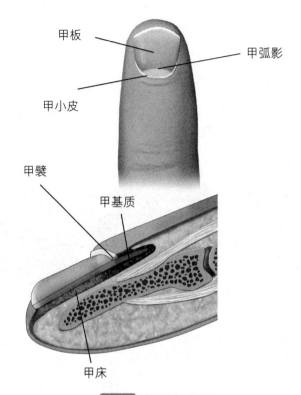

图1-3 指甲的构造

出处：取材自维基百科（链接：https://en.wikiversity.org/wiki/File:Blausen_0406_FingerNailAnatomy.png）由 BruceBlaus. Blausen.com staff（2014）. "Medical gallery of Blausen Medical 2014". WikiJournal of Medicine 1（2）. DOI:10.15347/wjm/2014.010. ISSN 2002-4436，CC BY-SA 3.0

10 皮肤结构与症状的反思

有一对 40 岁的姐妹。

Tina 的皮肤颜色是古铜色的，脸很容易出油，长痘严重，分布在两颊下侧、耳前、下颚和两侧脖子，在生理期前还会加重，留下多处灰黑色、暗红色的痘疤印。她平常喜欢喝含糖饮料，吃麻辣食物和炸鸡。

Doris 拥有白皙肤色，不怎么长痘，但脸很容易干，且两侧脸颊黄褐斑严重，这是她的梦魇。她经常熬夜到半夜 3 点才睡，但早晨 8 点就醒来，浅眠多梦，有时甚至只睡 1 小时。她很容易过敏，吃虾蟹类海鲜、油炸食品，或触碰一点精油或按摩油就全身长红疹，出现皮炎。

Tina 羡慕 Doris 的白皙肤色与干性肌肤，只要不冒痘，即使长黄褐斑她也愿意。但 Doris 羡慕 Tina 不容易过敏，即使出油长痘她也愿意。

从医学角度来看，尽管脸部出油常冒痘的人自己感到痛苦，毕竟还是比较幸福的。因为，皮脂护卫着皮肤健康。Doris 的干性肌肤缺乏皮脂，容易发生皮炎，加上白色肌肤较少黑色素保护，难以抵御紫外线的破坏，加速皮肤老化，包括出现难治的黄褐斑。

从皮肤基本结构与功能可以看出皮肤病的重要根源。本书将系统性地论述皮肤症状背后的八大关键病因，读完此书，将了解引发各种皮肤困扰的原因，并且找到常见皮肤症状的解决方法！

>>> **CHAPTER 2**

千万别小看
皮肤症状

01 皮肤症状反映健康问题

▌皮肤正在和身体说悄悄话

在医美领域工作多年，我变得"以貌取人"。怎么说呢？每当去温泉度假时，男男女女穿着泳衣，这正是我观察人们皮肤健康的绝佳机会。

比如，一位拥有傲人胸肌与腹肌的健美男子出场了，不少泳装美女的目光都投向他。可惜的是，他的胸口横亘着一道红红的、张牙舞爪的瘢痕，绵延8cm左右。这是蟹足肿（Keloid），可能他过去皮肤受过伤，有遗传的易感体质，每天健身时反复拉扯皮肤，出现情况恶化。

近一些看，他的下脸颊、下巴到肩膀，分布着黄豆大的突起，应该是痤疮过后引起的痤疮蟹足肿。他以前很容易长痘，可能是囊肿型的大痘？他个性很敏感，可能看到一点痘痘冒出来就无法忍受，因此拼命挤痘而导致皮肤受伤？或为了增长肌肉，他每天摄取大量乳清蛋白粉，加上体质因素而"爆痘"？

再看看另一位理着平头、满头白发的70岁老伯伯，胸口正中央有一道从上往下的蜈蚣形瘢痕，约15cm长。他开了什么刀呢？应该是冠状动脉绕道手术，把他从鬼门关拉回来。

有心脏病的老伯伯来泡温泉，对心血管是加分的，但可得注意，不能冷热温差太大，以免发生心肌梗死的意外！

皮肤看似无言，其实正在和身体说悄悄话。虽说"肤浅"（Skin-deep），其实皮肤一点都不肤浅！

▌皮肤肿块可以预测心脏病吗

一名 21 岁的士兵某一天结束站岗后，突然胸部闷痛、呼吸困难、脸色苍白，送急诊发现是急性心肌梗死。心导管检查后发现：心脏三条冠状动脉中有两条狭窄，其中一条阻塞程度竟达到 100%！马上进行经皮腔内冠状动脉成形术（Percutaneous transluminal coronary angioplasty, PTCA）并放置支架，终于把命捡了回来。

这名士兵"年轻又不胖"，何至于此？确实，一般心肌梗死患者多在 50 岁以上，他只有 21 岁。

原来，他常吃油炸食物，常找朋友喝酒，日夜颠倒，16 岁就抽烟，而且吸烟量达每天一包半。家族史方面，他爸妈没有心脏病或心肌梗死病史，但奶奶、叔叔这些亲属有。血液检查显示，他总胆固醇及低密度脂蛋白胆固醇过高，有家族性高胆固醇血症，加速了冠状动脉的粥状硬化，直到发生心肌梗死。

"不胖"是个陷阱，许多心肌梗死患者是瘦子，不胖不代表身体没有高脂血症、动脉硬化与冠状动脉狭窄等问题。

这个年轻人有无机会更早发现心血管及代谢问题呢？

答案是有，就在他的皮肤上。他两侧手肘出现三颗黄色瘤（Xanthoma），其实已经发现多年，因无关痛痒，他不以为意。检查发现下眼睑处也有数颗。

黄色瘤的形成，主要是因为过多的胆固醇在皮肤沉积。与此同时，血液中的胆固醇也会沉积在冠状动脉、颈动脉，甚至脑动脉等处，导致动脉硬化、狭窄，只是冠状动脉率先发难，出现了心肌梗死。

根据荷兰一项系统回顾与荟萃分析，黄色瘤是家族性高胆固醇血症的皮肤特征，和低密度脂蛋白受体（Low-density lipoprotein receptor, LDLR）的基因变异有关，风险因子包括男性、年龄较大、低密度脂蛋白（LDL）浓度高、甘油三酯浓度高。通过基因确诊的家族性高胆固醇血症患者中，有黄色瘤的人群发生心血管疾病的风险是没有黄色瘤的 3.2 倍！[1]

对健康的自我感觉良好的年轻男女，得多注意自己的皮肤，千万别高兴得太早！

▍耳垂形态可以预测心脏病吗

是否曾经注意过，许多年长者的耳垂上方有条斜线，把耳垂和其他部分分开。这是有福气的象征吗？

对角耳垂折痕（Diagonal earlobe crease），又称为法兰克征象（Frank's Sign），在耳垂上出现从耳屏（Tragus，外耳道出口前方的凸起软骨）下缘到耳朵边缘的45°斜线，此皱褶有深有浅。

知道吗，有这一特征的人，有可能患有冠状动脉性心脏病，心肌梗死的可能性也会增高。

在"哥本哈根市心脏研究"历经35年的追踪资料里，显示有对角耳垂折痕者，出现缺血性心脏病、心肌梗死的概率多了 9%。[2]

研究人员解释，真皮结缔组织病变导致了对角耳垂折痕，同一个系统性的病理过程，也可导致动脉的内膜结缔组织病变，引发缺血性心脏病与心肌梗死。[2]

▍指甲忠实反映身体近况

看一看指甲上是否有波浪状的突起？

博氏线（Beau's line）又称指甲横沟线，是甲板上出现横向的波浪状纹路，它起因于指甲暂时停止生长，出现小断层般的凹槽。

一位 60 岁女性找我看指甲，我看她每个手指甲的博氏线在一半的位置，立即对她说："你是不是 3 个月前身体不好？"她说："对！我那时哮喘住院。吃很多药，一个月后才稳定下来。"

为什么我猜她 3 个月前身体不好呢？

因为，手指甲生长的速度是一天 0.1mm，每个月 3mm，全部换新需要半年，脚趾甲生长速度是手指甲的一半，每个月只长 1.5mm，全部换新需要一年。测量指甲病灶处到甲小皮的距离，就可以推估病灶发生的时间点。

手指甲全部换新要半年，她的博氏线在指甲一半处，所以我推测是 3 个月前。

另一位 50 岁女性找我看指甲，我发现她的脚趾甲远端 8 成都是博氏线，追问之下，她才说："我 10 个月前到 3 个月前，在进行乳腺癌手术，并接受了化疗。"

若每个指甲都有博氏线，表示之前可能经历过重大疾病，接受过手术，进行了分娩，或有严重感染或巨大身心压力等，导致甲基质生长停滞。若只有一个指甲出现博氏线，可能是局部感染、撞击、美甲伤害造成的。

事实上，她的多个脚趾罹患灰指甲已经 10 年，这是霉菌感染造成的，接受治疗的效果不理想，或许免疫力已经相对低下，与后来发生癌症可能有关。

一位 53 岁女性怀疑自己的两个大脚趾有灰指甲，我检查发现：远端 1/2 是突出的紫黑色脚趾甲，近端则长出新的正常脚趾甲。我指出这是脱甲病（Onychomadesis），她说："我以为是老公把脚气传染给我，准备要跟他兴师问罪的！"我又问："你是否半年前脚趾甲受过伤？"她迟疑了一下，恍然大悟地说："你怎么知道？半年前，我去南美洲自助旅行，每天走 3 万步，回来马上又参加健步走，走了 3 万米！"

脱甲病是比博氏线更严重的指甲生长停滞，甲板远端高、近端低，出现大断层，数月后远端指甲脱落，近端指甲长出来。原因是严重受伤、罹患重大疾病、接受癌症化疗、药物过敏、病毒感染、小动脉痉挛、低血钙等。

就像年轮忠实地记录着一棵大树的年龄一样，指甲正是身体健康的化石！

▎男性乳腺发育与性功能障碍

有一次，在温泉池畔，我见到令我惊讶的景象，一个人挺着 C 罩杯的双乳，竟然不穿泳衣，我心想："这太离谱了，简直有伤风化！"

别紧张，这是一位男士，他有男性乳腺发育（Gynecomastia），而且相当肥胖。男士拥有"傲人"双峰时，是健康的两颗红灯。

据报道，一位 40 岁年轻创业的男老板，乳房有 B 罩杯大小，为男性乳腺发育者。有天他意外发现乳房硬块，最后竟然被诊断为乳腺癌！回顾家族史，爸爸有前列腺癌，妈妈有乳腺癌，都属于内分泌失调相关癌症，加上他长期工作压力大，因而患乳腺癌。

意大利佛罗伦萨大学针对因性功能障碍求诊的男性患者进行调查，发现男性乳腺发育患者占 3.1%。这些患者睾酮浓度明显较低，在排除年龄与生活方式的影响后，结果仍是如此，1/3 达到性腺低下的严重度。男性乳腺发育和严重肥胖、睾丸体积较小、较低的促黄体素（Luteinizing hormone, LH）有关，但和前列腺癌指标，也就是前列腺特异性抗原 PSA 值（Prostate-specific antigen）呈负相关。

男性乳腺发育患者比起其他患者，更常出现性功能症状，包括严重勃起功能障碍（优势比 2.2）、性欲低下（优势比 1.2）、较低性交频率（优势比 1.8）、延迟射精（优势比 1.9）、低射精量（优势比 1.5），但无高潮障碍（优势比 0.5，小于 1）。风险因子还包括进入青春期较晚、睾丸疾病、肝脏疾病、使用特定药物等。[3]

另一项土耳其研究也发现，男性乳腺发育患者相较于健康人性功能障碍较严重，包括在勃起功能、性高潮功能、性交满意度方面都显著较低，但性欲较高，促卵泡素（Follicle-stimulating hormone, FSH）、游离三碘甲状腺原氨酸（T_3）也明显偏低。[4]

✺ 02 皮肤症状是老化的证据

皮肤老化指的是由基因调控的自然细胞老化，细胞再生能力下降，影响了表皮、真皮、皮下组织及肌肉到骨骼的每个层次。这些影响以萎缩为主，即皮肤体积缩小。在脸部，表现为嘴唇后缩、皮肤松弛而凹陷、饱满度下降、失去曲线，外貌明显老化。

▍看脸部皱纹

许多皱眉纹很深的人，想要注射肉毒杆菌毒素以抹除皱纹，不是为追求美，而是因为这些皱眉纹容易被别人解读为"生气、否定对方"，进而造成沟通上的麻烦。

皮肤老化带来嘴角下垂，看起来十分不悦或悲伤。眉尾下垂、两侧眼角出现鱼尾纹、上眼皮凹陷、下眼皮突出形成眼袋，给人带来疲倦或过劳的印象。对方可能好意地问："你昨天没睡好吗？"

固定的脸部表情线条（又称静态纹），以及深刻的皱纹，与皮肤萎缩且失去弹性、下方特定肌肉因长期过度使用而肥大有关。[5]

▌看脸部中段

年轻的时候，两侧眉尾与下巴三个点围成的是一个"倒三角形"。老化让皮肤变得松弛向下，皮下的脂肪垫也向下移位，在两侧下颌骨附近出现垂坠的皮肤，与眉心围成一个"正三角形"。[5]

下眼皮往下延伸，眼袋出现了，下缘有条弧形的深沟。靠内侧的深沟称为"泪沟"，也就是鼻颊沟（Naso-jugal groove），靠外侧的深沟称为睑颊沟（Palpebromalar groove），皆因下眼皮的松弛及眼眶脂肪脱垂而形成。

中脸的脂肪垫也萎缩了，年轻丰满的脸颊凸面（又称苹果肌）消失，脸变得枯瘦，看起来悲伤而疲倦。

▌看脸部上段

额头与眉毛下的皮肤因为失去弹性，眼周脂肪垫萎缩，整个变得松垮垂坠。眉心部位的垂直皱眉纹，由过度活动的皱眉肌（Corrugator supercilii muscle）造成，水平皱眉纹则由过度肥大的鼻眉肌（Procerus muscle）导致。

眉毛与上眼皮脱垂（Ptosis）、眼睑松弛，看起来疲倦且悲伤。额头、眼周、太阳穴的脂肪垫萎缩，导致凹陷，看起来更显倦怠。[5] 抬头纹与鱼尾纹分别由于额肌（Frontalis muscle）与眼轮匝肌（Orbicularis oculi muscle）过度活动，以及皮肤失去弹性而形成。

▌看脸部下段

鼻旁的法令纹、嘴角纹、下巴两侧的木偶纹都变得明显，下巴处脂肪因皮肤松弛而垂坠，出现了双下巴。

嘴唇体积减小，上颚骨质流失，让嘴唇失去内部牙齿的支撑，变得后缩且干瘪，口周纹是嘴巴四周出现放射状的皱纹，又称"阳婆婆纹"，牵涉口轮匝肌（Orbicularis oris muscle）过度活动，加重了老态。

脖子上的皮肤也出现松弛，颈阔肌（Platysma muscle）过度活动，形成水平的脖纹。

🌀 03 皮肤反映情绪压力

▍皱纹与负面情绪

前文提到，随着老化，皮肤会变薄，失去弹性，皮肤下过度活跃而肥大的肌肉，与老化的皮肤配合形成了恼人的皱纹。可是，脸部皮肤下的肌肉为何变得如此肥大呢？

答案就是情绪和压力。

一位 45 岁女性，名叫 Barbara，她有明显的国字脸，前来找我进行肉毒杆菌毒素注射。我发现她两侧咀嚼肌异常肥大，皱眉纹、抬头纹也都比一般女性更明显。

于是我问她："你是否常吃硬的东西？"

她说："我长期睡觉时磨牙，戴牙套咬合板，但磨损很厉害。后来牙科医生建议我打肉毒杆菌毒素后，我发现真的有所改善，之后就定期打。"

在注射过程中，她坚持一定要拿镜子看医生怎么打。这是一般患者不会做的事！她眉头始终紧皱，非常认真地盯着我。显然，她的控制欲过强，对人不信任，又混杂着焦虑与愤怒的情绪，让她的牙关不自觉地咬紧，即使睡觉也无法放松，受磨牙折磨。不论清醒还是睡觉，她的上半脸肌肉持续紧绷，导致比同龄人的皱眉纹与抬头纹更重。

心理状态对脸部皱纹的影响，不言而喻。

德国慕尼黑大学皮肤科教授马克·赫克曼（Marc Heckmann）在《从神圣到衰败：视觉艺术中的脸部表情皱纹》中提到 [6]，从文艺复兴以来，随着绘画技巧的进步，脸部皱纹的呈现成为重要的艺术元素，用来表达个人特征，强调特定感情或情绪。

画家用脸部皱纹来凸显心理特质，比如神圣、决心、勤奋、阅历等。同样，画家也用脸部皱纹来凸显负面心理，比如愤怒、恐惧、攻击性、悲伤、衰败等。事实上，这强化了脸部皱纹的文化标签，不只象征老化，还代表不幸、沮丧，甚至悲剧。因此，包括肉毒杆菌毒素在内的医美技术，不仅让患者变年轻，也让他们从不受欢迎的负面暗示中解放出来。[6]

▌脸部线条的三大功能

有一位 50 岁女性 Susan 来向我求诊，她的皱眉纹深锁，法令纹、木偶纹都十分明显。她抱怨，有一次聚会，朋友好心问她："你是不是有什么不高兴？"

她听了一头雾水，回应："为什么这样问？"

朋友说："因为你的脸看起来很臭。"

她生气地说："有这么明显？我丈夫为何没提醒我？"

后来，她想通了。因为她十分强势，丈夫根本不敢多讲话。

一个每天沉浸在焦虑、抑郁、愤怒等负面情绪中的人，总是下意识地紧缩脸部肌肉，如此"勤奋"锻炼肌肉长达数十年，当然会出现这些皱纹。她还因自己的强势个性，延迟了"早发现、早治疗"的可能性！

高度活跃的脸部线条，默默地发挥了三大功能。

1. 传达了丰富的社交涵意

对脸部表情的诠释，是人际沟通的核心部分。如果一个人眉毛下垂，眉间出现像犁沟一样的垂直皱纹，额头有抬头纹，嘴角下垂，这是普世公认的"不爽"表情——要么愤怒，要么不开心。

若因为老化等因素，这样的表情定形了，本来当事者心情不错，但旁人因为表情错误地解读为"不爽"，生怕得罪而不敢靠近，就影响人际关系了！事实上，有神经肌肉疾病的患者，如帕金森病患者，因为无法通过表情精确传达感情，成了罹患抑郁或焦虑的危险人群，无法传达自己的情感，会相当挫折的。[7]

2. 传达了吸引力

年轻的脸孔代表着吸引力、美丽、性感、成功，不分种族、文化。年老的脸孔则代表着衰败、缺失、较低的社会期望，以及较少的机会。

然而，年纪增长后若能维持年轻外貌，确实比较健康，而且对人生有更正向的态度，也更长寿。[7]

3. 代表自信心

人的自我感受与信心，通常受到他人所感受到的形象的影响。外貌有吸引力的人，容易引发他人的正向反应，强化正面的自我形象，对当事者的心理健康有正向帮助。

所谓互动行为（Reciprocal behavior），指的是行为受到互动方行为的影响，一方皱眉，互动方也不自觉地皱眉；一方微笑，互动方也不自觉地微笑。正向反应能够诱发互动方的正向行为，互动方的正向行为同样诱发正向反应，好的人际关系就是这样形成的。[7]

看到对方出现严重的皱眉纹，可以好意地询问对方："你在生气吗？"或"为什么你在生气？"提升对方觉察力，使其通过主动放松，或者医美治疗来改善。

经过肉毒杆菌毒素治疗抹除皱纹后，当事者通常感到情绪改善了，压力降低了。这可能因为脸放松了，对方反应更正向，双方都心情更好了。此外，生理层面的肌肉紧绷，带给大脑压力大的生理反馈信号，脸部皱纹改善后，误导的信号就被打断了，因此连头痛也减轻了。

医美治疗改善了脸部线条的三大功能，可以为患者找回快乐，带来更佳的生活质量。

▌ 小心你的表情，它将变成你的皱纹

古人说："相由心生""知人知面可知心"。林肯说："40 岁以后，你要为自己的脸孔负责"。这是有科学依据的，也是本书阐述的重点。

前英国首相撒切尔夫人曾说:"小心你的想法,因为它会成为言词。小心你的言辞,因为它会成为行动。小心你的行动,因为它会成为习惯。小心你的习惯,因为它会成为性格。小心你的性格,因为它会成为你的命运。"

我想接上这句:"小心你的表情,因为它将变成你的皱纹!"

表 2-1 整理了脸部皱纹与负面情绪、过度活跃肌肉的关联性。[7]

表2-1 脸部皱纹与负面情绪、过度活跃肌肉的关联性

部位	皱纹称呼	负面情绪	过度活跃肌肉
眉间	皱眉纹	担忧、愤怒、压力	皱眉肌、鼻眉肌
前额	抬头纹	担忧、惊讶	额肌
眼尾	鱼尾纹	老态	眼轮匝肌
人中	口周纹（阳婆婆纹）	老态	口轮匝肌
嘴角	嘴角下垂（延伸至下巴称为木偶纹）	悲伤	降口角肌（Depressor anguli oris muscle, DAO m.）

脸部皱纹还有更多变化,与表情和心理有关。

1.皱鼻纹 + 皱眉纹:常做出厌恶的表情。

解剖原理

- 皱鼻纹:收缩提上唇鼻翼肌（Levator labii superioris alaeque nasi, LLS-AN,直向）,因而在内眦与鼻山根之间形成细小的横纹,又称兔宝宝纹。
- 皱眉纹:收缩皱眉肌（横向）,因而在两眉之间、眉心形成粗大的"直纹"。收缩鼻眉肌,在眉心与鼻山根之间形成粗大的横纹。

---

2. 皱鼻纹 + 法令纹：常做出咆哮或生气的表情。

> **解剖原理**
>
> - 皱鼻纹：收缩提上唇鼻翼肌（直向），因而在内眦与鼻山根之间形成细小的横纹，又称兔宝宝纹。
> - 法令纹：拉动嘴角上扬、鼻翼上扬，挤压颧突部脂肪垫，形成较深的法令纹。[8]

3. 下巴纹：易怒又压抑愤怒。

> **解剖原理**
>
> - 下巴纹：因颏肌的肌肉束分散黏着于皮肤，愤怒被压抑时，收缩形成突起处与凹陷处混杂的颇具有特色的大理石纹。

4. 下巴纹 + 嘴角向下：不开心，常哭丧着脸、嘟着嘴。

> **解剖原理**
>
> - 下巴纹：下巴的颏肌向上收缩，且将嘴唇往前、往上推，形成石斑鱼一般的凸嘴。
> - 嘴角向下：降口角肌、颈阔肌向下收缩，造成嘴角向下。

5. 口角纹 + 法令纹 + 木偶纹：常抿嘴唇，压力大且压抑负面情绪。

> **解剖原理：**
>
> - 口角纹：颧大肌（Zygomaticus major）、颧小肌（Zygomaticus minor）、笑肌（Risorius muscle）等肌肉向外拉紧，挤压失去弹性的皮肤，造成嘴旁数道平行的纵向纹路。
> - 法令纹：牵动嘴角上扬，挤压颧突部脂肪垫而形成较深的法令纹。
> - 木偶纹：降口角肌紧绷，外加下脸颊皮肤松弛挤压韧带造成。

▍放松是消除皱纹的密钥

注射肉毒杆菌毒素，是目前医疗上消除皱纹的一种方法，通常疗效为 4 个月。

一位 55 岁女性 Martha 抱怨："为什么肉毒杆菌毒素打了 2 个月就失效？我在意的皱眉纹、抬头纹、鱼尾纹、眼下细纹，全都原封不动地浮现。为什么？"

在我的追问下，她才透露工作压力大，总不自觉地皱紧眉头，皱眉纹因此提早"养"出来；工作中常要往上看，导致抬头纹重现；因为眼睛看不清楚，且不爱戴老花镜，总是眯眼，故眼下细纹重出江湖；她爱开怀大笑，鱼尾纹自然越来越明显。

缺乏自我觉察、不懂得放松肌肉、不当的用力习惯……造成皱纹很快地出现。尴尬的是，爱笑明明是健康的无价之宝，却带来鱼尾纹，可真是"快乐的代价"！

此外，她因为肥胖，很容易流汗，又每天待在闷热的工作环境中 8 小时以上，加速了肉毒杆菌毒素的代谢分解。

尽管肉毒杆菌毒素注射有效，但要维持较久时间，尽可能减少皱纹再生成，是需要学习新的脸部用力习惯的。

能够靠自己来减轻皱纹吗？可以的！请做以下 5 个步骤。

第 1 步：请关注自己的脸部肌肉状态，是紧绷，还是放松?

第 2 步：拿镜子看看自己，是否出现了皱眉纹、抬头纹、鱼尾纹等?

第 3 步：深呼吸一口气，让自己的脸部放松，看看镜子里的自己是否皱纹消退了?

第 4 步：放下镜子，请关注自己的心情状态，是紧绷的，还是放松的?

第 5 步：再深呼吸一口气，让自己的心情放松。

皱纹是否好多了？这可不亚于注射肉毒杆菌毒素啊！

04 皮肤反映全身老化

▌柴可夫斯基的白发与皱纹

谈到皮肤老化的主题，身为乐迷的我，想说说古典音乐史上响当当的案例：大音乐家柴可夫斯基（Pyotr Ilyich Tchaikovsky）。

在他音乐事业达到巅峰时，受邀横渡大西洋到美国巡演，受到当地民众与媒体的热烈欢迎。有份纽约报纸这样说他："身材高大，头发花白……居然快60岁"，他看到时大怒，因为"他们对我个人品头论足，而不是谈论我的音乐"。

其实，当时柴可夫斯基只有50岁。报纸的错误报导也说中了一个事实：他看起来像60岁！

《柴可夫斯基回忆录》作者卡什金（Nikolay Dmitrievich Kashkin）说："晚年，柴可夫斯基老得很快；他稀疏的头发全白了，满脸皱纹，开始掉牙，导致他有时候说话不清楚，令他异常沮丧。更明显的是，他的视力逐渐下降，晚上看书困难，所以，没办法继续他在乡下创作期间最主要的消遣活动。"

上述"晚年"指的竟是50岁！对于现代人来说，50岁可是"一尾活龙"的年纪，但许多人发现自己像柴可夫斯基，50岁以后，老得很快，看得见，也感觉得到。白发、皱纹，是看得见的老化，掉牙、眼睛差，是感觉得到的五官老化，但不会只有这样，其他器官也在老化，出现"年迈力衰"的情况。

创造辉煌音乐成就的柴可夫斯基，只活到53岁。根据当时名医的诊断与他的胞弟的描述，他死于霍乱。

在中国台湾，老年人常死于感染，肺炎为十大死因之一，仅次于癌症、心血管疾病，这主要是因为免疫系统的老化，对病原菌无招架之力。老化不只是"不那么青春美丽""不方便""容易生病"，实际上，老化可能会过渡到生命的终点。

不要整天照镜子自怨自艾，不要只想到用染发剂遮掩白发，不要总是依赖相机的美颜功能或修图软件！更早地觉察皮肤老化征象，采取真正有益的抗老化策略，推迟皮肤与全身老化的速度，才是积极的做法。

白发是老化的征象之一，原因绝不单纯，在后文会详细介绍。先介绍皮肤老化的征兆，它们在说："小心，你'整组'都老了！"

▌皮肤变薄了吗

巴西一项研究，对 140 位平均年龄为 57 岁的成年女性，进行手背皮肤厚度测量。研究发现，平均厚度为 1.4mm，皮肤越薄，腰椎与大腿骨的骨密度也越低！这已经排除了其他骨质疏松风险因子的影响，包括年龄、皮肤颜色、身体质量指数（BMI）、抽烟、口服类固醇药物、使用抗炎症药物、停经时长等。[9]

骨密度低，未来容易出现骨质疏松，也容易出现髋骨与其他部位骨折，严重限制患者的行动能力，甚至只能卧床，直接导致中老年人患病率与死亡率上升，是关键的健康问题！

美国一项研究针对接受腰椎融合手术的患者，他们平均 61 岁，用 B 超评估下背部皮肤老化程度，包括真皮变薄、网状真皮回音增加，手术中取脊椎骨与髂骨上棘切片做病理化验，比较两者是否有关联性。

在公布研究结果之前，先补充骨骼的重要知识。人体骨骼的外层称为密质骨（Compact bone），为板层结构，散布有骨细胞，结构致密。骨骼内层有许多骨小梁（Trabecular bone），表面有造骨细胞与破骨细胞，海绵状，又称为海绵骨。全身各处骨骼的密质骨与海绵骨分布比例不相同，椎骨含有 50%～75% 海绵骨，大腿骨则只有 20% 为海绵骨。

研究结果发现：对于女性，真皮厚度越薄，髂骨上棘与椎骨的海绵骨，以及密质骨的胶原成熟度越高（可谓"熟骨"），等于是海绵骨与密质骨都老化了！关联性达到中度等级。而且，真皮下 1/3 的网状真皮回音增加，显示退化、分解或混乱的胶原蛋白累积。这些关联性与年龄增长无关，而且，与广为熟知的骨密度无关。[10]

为何真皮厚度越薄，越能反映出骨头老化呢？

骨骼的营养构成包含：无机盐，主要是磷酸钙，以及碳酸盐、镁、钠、钾、氟化物、氯化物等；骨基质 95% 都是胶原蛋白，剩下的 5% 非胶原蛋白协助骨骼的矿物质化；另外就是细胞，包括骨细胞、造骨细胞、破骨细胞。

Ⅰ型胶原蛋白是骨基质，也是真皮主要的有机成分。证据显示，皮肤与骨骼老化的病理机制是相同的。有一些疾病，如库欣病（肾上腺激素过高）、厌食症（营养素摄取不足）、性激素过低，也同时导致了皮肤与骨骼萎缩。[10]

原来，皮肤老化能反映骨骼老化！

▍皱纹变多了吗

2011年，美国耶鲁大学医学院生殖内分泌学家卢娜·帕尔（Lubna Pal）等人，针对114位50岁左右停经3年内的女性进行研究，她们没有使用任何激素疗法或接受过医美治疗。研究人员测量她们脸部与颈部11处的皱纹分布与深度、额头与两颊的皮肤紧致度，以及腰椎、髋关节及全身的骨密度。

在排除了年龄、身体组成与其他已知会影响骨密度的干扰因子后，研究人员发现，皮肤皱纹越多，腰椎及全身的骨密度越低，彼此呈负相关。此外，脸部与额头皮肤越紧致，骨密度越高。

受这项研究启发，可以通过早期觉察皮肤老化症状，分辨出可能骨质疏松的高危险人群，进行早期筛选与介入。[11]

▍痣变少了吗

英国伦敦国王学院双胞胎研究暨基因流行病学系针对321位受试者测量全身的痣总数，测验情景记忆（Episodic memory）功能，当中大部分也测量了白细胞端粒长度，并在10年后进行记忆功能的追踪。

结果发现，全身有较多痣的人，在一开始，以及10年后都表现出较佳的记忆力，他们也拥有较长的白细胞端粒长度，意味着实际生理年龄比较年轻。此外，全身有较多痣的人在追踪期间，记忆力下降的程度比较轻微，这是受他们的端粒长度较长的影响。

痣的减少，意味着黑色素细胞再生能力下降，是皮肤老化的结果，从白细胞端粒长度减短可得知老化过程在进行，也同时影响了导致记忆力衰退的神经老化过程。30～35岁，大多数人出现记忆力减退，皮肤黑色素细胞也在这个阶段开始减少，它们都受到了白细胞端粒长度缩短的老化机制影响。[12]

基因研究也发现，在 TERT 区域的基因变化，包括单核苷酸多态性（人与人之间的基因微小差异）、表观遗传学修饰（基因受到后天调控表现或不表现），同时和痣的数目与阿尔茨海默病有关。[13,14]

多么意外，只是看个痣，也能看出大脑老化！

❧ 05 皮肤反映生活状态

Sharon 是公司经理，来找我问诊时，我发现她的鱼尾纹从眼尾延伸到发际，范围极大且严重，两颊还有明显的黄褐斑。我猜她年纪是 65 岁，没想到一看病历，只有 50 岁。

考虑到抽烟是造成皮肤老化（特别是出现这种大面积的皱纹）的"头号战犯"，因此，我首先问她："你是否抽烟？"

她说："没有。"

我再问："睡得好吗？"

她说："睡得好啊！每晚睡 6 ~ 7 小时。"

我再问她："常吃甜食吗？"

她说："没有，因为我平常根本不爱吃东西，偶尔和同事聚餐才吃多些。"

根据她的饮食习惯，我估计每天的热量摄入仅在 500kcal（1kcal≈4185.85J）左右。这时我闻到了她强烈的口臭，顿时我明白了：她不只胃口差，恐怕肠胃本身也不好。

接着我问："你是否有眼睛问题？"

果然，她说："畏光严重，常刷手机到半夜，结果眼睛干涩，都眯着眼看。"显然，这助长了鱼尾纹。

她问我："为何我左边皱纹比右边更严重？"

我反问："你是否睡觉靠左侧躺？"

她惊讶地问："你怎么知道？"

我回应："权威的《美容外科期刊》（*Aesthetic Surgery Journal*）研究，皱纹除了源于脸部表情，也受到睡眠姿势产生的物理性压迫影响，习惯性左侧躺，左脸会受到较多压迫、张力等，在额头、下眼皮、嘴旁、下脸产生更多纵向的皱纹！"[15]

我指着她的眼皮，继续说："你眼皮上还有许多病毒疣，最大的甚至遮住你的视线，反映你的免疫力可能在下降喔！营养不足，加上营养失衡，呈现在皮肤上就是提前老化，并且身体容易感染。爱美的你，首先要确认自己是否吃好、吃对。"

皮肤能反映当事者的生活状态，包括营养状况、睡眠姿势、电子产品使用习惯、眼睛问题、免疫力，甚至精神压力、睡眠质量等，这些都是本书深入探讨的主题。饮食营养对于皮肤健康十分关键。

06 每个人都要对皮肤诊疗多反思

一位 48 岁女性患者 Angela 来找我，她的手臂、胸部、腹部、臀部、大腿上突然冒出许多红色的膨疹。她拼命抓挠，却越抓越痒，病灶范围变得更大。

我解释道："这是急性荨麻疹，因皮肤过敏导致。你这一两天有没有吃可能过敏的食物呢？比如海鲜、油炸食品、花生等？"

她说："中午 12 点左右吃过午餐，里面有虾。"

我推测她接触过敏原 2 小时后，就发作了荨麻疹。

她接着说："我从来都没有过敏啊！以前吃虾都没事，为什么现在你告诉我吃虾过敏？我怎么可能过敏？"

我解释道："可能你的身体状况有变化，最近在换季，也会影响免疫系统，过敏的概率比平常高。你可以多注意生活作息、睡眠、压力、饮食……"

"我生活作息正常，睡眠正常，没有压力，吃的东西也基本没变啊！"

我不禁怀疑她讲话的真实性！

我回应："若你真的想了解荨麻疹的病因，可以去做详细的过敏原检查以及全身健康检查。"

话还没讲完，这位患者已经悻悻然离开诊室。

这位患者哪在意荨麻疹的真正病因呢？她只是很不爽，为什么自己竟然会长疹子，医生凭什么说她过敏？她不认为自己有什么地方需要改变，一定是医生看错了，病因也搞错了。

许多患者皮肤症状反复发作，尽管吃药会好，但还是会抱怨："为什么不吃药就再次发作？"他们往往有"四怪"心理。

- 怪基因："为什么别人都不这样，只有我这样？"
- 怪老天："怎么可能会发作，明明我以前都不会啊！"
- 怪天气："为什么每次一变天我就发作？"
- 怪医生："为什么在门诊看过一次，医生还是没把我医好？"

其实，对身体来说，皮肤症状就像火灾警报，但患者不能只想把火灾警报关掉，让耳根子清静。皮肤症状是十分宝贵的疾病线索，反映免疫与其他系统失调的严重度。

接下来，我分享我是如何面对皮肤症状的。

某天早上，我坐地铁时感到左脚背很痒，非常想抓挠。我马上想到原因：早餐吃了蛋饼，小麦是过敏原。而且，当天我穿了比较紧的袜子，快步走了一段路，对皮肤有压迫与摩擦。

患者没有思考病因的习惯，一边一味抓到爽、抓到破皮，然后到药房买药涂抹，长期靠吃类固醇药物压制症状，另一边却持续吃面包、面条、馒头、饼干等小麦制品，这些可能正是他的严重过敏原！而经前综合征、高血糖、压力、失眠等状况都可能加剧皮肤过敏症状，患者仍然在怪医生："为何医生都没把我的皮肤给医好！"

在医美领域，同样遭遇疗效的瓶颈。尽管激光脉冲、音频电疗法、注射肉毒杆菌毒素或填充剂等微整形疗法都很成熟了，但仍需要面对以下困难。

- 为何有些人疗效有限，甚至很差？
- 治疗是改善了，可过了没多久，黑斑、皱纹、凹陷或松弛又出现了。

- 有些人接受激光治疗后，皮肤容易反黑或反白。

- 为何有些人容易出现不良反应？

这些牵涉是否从本质上思考患者皮肤症状的根本原因，并给予整体性的治疗策略。

年龄就像退潮的海平面，可能显露出一大块又一大块的礁岩，它们就像五花八门的皮肤症状，最后干涸见底，显露出严重的身体疾病。

在本书中，将深度思考皮肤症状的根本原因，并且开始行动，推迟皮肤与身体的老化。

07 每个人都要对医美多反思

王尔德（Oscar Wilde）名剧《道林·格雷的画像》（*The Picture of Dorian Gray*）中，浪子格雷请人帮青春正盛的自己画了幅油画肖像，他越看越喜欢，但又害怕随着一年一年过去，自己的外貌将会老去，油画反而成为严厉的讽刺与提醒。他想到跟魔鬼打交道，让油画中的自己当替身代替自己变老，而真实生活中的自己则从此不老。

果然，他持续过着糜烂的生活。他看到油画中的自己变得越来越老、越来越丑陋，最后，连他自己都看不下去了！

这出剧独具慧眼地预言了医美时代的真相，随着医美仪器、技术的不断发展，让年龄停驻10年、20年，就像格雷的画像一样完美，已经不再是梦。

然而，"内在老化"的步调，何曾停止过一秒钟？患者看起来是比去年更年轻了，但实际身体状况却变得更差了。若不调整生活状态、不重视营养、不改善体质弱点，只活在"外在年轻"的梦幻中，将加速消耗已然老化的身体，等到"压死骆驼的最后一根稻草"出现，外貌、健康与生命，终将一起失去。

与此相反，一位80岁的郝伯伯来到诊室，接受激光脉冲治疗来改善老人斑。他如此神采奕奕，让我不禁好奇地询问："男人来接受医美治疗的相对较少，到了您这年纪还来的，更是凤毛麟角，这年纪还像您这样容光焕发，那真是绝无仅有了！请教您是否有什么养生秘诀吗？"

他很爽朗地对我说："我从 40 岁开始，每天早上都做一小时瑜伽，心情保持愉快，遇到压力想得开，晚上 10 点半睡觉，从来不熬夜，到现在没有'三高'等慢性病。接受医美治疗，使我在做生意时（现在还没退休）感觉神清气爽，非常有精神，我喜欢这种感觉！"

在郝伯伯身上，我见证了抗老化医美的智慧！

PART 2
皮肤症状的关键病因

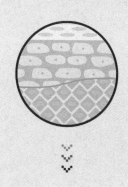

>>> CHAPTER **3**

错误饮食
对皮肤的影响

✿ 01 长痘痘的原因

世界上，每天都有数亿成人与青少年，一边照着镜子，一边自言自语："为什么又冒出一颗痘痘来？"

他们有些向医生求助，认真地吃了或擦了抗痘药好几个月，却总向医生抱怨："为什么我照你开的药吃了好几个月，今天早上又冒了一颗痘痘出来？"

痘痘像是打不完的蟑螂，从青少年一路打到更年期，甚至不乏更年期之后还继续长痤疮。

流行病学调查显示，在青少年人群中，高达 79%～95% 都长痤疮，25 岁以上有 40%～54% 仍有不同程度的痤疮，到中年还长痤疮的成年人中，女性占 12%，男性占 3%。[1]

然而，地球上有两个地方的村民是不长痘痘的，痤疮在那里被列为罕见病，就像"渐冻人"一样稀罕。究竟是哪里的人？

答案是，新几内亚的基塔瓦岛（Kitava）岛民，以及巴拉圭的阿契族（Aché）猎人。

在 843 天，也就是将近两年半的研究追踪当中，1200 位基塔瓦岛岛民无一人长痘痘，115 位阿契族猎人也无一人长痘痘。[1]

他们是怎么做到的？

考虑到狩猎社会与工业社会最大的生活方式差异，莫过于前者饮食都是未被精加工的全食物，后者饮食中含有大量精制碳水化合物。可能的原因是，前者为低血糖负荷饮食（Low glycemic load diet，低糖饮食），不容易引发高胰岛素血症（Hyperinsulinemia），后者为高血糖负荷饮食（高糖饮食），易引发高胰岛素血症，进而导致一连串的激素变化，最终产生痤疮。[1]

02 高糖饮食的皮肤危害

高糖饮食与痤疮

Roger 是一位 40 岁男性工程师，他问我："为什么这两天又长痘痘？"

他困扰于脸上囊肿型痤疮，多年来四处求医。最近一年来痘痘特别严重，一问，原来他晚上只睡 4 小时，每天抽 3 包烟，这都是诱发痤疮的重要因素。烟戒不掉，但夜眠调整为睡 7 小时后，痘痘大幅减少。

我问："这两天生活或饮食上有什么变化吗？"

他心虚地说："我……这两天吃掉 3 盒月饼，有影响吗？"

我说："这可太有影响啦！"

就我自己来说，自从开始低糖饮食后，只在偶尔睡眠不足时，冒出一颗痘痘。但有次在中秋节过后，下巴、背部痘痘成群结队地出现。原因我了然于胸，正和 Roger 一样，在中秋节吃了很多月饼。月饼是典型的高糖、高油、高热量食物。

一个港式双黄月饼的热量就有 790kcal，相当于 2.8 碗饭的热量。许多女生怕热量高会胖，不吃饭，结果吃月饼却一个囫囵下肚。这是什么概念？ 60kg 的成人需要快走 133 分钟才能消耗这么多热量。

广式核桃枣泥酥、枣泥蛋黄酥，热量都是 420kcal，相当于 1.5 碗饭的热量，60kg 的人需要快走 70 分钟才能消耗。

热量"较低"的月饼，如绿豆糕为 320kcal，相当于 1.1 碗饭的热量，60kg 的人快走 53 分钟才能消耗。凤梨酥为 230kcal，相当于 0.8 碗饭的热量，60kg 的人快走也需要 38 分钟才能消耗。知道这些，你还会愿意吃月饼吗？

许多人平常不长痘痘，过了中秋节就狂长。吃月饼的时候觉得幸福，但皮肤在哀嚎啊！

含糖饮料更是不遑多让。世界卫生组织（WHO）在 2015 年公布《成人与儿童糖分摄取指南》，建议糖摄取量应低于每天总热量（一般为 1800kcal）的 5%，也就是 90kcal，相当于 22.5g 的糖，以每颗方糖含 5g 糖来计算，每人每天摄入极限约 4.5 颗方糖。表 3-1 整理出市售含糖饮料含糖量与方糖数。

表 3-1　市售含糖饮料含糖量与方糖数

饮料名称	容量（mL）	甜度	含糖量（g）	方糖数（颗）
珍珠布丁奶茶	700	全糖	90	18
百香果汁	500	全糖	80	16
珍珠奶茶	700	全糖	70	12
乌龙茶	700	全糖	55	11
柠檬汁	500	微糖	25	5

连"微糖"的 500mL 柠檬汁，对于成人来说，糖分都"爆表"，更何况是对儿童？

为什么吃糖容易长痤疮呢？

近年研究证实，高血糖指数/高血糖负荷饮食会引发高胰岛素血症，胰岛素样生长因子（Insulin-like growth factor-1, IGF-1）增加，胰岛素样生长因子结合蛋白（Insulin-like growth factor-binding protein 3, IGFBP-3）活性降低，导致胰岛素样生长因子的生物活性更加提高，刺激痤疮形成，包括角质形成细胞增生、皮脂细胞增生、脂肪形成。[2,3]

再者，胰岛素和胰岛素样生长因子都会增加性激素（雄激素）、肾上腺激素的合成，降低肝脏制造性激素结合球蛋白（SHBG），将雄激素受体去抑制化，活化并增加雄激素的生物利用率。雄激素增加皮脂分泌，并促进痤疮产生。[2,3]

此外，胰岛素样生长因子结合蛋白会促进角质细胞（Corneocytes）以及角质形成细胞（Keratinocytes）凋亡。当高糖饮食导致它活性降低时，皮肤将过度角质化，促成痤疮产生。[4]

含糖饮料的陷阱

家人给我买了茶饮店的水果茶，有百香果、柳橙、苹果在橘色的果汁中飘浮着，加上包装，非常赏心悦目。当我插入吸管用力一吸，心里大叫："天哪！怎么会买全糖的呢？不知道这会长痘痘吗？"

已经减糖，甚至断糖的我，对于这类全糖饮料，真是难以忍受。当我仔细看饮料瓶上的标示时，瞬间更傻眼了："去冰，3 分糖"。

没错，家人已经细心为我做了"健康选择"，然而敌不过卖者的商业头脑。有机构调查市售含糖饮料，发现一杯 500mL 的百香果汁中，全糖含 80g 糖，约为 16 颗方糖的量；所谓"半糖"竟也是 70g 糖，并非一半的糖。"3 分糖"含51g 糖，超过 10 颗方糖的量。看似健康地选择了"半糖""3 分糖"，吃下去的糖其实和"全糖"是半斤八两。酸口味的饮料也不健康，加糖量还是一般饮料的 3 倍，因为需要用糖压住酸味。这是含糖饮料的陷阱，爱吃糖的你，真的只能自求多福了。

痤疮患者进诊室时，手上常握着含糖饮料，上面标着"全糖"或"半糖"，真可说是"人赃俱获"！是的，痤疮的犯案工具，就在你的手上。

▎高糖饮食与湿疹

Jane 胸口有一块湿疹多年，反复发作，从没好过。Jane 来诊室，我问："是否常吃含糖食物？"

她说："没有啊！我可没喝含糖饮料，而且，每天早上我都点很健康的豆浆喝！"

我问："你注意过早餐店的豆浆是怎么做的吗？"

身为低头族的她，点餐时只顾低头追剧，根本没注意豆浆是怎样到她手上的。

隔天她仔细看，发现老板娘在饮料杯中先加进 3 大勺白砂糖，再舀进豆浆。她想，自己根本不可能直接吃 3 大勺的白砂糖，可是它们却藏在豆浆的"健康"外表之下，通通进入了自己的肚子！

后来，我建议她坚持喝"无糖"豆浆。三天后，她的湿疹消退了一半。

糖分对皮肤免疫有直接冲击。动物试验发现含高糖的西式饮食，显著增加皮炎的发生率，且年纪越大的雌性，皮炎的发生率越高。炎症介质，如白细胞介素 17、白细胞介素 2 等的基因表现增加，牵涉与胆汁酸（Bile acid）受体相关的瘙痒、角质形成细胞增生、代谢与炎症反应。[5]

荷兰鹿特丹一项横断面研究中，4300 多位受试者有 14.5% 具有脂溢性皮炎，西式饮食占比较高者比起较低者罹患脂溢性皮炎的风险增加了 47%；水果摄取量较高者比起较低者，风险反而降低了 25%。脂溢性皮炎是慢性炎性疾病，西式饮食应是发病的重要原因。[6]

英国伦敦一项研究发现，妈妈在怀孕期间摄取额外糖分（添加糖，非食物原有的糖），孩子到了 7～9 岁，明显容易过敏；相较于摄取较少糖的孕妇，摄取较多糖的孕妇生下的孩子罹患过敏性疾病（包括湿疹、过敏性鼻炎、哮喘）、哮喘的风险较高，优势比分别为 1.38、2.01，此结果已控制了多项干扰因子，甚至孩子本身在童年早期是否摄取较多糖分，并不影响结果。[7]

Anne 是一位含糖饮料店的女老板，今年 45 岁，她指着自己两侧大腿上的大面积湿疹，对我说："我看了 10 年都没好！"

我注意到她的大腿、小腿上有深浅不一、大蛇小蛇一般的静脉曲张，也有些淤青的斑块，代表撞击容易局部血肿。

她常试喝新口味的含糖饮品，而且面对每天卖不完的饮料，节俭的她不想浪费，就整桶留下来当水喝。她小时候就向往长大以后每天都能喝甜甜的饮料，这下可真如愿了！

我解释道："你的湿疹、静脉曲张、淤青，都和糖分有关喔！糖分不只助长免疫系统炎症反应，也加速胶原蛋白的破坏，导致静脉与小血管都容易受损、老化……"

她还准备把隔壁租给卖盐焗鸡的小贩，刚好旁边又是一家诊所，"含糖饮料店——盐焗鸡摊——诊所"的组合，真是一条强大的"生病产业链"啊！

高糖饮食与皮肤感染

Allen 是 45 岁的金融业小主管，当兵时频繁流汗，又没按时洗衣服，很快就被传染股癣，但这十多年没再发作。前阵子中秋节，他吃完客户送的 4 个蛋黄酥，胯下竟又开始长出圆圈状、瘙痒的红色斑块，我诊断其为股癣复发。

皮肤感染症，也和糖分有关吗？

《美国国家科学院院刊》（*Proceedings of the National Academy of Sciences*）研究发现，比起高膳食纤维饮食的老鼠，高糖西式饮食的老鼠有较高的炎症状态，包括代谢性炎症（Metaflammation）。在细菌内毒素脂多糖（Lipopolysaccharide, LPS）引起败血症时，有较多中性粒细胞，且形态老化，严重度以及致死率都比较高。西式饮食改变了平时的免疫状态，以及面对细菌性败血症时的急性反应，和更严重的病程与较差的预后有关。[8]

高糖或高血糖负荷食物，一方面促使炎症反应，更容易出现湿疹，另一方面降低免疫力，更容易出现皮肤感染症。

高糖饮食与皮肤老化

爱美族请小心，夏天喝珍珠奶茶，可能导致嘴唇周围出现"阳婆婆纹"。这是为什么呢？

长期用力吸吮，过度使用口轮匝肌与周边皮肤，加上含糖饮料加速胶原蛋白流失，导致皱纹形成。

美国加州大学旧金山分校医学院研究团队，针对 5000 多名美国健康成年人，进行各类含糖饮料摄取习惯调查，并检测他们的白细胞端粒长度。

分析发现，美国成人每天喝 1.5 份含糖碳酸饮料，一份为 8 盎司（约 226.8g），已超过美国心脏学会建议的添加糖摄取上限。[9] 摄取越多含糖碳酸饮料，白细胞端粒长度越短。每天多喝一份含糖碳酸饮料，就老 1.9 岁，以此类推。然而，市售一杯含糖碳酸饮料为 20 盎司（约 567g），若每天喝，将提早衰老 4.6 岁！2 成以上民众每天喝的含糖碳酸饮料都超过这个量。[10]

喝含糖碳酸饮料的危害相当于抽烟，因为抽烟缩短白细胞端粒长度，足让人提早衰老 4.6 岁。[11]

此外，含糖非碳酸饮料与白细胞端粒缩短无关，因为喝含糖非碳酸饮料的人群，平均每天喝 0.3 份，远低于喝含糖碳酸饮料的 1.5 份，最可能是因为前者糖分较低，而不产生白细胞端粒缩短效应。研究也发现，喝 100% 纯果汁，和白细胞端粒延长有边缘性的相关。果汁中的植物化学物质与营养素带来好处，但液体中的糖分仍可能有坏处，并抵消部分好处。[10]

含糖饮料通过两大机制导致老化：一是高血糖造成新陈代谢异常，二是糖分直接摧毁细胞结构。

喝含糖饮料造成空腹血糖过高、胰岛素抵抗，以及氧化自由基，都会导致白细胞端粒损耗。若形成心血管代谢疾病，将增加白细胞端粒损耗，大大加速老化进程。[9,10,12]

再者，葡萄糖、乳糖或果糖等还原糖进入身体后，会和氨基酸、核苷酸或脂肪酸（导致以上分子糖化），形成晚期糖基化终末产物（Advanced glycation end products, AGEs）。"AGE" 在英文中是年龄的意思，相当有意思地说明："晚期糖基化终末产物＝老化"，简称"糖老化"。[13]

健康检查项目，以及糖尿病例行检查中都包括糖化血红蛋白（HbA1c）。它指的就是血红素糖化的比例，也是其他组织糖化的参考指标。当血糖过高时，相当比例的血红素也被糖化，影响功能。晚期糖基化终末产物在各种组织中都大量产生，导致糖尿病患者加速老化与多重器官病变。

糖化的化学反应，称为美拉德反应（Maillard reaction），是不牵涉酶的慢速化学反应，还原糖上的羰基和蛋白质上的一级氨基结合，需要花费数天至数周。[14]还好，细胞也存在一套乙二醛酶解毒系统（Glyoxalase system），包含 GLO-1 和 GLO-2，可以减少晚期糖基化终末产物的产生。[15,16]

晚期糖基化终末产物累积可导致以下生理组织危害。

- 有些晚期糖基化终末产物会让邻近的蛋白质产生异常交联，让原来有弹性的组织变得僵硬。

- 有些不会产生交联的晚期糖基化终末产物，继续糖化蛋白质，并改变功能。

- 已经糖化的蛋白质或小型糖化胜肽会和晚期糖基化终末产物受体（Receptor for AGE, RAGE）结合，参与炎症反应。

- 增加氧化压力，造成组织危害与老化。[17]

真皮组织正是糖化反应的重灾区，因为胶原蛋白、弹力蛋白是存活较久的蛋白质，氨基与葡萄糖或果糖产生糖化反应，导致两股胶原蛋白异常交联，弹力蛋白变性，且不易修复，结果就是真皮硬化，弹性减少，更多紫外线引起活性氧制造糖化反应物。[16,18]

研究还发现，晚期糖基化终末产物会刺激黑色素细胞上的受体（RAGE），刺激制造黑色素。此外，在紫外线照射下，角质形成细胞会释出晚期糖基化终末产物，加速黑色素形成，以及光老化。[19] 由于晚期糖基化终末产物会持续在身体累积，年纪增加又使肾脏排毒功能减弱，老年人即使摄入较少晚期糖基化终末产物，血液中的浓度依然高，可能和老化有关。[20]

晚期糖基化终末产物加速全身老化，也和动脉硬化、慢性肾衰竭、糖尿病、慢性阻塞性肺疾病、卵巢老化、阿尔茨海默病、癌症有关。[13,14,18,21]

事实上，食物中就含有晚期糖基化终末产物，烹煮过程中产生的褐色物质多出现在以下几种情况中。[22]

- 富含糖分、蛋白质或油脂的食物。

- 高温烹调，特别是超过 120℃。

- 干烤比水煮产生更多晚期糖基化终末产物。

- 烧烤、炭烤、油炸比水煮、炖焖产生更多晚期糖基化终末产物。

短时间的高温烹调，比长时间的低温烹调产生的晚期糖基化终末产物更多。鸡胸肉烤 15 分钟所产生的晚期糖基化终末产物，竟是水煮 1 小时的 5 倍！[22] 通过测量皮肤荧光反应，可得知皮肤晚期糖基化终末产物的严重度，更成为得知其他身体组织糖化与老化程度的黄金标准。[23]

🌀 03 高油饮食的皮肤危害

▌高油饮食与干癣

德国莱比锡大学医院的皮肤学、性病学与过敏学科团队分析发现，饮食中的饱和脂肪酸，是皮肤病症的关键因素，且和患者本身的脂肪量、脂肪细胞激素浓度、葡萄糖代谢等因素无关。

他们针对一群干癣患者进行关联性研究，发现血液中游离脂肪酸浓度是影响疾病严重度的唯一肥胖相关因子。同时，在老鼠试验中，即使是健康的瘦老鼠，让血液中游离脂肪酸浓度增加，就可以诱导炎性干癣病灶的出现。

他们也发现，饱和脂肪酸可以让骨髓细胞敏感化，受到刺激时，增加身体的免疫反应，导致角质形成细胞的过度活化，产生干癣病灶。在老鼠试验中，仅仅减少饱和脂肪酸的摄取，就能改善胖老鼠的干癣病灶。[24]

饱和脂肪酸的常见来源包括红肉中的动物油、乳制品中的奶油（牛油）、椰子油等，能在室温下凝固，多属促炎的油类，会导致皮肤炎症恶化。

相反，来源是深海鱼肉、亚麻籽的 ω-3 不饱和脂肪酸，在室温下呈液态，为抗炎的油类，反而能改善皮肤炎症。ω-6 不饱和脂肪酸基本上也属促炎的油类，需与抗炎的 ω-3 保持平衡，最健康的 ω-6 与 ω-3 的比值为 3～4。

波兰研究团队一项针对干癣患者与健康对照组的血液脂肪酸分析发现，在非肥胖的干癣患者中，皮肤症状越严重，血液中 DHA、ω-3 不饱和脂肪酸（PUFA）浓度就越低，非必需脂肪酸（MUFA）浓度就越高。而且，饱和脂肪酸与不饱和脂肪酸的比值越高，罹患干癣的时间就越久。[25]

▌高油饮食与感染

高油促进了花生四烯酸、前列腺素 E_2（Prostaglandin E_2, PGE_2）的制造，具皆具有促炎效果，增加白细胞介素 17 生成，活化巨噬细胞与其他炎性反应路径。高油饮食还改变了免疫细胞膜的脂肪组成，危害了免疫功能。[26]

富含高饱和脂肪酸的西式饮食能导致免疫系统活化，这是通过活化巨噬细胞、树突细胞、中性粒细胞上的 Toll 样受体 4（Toll-like receptor 4, TLR4），激活炎性介质信息传导、生成更多炎性介质。[27] 由于 Toll 样受体 4 是免疫细胞用来感知细菌的，饱和脂肪酸和细菌内毒素成分类似，可导致免疫细胞错误地攻击饱和脂肪酸而非细菌。[26]

饱和脂肪酸也导致肠胃黏膜炎症以及异常渗漏，有害物质从肠道到血液中，导致免疫失调，降低杀菌力。果然，试验也发现，饱和脂肪酸可以在数小时内，直接造成细菌内毒素（LPS）的移位。[26]

与此同时，高油饮食抑制了后天免疫系统，通过增加氧化压力，危害了 T 细胞与 B 细胞的增生与成熟过程，促使 B 细胞凋亡与免疫力低下。因此，高油饮食降低对病原体的免疫力。[27]

▌高油饮食与痤疮、表皮囊肿、脂溢性皮炎

一个夏天的晚上，我一摸头发超油。我已经许久不这样了，当天不热，冷气也吹得凉。

原来，傍晚我到百货公司美食街，吃了一份 7 分熟的约 340g 西冷牛排，关键就是红肉中的动物性饱和脂肪。痤疮、表皮囊肿、脂溢性皮炎等常见皮肤病，皆因皮脂腺过度出油。

Stella 是一位 35 岁女性，抱怨 5 年前生完小孩之后，头皮就容易出油，奇痒难耐，伴随大量头皮屑。她即使每天洗头也是如此，用过多种护发产品，向许多医生求助，被诊断为脂溢性皮炎，用药后症状有所改善，但停药后马上复发。

她哀怨地问我："到底头皮出油的根本原因在哪里？我不想为了这个问题，一直看病！"

当时是 12 月，天气明显转冷，我追问她的饮食习惯，她坦承："我超级喜欢吃火锅的，每两天就吃一次火锅，比如羊肉炉、麻辣锅、姜母鸭，特别爱喝火锅汤，一次能喝 10 碗。"

火锅汤除了高盐，就是高油了，油不只浮在汤面上，还潜在汤里，这些动物性饱和脂肪往往来自牛肉、羊肉、猪肉，而加工制品中的 ω-6 不饱和脂肪酸、反式脂肪酸、糖分也溶到汤里，让皮脂腺乐不可支，赶紧制造大量皮脂来报答主人，皮肤上的糠秕马拉色菌（Pityrosporum ovale, 或 Malassezia furfur）看到皮脂"吃到饱"，也大量繁殖造成了脂溢性皮炎。

Stella 还爱吃巧克力、油炸食物，长期便秘，除了无肉不欢，她很少吃蔬果，之前就很容易冒痘，部位包括头皮、下巴、后颈、胸口、乳房，跟异常出油关系密切。脸上还有多处淡黄色丘疹，诊断是皮脂腺增生。她长期大量吃猪肉，还只吃肥肉不吃瘦肉，她觉得这样吃"超疗愈"，这代表她可能不自觉地吃高油食物来减压。

她还有过敏体质，有哮喘、过敏性鼻炎、手部湿疹等状况，脂溢性皮炎也就如影随形了。

Bill 是一位 60 岁男性，在左颧骨靠近眼睛的地方，这两天突然长出一大颗肿包，直径有 1cm 那么大，诊断为表皮囊肿。他说平常皮肤就容易出油，这两天还吃完一大包花生，以前只要吃花生，就会长这种肿包。

为什么呢？花生富含花生四烯酸，这也属于 ω-6 不饱和脂肪酸，除了增加皮脂腺分泌，还让皮肤容易形成炎性的表皮囊肿。

▌高油饮食与皮肤癌

在澳大利亚昆士兰进行的一项为期 10 年的研究中，追踪 1000 余名成年人的饮食习惯与皮肤癌的发生关系，包括基底细胞癌、鳞状细胞癌等。

研究并未发现整体脂肪摄入量与皮肤癌有关系，却发现，曾有过皮肤癌的人群，整体脂肪摄入量越多，鳞状细胞癌的数量越多，摄入最多的分组比起最少的，增加了 142% 的风险。[28]

原因可能是饮食中的 ω-6 不饱和脂肪酸摄入过多，增强紫外线对于皮肤的致癌反应，并增加了促炎和抑制免疫的前列腺素 E_2，提升了罹患皮肤癌的风险。

相反，若提升 ω-3 不饱和脂肪酸的摄入量，能抑制紫外线对于皮肤的致癌反应，减少前列腺素 E_2，产生皮肤的光保护作用。[29]

🌀 04 化学添加物的皮肤危害

日本长崎大学医院发表在《儿科学》（*Pediatrics*）的案例报告提到，一名 14 岁的女生在过去 4 个月中，不明原因地出现了 4 次严重过敏，症状包括荨麻疹、脸部血管性水肿与呼吸困难，需要肌肉注射肾上腺素来改善。以往该女生患有过敏性鼻炎，和一次不明原因的荨麻疹。

起初，医生以为她吃了比萨或汉堡，接触到小麦麸质、奶酪而导致过敏，但检测 IgE 与进行食物挑战测试，结果都是阴性。医生逐渐怀疑她在超过 4 小时前所吃的棒冰或拿铁奶昔，对其进行食物过敏原检测，蛋、奶、西红柿、明胶等成分也是阴性，最后医生发现这些食物的共同成分，就是羧甲基纤维素钠（Carboxymethylcellulose sodium, CMC-Na），这是一种增稠剂。果然，刺肤测试显示为阳性。

研究团队还联系厂商，特制了不含羧甲基纤维素钠的棒冰，进行食物挑战测试，结果并未引起女生的过敏。她持续摄食避免含羧甲基纤维素钠的食品，过敏维持了 6 个月不再发作，直到第 5 次过敏发作，当时她误吃了面条，其中含有羧甲基纤维素钠！[30]

除了反刍动物，哺乳动物已经失去了纤维素的消化酶，纤维素或羧甲基纤维素钠，无法从肠道吸收而会排出体外。研究发现，人类左侧大肠具有可消化纤维素的菌群，小分子的纤维素仍可能被分解而吸收到血液中，导致特定体质者产生全身性过敏反应。延迟性发作的原因，推测是口服纤维素后，需要 2 小时抵达大肠，且菌群将大分子纤维素分解为更小分子需要时间。

研究团队建议，医生应彻查患者的饮食史，调查可疑食物以及内含的羧甲基纤维素钠。当不同食物反复引发过敏时，就要关注，可能当中含有共同的食品添加剂引发了过敏！[30]

食品添加剂确实可能引起两种不良反应：一种是免疫性的，包括立即或延迟超敏反应（Hypersensitivity）；另一种是非免疫性的，即不耐受反应（Intolerance）。多半反应轻微，且以皮肤症状为主，全身性过敏反应较少见。研究发现，食品添加剂引起过敏反应的概率是 0.01%～0.23%，这是非常低的，但在过敏人群中可达2%～7%。[31]

有趣的是，患者观察的比例为 7.4%，可能被医生诊断出来的少，毕竟需要十分谨慎地询问饮食史。目前最有效的治疗就是，回避食品添加剂。[31]

05 乳制品的皮肤危害

牛奶、乳制品与痤疮

有次农历小年夜，我鼻上突然长了痘，而且舌头痛。奇怪，什么原因？

回想前一天，朋友请我喝珍珠鲜奶茶，3 分糖。十分不巧，吃饭时鸡骨头卡在牙齿中间，我想用舌头顶出来，反倒刮伤了舌头，到了晚上，舌头痛不堪言。

大年初一早上，我发现人中又长了一颗痛痘。前一天并没有喝牛奶啊！

后来，我才想到亲戚在除夕夜带了珍藏的"奶酒"回来，大家喝得尽兴。

到了大年初二，人中的痘不仅没消，鼻子上又多了一颗痘。大年初一我没喝牛奶，可是我喝了亲友请客的大杯拿铁咖啡，里面是加牛奶的。

大年初三，我鼻两旁的黑头粉刺突然大了起来，不得不挤掉它们。因为大年初二，我喝了含牛奶的抹茶奶绿……整个过年假期我痛苦不堪。

在青春期时，爸妈希望我多喝牛奶，能够长高，加上家族遗传，我整个脸"爆痘"，至今留下"月球表面陨石撞击"般的坑疤。过了青春期，我已经很少长痘了，再次长痘时，总不外乎两个原因：一是睡眠不足，二是喝牛奶。

许多患者都和我有类似的经历。

Nicole 是 35 岁的女性上班族，鼻子大，整个鼻子的毛孔多且大，布满黑头粉刺，像草莓一样，她抱怨之前痤疮的治疗效果差。我追问才发现，她每天都喝一杯鲜奶，又常额外喝鲜奶茶，虽然都是"无糖"的。

Kent 是 26 岁男性上班族，平常很少长痘，最近这两周人中却长两颗痘痘。他否认睡眠、压力、食物的改变。我特别问他："有无喝牛奶？"他否认。再问："有无接触乳制品？"

他恍然大悟地说："从这两周开始，我早上都喝一罐酸奶，一罐大概 500 毫升。"

尽管酸奶好处多，但毕竟也是乳制品，同时还需要小心添加糖、色素、香料的问题。

究竟吃乳制品是否与痤疮有关？

哈佛公共卫生学院分析"护士健康研究第二波"中，回溯 47000 多位女性的资料发现，摄食乳制品较多的人，长痤疮的概率增加了 22%。其中，摄食全脂乳者增加 12%，低脂乳增加 16%，脱脂乳增加 44%。日常生活摄食速溶早餐饮品、雪花酪、茅屋干酪、奶油干酪等，都和痤疮有关。研究团队推断，可能是因为牛奶中的激素与生物活性物质，让人出现痤疮。[32]

牛奶（包含乳糖）产生类似高血糖指数碳水化合物的效应，出现胰岛素和胰岛素样生长因子 IGF-1 增加、胰岛素样生长因子结合蛋白 IGFBP-3 减少的情况。再者，牛奶中的 20% 正是由乳清蛋白构成的，乳清蛋白主要由支链氨基酸（Branched chain amino acids, BCAAs）组成，会增加胰岛素样生长因子，刺激胰岛素过度分泌，导致角质形成细胞过度生长、皮脂腺分泌油脂、雄激素活性增加，使粉刺与痤疮形成。

此外，牛奶还含有牛胰岛素样生长因子 IGF-1，一样会结合到人类的受体上，促进粉刺形成、皮脂腺脂肪生成、毛囊炎症，以及刺激雄激素。牛奶还含有高活性的双氢睾酮（Dihydrotestosterone, DHT）前驱物，包括胎盘源孕酮、5α-pregnanedione 和 5α-androstenedione，以及 6 种与痤疮相关的生长因子，如转化生长因子（TGF）、胰岛素样生长因子（IGF-I, -II）、血小板源生长因子、纤维生长因子（FGF-1, -2）等，都会刺激痤疮形成。[33,34]

Dylan 是一位 35 岁男性工程师，苦恼于耳朵前方的疼痛粉瘤，经口服药与注射用药治疗，仍反复发作。我追根究底地询问："发现什么时候容易发作？"

他想了想说："基本是两个状况，一是夜眠 5 小时，二是吃了干酪，有时候是吃蛋糕、布丁、奶昔，真的一吃就发作！"

尽管牛奶、酸奶、干酪都是相当优质的营养来源，但若在意皮肤长痘痘的问题，可能就需要用其他食物来替换了。

牛奶、乳制品与痘痘之间似乎有常见的关联，但在医学上仍存在争议。我建议，若长期困扰于痤疮，且感到一般治疗的疗效不佳，可以考虑停用乳制品，并且观察痤疮是否有所改善。

▌ 乳清蛋白粉与痤疮

许多人上健身房锻炼肌肉，并配合摄食乳清蛋白粉，以养出健美的肌肉。他们自然也是爱美一族，发现脸上、胸口、背上不断冒痘，就口服抗痘药、涂抹抗痘药，但仍不断复发，而且出现黑色素沉着，好不容易通过激光治疗有所改善，却又冒出红肿的大粒新痘。

Hank，男性，26 岁，是一位科技工程师，在医生建议下，他乖乖地吃过 2 个疗程，每个疗程为期一年半的口服维 A 酸。他抱怨："我吃维 A 酸时，皮肤干燥十分严重，都已经配合长期治疗了，痘痘为何仍一再复发？"

口服维 A 酸是现今痤疮治疗的最强效的选择，不过根据《美国医学会·皮肤医学》研究，仍有 32.7% 痤疮患者在完成维 A 酸疗程后一年内复发，其中低剂量治疗组（维 A 酸累积剂量 <220mg/kg）复发率为 47.4%，高剂量治疗组（维 A 酸累积剂量 ≥ 220mg/kg）复发率为 26.9%。[35] 为何接受如此强效的治疗，仍频繁复发？

临床上发现性激素失调、不当饮食、睡眠障碍、合并精神疾病及服用特定药物等状况，都会成为复发的高危因素。这也是本书系统性地分析皮肤关键病因的原因所在，希望找出个人原因，减少复发率。

果然，Hank 喜好健身，每两天按时上健身房进行力量训练。为了增肌，他吃大量乳清蛋白粉（每天 40g 以上），奶油、奶茶、布丁、水蜜桃……口味多种多样，喝起来甜滋滋的，真是不亦乐乎！他还爱喝牛奶，最近超市特价，索性整箱搬回家，把牛奶当水喝，每天喝 1500mL 都不腻。他平常还喜欢吃美式炸鸡、炸薯条。

我追问："你的年度健康检查有无异常？"

他说："医生说我有高胆固醇血症、低密度脂蛋白胆固醇过高，但没告诉我为什么，我自己也不知道原因。"

我说："小心你摄食的乳制品！已有研究报告指出，乳清蛋白粉与痤疮有关，全脂牛奶含的饱和脂肪、乳糖，若大量摄食也可能和你的高脂血症有关。"

一项研究针对 30 位使用乳清蛋白补充剂的成年人，未服用前仅有 57% 的人有痤疮，严重度在第一级（轻度）至第二级（中度）之间，无人为第三级（重度），摄食乳清蛋白两个月后，所有人都出现了痤疮，70% 的严重度为第一级至第二级，而 30% 为第三级（严重）。[36]

为什么会这样呢？

乳清蛋白（Whey protein）是在牛奶形成干酪的凝固过程中，留下的上清液，富含 β - 乳球蛋白（β-Lactoglobulin）（占 65%）、α - 乳清蛋白（α-Lactalbumin）（占 25%）、牛血清白蛋白（Bovine serum albumin）和免疫球蛋白（Immunoglobulins）等。

这些牛奶蛋白会增加胰岛素样生长因子（IGF-1），诱发角质形成细胞过度增生与细胞凋亡，也会刺激 5α 还原酶（5α-reductase）将雄激素睾酮转化成双氢睾酮，以及增加肾上腺与性腺的雄激素制造，促进雄激素受体信息传导，导致粉刺与痤疮形成。

事实上，健身者服用乳清蛋白补充剂，相当于喝下了 6～12L 牛奶。[37] 若摄食这类产品，同时长期困扰于痤疮，可以考虑停一阵子，看看痤疮是否出现自然改善。

06 其他特定食物的皮肤危害

奶精与痤疮

Tim 是 30 岁男性上班族，下巴长痘，伴随两颊潮红，被诊断有痤疮和玫瑰痤疮皮炎。他从小就肠胃不好，喝鲜奶会拉肚子，后来发现喝早餐店用奶精泡成的奶茶就没问题，没想到还一喝上瘾，从此戒不掉。两年前，他迷上健身，每天冲乳清蛋白粉喝，却发现痘痘出现了，并迅速恶化。他决定停掉乳清蛋白粉，痘痘果然改善了 5 成，但却没有再继续改善，因此来找我。

我提醒他："留意一下你奶茶里面的奶精！"

有些人像 Tim 一样戒掉了奶制品，理所当然地用奶精来取代。但人造的奶精是个陷阱。

奶精的主要成分是氢化植物油、玉米糖浆、酪蛋白、香料、食用色素、磷酸氢二钾（属于食品添加剂，用于防止凝结）等。酪蛋白是从牛奶提取的乳蛋白。奶精多使用氢化植物油，知名且广被使用的人造奶油也是，它们都含有反式脂肪酸，已知会增加罹患心肌梗死、动脉硬化等心血管疾病的风险。

研究发现，奶精中主要的脂肪酸是月桂酸（Lauric acid，十二烷酸），是中链饱和脂肪酸，也是椰子油的主要成分。[38] 前文我介绍了高油食品对皮肤的危害，包括出现皮脂腺相关的疾病，如痤疮。

▌巧克力与痤疮

2018 年 12 月，在德国西部小镇韦斯顿（Westönnen）的 DreiMeister 巧克力工厂储存槽发生外泄，约有 1 吨液态巧克力外流成河，并快速凝固成超大巧克力块。消防队用铲子清路，用热水和火将巧克力融化，才处理了这场"事故"。

黑巧克力是备受欢迎的食材，富含有益于大脑与心血管健康的营养素。然而，对 Felicia 来讲，却是一场"甜蜜灾难"。她是一位 40 岁女性上班族，长期困扰于人中及鼻孔旁的肿胀痘痘。她终于发现真相：一吃巧克力就发作，屡试不爽。

在一项小型的双盲对照试验中，年龄介于 18～35 岁的男性被分派服用 100% 可可胶囊、安慰剂或以不同比例混合二者的剂型。结果发现，试验组在第 4 天与第 7 天的痤疮数量（包含粉刺、丘疹、脓疱、结节）显著增加，且巧克力服用量和第 4 天与第 7 天的痤疮数量成正比。[39]

另一项研究中，33 位年轻男性（20～30 岁）或中年男性（45～75 岁）每天吃

10g 含 70% 可可的黑巧克力，为期 4 周，然后运用显微镜检视皮肤的改变。结果发现：两组的油滴大小并未改变，但年轻男性（脱落的）角质细胞显著增加，年轻男性与中年男性的表皮革兰氏阳性菌，包括痤疮杆菌、金黄色葡萄球菌，也增加了，这都与痤疮形成有关。[40]

过去研究也发现，巧克力会增加痤疮杆菌引起的白细胞介素 1β 分泌，导致角质形成细胞增生，因此恶化痤疮。[40]

▍高盐或辛辣食物与痤疮

Vera，25 岁护理师，抱怨下巴频繁长痘，从经前持续到经后，她一向喜欢吃麻辣香锅，而且酷爱特辣，她还喜欢吃其他的油炸与辛辣食物。

一项案例对照研究中，比较 200 位痤疮患者，以及年龄、性别相当的对照组，发现前者每天摄取较多的氯化钠，中位数为 3.37g，对照组的中位数为 2.27g。分析发现，氯化钠摄取量越高，在越小的年龄就开始长痤疮。但吃较咸或辛辣食物，与痤疮的严重度及发作时间并无关联。[41]

根据美国膳食指南，每人每天钠摄取量应低于 2.3g。钠平衡影响着水平衡，高盐可能导致皮肤组织水肿，导致毛囊开口的压迫与阻塞，促进痤疮形成。[41]

尽管研究并未发现辛辣食物与痤疮有直接关联，但辛辣食物或火锅的一大特征就是高盐，也许因此促使痘痘生长。

▍肉食与体气

许多患者抱怨："医生，我为什么狐臭（体气）这么明显？究竟是什么原因？除了抹除汗剂、止臭剂，还有什么非侵入性的治疗吗？"

我回答："狐臭受到基因的影响，确实难以改变，但有一项可以改变的，是你的饮食！"

一项捷克的研究中，让 17 位男性遵照"肉食"或"非肉食"的饮食指导，为期 2 周，之后再互换，并收集腋下气味，由 30 位女性闻，评估愉悦度、吸引力、男人味等。结果发现，"非肉食"男性腋下气味明显更有吸引力、较温和。显然，

"肉食"对于腋下气味有负面影响。[42]

过去在臭味研究上，名列黑名单的食物包括大蒜、洋葱、辣椒、胡椒、醋、干酪、圆白菜、白萝卜、酸奶（发酵乳制品）。有趣的是，卤过的鱼（Marinated fish）能带来较佳气味。[42]

体气的三大"凶手"：雄激素类固醇、挥发性脂肪酸、硫乙醇，这些都是恶名昭彰的臭味分子。由于它们和雄激素、脂肪酸、硫等成分有关，因此可合理推测与饮食相关。

- 含硫食物容易造成体气，包括肉类、牛奶与乳制品、蛋类、十字花科含硫蔬菜（圆白菜、白萝卜）、蒜科（大蒜、洋葱、辣椒、胡椒）。
- 多动物脂肪的肉类、奶油、油炸食物，也与脂肪酸过多有关。而睡眠不足或失眠，也会造成皮脂过度分泌，是原因之一。
- 肉食、高糖食物、牛奶都容易增加雄激素分泌，雄激素活性增加，和体气有关，更是痤疮出现的原因。

鼓励体气患者细心找出加重体气的日常食物，试着回避一阵子，看看效果如何！

>>> **CHAPTER 4**

营养失衡
对皮肤的影响

01 脂肪酸的重要性

皮肤老化和脂肪不足有关

刚进入秋天，天气变得干凉。在一家餐厅里，45 岁女性 Emily 和朋友聚餐。当朋友要帮她夹菜时，她却说："不要。"语气很凶，脸上还有"杀气"。接下来她抱怨工作压力大，每天面对"难对付"的客户。她还说，最近在减肥，每天只吃一个面包就出门。脸干痒得厉害，晚上一直抓，出现血痕。她用了洗面奶，擦了保养品，反而变得严重，还在脱皮。

Emily 怎么了？她的皮肤因为不当减重缺少了重要的油脂，加上气候干冷，洗面奶又洗去仅存的皮脂，保养品中的特定成分引起刺激或过敏，皮炎因此恶化。长期下来，皮肤自然老得快。

日本岐阜大学刊载于《英国营养学期刊》（*British Journal of Nutrition*）的研究中，针对 716 名接受医院年度健康检查的女性评估皮肤老化状况，包括皮肤保水度、皮肤表皮脂肪（皮脂与角质脂肪）、皮肤弹性（以右上臂内侧为标准）、脸部皱纹（鱼尾纹），并调查她们的饮食习惯，分析发现皮肤老化的特征。

- 表皮脂肪（Surface lipids）变少：和年龄增长有关。
- 皮肤弹性变差：和年龄增长、BMI 降低、表皮脂肪变少有关。

- 脸部皱纹变多：和年龄增长、日晒累积时间、抽烟、表皮脂肪变少、皮肤弹性变差有关。

研究发现，皮肤弹性好的女性，非必需脂肪酸（如橄榄油）、整体脂肪摄取，甚至饱和脂肪酸摄取也较多。欧美研究普遍认为饱和脂肪酸对皮肤不好，日本岐阜大学的研究无此发现，可能和日本女性即使日常摄取饱和脂肪酸，摄取量仍明显低于欧美女性有关。

研究也发现，脸部皱纹较少，与多吃绿色或黄色蔬菜，其含有胡萝卜素与其他抗氧化植物化学物质有关。[1]

适当摄入脂肪对皮肤健康的重要性，和对大脑健康一样，不言而喻。

■ ω-3 脂肪酸与 ω-6 脂肪酸平衡对皮肤的影响

亚油酸（Linoleic acid, LA）与 α- 亚麻酸（α-Linolenic acid, ALA）是必需脂肪酸（Essential fatty acids, EFA），人体无法制造，必须从食物中摄取。通过酶的碳链延长作用，以及去饱和作用（增加双键，变为不饱和性质），终能合成长链不饱和脂肪酸（Polyunsaturated fatty acids, PUFA），分别为 ω-6 脂肪酸、ω-3 脂肪酸。

西式饮食中，亚油酸是 α- 亚麻酸的 15~20 倍，因此会制造高浓度的 ω-6 脂肪酸（而非 ω-3 脂肪酸），以花生四烯酸（Arachidonic acid, AA）为代表。因此以西式饮食为主的人，可能需要额外补充 ω-3 脂肪酸，包括 EPA（Eicosapentaenoic acid，二十碳五烯酸）、DHA（Docosahexaenoic acid，二十二碳六烯酸）。

ω-6 脂肪酸与 ω-3 脂肪酸会竞争前述合成作用中的延长酶（Elongase）、去饱和酶（Desaturase），也会竞争环氧合酶（Cyclooxygenase, COX）与脂氧合酶（Lipoxygenase, LOX）。ω-6 脂肪酸通过环氧合酶代谢路径形成前列腺素 E_2，这是一种促癌剂（Tumor promoter），和皮肤基底细胞癌、鳞状细胞癌侵袭性的肿瘤细胞生长有关。[2]

ω-3 脂肪酸会和 ω-6 脂肪酸在环氧合酶上的结合处竞争，因而能抑制前列腺素 E_2 的制造，提升前列腺素 E_3 的制造，并转为脂氧合酶的代谢路径，产物能抑制肿瘤生长，具有免疫监控作用。[3]

丙二醛（Malondialdehyde, MDA），是前列腺素与血栓素（Thromboxane）代谢路径的产物，是反映脂质过氧化的重要生化指标。

在动物试验中，已经发现 ω-6 脂肪酸、ω-3 脂肪酸在癌症形成中的作用。

- 增加饮食中的 ω-6 脂肪酸，会加速紫外线的致癌机制，包括缩短癌的潜伏期与癌的分化，主要作用在癌的启动期之后的阶段，即促进期与进展期。
- 增加饮食中的 ω-3 脂肪酸，会抑制紫外线的致癌机制，它作用在癌的启动期。
- 随着饮食中 ω-6 脂肪酸的增加，前列腺素 E_2 浓度增加，其具有促炎、免疫抑制的作用。相反，增加饮食中的 ω-3 脂肪酸，前列腺素 E_2 浓度反而减少。[2,3]

ω-3 脂肪酸与 ω-6 脂肪酸失衡和皮肤症状

痤疮

一项研究比较痤疮患者与健康人的各种脂肪酸发现，前者血清 EPA 浓度显著较低，花生四烯酸与 EPA 的比值、二高 - γ - 亚麻酸（Dihomo- γ -linolenic acid, DGLA，可转化为花生四烯酸）与 EPA 的比值较高，但花生四烯酸、二高 - γ - 亚麻酸本身无差异，DHA 也无差异。这为痤疮患者皮肤处于促炎状态，可用具有抗炎作用的 ω-3 脂肪酸作为痤疮辅助疗法，提供了理论基础。[4]

干癣

和正常皮肤相比，干癣病灶的花生四烯酸和代谢物的浓度都升高，特别是白三烯 B4（Leukotriene B4）、12-HETE（12-Hydroxyeicosatetraenoic acid），它们会吸引中性粒细胞聚集，引起炎症反应。[5]

相反，关于自身免疫病的研究发现，当血液与细胞膜中 EPA 和 DHA 浓度较高时，花生四烯酸、白三烯 B4 的生成减少，疾病严重度下降。但 ω-3 脂肪酸在干癣治疗的研究，尚未取得一致性的结果。[5]

皮肤癌

美国布朗大学团队针对两大追踪研究数据进行分析，追踪皮肤癌患者将近 30 年，包括 1530 名恶性黑色素瘤患者、3979 名鳞状上皮细胞癌患者、30648 名基底细胞癌患者。他们发现，摄取不饱和脂肪酸最高量的分组，相较于最低量的分组，前者患鳞状上皮细胞癌的风险增加 16%，基底细胞癌增加 6%。当中，摄取较多 ω-6 脂肪酸的，三种皮肤癌的患病风险都增加。

有趣的是，摄取较多 ω-3 脂肪酸，并不影响鳞状上皮细胞癌、恶性黑色素瘤发病率，但与基底细胞癌的患病风险有关。摄取较多非必需脂肪酸，可降低基底细胞癌的患病风险。摄取较多胆固醇，可降低鳞状上皮细胞癌的患病风险。[6]

同样是不饱和脂肪酸，一般人摄取促炎的 ω-6 脂肪酸的量，远多于抗炎的 ω-3 脂肪酸，可能因此提升了皮肤癌的发生风险。若进一步分析血液中 ω-3 脂肪酸与 ω-6 脂肪酸的比值与皮肤癌的关系，将能提供更完整的信息。多摄取非必需脂肪酸，如橄榄油，以及适量的胆固醇，如海鲜、鸡蛋等，也是预防皮肤癌的可行方法。

美国亚利桑那州癌症中心的研究发现，和 ω-3 脂肪酸浓度较低的人相比，ω-3 脂肪酸浓度较高，以及最高的分组患鳞状上皮细胞癌（Squamous cell carcinoma, SCC）的风险较低（优势比分别为 0.85、0.71）。和 ω-3 脂肪酸与 ω-6 脂肪酸的比值较低的人相比，此比值较高、最高的分组，患鳞状上皮细胞癌的风险也较低（优势比分别为 0.88、0.74）。[7]

这项研究显示出 ω-3 脂肪酸对预防鳞状上皮细胞癌的益处，ω-3 脂肪酸摄取来源包括深海鱼肉、鱼油、亚麻籽油、紫苏籽油等。

02 氨基酸的重要性

人体无法合成的 9 种氨基酸包括组氨酸（Histidine, His）、赖氨酸（Lysine, Lys）、亮氨酸（Leucine, Leu）、异亮氨酸（Isoleucine, Ile）、缬氨酸（Valine, Val）、苯

丙氨酸（Phenylalanine, Phe）、色氨酸（Tryptophan, Trp）、甲硫氨酸（Methionine, Met）、苏氨酸（Threonine, Thr）。这9种氨基酸又称为必需氨基酸，担当守护皮肤健康的重要角色。

组氨酸

丝聚蛋白（Filaggrin）是在角质层细胞中最重要的蛋白质之一，其中重要成分就是组氨酸（Histidine），还有丝氨酸和精氨酸。角质层运用游离氨基酸维持保水度在15%，这些游离氨基酸正是由丝聚蛋白进行选择性蛋白分解而来的。若游离氨基酸不足，将出现皮肤干燥，因此，丝聚蛋白正是天然调湿因子。[8]

尿苯丙酸（Urocanic acid），由组氨酸进行脱氨作用（Deamination）而来，富含于角质层中，有光保护效果，具缓冲作用，维持偏酸（pH=5.5）的皮肤酸碱值，能抑制病菌与霉菌生长。特别是，皮肤接触紫外线后，会增加尿苯丙酸的量，后者借由血流跨越血脑屏障，在大脑转变为谷氨酸（Glutamate），这是重要的兴奋性神经传导物质，可以解释为何晒太阳能够带来正面的情绪，以及提升学习效果、提高记忆力与认知能力。[8]

组氨酸可被转化为组胺，在皮肤受伤时参与炎症反应，包括血管扩张、组织肿胀，也在皮肤过敏反应中扮演灵魂角色。

组氨酸富含于乳类、鸡肉、牛肉中。

赖氨酸、脯氨酸与甘氨酸

这三种氨基酸是胶原的重要组成部分，也是胶原合成的调节者。由于胶原分子量太大（分子量130 kDa），无法渗入皮肤内（分子量<0.5 kDa才能渗透），在皮肤上涂抹胶原效果有限，若是以脯氨酸与甘氨酸的游离氨基酸形态补充，会有效得多。

赖氨酸对于胶原与弹力蛋白的组成及其功能至关重要。赖氨酸构成皮肤前原胶原（Preprocollagen）的一部分，会被两种酶催化进行蛋白修饰，一是赖氨酸羟化酶（Lysyl hydroxylase），依赖维生素C才能起作用；二是赖氨酸氧化酶（Lysyl oxidases），它含铜，在原胶原（Tropocollagen）之间进行共价交联，提供胶原的张力和弹力蛋白的弹力。此外，含赖氨酸与组氨酸的三胜肽，可用作皮肤保湿剂。[8]

脯氨酸也是前原胶原的一部分，会被脯氨酸羟化酶（prolyl hydroxylases）转化为 4- 羟基脯氨酸（4-hydroxyproline, OHPro），这种酶一样依赖维生素 C 才能作用。4- 羟基脯氨酸对于原胶原的稳定很重要，因为能够形成氢键。当胶原分解，会产生 4- 羟基脯氨酸，有效地用于合成甘氨酸，这也是强力抗氧化剂。[8]

富含赖氨酸的食物包括鱼肉、牛奶、干酪、肉类、酵母、鸡蛋、大豆制品等。人体会自行合成脯氨酸、甘氨酸。

支链氨基酸

支链氨基酸有 3 种，即亮氨酸（Leucine, Leu）、异亮氨酸（Isoleucine, Ile）、缬氨酸（Valine, Val）。它们和角质、胶原与皮肤蛋白的形成都有关，特别是替换损坏的胶原。若缺乏亮氨酸与异亮氨酸，将通过抑制 mTOR 机制，减少胶原制造。有种亮氨酸代谢物 HMB，也就是 β- 羟基 -β- 甲基丁酸（beta-Hydroxy beta-methylbutyric acid），已经被用作营养补充剂。有研究发现，它还能促进伤口修复，也被用作保湿类护肤品的成分之一。[8]

富含支链氨基酸的食物包括鸡肉、牛奶、干酪、牛肉、动物肝脏等。

苯丙氨酸与酪氨酸

这两种含有苯环的氨基酸是黑色素的前驱物，黑色素能吸收有害的紫外线，防止皮肤细胞 DNA 损害以及皮肤癌，非常重要。[8]

苯丙氨酸是必需氨基酸，酪氨酸可由苯丙氨酸转化。黑色素细胞接触到紫外线，胞内黑色素体（Melanosomes）的苯丙氨酸羟化酶（Phenylalanine hydroxylase, PAH）受到活性氧刺激而活化，将苯丙氨酸转化为酪氨酸。接着，酪氨酸酶（Tyrosinase）将酪氨酸氧化为黑色素，传递到角质形成细胞中。

完整的黑色素合成路径如下所示。路径一产生真黑色素（Eumelanin），以黄种人、黑种人为典型，路径二产生棕黑色素（Pheomelanin），以白种人为典型。棕黑色素的合成需要较少的苯丙氨酸 / 酪氨酸，但需要半胱氨酸（Cysteine）。[8]

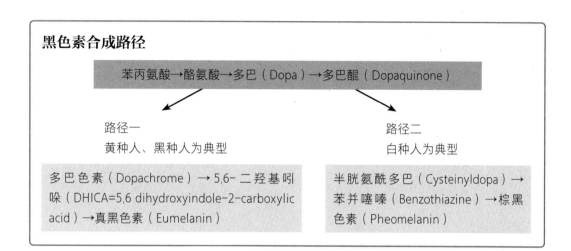

富含苯丙氨酸的食物包括大豆制品、牛奶、干酪、杏仁、花生、南瓜子、芝麻等。

富含酪氨酸的食物包括乳制品、香蕉、牛油果、杏仁、南瓜子、芝麻等。

色胺酸

左旋色氨酸也含有苯环，是褪黑素的前驱物。左旋色氨酸经过叶酸、铁、氧、维生素 B_3 的催化，先变为 5- 羟基色氨酸（5-HTP），又经维生素 B_6 催化，形成稳定情绪的 5- 羟色胺，再经 SAMe 甲基化、镁催化，在蓝光少的环境中，合成褪黑素。

褪黑素主要由大脑深处的松果体分泌，它除了是睡眠激素，也是对抗皮肤氧化压力的激素。人类皮肤含有一切能够转化色氨酸为褪黑素的酶，功能竟然跟松果体一样! [8]

富含色氨酸的食物包括干酪、牛奶、肉类、鱼类、香蕉、黑枣、花生等。

甲硫氨酸、半胱氨酸

这两种氨基酸含硫元素。半胱氨酸是角质的重要组成，它可从食物中的甲硫氨酸转化而来，在皮肤结构的二硫键中扮演重要角色，为合成多糖体、糖胺聚糖（Glycosaminoglycan, GAGs）所必需，也是身体硫元素的提供者。[8]

富含甲硫氨酸的食物包括豆类、鱼类、蛋类、大蒜、肉类、洋葱、种子、酸奶等。

精氨酸

在人体，精氨酸是通过"肠 – 肾轴"（Intestinal-renal axis），从谷氨酰胺、谷氨酸、脯氨酸转化而来的。它能够生成一氧化氮来加速伤口修复。[8]

富含精氨酸的食物包括坚果、爆米花、巧克力、糙米、燕麦、葡萄干、葵花子、芝麻、全麦、肉类等。

03 B 族维生素的重要性

维生素 B_3（烟酸）

维生素 B_3，即烟酸（Niacin, Nicotinic acid），在细胞内被转化成烟酰胺（Nicotinamide），是维生素 B_3 活性且具水溶性的形态，为辅酶 NADH 与 NADPH 作用所必需，参与超过 200 种酶反应，包括能量的制造、还原反应。[9]

烟酸 / 烟酰胺缺乏症导致糙皮病（Pellagra），产生光敏感性皮炎、腹泻与失智。烟酰胺能减少色素沉着、皱纹、紫外线损伤，以及生成皮脂，还具有抗氧化、神经保护功能。[10]

4% ~ 5% 的外用烟酰胺乳霜能明显减少皱纹、改善皮肤弹性；口服烟酰胺能延缓非黑色素瘤皮肤癌的进展。[9,10]

在英国南安普敦女性研究中，针对将近 500 名孕妇抽血，进行烟酸、烟酰胺及其生化代谢物检测，追踪她们的孩子在婴儿时期是否患有特应性皮炎。结果发现，血液中烟酰胺浓度较高者，婴儿在 12 个月大时得特应性皮炎的概率下降了 31%。[11]

这可能和烟酰胺的多重功能有关。

- 能调节炎性因子。
- 抑制 cAMP 磷酸二酯酶，抑制组胺与 E 型免疫球蛋白的释放，因而稳定肥大细胞与白细胞。

- 促进神经酰胺与角质层脂质的合成。

- 减少水孔蛋白（Aquaporin）生成，减少水分的渗透性与经皮散失。

- 协助生成胶原蛋白、角蛋白（Keratin）、丝聚蛋白（Filaggrin）、内披蛋白（Involucrin）等，维护皮肤结构完整、湿度与弹性等。[11]

烟酸还能作为降胆固醇的药物，但可能出现血管扩张、皮肤潮红、头痛与低血压等不适症状。烟酰胺，才是皮肤医学上主要应用的形式。

维生素 B_3 以烟酰胺或烟酸形式存在，最丰富的食物来源包括酵母（100g 中含130mg）、烤花生（100g 中含 23mg）、烤鲔鱼（100g 中含 19mg）、葵花籽（100g中含 19mg）、烤鸡胸肉（100g 中含 11mg）等，其他的还有肉类、海鲜、坚果、干酪、咖啡等。

维生素 B_5（泛酸）

维生素 B_5，即泛酸（Pantothenic acid），在人体内先被转换为磷酸泛素（4'-phosphopantetheine），再通过能量分子腺苷三磷酸（Adenosine triphosphate, ATP）转化为重要的辅酶 A（Co-enzyme A, CoA），参与许多生化反应，包括脂肪酸合成或胆固醇合成，是皮肤角质层渗透性屏障的重要组成。角质层包含了富含蛋白质的角质形成细胞，以及富含脂肪的细胞间隙。角质层的脂肪以神经酰胺、胆固醇、游离脂肪酸为主，但表皮深处以甘油三酯、磷脂为主。[12]

维生素 B_5 原（Provitamin B_5），又称右泛醇（Dexpanthenol），是优质的保湿剂，可加速修复皮肤因接触水或清洁剂引起的渗透性屏障损害，减少经皮水分散失。[12] 它可合并外用 10% 尿素，改善脱屑、粗糙、红疹、干裂等皮肤症状，以及肾功能衰退引起的瘙痒。[13]

外用 5% 泛酸药膏已有相当广泛的应用，包括应用于小型伤口（擦伤、切伤）、敏感肌肤（尿布接触区域、乳头等）、轻微烫伤等。[12]

维生素 B_7（生物素）

维生素 B_7，即生物素（Biotin），参与众多酶的羟基化作用，与葡萄糖新生、脂肪合成、脂肪酸合成、丙酸盐代谢、亮氨酸分解有关。生物素缺乏会出现鳞屑脱皮、斑块性皮炎与抑郁。生物素的补充，对于人类的皮肤、头发、指甲也有帮助。[12,14]

在健康饮食下，不容易出现生物素缺乏。但若大量摄食生蛋白，可能造成生物素缺乏，因为其内含抗生物素蛋白（Avidin），会不可逆地结合生物素。每天摄食生物素 $30 \sim 100\mu g$ 已经足够。[12]

✍ 04 维生素 D 的重要性

人体生成的维生素 D 为胆钙化醇（Cholecalciferol），即维生素 D_3，在皮肤接触紫外线（特别是中波紫外线 UVB）后，维生素 D_3 原（Provitamin D_3）转化为前维生素 D_3（Previtamin D_3），再到周边组织经过羟基化，转变为具有生物活性的维生素 D_3，譬如在肝脏形成骨化二醇（Calcifediol, 25-hydroxyvitamin D_3），在肾脏形成骨化三醇（Calcitriol, 1,25-dihydroxyvitamin D_3）。维生素 D 在维护骨骼、皮肤、免疫健康，以及对于脑神经疾病、疼痛、心血管疾病、感染、自身免疫病、癌症等，均起到关键作用。[15]

影响体内维生素 D 浓度升高的因素有阳光暴晒、口服摄取、低纬度、夏季、户外活动时间久、身体活动多、维生素 D 结合蛋白的基因多态性；影响维生素 D 浓度降低的因素有肤色较深、女性、BMI 较高、过量饮酒、维生素 D 结合蛋白的基因多态性。[15]

在皮肤生理学上，维生素 D 有三大作用。

- 调节角质形成细胞的分化与增生：骨化三醇被证明具有抗角质形成细胞增生的效果，通过改变细胞内钙浓度来调节。
- 表皮免疫系统的平衡：对于单核细胞、巨噬细胞具有抗炎效果，能够下调促炎性激素的表达与制造，包括肿瘤坏死因子-α、白细胞介素6、白细胞介素8等。
- 参与细胞凋亡的过程：药理浓度的骨化三醇会促进角质形成细胞凋亡。[16]

25- 羟基维生素 D（25-OH-D, D2 与 D3）的理想血液浓度为 40 ~ 60ng/mL，相当于 100 ~ 150nmol/L（换算公式：1.0 nmol/L = 0.4 ng/mL）；20 ~ 30ng/mL，称为维生素 D 不足；小于 20ng/mL，称为维生素 D 缺乏。体内维生素 D 浓度过低和多种常见皮肤病有关。

特应性皮炎

德国柏林夏里特医院（Charité-Universitätsmedizin Berlin）研究发现，严重特应性皮炎患者的维生素 D 浓度较低，且有特定的维生素 D 受体基因（Vitamin D receptor gene, VDR）多态性（Polymorphisms），影响到表皮屏障功能的调节，以及局部免疫反应。[17]

荷兰乌得勒支（Utrecht）大学医学中心针对皮肤与过敏性疾病门诊患者的研究发现，相较于能用局部类固醇药膏控制的特应性皮炎患者，难治型患者有 2 倍的风险出现维生素 D 缺乏，也就是小于 50nmol/L，即 20ng/mL。

目前尚无证据显示维生素 D 不足 / 缺乏会恶化或伴随特应性皮炎，但特应性皮炎患者更容易有骨质缺乏或骨质疏松。考虑到 70% 的特应性皮炎有维生素 D 不足 / 缺乏，应对患者进行维生素 D 浓度检测。同时，难治型患者有最高风险合并维生素 D 不足 / 缺乏，比例达 76%，所以更应进行维生素 D 浓度检测，必要时进行补充。[18]

慢性荨麻疹

和一般人相比，慢性荨麻疹患者血液中维生素 D 浓度明显较低。在美国内华达大学医学中心的研究中，慢性荨麻疹定义为在过去一年内，每周至少发作 3 次且至少维持 6 周，并且安排同样是过敏性疾病的对照组，后者患有过敏性鼻炎，在过去研究中证实与维生素 D 浓度无关。结果发现，慢性荨麻疹患者的维生素 D 浓度平均为 29.4ng/mL，对照组为 39.6ng/mL，呈现统计上的明显差异。[19]

另一项波兰研究发现，严重度达到维生素 D 缺乏，也就是小于 20ng/mL 的，在慢性荨麻疹患者中比例较高，但在维生素 D 不足的范围，也就是 20 ~ 30ng/mL，两组无差异。同时，慢性荨麻疹患者 C 反应蛋白较高，但和维生素 D 浓度无关。[20]

▌干癣

《美国皮肤医学会期刊》(*The Journal of the American Academy of Dermatology, JAAD*) 一篇西班牙案例对照研究中，比较 43 位干癣患者，以及另外 43 位年龄、性别配对的健康人，发现干癣患者出现血清维生素 D（25-hydroxyvitamin D）浓度不足的概率，是健康人的 2.9 倍（已控制可能干扰因子）。并且，较低的维生素 D 浓度与较高的 C 反应蛋白、较高的 BMI 有关。干癣患者若 BMI ≥ 27，有较大的概率出现维生素 D 不足。[21]

▌白斑

过低的维生素 D 浓度，已被发现与多种自身免疫病有关，而白斑（白癜风）正是一种自身免疫病。美国一项系统性回顾与荟萃分析中，比较 1200 位白斑患者与健康人的血液维生素 D 浓度，果然发现前者显著较低，低了 7.45ng/mL。[22]

▌系统性硬化病

系统性硬化病（Systemic sclerosis）又称硬皮症（Scleroderma），是一种与免疫相关的结缔组织疾病，患者出现皮肤与多重器官纤维化、免疫失调、弥漫性小血管病变等，患者的 T 细胞与 B 细胞过度活化，制造出自身抗体与细胞激素，导致小血管病变、炎症与纤维化。[23]

意大利一项研究中，分析 140 位患者，平均 61 岁，根据有无补充维生素 D 的习惯分为两组。结果发现，未补充维生素 D 患者的血液维生素 D 浓度平均为 9.8ng/mL，有 44% 未达到 10ng/mL，相当低。

补充组维生素 D 浓度有 26ng/mL，但也只有 31% 达到正常的 30ng/mL 或以上。低维生素 D 浓度也与自身免疫性甲状腺炎有关。研究指出，维生素 D 低下在系统性硬化病患者中相当常见，而且很严重，即使补充维生素 D，也只有不到 1/3 能达到正常浓度。[23]

维生素 D 低下与自身免疫病有密切关系，可能是因为多种免疫细胞上都有维生素 D 受体，包括抗原呈递细胞、自然杀伤细胞、B 细胞、T 细胞等，维生素 D 借此调控先天与后天免疫反应。在基因敏感的人群，维生素 D 低下影响树突细胞、调节性 T 细胞、辅助性 T 细胞等，失去了免疫耐受作用，故开始攻击自身细胞。[24]

斑秃

斑秃是非瘢痕性的脱发，是 T 细胞媒介的自身免疫病，造成生长期毛囊周围的炎症。

《英国皮肤医学期刊》(*British Journal of Dermatology*) 的一篇研究中，比较斑秃患者、白斑患者与健康人的血清维生素 D 浓度，结果发现三组均达到维生素 D 缺乏的浓度范围，且斑秃患者的浓度最低。此外，血清维生素 D 浓度越低，斑秃的严重度越高，达到中度相关性。研究建议对于斑秃患者，应进行血清维生素 D 浓度检测，并考虑补充的可能性。[25]

中国台湾万芳医院皮肤科进行系统性回顾与荟萃分析，再次证实斑秃患者有较低的血清维生素 D 浓度，且发生维生素 D 缺乏的优势比是健康人的 4.86 倍。此重要结论登载于《美国皮肤医学会期刊》。[26]

避免自身免疫病的关键之一就是拥有足量的维生素 D_3（1,25- 羟基维生素 D），机制归纳如下。

- 抑制 1 型助手 T 细胞的细胞激素分泌，刺激 2 型助手 T 细胞的细胞激素分泌。免疫系统导向 2 型助手 T 细胞优势的结果，能够抑制 1 型助手 T 细胞介导的自身免疫病。
- 抑制 17 型助手 T 细胞，它们是自身免疫病的强力诱导者。
- 增强调节型 T 细胞，能够抑制自身免疫反应。[26]

皮肤细菌感染

抗菌肽（Antimicrobial peptides）的制造，是避免皮肤感染的免疫机制。研究发现，维生素 D_3 能与甲状旁腺激素协同作用，增加抗菌肽的制造，提升免疫功能。在老鼠身上涂抹甲状旁腺激素，降低了被 A 型链球菌感染的易感性。当老鼠的饮食被剥夺了维生素 D_3，感染风险就增加，这时会出现甲状旁腺激素增高的代偿性反应，借以产生更多的抗菌肽。[27]

《美国皮肤医学会期刊》的一篇研究中，针对特应性皮炎患者与健康人做比较，发现血液维生素 D 浓度并无差异，但特应性皮炎患者若维生素 D 浓度不足，有较大概率会出现皮肤细菌感染。[28]

▍皮肤癌

当紫外线引起基因损害，维生素 D 能使肿瘤抑制蛋白 p53 表现，促进 DNA 修复，减少肿瘤形成。动物试验发现，缺乏维生素 D 受体的老鼠容易在紫外线照射下出现皮肤癌，而维生素 D 与其衍生物，能预防紫外线的损害与皮肤癌的发生，提供了光保护。[29]

研究发现，较低的维生素 D 浓度，和黑色素瘤出现溃疡，以及较差的存活率有关。维生素 D 浓度越低，黑色素瘤早期癌症转移的风险越大，较高的维生素 D 浓度能保护患者免于复发与死亡。[30,31]

▍皮肤老化

在美国国家健康与营养检查研究中，分析 4347 位受试者资料，当中女性占53%，平均年龄为 42.7 岁。分析发现，每增加 1ng/mL 的维生素 D 浓度，抗老化指标白细胞端粒长度 [Telomere-to-single copy gene（T/S）ratio] 就增加 0.045，这已排除年龄、种族、婚姻状态、教育程度、C 反应蛋白等因素。如果再考虑抽烟、BMI、身体活动等因素，维生素 D 浓度与白细胞端粒长度无相关性。[32]

针对此数据库的另一项分析则显示，在 40～59 岁年龄人群的受试者中，排除年龄、性别、种族与相关因素后，发现血清维生素 D 浓度每增加 10nmol/L，白细胞端粒长度平均增加 30 个碱基对。而且，维生素 D 浓度大于或等于 50ng/mL 者相比小于 50ng/mL 者，平均多了 130 个碱基对。维生素 D 浓度和基因不稳定有关。[33]

由于维生素 D 可以降低炎性因子，如白细胞介素 2、肿瘤坏死因子 - α 等，而白细胞（T/B 淋巴细胞、自然杀伤细胞、单核细胞）普遍有维生素 D 受体，因此维生素 D 具有抗炎、抗增生效果，降低了白细胞的更新率（Turnover rate）。维生素

D 能降低白细胞端粒长度随分裂而出现的损耗，抵抗了炎性反应与氧化压力这两大生物老化关键。[32]

通过口服补充、多晒太阳，可以提升维生素 D 浓度，连同戒烟、降低 BMI、增加身体活动，都是可后天改变的抗老化行动。不过，当维生素 D 浓度高起来，是否就代表皮肤会变年轻呢？

在荷兰的一项研究中，分析两大追踪数据库，发现维生素 D 浓度较高者，反而自觉脸部皮肤较为老化、皱纹较多，但和斑点无关。和基因遗传有关的维生素 D 浓度，与皮肤老化症状无关联性；和基因遗传有关的脸部斑点，也与较高的维生素 D 浓度无关。[34]

这实在让人气馁，为何如此？

其实一点都不奇怪。维生素 D 浓度较高者多半都是从事户外活动者，比如他们多日晒，饮食质量较佳，或体脂较低，中波紫外线 UVB 是产生维生素 D 的关键因素，却也是造成皮肤老化的凶手。难怪，维生素 D 浓度较高者会自觉脸部较为老化！[34]

这也暗示，用口服维生素 D 来取代过度频繁的日晒活动，或许有机会拿捏到平衡点，保持脸部皮肤年轻化。

▌痣与老化

英国伦敦大学国王学院双胞胎研究暨基因流行病学系的 Ribero 等人，针对英国双胞胎研究数据进行痣数量的分析，将痣定义为大于或等于 2mm 的黑色病灶，至于小于或等于 2mm 的，因有可能是雀斑所以不列入。

结果显示，总体来讲，25- 羟基维生素 D 浓度愈高，痣的数量也愈多。全身多于 50 颗痣的人，平均血清维生素 D 浓度为 78.8nmol/L，相当于 31.5ng/mL；少于 50 颗痣的人，平均血清维生素 D 浓度为 73.3nmol/L，相当于 29.3ng/mL，在统计上呈现明显差异。[35]

在排除年龄、体重、身高、检查季节、双胞胎相关性等影响后，维生素 D 浓度仍然与痣的数量相关。此研究在排除白细胞端粒的影响后，关联性下降，但仍存在。研究还显示，白细胞端粒只是此关联性的原因之一，还有别的原因存在。[35]

过去研究已知维生素 D 浓度越高，白细胞端粒长度越长；痣越多，白细胞端粒长度也越长。[36] 这意味着，拥有较多痣的人，维生素 D 浓度较高，白细胞端粒长度较长，可能在生理上也是比较年轻化的。[35]

这不纯是个好消息，因为全身痣数量是最能够预测黑色素瘤的风险因子。[37] 但维生素 D 浓度越低，罹患黑色素瘤的严重程度与死亡率越高。[31]

☙ 05 维生素 C 的重要性

健康的皮肤含有大量的维生素 C，且高于血清浓度，表示皮肤具有从循环系统主动累积维生素 C 的能力。表皮维生素 C 含量为 6～64mg（每 100g 组织），就平均值而言，与肾上腺的维生素 C 含量 30～40mg 相当，略低于脑下垂体的 40～50mg，高于其他身体组织含量，显示维生素 C 应该在皮肤健康方面扮演着重要角色。研究发现，老化或光伤害的皮肤，维生素 C 含量降低；处在氧化压力大的环境中，不管是因为污染物还是紫外线照射，维生素 C 含量都会降低。[38]

▌促进胶原形成

胶原由真皮的成纤维细胞生成，组成基底膜、真皮胶原母质。胶原形成需要脯氨酸（Proline）与赖氨酸（Lysine）作为原料，通过羟化酶（Hydroxylase）稳定结构，维生素 C 作为其辅因子。羟化酶依赖维生素 C，在没有维生素 C 的状况下，胶原的合成与交联都会减少。维生素 C 也能促进成纤维细胞的胶原基因表达。[38]

试验性研究发现，老年人（78～93 岁）的成纤维细胞在加入维生素 C 后，和对照组相比，前者呈现更快速的增生反应，以及更多的胶原合成。[9] 临床试验也发现，在涂抹含 5% 维生素 C 的乳霜数月后，胶原合成增加，皱纹深度减小。[39]

▍清除自由基与毒性氧化物

维生素 C 是水溶性维生素，是体内水分环境的重要抗氧化剂，能中和与移除氧化物，包括污染物。它具有光保护效果，能减少中波紫外线 UVB 引发的红斑，减少紫外线造成的 DNA 损害，也能减少晒伤细胞。[9,38]

当维生素 C 结合维生素 E，在减少皮肤氧化伤害方面特别有效。它能将被氧化的维生素 E 进行更新，维持维生素 E 的脂溶性自由基"清道夫"的角色，进而保护细胞膜免于氧化伤害。维生素 C 能使氧化型谷胱甘肽（Oxidized glutathione,GSSG），变为还原型谷胱甘肽（Reduced glutathione, GSH），以清除过氧化物。维生素 C、维生素 E、谷胱甘肽三者协同清除自由基，更新被氧化的抗氧化物。[38]

抑制黑色素形成

维生素 C 代谢物能减少黑色素形成，推测是干扰了酪氨酸酶，它是黑色素形成的速率决定酶，将酪胺酸羟基化而形成多巴，再氧化为邻苯醌（Ortho-quinone），维生素 C 减少了邻苯醌的形成。因此，维生素 C 已被应用在黑色素沉着、黄褐斑、老人斑等色素疾病的治疗上。[38]

维护表皮健康

维生素 C 维护表皮角质形成细胞分化，改善角质层结构，强化屏障功能，增加透明角质（Keratohyalin）颗粒与丝聚蛋白数量，促进屏障油脂的合成与组织。[38]

促进伤口愈合

维生素 C 增加真皮成纤维细胞的增生与移动，促进伤口愈合，同时活化 1 型缺氧诱导因子（Hypoxia-inducible factor-1, HIF-1），后者控制了数百个和细胞存活与组织重塑有关的基因表现，包括胶原酶。它能调控弹力蛋白、细胞外基质糖胺聚糖的制造，调控抗氧化酶的基因表现，抑制促炎激素分泌，增加对受到氧化伤害的 DNA 修补。[38]

一项韩国临床试验中，将维生素 C 加入局部使用的硅胶中，涂抹在术后患者的伤口上，为期 6 个月，有效地减少了瘢痕的高度与红色色泽，黑色素也减少，更快地接近正常肤色。[40]

皮肤抗老化效果

基于上述机制，维生素 C 被证实能改善皮肤老化症状，包括皱纹、松弛、色泽差、皮肤粗糙、干燥等。[38]

〰 06 维生素 A 的重要性

维生素 A 家族包含视黄醇（Retinol）、视黄醛（Retinaldehyde）、视黄酸（retinoic acid），以及数种维生素 A 原，即类胡萝卜素（Carotenoids），包括著名的 β 胡萝卜素、α 胡萝卜素、番茄红素、叶黄素、β 隐黄素（Cryptoxanthin）与 α 隐黄素、玉米黄素（Zeaxanthin），具有强大的抗氧化能力，还有很重要的预防晒伤的作用。[9]

当皮肤里的感旋光性物质，譬如卟啉（Porphyrin）、核黄素（维生素 B_2，Riboflavin），吸收紫外线而变成三重态（Triplet）时，激发的能量会造成活性单态分子氧（Reactive singlet molecular oxygen），与 DNA、蛋白质、脂肪产生化学反应，构成氧化压力。类胡萝卜素，正是扑灭这些三重态分子与单态氧最有效的分子，将激发的能量转化为热能消散。其他活性氧，包括超氧化物、过氧自由基、羟基过氧化物、过氧化氢等，类胡萝卜素也能将它们转化为稳定的中间物质，或无活性的分解物，具有明确的光保护作用，发挥了防晒的作用。[41]

维生素 A 不只和防晒功能有关，缺乏维生素 A 和痤疮也有关。

《临床与实验皮肤医学期刊》（*Clinical and Experimental Dermatology*）一项研究中，征集了 100 位痤疮患者，并且安排年龄相仿的健康人作为对照组，进行抽血营养素检测，发现痤疮患者血清维生素 A 浓度为 336.5μg/L，健康人为 418.1μg/L，在统计上呈现明显差异。

此外，血清维生素 A 浓度和痤疮严重度有明显相关性，维生素 A 浓度越低，痤疮越严重。轻度痤疮患者平均维生素 A 浓度是 398.8μg/L，中度痤疮患者平均维生素 A 浓度是 355.2μg/L，严重痤疮患者是 202.8μg/L。[42]

当皮肤维生素 A 浓度过低时，皮脂腺会变得肥大，制造更多皮脂，痤疮杆菌因此大量增生，代谢物刺激组织炎症，会聚集更多促炎的中性粒细胞累积。此外，角质细胞脱落，角质生成，毛囊中的细胞黏滞性增加而产生更多粉刺、炎性病灶和更久的疾病时间。[43]

美国加州大学洛杉矶分校皮肤科团队研究青春痘的致病机制，发现皮肤上的痤疮杆菌会启动单核细胞白细胞介素 17 相关基因，导致 CD4-T 细胞分泌白细胞介素 17，诱导 17 型助手 T 细胞（T helper 17）以及 1 型助手 T 细胞，因而出现炎性痤疮病灶。在没有痤疮的健康人身上，并没有出现表达白细胞介素 17 的皮肤细胞。

有趣的是，通过维生素 A 家族里的视黄酸（Retinoic acid）又称维 A 酸、全反式维 A 酸（All-trans retinoic acid, ATRA, Tretinoin），以及维生素 D₃（1,25-Dihydroxyvitamin D₃），可以抑制痤疮杆菌引发的 17 型助手 T 细胞分化。这是因为视黄酸与维生素 D_3，都通过视黄酸受体 X（Retinoid X receptor）进行信号传导，以抑制 17 型助手 T 细胞分化。[44]

也难怪，维生素 A 衍生物——维 A 酸，已是皮肤医学治疗痤疮的主流要素之一。第一代维 A 酸为全反式维 A 酸，用于急性骨髓性白血病第三型（又称 APL）的治疗；第二代维 A 酸（13-Cis retinoic acid: Isotretinoin）是目前痤疮治疗的口服剂型；第三代维 A 酸（Polyaromatic retinoids: Adapalene, Tazarotene）是痤疮治疗常用的外用剂型。

07 维生素 E 的重要性

脂溶性的维生素 E 在 1922 年被发现，在老鼠试验中，维生素 E 缺乏会导致不孕。维生素 E 包含 8 种自然生成的化合物，即 α 生育酚、β 生育酚、γ 生育酚、δ 生育酚（Tocopherols）与生育三烯酚（Tocotrienol）等，其中 α 生育酚具有最强的生物活性。[45]

维生素 E 在细胞膜上的浓度很低，每 100 个脂肪分子才有 1 个维生素 E 分子。

它借由亲脂性的支链插在富含脂肪的细胞膜上，参与还原（Redox）的代谢反应，清除自由基，能避免不饱和脂肪的过氧化，避免氧化压力对细胞膜结构的损坏。维生素 E 也存在于低密度脂蛋白（LDL）中，具有避免氧化的保护作用。[12,45]

维生素 E 通过两个机制能增强免疫力：具有抗氧化能力，保护巨噬细胞膜免于氧化压力伤害；抑制前列腺素的合成。在动物试验与人体试验中，它都能增强体液与细胞媒介的免疫力，抗感染，还能降低血清免疫球蛋白 E，改善过敏。[45]

高浓度的维生素 E 存在于皮脂中，以及皮脂分布高的区域，如脸部 T 区。由皮脂腺分泌的维生素 E 可以保护皮肤免于氧化，特别是脂肪的过氧化。但若皮脂过多，内源性的维生素 E 供应远远不足，此抗氧化物不足会增加氧化压力。[46]

痤疮患者的皮肤具有高氧化压力，远超过抗氧化防卫能力。研究发现，维生素 E 浓度越低，痤疮越严重。[46] 在《临床与实验皮肤医学期刊》有关维生素 A 的研究中，发现健康人血清维生素 E 浓度为 5.9mg/L，痤疮患者为 5.4mg/L，明显较低。特别是严重痤疮患者为 4.1mg/L，比起轻度、中度患者，也都明显较低。[42]

维生素 E 保护细胞免于受到炎症过程的活性氧伤害，并能避免皮肤不饱和脂肪酸的氧化。缺少了维生素 E 的保护，皮肤就容易受到炎症损害，痤疮问题恶化。[42] 每天口服 α 生育酚，能有效增加皮肤维生素 E 浓度，特别是在皮脂腺密度高的区域，如脸部。[47] 一项针对轻度至中度痤疮患者的临床试验中，除了抗痘外用药物过氧化苯与水杨酸，额外涂抹维生素 E，为期 8 周，痤疮数量显著减少，且在第二周就有差异。[46]

 08 矿物质的重要性

锌

锌在调节蛋白质、脂肪、核酸代谢方面作用至关重要，因为它是超过 300 种金属酶、2000 种转录因子的必要辅酶。它通过组蛋白去乙酰化（Histone deacetylation）、锌指模体（Zinc finger motif）蛋白，来调节基因转录。它能维持巨噬细胞、中性粒细胞的功能，刺激自然杀伤细胞与补体活性。[48]

据估计，世界上有 33% 的人缺乏锌，不同国家和地区的差距在 4%～73%。轻微的锌缺乏症表现为免疫力下降、味觉与嗅觉障碍、夜盲、精子减少等；严重的锌缺乏症则可能出现严重的免疫失调、频繁感染、大疱性皮炎（Bullous pustular dermatitis）、腹泻、脱发等。

锌对于表皮的发育不可或缺。锌偏低时，可造成雄激素过度分泌，导致皮脂腺肥大活跃，容易形成痤疮。锌能抑制 5α 还原酶，因此能避免睾酮转换为双氢睾酮（Dihydrotesterone, DHT），进而抑制皮脂腺活性。痤疮的另一个重要机制是 2 型 Toll 样受体（Toll-like receptor-2, TLR-2）过度表现，导致炎症反应，锌抑制肿瘤坏死因子 - α、白细胞介素 6 等炎性因子的产生，具有抗炎作用。此外，它还能抑制痤疮杆菌繁殖。[49]

一项研究针对 100 位痤疮患者以及年龄配对的健康人，进行血清锌浓度的检测，前者平均为 8.13mg/L，后者为 8.26mg/L，未达到统计显著性差异，但轻度、中度、重度痤疮患者之间则有明显差异，锌浓度越低，痤疮越严重，重度痤疮患者的浓度降到 7.47mg/L。

十分有趣的是，锌浓度与病灶形态也有相关性：锌浓度越低，越容易出现额头的丘疹、右脸颊的脓疱、下巴的脓疱、胸部与上背的丘疹或脓疱。锌浓度越高，越容易出现左脸颊的粉刺。[50]

另外，锌与铜在黑色素产生和色素性疾病中扮演重要角色。

铜

铜与锌是在黑色素生成过程中，许多金属酶的核心组成。在最后形成真黑色素（Eumelanin）的过程中，金属酶催化重构多巴色素（Dopachrome），以形成 DHICA（5,6- 二羟基吲哚）这种中间色素，且将真黑色素的单体结合为聚合体。

再者，铜与锌是超氧歧化酶的组成物质，能保护黑色素细胞免于高氧化压力，以及抑制酪氨酸酶。此外，铜与锌能刺激细胞免疫反应，产生并释放促黑素细胞激素（Melanocyte- stimulating hormone, MSH），这是黑色素生成的机制之一。[51]

中国一项荟萃分析中，比较 891 名白斑患者与 1682 位健康人的血清铜浓度，发现前者的血清铜与锌浓度都较后者低。尽管这个发现是口服补充铜与锌的支持性证据，但目前并没有临床试验证实疗效。[51]

铁

世界上最常见的矿物质缺乏，就是铁缺乏，月经及其异常状况也是健康停经前女性最常见的铁缺乏原因。通过抽血检验铁蛋白（Ferritin），可以了解铁储备。但许多状况下铁蛋白都会升高，包括感染，罹患癌症、肝病等。[52]

Lily 是 45 岁女性，体形肥胖，最近 5 年来，她困扰于脸部与头皮脂溢性皮炎，即使治疗也是反复发作。最近一年，皮炎却"不药而愈"，让她心情好了许多！这是怎么回事？

原来，她有多颗子宫肌瘤，每次月经经血量大，导致贫血，血红素甚至低到 50g/L（成年男性低于 120g/L、女性低于 110g/L 称为贫血）。随着年纪接近 50 岁，她每月的经血量明显变少，皮肤状况竟得到大幅改善，她还发现睡眠质量得到自然改善。

在我的临床经验中，像 Lily 这样的案例不少。当皮肤病治疗反应差或反复发作时，找出是否有贫血，并且积极改善，往往能带来不错的疗效。

钙

研究发现，正常的钙浓度梯度（Calcium gradient）能促进基底层角质形成细胞增生，以及在棘层的正常分化，但在皮肤老化过程中，钙浓度梯度会消失，和干癣、特应性皮炎等常见皮肤病也有关。[53]

干癣的重要病理是角质形成细胞的转换与增生，从正常的 28 天加速为干癣状态的 3～4 天。此时的角质形成细胞并未成熟，且形态异常，近似老化的角质形成细胞，细胞内的钙代谢是异常的。

在特应性皮炎的状况下，表皮的钙浓度梯度异常，类钙调素皮肤蛋白（Calmodulin-like skin protein，CLSP）过度表现，与皮肤屏障功能异常有关。[53]

当抗原呈递细胞与 T 细胞上的受体结合时，引发细胞质内的钙浓度增加，活化了钙调蛋白（Calmodulin，一种与钙离子结合的蛋白质）的结合，进而激活钙调磷酸酶（Calcineurin）。接着，钙调磷酸酶诱导白细胞介素 2 基因的转录因子，产生白细胞介素 2 活化辅助性 T 淋巴细胞，并诱导产生其他细胞激素，形成炎症反应。[54,55]

新一代的特应性皮炎外用药膏他克莫司或吡美莫司，是一种非类固醇局部抗炎症药物，在药理上属于外用钙调磷酸酶抑制剂（Topical calcineurin inhibitors, TCI），可以抑制表皮 T 细胞活化与增生，并且修复表皮屏障，能改善皮炎症状。[56]

硅

硅是地壳中含量最多的元素之一，仅次于氧，是人体重要的营养素。硅能增加真皮的脯氨酸羟化酶（Prolyl hydroxylase）浓度，促进胶原合成，以保持皮肤的强度与弹性。存在于身体中的原硅酸（Orthosilicic acid, OSA），能刺激成纤维细胞分泌 1 型胶原。硅还能增加糖胺聚糖的交联，维持结缔组织的稳定。[57,58]

当毛发中有较高的硅浓度时，毛发脱落的速度降低，光泽度提高。硅也是指甲组成中非常重要的矿物质。[57]局部使用硅胶（贴片、凝胶），常应用于处理蟹足肿、肥厚性瘢痕或烧伤瘢痕。[40]

硒

硒蛋白对于正常角质形成细胞功能、皮肤发育、伤口愈合有重要作用。干癣患者被发现硒浓度比健康人群低。动物试验也发现，硒能预防皮肤黑色素瘤，硒的有机形态，就是硒代甲硫氨酸（Seleno-L-methionine），能预防与治疗光老化。[59,60]

硒在皮肤细胞的作用如下。

- 作为谷胱甘肽过氧化物酶（Glutathione peroxidases, GPXs）与硫氧还蛋白氧化还原酶（Thioredoxin reductases）的辅酶，GPXs 也是硒浓度的指标。
- 移除有害的脂质过氧化物。
- 制造与修补 DNA。
- 预防氧化压力、细胞膜不稳定、DNA 损害。
- 预防紫外线 UVB 效应、诱发细胞凋亡。[59]

09 营养失衡对指甲的影响

甲板主要由角蛋白（Keratin）构成，占了 78% 的重量，包含了 80%～90% 毛发型（硬的）角蛋白和 10%～20% 表皮型（软的）角蛋白。此外，还有中间丝（Intermediate filament）相关蛋白，含酪氨酸/甘氨酸、毛透明蛋白（Trichohyalin），以及高浓度的硫。当蛋白质缺乏时，可出现前文介绍的指甲博氏线。[14]

甲板硬，是因为有钙吗？

错！钙的重量只占指甲总重量的 0.2%，硫才是关键。硫的重量占甲板重量将近 1 成。在甲母质蛋白中的胱氨酸（Cystine）（由非必需氨基酸半胱氨酸氧化而成）就有着"二硫键"，能将角蛋白纤维拉在一起，发挥胶水的作用，决定甲板的硬度。[14]

油与水，是决定甲板硬度的另一关键因素。甲板中的脂肪含量较一般皮肤的角质层低，小于 3%，主要含有乙醇酸（Glycolic acid）与硬脂酸（Stearic acid），作用在于防水。甲板中水含量有 18%，也是硬度的关键。许多人发现自己的指甲很脆，容易断裂，多因为含水量少于 16%。但若含水量高于 25%，就会让指甲软化。[14]

另外，多种矿物质和甲板硬度有关，包括镁、钙、铁、锌、钠、铜。

脆甲（Brittle nail）是极常见的指甲问题，指甲软化、干燥、脆弱、容易断裂，伴随指甲老化（Onychorrhexis）与裂甲（Onychoschizia），涉及细胞间闭锁小带（Zonula occludens）与间隙连接（Gap junction）的黏合物质不足，包括磷脂、黏多糖、酸性磷酸酶（Acid phosphatase）等，可出现于慢性病、营养缺乏、内分泌或代谢疾病、皮肤病等。当指甲失去该有的硬度时，也需要考虑是否有营养素缺乏，包括蛋白质、水、油脂、矿物质（如硫）等缺乏。[14]

当出现纵向黑甲（Longitudinal melanonychia）时，若排除了黑色素瘤的恶性状况，可能是因为营养不良、维生素 D 与维生素 B_{12} 不足或血色素沉着病（Hemochromatosis）。[14]

指甲下线状出血（Splinter hemorrhage）是微血管破裂，红细胞从甲床的纵向血管中渗出，堆积在邻近的纵向凹槽中，随指甲生长慢慢前进。多因局部创伤、凝血功能异常，或可能在服用抗凝血剂，有时是细菌性内膜炎、败血症、血色素沉着病等所致。

糙面甲（Trachyonychia）是指甲板粗糙像砂纸，伴随颜色混浊、纵向瘠、点状凹洞、脆甲、甲缘裂开等，若累及所有指甲，称为 20 甲营养不良（Twenty nail dystrophy）。60 岁以上人群若水分不足或饮食营养不足，容易出现糙面甲，其也和斑秃、特应性皮炎、接受化疗等多种状况有关。[61]

若指甲出现纵向的波浪状凸起，意味着指甲老化（Onychorrhexis）。虽然多半随着年纪增加而表现明显，但也可能是遗传所致，可用于法医鉴定来区别是否为同卵双胞胎。最常见于类风湿性关节炎患者，也见于缺铁性贫血、锌缺乏、砷中毒患者。[14]

根据现今实证研究，表 4-1 整理了维生素与矿物质失衡与指甲症状的关系[14]。不过，并非补充特定维生素与矿物质，就能理所当然地改善指甲状况，指甲症状的病因常是非常复杂的。

表4-1 维生素与矿物质失衡与指甲症状的关系[14]

维生素与矿物质	与指甲症状的关系
维生素 A	维生素 A 缺乏可出现指甲软化（Hapalonychia）
维生素 B₂（核黄素）	维生素 B_2 缺乏可导致匙状甲（Koilonychia，指甲变薄，前端向上弯，中间凹下）
维生素 B₃（烟酸）	维生素 B_3 缺乏可导致指甲博氏线、横向白甲（Transverse leukonychia）、匙状甲
维生素 B₆	维生素 B_6 缺乏可出现指甲软化
维生素 B₇（生物素）	补充维生素 B_7 可改善脆甲
维生素 B₁₂	维生素 B_{12} 缺乏可出现纵向黑甲
维生素 C	维生素 C 缺乏可出现指甲软化、匙状甲
维生素 D	维生素 D 缺乏可出现纵向黑甲、指甲软化
铁（铁血蛋白）	• 缺铁性贫血可导致甲床苍白、甲床分离、匙状甲（最常见）、指甲老化 • 血色素沉着病可出现指甲下线状出血、纵向黑甲
锌	锌缺乏可导致指甲老化
钙	低血钙可能导致指甲博氏线、脱甲症、指甲软化、横向白甲

🦱 10 营养失衡对头发的影响

头发的主要成分是角蛋白（Keratin），当蛋白质摄取过低时，可导致毛根失养、发干变细、脱发、头发弹性变差、头发变软与脆弱、发色变淡等。维生素 C 对于角蛋白的胶原合成与交联很关键。[62]

铁是氧化还原反应的重要催化剂，调控分裂细胞的 DNA 合成。铁缺乏可造成休止期脱发，所以抽血检验铁蛋白（Ferritin），可以了解脱发者的铁储备。铁缺乏和斑秃、脂溢性脱发也有关，但有些研究则认为无关。[52,62]

锌是数种金属酶与转录因子的辅因子。锌缺乏可导致休止期脱发、白发、脆发，老年人、酗酒者，以及肾病变、胰腺炎、接受缩胃手术、厌食症等患者，较容易出现锌缺乏问题。[62]

铜在氨氧化酶（Aminoxydase）中扮演关键角色，后者能将巯基（Thiol）氧化为双硫醇交联，对于角蛋白强度很重要。有些酶也依赖铜，包括抗坏血酸氧化酶（Ascorbic acid oxidase），以及酪氨酸酶。铜缺乏导致头发黑色素不足，发生在早产儿、母乳不足、锌浓度过高等状况下。[62]

维生素 B_7（Biotin）对头发很重要，它又称为生物素或维生素 H，是 5 种线粒体羧化酶（Carboxylase）的辅因子，催化脂肪酸、葡萄糖与氨基酸的代谢过程，也参与组蛋白（Histones）对基因的修饰调控、细胞信息传导。脱发者的生物素浓度可能较低，也和脆甲有关。[52]

维生素 B_7 缺乏的原因包括食物摄取不足、吃生蛋、肠胃吸收不佳、肠道菌群产生拮抗生物素的物质、药物导致肠道菌群失调（抗生素、抗癫痫药、磺胺类药物）等。[14]

当出现头发容易掉落、提早白发时，营养失衡可能是重要因素，应该评估以下营养素是否缺乏或过多：维生素 A、维生素 C、维生素 D、维生素 E，B 族维生素中的 B_2（核黄素）、维生素 B_7（生物素）、维生素 B_9（叶酸）、维生素 B_{12}，以及矿物质，如铁、锌、硒、铜。[52,62]

根据现今实证研究，表 4-2 整理了维生素与矿物质失衡和头发症状的关系[52,62]。同样，并非补充特定维生素与矿物质，就能自然而然地改善头发状况，需要更系统性地评估头发症状的关键病因。

表 4-2 维生素与矿物质失衡和头发症状的关系[52,62]

维生素与矿物质	和头发症状的关系
维生素 A	• 维生素 A 浓度过高可导致脱发 • 部分脱发者可考虑检测维生素 A 浓度
维生素 B_2（核黄素）	维生素 B_2 缺乏可导致脱发
维生素 B_7（生物素）	脱发者的生物素浓度可能较低
叶酸（维生素 B_9）	• 叶酸浓度可能影响斑秃严重度 • 白发者应检测叶酸浓度，若缺乏应补充
维生素 B_{12}	• 维生素 B_{12} 浓度可能影响斑秃严重度 • 白发者应检测维生素 B_{12} 浓度，若缺乏应补充
维生素 C	若脱发者有铁缺乏症，应积极补充维生素 C
维生素 D	• 矫正维生素 D 缺乏，可能改善脱发（脂溢性脱发、休止期脱发） • 维生素 D 浓度低和斑秃有关，矫正维生素 D 缺乏可改善斑秃并增强治疗反应 • 白发者应检测维生素 D 浓度，若缺乏应补充
铁（血铁蛋白）	• 若脱发者有铁缺乏（一般认为血铁蛋白小于 400ng/L 时），应积极补充铁 • 女性斑秃患者可能同时出现铁缺乏 • 白发者应检测铁浓度，若缺乏应补充 • 素食者若有铁缺乏，建议补充左旋赖氨酸（L-lysine）
锌	• 斑秃患者锌浓度低
硒	• 过度补充可导致脱发 • 白发者可检测硒浓度，若缺乏可补充
铜	铜缺乏时，头发黑色素不足

✿ 11 错误饮食与营养失衡的常用功能医学检测

临床上的常规检测，用以发现器官组织的"病理"，让医生确定疾病的存在，并作为开药的依据。相对地，所谓功能医学检测（Functional medicine lab tests），属于预防医学的范畴，用于发现身体系统的"失调"，可能还没到"病理"的严重程度，包括基础医学、生化学、生理学、免疫学等层次的进阶检测，可作为饮食营养调整、生活方式建议的参考。

（一）脂肪酸分析，通过抽血得知脂肪酸血浓度（表 4-3）。

表4-3 脂肪酸血浓度与健康关系

重要指标	代表性项目
ω-3 脂肪酸	α-亚麻酸（α-linolenic acid, ALA）（C18:3）、EPA（C20:5）、DHA（C22:6）等
ω-3 脂肪酸指数（ω-3 index）	红细胞膜脂肪酸组成中，EPA+DHA 所占比例（正常值应大于或等于 4%）
ω-6 脂肪酸	亚油酸（Linoleic acid, LA）（C18:2）、γ-亚麻酸（GLA）（C18:3）、二高-γ-亚麻酸（Dihomo-γ-linolenic acid, DGLA，可转化为花生四烯酸）（C20:3）、AA（C20:4）
ω-6/ω-3 比值	即 AA/EPA（正常值是 2.0 ~ 10.7）
LA/DGLA	DGLA 具有抗炎活性，是 LA 通过 Δ6- 去饱和转化酶转换而来的，此比值可以看出该酶活性（正常值是 6.0 ~ 12.3）
ω-9 脂肪酸	油酸（C18:1）等
饱和脂肪酸	羊脂酸（C10:0）、月桂酸（12:0）、肉豆蔻酸（14:0）、棕榈酸（16:0）、硬脂酸（18:0）、花生酸（20:0）等
反式脂肪酸	反式油酸（Elaidic acid）、反亚油酸（linolelaidic acid）

（二）氨基酸分析，通过抽血得知氨基酸血浓度（表 4-4）。

表4-4 氨基酸血浓度与健康关系

重要指标	代表性项目
必需氨基酸	组氨酸、赖氨酸、亮氨酸、异亮氨酸、缬氨酸、苯丙氨酸、色氨酸、甲硫氨酸、苏氨酸
非必需氨基酸	丙氨酸、天冬酰氨酸（asparagine）、天冬氨酸、半胱氨酸、谷氨酸、酰胺谷氨酸、甘氨酸、脯氨酸、丝氨酸、酪氨酸、精氨酸、牛磺酸

（三）抗氧化维生素分析，通过抽血得知维生素血浓度（表4-5）。

表4-5 抗氧化维生素与健康关系

重要指标	代表性项目
维生素 A	视黄醇、β 胡萝卜素
维生素 C	
维生素 D	
维生素 E	α 生育酚、γ 生育酚、δ 生育酚
辅酶 Q10	
植物化学物质	叶黄素、番茄红素

（四）B 族维生素分析，通过尿液检查，推知 B 族维生素状态（表4-6）。

表4-6 B 族维生素与健康关系

重要指标	代表性项目
维生素 B 群标记	α - 酮异戊酸、α - 酮异己酸、α - 酮 - β - 甲基戊酸、黄尿酸、β - 羟基异戊酸
甲基化反应标记	甲基丙二酸（MMA）、亚胺甲基谷氨酸

（五）矿物质分析，通过抽血、头发检测，得知矿物质浓度（表4-7）。

表4-7 矿物质与健康关系

重要指标	代表性项目
宏量矿物质	钙、镁、钾
微量矿物质	铁、铜、锌、铜／锌比、硒、铬、锰、钒、钼、钴、锂等

🌀 12 错误饮食与营养失衡的反思

前面检视了皮肤症状的营养成因，"头号要犯"就是"糖"。其实，原形食物中有丰富的"糖"，它们是复合结构的、对人体有益的碳水化合物，但在美食地图中，偏要加入更多的"糖"，这些精制淀粉、单糖，将迅速转化为人体血糖，带来神经兴奋效果，虽短暂，却如滴水穿石般，戕害皮肤与身体。

皮肤在晚期糖基化终末产物的日夜腐蚀下，提早老化，出现皱纹、松弛、暗沉等现象，即不折不扣的"糖老症"。

高糖饮食刺激身体分泌大量胰岛素，胰岛素更快地将过多的糖分转化为脂肪，造成了"糖胖症"。

一方面，储存在如游泳圈般的大肚腩上，这是恶名昭彰的导向心脑血管疾病、多种癌症的腹部肥胖；另一方面，打造了媲美鹅肝酱的肥嫩肝脏，这是导向肝炎、肝硬化、肝癌的非酒精性脂肪性肝病。

受街上琳琅满目的广告洗脑，三餐吃精制淀粉食物，下午茶配冰激凌、饼干，一定要随时喝几口含糖饮料。虽然这对经济有重大贡献，但也献出了自己的健康。许多人说："若我不吃甜，就感觉活不下去。"当用高糖来提振心情时，正是"饮鸩止渴"，还可能有"糖瘾症"。

许多人不吃饭的时候，就需要"重甜"来刺激味蕾、刺激脑神经。吃饭的时候，当然是"重口味"，无（红）肉不欢，摄入大量饱和脂肪，吃各种油类及油炸食品。其实，油炸食品不归类于错误食物，而归类于后文将讨论的"毒物"与"致癌物"。

上班族最不想碰的，就是富含各类皮肤营养素的全谷物（糙米、燕麦等）、蔬菜、水果、坚果，搞得营养素不足。生活在不愁吃穿的年代，却将自己搞得营养出问题、皮肤变差。

错误饮食与营养失衡，除了送来痤疮这个"大礼"，皮肤湿疹、感染、老化、癌症等也在慢慢走来。

>>> CHAPTER **5**
# 氧化压力、
# 紫外线与光老化

🌀 01 线粒体、氧化压力、抗氧化力

皮肤是周转率（Turnover rate）很高的器官，不断进行着表皮层的再生，因此表皮的前驱细胞（Progenitor cell）高度增生，且代谢十分活跃，需要大量能量供给，即腺苷三磷酸（Adenosine triphosphate, ATP），它是线粒体通过电子传递链和氧化磷酸化（Oxidative phosphorylation, OXPHOS）反应制造的。

然而，在氧化磷酸化过程中，自然会产生活性氧（Reactive oxygen species, ROS），包括单线态氧（$^1O_2$），超氧化物（O_2^-），如过氧化氢（俗称双氧水，H_2O_2），以及羟基自由基（$-OH^-$）等，通过连锁反应与正常分子反应，产生出更多种类的自由基，损害细胞组织（图 5-1）。此外，铁离子（Fe^{2+}）是产生自由基、活性氧反应的催化剂，铜离子（Cu^+）也是，可以直接影响 DNA 碱基，是强力的突变剂（Mutagen）。[1,2]

活性氧对细胞蛋白质、DNA 及其他大分子的伤害是累积的，导致慢性炎症，与和年龄相关的老化疾病都有关，包括动脉硬化、骨性关节炎、神经退行性变性疾病、癌症。活性氧也参与缺血——血液回流伤害、动脉硬化、炎症反应等。活性氧能改变细胞增生或存活的信号，特别是改变细胞凋亡机制，参与多种皮肤病生成，从光敏感疾病到皮肤癌。[1] 活性氧还导致细胞外基质与胶原的分解，导致皮肤老化！[3] 细胞与线粒体见图 5-1。

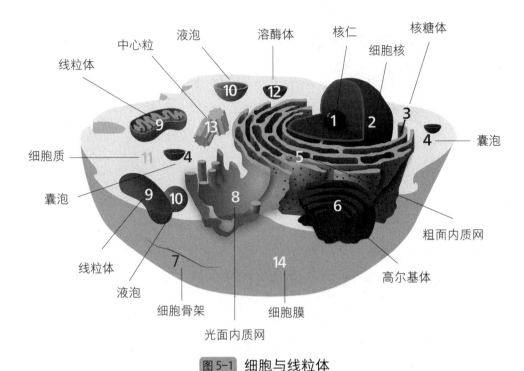

中心粒　液泡　溶酶体　核仁　核糖体

线粒体　细胞核

细胞质

囊泡　囊泡

线粒体　粗面内质网

液泡　高尔基体

细胞骨架　细胞膜

光面内质网

<u>**图 5-1**</u> 细胞与线粒体

　　线粒体是非常特殊的细胞器，拥有母系遗传的 DNA（mtDNA），可制造 13 种氧化磷酸化的蛋白，由于邻近电子传递链所产生的活性氧，所以特别容易受到损害，导致氧化磷酸化异常，造出更多活性氧，以及受损的线粒体 DNA，产生突变或单核苷酸多态性（Single-nucleotide polymorphism, SNP），与老化、疾病，甚至癌症有关。[2]

　　事实上，人体自身也制造自由基，那是在被活化的白细胞里，释放出超氧化物、次氯酸盐，或者分解已经被破坏的身体组织，但过程并非完全精准，常造成周边正常细胞的氧化压力，以及病理伤害。[1]

　　皮肤的氧化压力主要来自线粒体内部产生的活性氧，氧化压力的重灾区就是线粒体，但还有部分来自环境。因为皮肤作为最大的身体器官，是抵御外界环境干扰、保护内在器官运作的重要屏障，但也遭受物理性伤害（如紫外线）、化学性伤害（如空气污染、环境毒物、食物添加剂及防腐剂、化妆品、药物等），许多环境毒物本身就是氧化剂，或活性氧的催化剂。[4]

长期的紫外线暴露，造成细胞核与线粒体的 DNA 损坏与氧化压力，产生光老化和 / 或皮肤癌。研究比较光老化与光防护的细胞，前者有 10 倍概率出现 5000 个碱基对的线粒体 DNA 缺失（Deletion）。有长波紫外线暴露的皮肤区域，比起没有暴露的区域，前者线粒体 DNA 缺失的频率增加 40%。[2]

需要留意的是，紫外线引起的线粒体 DNA 缺失可以维持多年，即使不再暴露在紫外线下，还会自行增加 30～40 倍！这可以解释有些皮肤病为何难以逆转，包括本章后文会介绍的黄褐斑。受影响的皮肤细胞不只氧化压力异常增高，分解胶原的基质金属蛋白酶浓度增加，制造胶原的基因也被下调，导致皮肤老化。[2]

还好，在线粒体电子传递链中有分子辅酶 Q10（Coenzyme Q10），能够清除活性氧，保护细胞膜免于氧化。辅酶 Q10 在表皮的浓度可达到真皮的 10 倍，但随着年龄而降低，当真皮成纤维细胞的辅酶 Q10 降低时，会产生更多的活性氧（超氧化物）。[2] 需要注意，如果有高脂血症，正在服用他汀类（Statins）降血脂药，体外试验发现这些成分会抑制真皮成纤维细胞的辅酶 Q10，刺激氧化压力与线粒体失调，导致细胞提早老化。[5]

除了辅酶 Q10，皮肤用来降低活性氧毒害的抗氧化系统分为两部分。

- 强力抗氧化剂：谷胱甘肽（Glutathione, GSH）、维生素 E、维生素 C。
- 氧化剂降解系统：谷胱甘肽过氧化物酶（Glutathione peroxidases）、谷胱甘肽还原酶（Glutathione reductase）、谷胱甘肽硫转移酶（Glutathione S-transferases, GSTs）、超氧化物歧化酶（Superoxide dismutases, SODs）、催化酶（Catalase）、醌还原酶（Quinone reductase）。[6]

简而言之，当氧化 / 抗氧化的生理恒定被打破，皮肤活性氧大量积累，将导致皮肤老化与疾病。因此，要预防或治疗和氧化压力相关的皮肤老化与疾病，提升抗氧化能力，逐步恢复生理恒定，是非常重要的。[6]

🌿 02 氧化压力与皮肤病

多种皮肤病与异常的氧化压力有关，在此先简要地介绍。

▍脂溢性皮炎

脂溢性皮炎（Seborrheic dermatitis）是常见的慢性炎性皮肤病，具有白色或黄色的鳞屑、红色的丘疹、斑块等形态，好发于皮脂腺密集的部位。我将在 Chapter 7 中详细介绍。

一项研究定义血清总氧化状态（Total oxidant status, TOS），以微摩尔过氧化氢当量 / 升表示，总抗氧化能力（Total antioxidant status, TAS）以微摩尔 Trolox（水溶性维生素 E）当量 / 升表示，氧化应激指标（Oxidative stress index, OSI）计算方式则为 TOS/TAS 乘以 100。对比脂溢性皮炎患者与一般人发现，血清总氧化状态平均分别为 12.2 当量 / 升、9.9 当量 / 升，前者显著较高；总抗氧化能力分别为 3.3 当量 / 升、3.5 当量 / 升，前者显著较低；氧化应激指标分别为 0.4、0.3，前者显著较高。[7]

氧化压力造成细胞膜脂质过氧化、DNA 损坏、分泌炎症性的细胞激素，导致脂溢性皮炎患者皮肤炎症与过敏。[1,8]

▍干癣

干癣患者身上出现深红色增厚的斑块，界限明显，黏着银白色鳞屑，又称为银屑病。

研究发现，干癣患者比起健康人，血清脂质过氧化物丙二醛（Malondialdehyde，MDA）显著较高，这是重要的氧化应激指标，同时，总抗氧化能力较低。干癣患者的过氧化物歧化酶（SOD）较高，[9] 可能是氧化压力升高初期的适应性生理反应。

另一项研究发现，干癣患者较健康人氧化压力大，随着干癣严重度从轻度、中度到重度，血清脂质过氧化物 MDA、一氧化氮自由基终产物随之升高，红细胞过氧化物歧化酶（SOD）、血清过氧化氢酶（CAT）、血浆总抗氧化能力皆渐次降低。[10]

▎白斑

白斑（白癜风），是皮肤出现多处纯白色的斑块，直径从 5mm 到超过 5cm，界限明显，渐进性地扩展。我将在 Chapter 8 中详细介绍。

《欧洲皮肤性病学会期刊》一项系统性回顾与荟萃分析中，发现白斑患者的氧化应激指标，血清 MDA 浓度与红细胞脂质过氧化反应显著增高；皮肤过氧化氢增高，皮肤与红细胞活性氧增加；彗星试验（Comet assay）也检测出 DNA 受到损伤。[11]

在抗氧化酶系统方面，过氧化物歧化酶（SOD）浓度增加，它能将超氧化物（O_2^-）分解为过氧化氢与氧气；过氧化氢酶（CAT）浓度降低，它将 SOD 处理产生的过氧化氢转化为水与氧气；谷胱甘肽过氧化物酶（GPx）在红细胞与周边血液单核细胞中的浓度也降低，它将 SOD 处理产生的过氧化氢转化为水与氧气。

在非酶的抗氧化物方面，白斑患者的维生素 C 浓度较健康人低，血液与皮肤维生素 E 浓度也较低。[11] 整体而言，白斑患者总氧化状态增加，抗氧化能力下降，氧化应激指标升高，表示氧化与抗氧化之间明显失衡。[11]

白斑患者的黑色素细胞比起健康人，对于氧化压力更脆弱，且很难在体外环境中进行培养。可能是因为先天难以处理压力，包括正常黑色素制造的生理过程较差，以及后天遭遇环境与化学物的伤害。[12,13]

黑色素细胞在生成黑色素的正常生理机制中，有较高的氧化状态，但先天的抗氧化系统又有缺损。当细胞对抗氧化压力时，有细胞自噬（Autophagy），也就是在控制中的自我消化过程，将有问题的分子或细胞器毁掉。在遇到氧化压力，如过氧化氢时，正常细胞显著增加自噬反应，但白斑患者的黑色素细胞自噬反应较少，且对过氧化氢造成的氧化伤害出现过敏反应，这和 Nrf2-p62 的生化路径缺损有关。相反，若上调 Nrf2-p62 的生化路径，可以通过启动自噬反应，减少过氧化氢对黑色素细胞造成的氧化损害。[14]

活性氧会损害细胞核内的 DNA，可从血液中的 8-OHdG（8- 羟基脱氧鸟苷）升高得知；损害细胞内的线粒体，导致黑色素细胞凋亡；更启动了促炎的免疫反应，开启"潘多拉的盒子"。[15]

在遇到压力时，黑色素细胞会释放活性氧，释放白细胞介素 1β、白细胞介素 8，活化"先天免疫"系统，包括自然杀伤细胞、炎性树突细胞。此外，活性氧也刺激热休克蛋白（Heat shock protein, HSP）70i 的制造，结合 Toll 样受体启动促炎信息传导，刺激黑色素细胞释放白细胞介素 6、白细胞介素 8，拮抗调节型 T 细胞的免疫抑制作用[16]。

然后，"后天免疫"系统活化，出现针对黑色素细胞攻击的 CD8+ T 细胞，进行自身免疫的杀伤过程，此现象甚至在体外培养皿中也可以见到。[17]

▌静脉曲张

静脉曲张，为皮下可见的青紫色血管或毛细血管扩张。我将在 Chapter 15 中详细介绍。

波兰一项研究中，运用彗星电泳技术，检测慢性静脉功能不全（第二级、第三级）患者与健康人的血液（从前臂抽取），发现前者血液淋巴细胞的 DNA 氧化伤害明显增加，也就是出现更多的 8-OHdG。前者 DNA 氧化伤害比例为 15.6%，后者为 5.24%。可能局部炎症反应导致吞噬细胞（白细胞）的累积，增加了氧化压力与活性氧等自由基。

过去研究也发现，静脉曲张的血管组织铁浓度增加，比例远高于正常血管组织，分别为 197% 和 31%。游离铁催化了羟基自由基（-OH）的产生，破坏了血管组织、细胞、蛋白质、脂质、碳水化合物与 DNA，终究导致慢性静脉功能不全产生。[18]

▌其他皮肤病

其他炎性皮肤病，如扁平苔藓患者有较高的脂质过氧化物（包括 MDA），过氧化氢酶（CAT）活性下降，过氧化物歧化酶（SOD）活性增加。

特应性皮炎患者 MDA 增高，CAT 活性下降。

荨麻疹患者 MDA、活性氧增高，SOD 活性也增加。[11]

牵涉氧化压力异常的皮肤病还包括接触性皮炎、痤疮、多形性日光疹、皮肤癌、原发性多汗症、扁平疣、贝赫切特病（Behçet disease）等。[7]

☙ 03 紫外线与光老化

▌紫外线与光老化

本书谈及最多的是内在老化，又称为年龄老化（Chronological aging），包括细胞减少、表皮变薄、真皮表皮连接（DEJ）变薄及皱纹的细纹部分。

但外在老化，特别是紫外线引发老化，带来早发性的皮肤老化，又称为光老化（Photoaging），包括皱纹的粗纹部分、色素变化（变黑，也可能变白），大大影响光照皮肤部位的观感，包括脸部、脖子、手臂等。

Gina 是 46 岁的保险公司经理，抱怨最近 5 年脸上黑色素斑点、斑块变多，而且右边明显比左边更多、更黑，尽管接受激光脉冲治疗，好了一两周，但又马上复发。原来，她热爱户外活动，周末两天都在骑行或爬山，尽管她出门前会擦隔离霜。

她问我："为什么我右边的斑比左边更多呢？"

我问她："想一想在你的生活中，右边会比左边更容易晒到太阳吗？"

她想了一会，恍然大悟地说："对，5 年前，我们公司搬到知名商业大厦的 30 楼，我的办公室右边是一扇大落地窗。唯一缺点是西晒，窗帘遮光不好。难道待在办公室里也需要擦防晒乳？"

我回答："是的！"

紫外线对皮肤的伤害可以说是"温水煮青蛙"，等到注意到变化的那一刻，早已累积了多年的"摧残"，看似单纯的黑色素斑点，已经是皮肤老化的结果了！

可以填写表 5-1 皮肤光老化问卷，了解自己有哪些光老化症状。

表5-1 皮肤光老化问卷

有哪些光老化症状呢？看看脸部、侧颈部、后颈部、手背等处皮肤，是否有以下症状
□ 不均匀的色素变化与斑点，为日旋光性小痣（晒斑）。
□ 表皮变薄且干燥。
□ 眼周出现细纹，脸部前额、嘴角等出现更深的皱纹。
□ 后颈出现十字形的皱纹。
□ 皮肤变得松弛，失去弹性。
□ 耳朵与脸颊出现微血管扩张。
□ 手臂在轻微受伤时出现瘀斑。
□ 毛囊皮脂腺变得明显，毛囊扩大而堆积皮脂，在眼周出现日旋光性粉刺。
□ 光照部位出现白色粟粒疹。
□ 局部发红、脱屑，为光线性角化病。
□ 皮肤变粗变黄，为光线性弹性组织变性（Elastosis）。
□ 在脸部、侧颈部出现红棕色色素增加、表皮萎缩、血管扩张的组合，称为多形性皮肤萎缩（Poikiloderma）。

以上仅是表面的光老化，在显微镜下可看到的真相是"皮肤全层老化"，包括角质层过度角化、角质形成细胞变性或角化不良、网状脊变平坦，以及真皮层出现胶原蛋白减少、弹力纤维变性、血管扩张等。

根据研究，脸部皮肤老化的原因当中，紫外线因素可以占到80%！[19] 来看看皮肤光老化的元凶——紫外线是怎样影响皮肤，并逐步导致黑色素加深和光老化的。

长波紫外线UVA（320~400nm）导致立即性色素加深，数分钟出现，可持续6~8小时。

中波紫外线UVB（280~320nm）是导致晒伤的元凶，可持续4~8小时。它也促进酪氨酸酶活性增加，黑色素细胞与黑色素体（Melanosome）都增加，造成延迟性晒黑反应（Delayed tanning reaction），在暴晒后2~3天开始，持续10~14天。[20]

紫外线种类与皮肤效应[21]整理如表5-2所示。

表5-2 紫外线种类与皮肤效应 [21]

紫外线种类	波长（nm）	穿透力	皮肤效应
短波 UVC	200~280	被大气层吸收	致突变
中波 UVB	280~320	仅占地表紫外线5%，可达乳突真皮	晒伤，致突变，致癌，刺激黑色素细胞与黑色素形成，将 7-脱氢胆固醇转化为维生素 D_3
长波 UVA	320~400	穿透皮肤，可达网状真皮	红斑、黑色素形成，有较低致癌性，有强烈光老化效应

急性紫外线暴露产生活性氧，耗损细胞抗氧化能力，伤害 DNA 且引发突变，同时导致中性粒细胞、单核细胞、巨噬细胞在表皮与真皮积聚，这些活化的白细胞，要来清除紫外线引发的细胞凋亡或细胞膜已被氧化的皮肤细胞，并会释放出中性粒细胞弹力蛋白酶（Neutrophil elastase），以及基质金属蛋白酶 1 和 9（Matrix metalloproteinases-1,-9，MMP-1,-9），分解胶原蛋白，导致光老化（表 5-3）。

表5-3 紫外线导致皮肤光老化的关键机制 [23,24]

- 紫外线诱导产生活性氧，耗损细胞抗氧化能力。
- 细胞膜脂质过氧化。
- 紫外线诱导表皮角质形成细胞释放炎性激素，如白细胞介素 1、肿瘤坏死因子 -α。
- 紫外线促使肥大细胞产生前列腺素，以及其他炎性因子，如组胺、白三烯等。
- 引发表皮神经内分泌反应。
- 皮肤细胞凋亡。[23,24]

巨噬细胞有两个来源，一个是血液运送过来，一个是真皮内已经存在的前驱单核细胞。为了能在皮肤组织内来去自如，巨噬细胞具有基质金属蛋白酶，用来溶解细胞外基质，又能产生活性氧诱导真皮成纤维细胞制造更多的基质金属蛋白酶。当紫外线过度照射时，巨噬细胞累积，就会因为过多的基质金属蛋白酶与活性氧导致真皮细胞外基质摧毁。[22]

此外，受伤的细胞与氧化的细胞膜脂肪，会活化补体系统，过度活化的补体会摧毁表皮真皮连接（Dermal-epidermal junction, DEJ），并且沉积在此。同时，补体会诱导炎性反应，巨噬细胞累积，释放更多促炎激素、基质金属蛋白酶与活性氧，导致慢性炎性反应与组织损害，加速皮肤老化。[22]

随着皮肤老化，真皮成纤维细胞数量与功能逐渐减少，修复与再生真皮细胞外基质的能力变弱。做好防晒，对皮肤还是有保护效果的。

▌ 多形性日光疹与防晒策略

有些人对紫外线"超有感"，接触阳光虽然没有晒伤，也出现了皮肤红疹，那是怎么回事呢？

这是多形性日光疹（Polymorphous light eruption, PMLE），是最常见的光照性皮炎（Photodermatitis），患病率可达2成，女性较常发生。在接触阳光2小时到5天之内，于前胸、手臂、手背、下肢等外露部位，反复发作皮肤红疹、瘙痒、灼热或疼痛，持续7~10天。常在高纬度国家的春季发病，随着阳光强度增强而变严重，或者去纬度低国家度假时，照射充足阳光而发作，在夏季最严重。

多形性日光疹涉及迟发型过敏反应，关系到紫外线诱发的抗原或自体抗原，又被称为日光过敏或日光中毒。元凶多是长波紫外线UVA，有时和中波紫外线UVB有关。[25,26]

要预防紫外线光老化、多形性日光疹等日光相关疾病，做好防晒至关紧要。物理性防晒的做法是穿上防晒或防紫外线的衣物，戴宽帽檐的帽子，找遮蔽的树荫，戴面罩型太阳镜。

化学性防晒的做法是选择同时具有SPF15与PA++以上的防晒乳，因为SPF只能防御UVB而不能防御UVA。每2小时补一次。需要注意的是，隔离霜的防晒效果并不如真正的防晒产品。

防晒产品上的防晒系数SPF、PA、UVA，各代表什么意思呢？[20]

SPF指阳光防护系数，是针对被中波紫外线UVB晒红的防护能力，等于MED（防护下）/MED（未防护）。MED（Minimal erythema dose）指最小红斑剂量，

MED（防护下）指使用产品时，诱发皮肤泛红所需的暴晒时间，MED（未防护）指未使用产品时，诱发皮肤泛红所需的暴晒时间。两者相除，可看出阳光防护效果是几倍。

PA 指长波紫外线防护系数（Protection Grade of UVA），反映的是针对被长波紫外线 UVA 照射 2 小时后出现晒黑的防护能力。PPD（Persistent pigment darkening）指持续性色素沉着，等于 MPD（防护下）/MPD（未防护）。MPD（Minimal Phototoxicity Dose）指最小光毒性剂量，比值为使用产品延长皮肤被晒黑所需时间的倍数，从 +、++、+++ 到 ++++，定义 $2 \leqslant$ PA+<4、$4 \leqslant$ PA++<8、$8 \leqslant$ PA+++<16、PA++++ $\geqslant 16$。

欧洲委员会建议 SPF/PPD $\leqslant 3$，可标示为 UVA。

由于 SPF 系数指每 $1cm^2$ 的肌肤涂上 2mg 的防晒乳剂量，因此，一般脸型需要挤出防晒乳约 3cm 的量。

▎脂溢性角化与晒斑

Carolyn 是 35 岁的计算机工程师，当我看到她的脸孔，就觉得不是本地人，一问，果然是从美国加州来的华裔人士。为什么？因为她脸上充斥着脂溢性角化、晒斑、痣、黄褐斑、痘疤，而且抬头纹很严重。她说加州阳光充足，她和白人朋友常一起在海滨活动，还经常潜水，由于频繁往水面上看，抬头纹异常明显。

脂溢性角化（Seborrheic keratosis）是最常见的良性表皮肿瘤，具有遗传性，多发生于 30 岁以后，呈现边界清楚的隆起斑块（有或无色素），起初为针头大小，逐渐增大为淡或深褐色扁平结节，表面油腻、疣状的质感，好发于脸部、头皮、躯干、上肢及乳房下皱褶处等。[26]

晒斑（Solar lentigo/ lentigines），又称为老人斑，是卵圆形到几何形的色素斑块，和紫外线伤害有关，出现在阳光照射区域，如脸部、前臂、手背、躯干上部等，多年日晒或一次暴晒后发生，多在 40 岁后出现，超过 60 岁的白种人约 75% 有晒斑。[25]

脂溢性角化的形成原因，是紫外线引发角质形成细胞老化，牵涉活性氧制造、鸟嘌呤脱氨酶（Guanine deaminase）的作用。晒斑涉及细胞自噬（Autophagy）作用的降低，使皮肤提早老化。细胞自噬指细胞分解与回收损坏细胞器的过程，此能力随着年龄降低，也随着紫外线所导致的光老化而变差。当细胞自噬能力受损时，受伤的细胞成分累积，氧化压力也变大，导致皮肤老化。[27]

Harry 是 32 岁男性，两颊却已经出现深色的晒斑。年纪轻轻，为何晒斑如此明显？于是我问他："你待在户外时间长吗？"

他说："没有。"

我再问："那你工作会接触强光吗？"

他思考了一下，回答："会，因为我是在空中工作，我是飞行员！"

他的晒斑，显然是因为职业性的紫外线暴露所造成的。他也说到自己睡眠时长不固定，尽管放假时可以补觉，但总觉得很累。不只是飞行员，飞机上的乘务人员都常有此状况。

▌黄褐斑

黄褐斑（Melasma, Chloasma），在前额、颧骨、上唇、下巴等处，出现对称性的棕褐色色素增生，有时伴随色素不均，边缘不规则，但界线明显，没有炎症现象。这是困扰许多华人女性的脸部色素问题，因为黄种人比白种人更容易发生，而且相当明显。有 1 成患者为男性。[25]

Tiffany 是 43 岁网购主播。她困扰于脸颊、太阳穴、人中的大面积黄褐斑。她的黄褐斑是在 30 岁生完第二胎后出现的。24 岁开始工作以后，她一放假就喜欢到海边戏水。生了二胎以后，她更频繁地带小孩去海边玩。她自恃脸色白皙，还需要晒点古铜色，因此长期不做防晒，还有过好几次晒伤的经历。

40 岁那年，她开始做网购主播，熬夜盯着计算机，经营压力大，睡眠只有 5 小时。后来不知怎么回事，脸上就频繁过敏，一直换保养品、化妆品，结果更严重，黄褐斑也跟着加剧。她抱怨在别的地方已接受治疗 3 年，黄褐斑仍然没有明显改善。

她又问我："为什么我左脸的黄褐斑超明显，右脸还好一点？"

我问她："你平常开车吗？"

她说："开啊！15 年来每天都开车，以前跑业务，现在批货。"

我问："你是不是早上开车往南开，下午开车往北开？"

她吃惊地说："没错，你怎么知道的？"

我说："你左脸应该接受了更多的紫外线，如果你是这样的方向开车，早上往南开时，东升的太阳晒到你的左脸，下午往北开时，西落的太阳还是晒到你的左脸。晒一天没什么，晒 15 年下来，两边脸的黄褐斑严重度就不一样啰！"

她恍然大悟。

黄褐斑的一大关键病因，就是紫外线暴露，已有许多流行病学与组织病理学证据支持。[28] 紫外线照射可直接刺激黑色素细胞，产生黑色素，并且间接刺激角质形成细胞，释放出促进黑色素细胞与黑色素制造的各种因子，包括成纤维细胞生长因子（Fibroblast growth factor, bFGF）、神经生长因子（Nerve growth factor, NGF）、内皮素（Endothelin-1, ET-1）、促黑素细胞激素（Melanocyte-stimulating hormone, MSH）与促皮质素（Adrenocorticotrophic hormone, ACTH）。[29]

黄褐斑病灶的氧化压力过高。和一般人相比，黄褐斑患者血清氧化伤害指标丙二醛（Malondialdehyde, MDA）增高，但保护性的抗氧化酶超氧化物歧化酶（Superoxide dismutase, SOD），以及抗氧化物谷胱甘肽（Glutathione）也都增高。丙二醛浓度越高，黄褐斑越严重。[30]

另一项研究也发现，黄褐斑患者血清抗氧化酶超氧化物歧化酶、谷胱甘肽氧化酶（Glutathione peroxidase, GSH-Px）都增加，但氧化伤害指标蛋白质羰基（Protein Carbonyl）则降低，表示黄褐斑患者的氧化物、抗氧化物之间存在失衡，且氧化压力增加。[50]

▌黄褐斑与皮肤老化

黄褐斑患者只要一照镜子，就看到两颊脏脏的黑斑，心情很不好，加上治疗效果不佳，心情更差，常向医生兴师问罪："为什么激光打了，淡斑药擦了，美白药吃了，我的黄褐斑还是这么严重？！"

我会回应："你想听安慰的话，还是想听真话？"

她说："那还用说，当然是听真话啊！"

我说："真相很残酷，因为你的皮肤'真的'老了！"

当然，我也不轻易这样回答。

黄褐斑患者长期暴露在紫外线下所引起的色素沉着，事实上是光老化的一部分，皮肤同时出现大量的日光弹力纤维变性（Solar elastosis），弹力纤维卷曲或破碎，以及基底膜损害、血管增生与扩张、肥大细胞增多[29,31,32]，还可伴随皱纹增多、触感粗糙、失去皮肤弹性等皮肤老化症状。但在黄褐斑发作以后，只有 1/3 女性愿意"亡羊补牢"，也就是积极防晒。[33]

研究也发现，像黄褐斑这类黑色素疾病所涉及的机制，包括氧化压力异常、线粒体 DNA 突变、DNA 受损、白细胞端粒缩短、激素改变、细胞自噬异常，都是皮肤老化的关键机制。[27]

本质上，黄褐斑就是光老化疾病（Photoaging disorder）。[31,32] 老化，是最难医的"病"，大脑老了出现失智症，皮肤老了出现黄褐斑，这都是人体老化的真正面目，挑战着医学的极限。

真的，最好的策略就是，预防胜于治疗！

▌特发性滴状色素减少症

好不容易保持皮肤白白嫩嫩，45 岁以后，却发现手臂和小腿上开始出现一块块小小的白斑。去医院检查，医生说："这是一种色素脱失，黑色素减少了，但不是白斑哦，不要太担心，加强保湿、防晒就好。"

你不禁又抱怨："医生，那些'该死'的黑色素到哪里去了？"

在前臂、小腿纷纷出现许多小而白的斑点，2～5mm 大小，边缘规则，原来这是特发性滴状色素减少症（Idiopathic guttate hypomelanosis），常合并皮肤萎缩、干燥、有晒斑等，分布在日晒暴露的上下肢。50 岁以上人群中 50%～70% 有此症状，光老化是主因，但生理老化也是原因。[25]

在生理老化过程中，黑色素制造会每 10 年降低 10%～20%，与这种皮肤老化疾病有关。黑色素细胞对氧化压力特别敏感，因为黑色素制造过程牵涉氧化反应，和其他细胞相比，黑色素细胞平常就有更多的活性氧！长期紫外线暴露也会直接氧化黑色素，继续增加活性氧及氧化压力。褪黑素调节的表皮时钟基因，会控制表皮的黑色素制造。[2]

黑色素变多，固然可能是皮肤光老化，而黑色素变少，也可能是同样的原因！

04 人造光源、可见光与色素性病灶

▍可见光引发黑色素沉着

Sandra 是 40 岁银行理财专员，她脸部白皙透嫩，可是左侧颧骨硬是长了一块明显的晒斑，上下眼皮、眼角部位也冒出多块淡淡的小晒斑。

她觉得很奇怪，长年都做防晒，户外活动也不多。但我发现，她不管在银行还是在家，总喜欢把台灯开到最亮，台灯正是放左边。此外，手机上下班都不离身，每天刷 10 小时以上，屏幕总是开最亮。晚上卧室熄灯，丈夫睡着后，她拿着手机追剧。

此外，最近她工作业务量大，下班已是晚上 9 点，再照顾家里两个小孩，忙完再用手机追剧，到半夜 2 点才睡，早上 6 点半又被闹钟吵醒，要起来帮孩子准备早餐，自己和丈夫也得上班。平时补充蔬菜水果也很少。

紫外线是刺激黄褐斑复发的重要因素，防晒是必需的。但许多患者抱怨："我已经积极防晒，尽量待在室内，为什么黄褐斑还在发作？"

小心，室内的人造光源可能是元凶！累积的医学证据显示：可见光与紫外线一样，都能够增加皮肤色素，特别是在较深色的皮肤上，比如黄种人。

《研究皮肤医学期刊》一项研究中，针对肤色第 4 型至第 6 型（类似黄种人、黑种人肤况）受试者的背部光照两小时，比较两种光源（长波紫外线 UVA，其波长 320～400nm，以及可见光，其波长 400～700nm），并且追踪两周。

结果发现，可见光和长波紫外线一样，都能产生黑色素。哪种光源会引起较深、较持续的皮肤色素呢？答案不是紫外线，竟然是可见光！[34]

研究人员也让肤色 2 型的受试者（接近白种人）进行照射，两种光源都没有引

起黑色素。[34] 这显示爱"美白"的黄种人，其实对可见光的敏感性比对紫外线高。搞了半天，医学界和民众都错把紫外线当成凶手，而真正的凶手是"可见光"。

▌蓝 / 紫光引发黑色素沉着

针对肤色第 3 型或第 4 型的健康人（类似黄种人肤况）进行三种光照：波长为 415nm 的蓝 / 紫光、波长为 630nm 的红光和中波紫外线 UVB。结果发现，蓝 / 紫光能引起明显的色素沉着，且有剂量反应关系，红光不会引起色素沉着。

当和中波紫外线 UVB 比较时，令人惊讶的是，蓝 / 紫光造成的色素沉着比前者还强，且维持达 3 个月。不过，中波紫外线 UVB 确实导致皮肤细胞受伤，出现更多的坏死角质细胞与 p53 分子，后者是 UVB 造成色素沉着的关键分子。[35]

后续研究发现，蓝光导致黑色素沉着的关键，是一种视蛋白 -3（Opsin-3），它是黑色素细胞中感应短波可见光的传感器，增加了制造黑色素的酶，包括酪氨酸酶（Tyrosinase）与多巴色素互变异构酶（dopachrome tautomerase, DCT），且酪氨酸酶的活性会持续增强一段时间，这可解释为何色素沉着不会很快消失。[36]

造成黑色素沉着的是——蓝光，听起来是不是有点耳熟？

蓝光，就是电子产品屏幕散发出来的主要光源！现代低头族每天接触最多的，不是紫外线，而是蓝光。

《美国国家科学院院刊》（*Proceedings of the National Academy of Science*）一项哈佛大学与麻省总医院的研究中，比较了平板电脑与纸质书的光源后发现，平板电脑散发的蓝光非常强烈，能量高峰就在 452nm，相较之下，日光灯照到书本上再折射进入眼睛的光源，是能量高峰在 612nm 的红光，在蓝光波段的能量几乎为零。平板电脑光源能量有多强？是书本折射光线的 30 多倍。[37]

现代人用得更多的手机呢？

根据研究，比较常见的电子产品屏幕的蓝光辐射率（Blue light weighted radiance），由低到高分别为：电脑、笔记本电脑、平板电脑、手机，手机屏幕的蓝光能量约为平板电脑屏幕的 2 倍、笔记本电脑屏幕的 2.5 倍、电脑屏幕的 3 倍，如表 5-4 所示。[38] 加上使用手机时，比起其他电子产品更靠近眼睛，且在黑夜或处于黑暗环境中，还会自动加强亮度，可想而知，它对于皮肤的负面影响有多严重！

表5-4 常见电子产品屏幕的亮度、蓝光辐射率比较 [38]

电子产品屏幕种类	亮度（cdm^{-2}）	蓝光辐射率（$Wm^{-2}sr^{-1}$）
电脑	98.5	0.082
笔记本电脑	130.4	0.107
平板电脑	143.2	0.127
手机	292.6	0.262

难怪黄褐斑患者会抱怨："明明我都没晒太阳，整天躲在家里刷手机，为何脸上还是长斑？"

根据以上最新研究结果显示，躲在家里刷手机，可能比出来晒太阳还更容易长斑啊！

可见光与蓝 / 紫光的防晒策略

很重要的是，可见光和长波紫外线 UVA 一样，不仅可以穿透皮肤，还可达真皮与附属皮肤组织，因此和紫外线一起参与了包括黄褐斑在内的光老化过程。[32]

因此，真正的防晒不只是避免晒到阳光，也要避免暴露在人造光源下过久，特别是高蓝光、近距离的智能手机屏幕。我遇到许多抱怨长斑的女性，深入追问才发现：她们多是在 LED 强光或紫外线灯下工作的美甲人员，或每天在百货公司强光照射下工作 8 小时的服务人员等。即使整天在室内，积极的物理性与化学性防晒是必要的。

需要提醒的是，大多数针对紫外线的防晒剂，只能发挥对部分可见光的防护效果。物理性防晒剂，才能够同时阻隔紫外线与可见光，有可能预防黄褐斑复发！ [39]

▶ 关注焦点｜白发

一、白发的出现

你，离不开染发剂了吗？几岁开始出现白发？何时白发明显变多？"白发除不尽，春风吹又生"，到底长白发的根本原因是什么？

人体合成黑色素的细胞，在 30 岁后，每 10 年耗损 8%～20%。50% 的人到了 50 岁，白（灰）发比例超过 50%，白发的快速生长期，就是 50～59 岁。而开始出现白发的时间，则因人种有所不同。

- 白种人：34±10 岁。
- 黄种人：男性 30～34 岁，女性 35～39 岁。
- 黑种人：44±10 岁。

男性的白发，多从太阳穴、鬓角开始，延伸到头顶与其他部位，最后到后脑勺。女性的白发，从发际开始。令人气馁的是，白发的生长速度比黑发快，直径更大，因此看起来更明显！

二、氧化压力与白发

黑发是怎么形成的呢？

毛囊下端膨大而构成毛球（hair bulb），当中 1 个黑色素细胞可以伸出突触到 5 个角质形成细胞中，形成"毛囊—黑色素单位"，相对地，皮肤中的 1 个黑色素细胞连接到 36 个角质形成细胞中，形成"表皮—黑色素单位"。毛囊的黑色素形成，只在生长期有，在退化期逐渐关闭，在休止期则完全"不动"。[40]

在黑色素制造过程中，先是酪氨酸羟基化，形成左旋多巴（Dihydroxyphenylalanine, DOPA），然后是左旋多巴的氧化，才形成黑色素（Melanin），整个过程牵涉积累的巨大氧化压力，若抗氧化能力不足，就可能伤害黑色素细胞，导致黑色素形成减少。[41,42]

试验发现，在白发的毛囊中，一种活性氧——过氧化氢，也就是双氧水，有高浓度的累积，但抗氧化酶，如触酶（Catalase）与甲硫氨酸硫氧化物还原酶（Methionine sulfoxide reductase）却没有表现，显然，缺乏足够的抗氧化能力，累积过大的氧化压力是白发生成的重要机制。[43]

氧化压力变大的原因，固然与环境因素有关，如紫外线暴露、空气污染等，但更常见的是生理因素，如情绪压力、炎症、饮酒、慢性疾病等，加速了白发的形成。[40] 在大部分状况下，白发就是生理老化（内在老化）的结果，当事者累积氧化压力过大，大量自由基、活性氧、过氧化氢伤害了 DNA。与此同时，抗氧化能力不足，包括抗氧化的营养素或酶不足，无法抵消自由基对 DNA 的伤害。

由于与老化相关的 DNA 损坏的持续累积，导致黑色素干细胞的再生出问题，因此，黑色素细胞、毛囊干细胞、黑色素干细胞早夭。毛囊黑色素细胞染色体末端的端粒长度，是生理老化的重要指标，在不断的耗损中缩短，导致黑色素细胞老化与凋亡，就产生了一根白发。追本溯源，是染色体基因受到氧化伤害所致。[44]

三、白发的其他致病因素

白发还存在许多致病因素。

- 抽烟：具有促氧化作用，产生活性氧，伤害毛囊黑色素细胞。
- 白斑：白斑患者的黑色素细胞，对于氧化压力更敏感，更容易受到伤害。
- 甲状腺功能低下：甲状腺激素 T_3、T_4 都能增加黑色素制造，若低下，则产生较少的黑色素。
- 营养素缺乏：维生素 B_{12}、维生素 D_3、铁、铜、钙、锌等缺乏，以及高密度脂蛋白（HDL）浓度较低，也是白发产生的原因之一。[40]

容易出现早发性白发（少年白）的人群，是 20 岁前的白种人和 30 岁前的黑种人。这和遗传因素较有关。[40]

四、白发与慢性生理疾病

丹麦大型世代研究"哥本哈根市心脏研究"的早期（追踪 12 年）分析中，曾发现男性白发和心肌梗死有关。和无白发者相比，有部分白发的男性罹患心肌梗死的相对风险多了 40%，满头白发的男性罹患心肌梗死的相对风险多了 90%。[45] 不过，后续分析（追踪 16 年）并未发现关联性。[46]

因为 DNA 损坏也可导致动脉硬化，所以白发或可作为动脉硬化的参考指标。

研究还发现，与年龄（约 30 岁）、性别相当的健康人相比，有白发者的听力在高频与超高频范围（8 ~ 20 kHz）显著较差。因此，白发可能是听力减退的重要风险因子。[47] 由于听力缺损是阿尔茨海默病的重要风险因子，因此白发所代表的皮肤老化，与阿尔茨海默病所代表的大脑老化，彼此间的关系值得探索。

五、白发的预防策略

目前治疗白发有哪些药物呢？

答案是：无"药"可医。

染发剂的发明，"氨水 + 双氧水 + 对苯二胺"，以及后续改良的产品，确实是现代人的一大福音。白发一染，瞬间年轻 30 岁。但别忘了，身体和皮肤还是继续在老化的！染发，说穿了，就是弄个假象。

根本的做法是力行抗老化医学，越早开始保养越好，这样才有机会推迟老化的降临。为了皮肤而进行的抗老化，也正是全身健康的抗老化。我建议做到以下两件事。

（一）终结炎症体质

内在老化的第一大原因，就是炎症老化（Inflammaging）。[48] 我将在 Chapter 7 中详细解释。长期反复的急性过敏（环境与食物过敏），以及没有被意识到的慢性炎症（多种生理状况与食物敏感），是各类慢性疾病（高血压、心脏病、脑卒中、癌症、阿尔茨海默病）的共通病因。

当免疫细胞产生大量的自由基、活性氧、炎症因子、白细胞介素、补体等时，对皮肤造成的影响是胶原蛋白分解、毛囊干细胞减少，以及对毛囊黑色素细胞的伤害，最后长出一根根白发。[48]

因此，通过本书学会辨认过敏与炎症症状，并善用抗炎策略，包括回避过敏原与敏感原、选择低敏饮食、实施地中海饮食疗法、补充抗氧化营养素等，才是面对炎症老化的根本做法。

（二）终结脑疲劳

《美国国家科学院院刊》一项针对20～50岁停经前健康女性（平均为38岁）的研究发现，主观压力感受最大的女性，其端粒长度平均为3110个碱基对，压力感最小的女性为3660个碱基对，前者端粒长度明显缩短550个碱基对。若以健康人一年缩短31～63个碱基对的老化速度换算，压力大的女性比压力小的女性老9～17岁。自我感觉压力大的时候，老化在加速！[49]

白发，是身体老化的"金丝雀"。压力大、睡眠少、被慢性炎症困扰，就容易长白发。相反地，舒压技巧高、睡眠充足、力行抗炎生活，就能推迟白发的发生。

在毛囊面对氧化压力的时候，抗氧化营养素与酶，是非常珍贵的资源，因为身体要有用剩的，才会给皮肤。如果身体氧化压力太大，把抗氧化资源消耗完了，那么毛囊黑色素细胞也只能遭受活性氧地毯式的攻击，提早谢幕了。

抗老化，就从第一根白发开始！

🌿 05 氧化压力、光老化的常用功能医学检测

（一）线粒体能量代谢分析，通过验尿，分析与线粒体能量生成的相关指标，包括脂肪酸代谢、碳水化合物代谢、柠檬酸循环等（表5-5）。

表5-5 线粒体与健康

重要指标	代表性项目
脂肪酸代谢标记	己二酸、辛二酸、乙基丙二酸
碳水化合物代谢标记	丙酮酸、乳酸、β-羟基丁酸
线粒体能量生成标记（柠檬酸循环）	柠檬酸、顺式乌头酸、异柠檬酸、α-酮戊二酸、琥珀酸、富马酸、苹果酸、羟甲基戊二酸

（二）氧化压力分析，通过验尿与抽血，检查氧化伤害产物、身体抗氧化能力（表5-6）。

表5-6 氧化压力与健康

重要指标	代表性项目
氧化伤害	丙二醛（MDA）、脱氧鸟粪核糖核苷（8-OHdG）、花生四烯酸过氧化物（F2-IsoPs）、硝化酪胺酸（Nitrotyrosine）
抗氧化酶	超氧化物歧化酶（SOD）、谷胱甘肽过氧化物酶（GSHPx）、谷胱甘肽转硫酶（GSTs）
抗氧化物	谷胱甘肽（t-GSH）、含硫化合物（f-Thiols）

🌿 06 重新思考氧化压力、紫外线与光老化

Ruth 是 53 岁女性，长期困扰于遍布两颊、眼尾的黄褐斑，抱怨激光治疗效果总是有限。周末两天，她要么参加旅行团，要么出去度假，户外活动时间长，放假一结束，黄褐斑就加深了。

我首先问她："你防晒怎么做？"

她说："我出门擦隔离霜，戴宽帽檐的大帽子。"

我回应："你应该用真正的防晒乳，会比用隔离霜好，而且每2个小时补充一

次。黄褐斑是恶名昭彰的斑，一方面对紫外线超级敏感，正确防晒很重要，另一方面，跟个人体质密切相关，黑色素细胞分泌功能失调，用激光打掉旧的黑色素，却可能快速长出新的黑色素，因此看起来好像没进步，所以，高标准的身体保养也很重要喔！"

从前文了解到，紫外线、手机屏幕蓝光，在皮肤老化方面扮演关键角色，特别是在色素性皮肤病方面。我在前一本书《大脑营养学全书》中，很少谈及紫外线。因为和裸露在外的皮肤相比，大脑被锁在"不见天日"的颅骨中。

不过，光会照射在神经系统的末端，也就是眼球，包括视网膜、视神经，它们是大脑构造的延伸。眼科医生发现，根据视网膜退化程度，可以推算大脑退化程度。精神科医生运用光照治疗，从眼球逆向治疗大脑，证实能改善睡眠障碍与抑郁症的表现。

一位 35 岁的黄褐斑患者 Alice 告诉我以下故事。眼科医生诊断她有白内障，直指是因长期暴露于手机屏幕蓝光所引起的，需要换人工晶状体。

Alice 不只有白内障，她的黄褐斑也很严重，而且治疗反应差，整个面部皮肤粗糙而松弛，看起来像 50 岁。

手机屏幕蓝光加速眼部的光老化，已是医生与患者的常识。许多年轻人在每年的健康检查中，已有老花眼、白内障、飞蚊症、视网膜退化、视网膜脱离等光老化疾病。人们也许知道，紫外线可以引起皮肤光老化，但还不知道手机屏幕蓝光也正在偷偷地加速皮肤光老化。

在本章的案例中，除了暴露于紫外线与手机屏幕蓝光，睡眠不足、情绪压力、不当饮食等，都是皮肤老化疾病的凶手。在数字时代，需要智慧地使用手机，彻底调整生活习惯。

紫外线让皮肤能够产生维生素 D，人造光源照亮大家的生活，却同时伤害皮肤组织、加速老化、形成外表瑕疵。对于辛劳的皮肤，应多一分照顾，少一分苛责！

>>> **CHAPTER 6**

免疫失调第一型：
过敏

讲到免疫系统，想到什么？白细胞、淋巴细胞、自然杀伤细胞？这些血液细胞和皮肤有什么关系？

事实上，皮肤就是免疫器官！许多免疫失调反应，几乎都有皮肤的参与。我从大量循证研究以及多年临床经验中，归纳出和皮肤相关的五型免疫失调。

- 第一型：过敏。
- 第二型：炎症反应。
- 第三型：免疫力不足。
- 第四型：自身免疫病。
- 第五型：癌症。

我发现多数患者的免疫失调病程是：第一型→第三型→第四型或第五型，或者，第二型→第三型→第四型或第五型。了解了免疫失调的病程变化才能读懂皮肤症状，辨认出自己已经出现第一或第二型，从而预防具有高伤害力的第三型、第四型出现，并降低最严重的第五型的发生概率。

💈 01 荨麻疹

▌荨麻疹案例分析

Sophia 是 24 岁的金融研究所学生，身材纤瘦，脸上有明显的黑眼圈。陪同的妈妈先讲话："荨麻疹发作两天，到药房买药涂抹，却没好，晚上也睡不好，像女孙悟空一般，抓痒抓个不停。"

全身皮肤检查发现，她的双眼眼皮出现红肿，为血管性水肿，身上有多处圆盘状风疹块，包括脖子、手臂、胸部、腰部、臀部、外阴处、大腿处等，诊断为荨麻疹（Urticaria）。

妈妈辩称："最近她生活没有什么变化啊，以前也没有这样，为什么最近一年开始发作荨麻疹？每次都没有原因！"

我深入询问病史，发现她上初中前有哮喘，后来有过敏性鼻炎、过敏性结膜炎，属于过敏体质。进了研究所后，修学分、做报告、写论文压力大，一边熬夜念书，一边刷手机"解压"，搞到半夜 3 点才睡，早上 8 点就要起床赶早上的课。

既然有过敏体质，于是我追问过敏原，问道："家里有宠物吗？"

妈妈睁大眼睛说："家里有一只猫，已经 6 年了，Sophia '绝对'不可能对它过敏！"

这时，Sophia 一边揉着眼睛，一边抓着大腿，锐利的指甲在干燥的皮肤上，发出嘶嘶声响，在她痛苦的表情中似乎带了点快乐。

我又问："最近吃到'可能'过敏的食物吗？比如月饼，含有蛋黄、牛奶、人工添加剂……"

妈妈打断我的话，抢着回答："她吃的东西，跟以前'一模一样'啊！"

这时，Sophia 终于说话了："妈，我前天晚上吃掉 3 个蛋黄酥，你拿给我的，你忘了吗？你自己不是也吃了 2 个吗？"

妈妈终于沉默下来，愿意好好聆听我的分析与建议了。

Sophia 可能碰到过敏原了，蛋黄酥中的蛋黄、面粉（小麦制品）、牛奶是常见的食物过敏原，而酥油（反式脂肪）、色素，以及为了避免食物腐败的防腐剂，可能刺激免疫系统。猫咪和她一起睡了 6 年，猫毛说不定也是她的环境过敏原。

当以上外在的过敏原突然同时到位了，再加上换季、压力、睡眠问题让过敏者内在的免疫系统不稳，就有可能爆发荨麻疹。

荨麻疹的临床表现

荨麻疹是突然出现的极度瘙痒的疹块，大小、形状不同，有时周围出现一圈白晕（Halo），或形成多环，通常是全身性的。单独病灶通常不超过 24 小时，但旧疹消了，却在其他地方出现新的。接受治疗的患者往往抱怨："为何发作范围变大了？"荨麻疹是动态的过程，整个免疫系统都处于过敏状态。荨麻疹若持续发作时间小于 6 周，称为急性荨麻疹，超过 6 周称为慢性荨麻疹。1/4 的人一辈子至少发作一次荨麻疹。[1,2]

有些荨麻疹发作于皮肤深处，皮肤与黏膜皮下组织的血管通透性增加，形成较广泛的组织肿胀，通常不痒，但有灼热感或胀痛感，称为血管性水肿（Angioedema），好发于眼皮、嘴唇、脸部、阴部、手脚掌、四肢。[1,3]

荨麻疹的核心是第一型过敏反应，患者接触到过敏原（如药物、食物、花粉等）后，通过免疫球蛋白 E、肥大细胞（Mast cell）释放出大量组胺与炎症物质，导致皮肤的炎症与水肿。肥大细胞也受自主神经系统的肾上腺素、乙酰胆碱，以及神经细胞的 P 物质调控。

荨麻疹发作时，需要注意是否影响呼吸道，出现呼吸困难或哮喘。当影响胃肠道时，会出现吞咽困难、呕吐、腹痛、腹泻。通常患者出现胃肠道症状时，根本不会想到：这是急性过敏！[2,3]

患者搔抓时会发现皮肤上立即出现直线形的病灶，这称为皮肤划痕症（Dermatographism），属于物理性荨麻疹。物理性荨麻疹还可能由物理压力、震动、冷热、紫外线等物理因素引起。其中在运动、接触热或情绪压力下，伴随身体过热的荨麻疹，称为胆碱能性荨麻疹。[1,3]

还有一种"孕妇专用"的荨麻疹，称为妊娠瘙痒性荨麻疹性丘疹及斑块（Pruritic urticarial papules and plaques of pregnancy），真的超难记，还好它的英文缩写 PUPPP 就好记多了。它是孕妇最常见的皮肤病，在腹部、妊娠纹处、臀部、大腿部、胸部、背部、手臂上出现瘙痒的丘疹，以及类似荨麻疹的斑块，且对称分布，常在怀孕末 3 个月出现。和一般荨麻疹不同的是，它位置固定，到分娩前后才消失。[1]

▌ 破解荨麻疹的诱发因素

急性荨麻疹多半可以找到触发因素，也就是过敏原。但慢性荨麻疹超过 20% 找不到具体病因，且荨麻疹持续发作数月到数年，让患者感到"莫名其妙"，十分困扰。

临床医生需要发挥福尔摩斯探案精神，系统性地询问可能的病因，才有机会捕捉到真正的"凶手"。表 6-1 是过敏病因确认清单。

表6-1 过敏病因确认清单

（一）药物

☐ 中药、西药都可能，最常见的是口服或注射抗生素、消炎止痛药、避孕药（激素制剂），而皮肤外用药、阴道栓剂或肛门栓剂也都可能。常见的误区是，患者以为当下吃的才算数，事实上，一个月内服用过的都是"嫌疑犯"。

（二）烟酒或药物滥用

☐ 酒精：有些人是小酌两杯或应酬时多喝了酒；有些人因为失眠而养成睡前饮酒的习惯；有些人从事餐饮业等，常职业性地喝酒。

☐ 香烟：除了自己抽，还有从家人或同事吸入二手烟，或接触到沾染在家具物品上的"三手烟"，也都需要怀疑。

☐ 药物滥用：私下服用违禁药品等，都有可能过敏，但不容易诊断出来。

（三）环境过敏原

☐ 尘螨：常见于棉被、床单、衣物、布沙发、地毯、窗帘、绒毛玩具，以及空调、电风扇（久未清洗）。患者最近常在家做大扫除，因为换季而从衣柜里拿出旧衣服，或整理公司仓库，尘螨与灰尘满天飞。

☐ 霉菌：浴室、厨房潮湿处，橱柜或冰箱角落，或有水果默默地长霉，许多还是可以制造青霉素的青霉；有时则是"风水"问题，比如家里住在"临河岸第一排"或地处低洼湿气重。

续表

□ 动物叮咬：上山时被蜂螫或隐翅虫、毛毛虫爬过，下水时被水母螫或被珊瑚刺到，在平地被红火蚁叮到，在家被跳蚤、禽螨咬到。

□ 动物毛屑：狗毛、猫毛、鸡毛、鸟毛、鼠毛、兔毛，甚至蟑螂。还有，请检查一下身上是否穿着羊毛衣物或动物皮衣（不鼓励）。

□ 植物或花粉：若到公园、野外或山上，碰触特定植物，花粉吸进肺里，也可能过敏。

□ 悬浮微粒（PM2.5）：室外空气污染、汽车废气、装修释放出的甲醛或油漆气味、职场环境中吸入的化学溶剂等。

（四）皮肤过敏原

□ 戴特定材质的项链、耳环、手链、手表。

□ 涂抹精油、按摩油、香水、防晒乳、防蚊液，特别是使用新品时。

□ 面膜、洗面奶、保湿乳液、化妆水、卸妆油、彩妆，特别是使用新品时。

（五）食物过敏原

□ 海鲜类。

□ 花生、坚果。

□ 乳制品、蛋类。

□ 小麦、面粉制品。

□ 芒果、猕猴桃、柿子、竹笋、香菇等。

□ 含食品化学添加剂，如防腐剂、色素等。

□ 油炸食品。

□ 辛辣食品，如麻辣香锅。

□ 其他特定食物：_____。

（六）生理疾病

□ 过敏性疾病：哮喘、气管炎、过敏性鼻炎、过敏性结膜炎、湿疹、药物过敏等。

□ 感染疾病：包括细菌、霉菌、病毒、寄生虫感染等，如链球菌咽喉炎、足癣、股癣、疱疹，都可能引发过敏反应。妇科感染，如念珠菌阴道炎，也是常被忽略的过敏元凶。

□ 甲状腺疾病：甲状腺功能亢进或甲状腺功能减退，包括自身免疫性甲状腺炎。

□ 自身免疫病：系统性红斑狼疮、干燥症、类风湿性关节炎等。

□ 癌症：乳腺癌、前列腺癌、肺癌、白血病等。

□ 其他：_____。

▌食物过敏及其机制

有次，我到早餐店吃了杂粮面包，吃完后，觉得脖子特别刺痒，一抓就出现了风疹块。什么原因？

原来，我平日以米食为主，但因早餐店里只有面包、吐司、贝果等，于是我点了有健康概念的杂粮面包。而在我的完整过敏原检测报告中，对小麦有过敏反应，严重度尚未达到轻度，但吃到一定量，还是会引发过敏。

这样的经验我有很多。有次背上突然发痒，不抓不快，想到半小时前，我刚吃了小麦吐司。另一次，感到左脚背很痒，又去搔抓，想到早餐吃了蛋饼，饼皮中含有小麦，当天还穿了比较紧的新袜子。

Kate 是 48 岁的生物技术公司 CEO，长期失眠，一直在吃安眠药或中药。这5 年来频繁发作荨麻疹。接触环境过敏原发作的状况，包括扫墓期间接触植物、吸到焚烧烟雾、泡硫黄温泉；接触食物过敏原发作的状况，包括吃花生又吃麻酱面、吃西班牙海鲜饭含大明虾与生蚝，伴随喉咙有异物感、恶心。最严重的一次，是去吃燕母蟹，吃到一半拉肚子、干咳，接着全身起风疹块，后来难以呼吸，最后跑去急诊打针！

昨天晚上她又发作荨麻疹了，她强调已经吸取多年教训，没吃花生、海鲜、小麦制品等。发作前她去泰式餐厅吃晚餐，也依此原则，只多吃蔬菜，所有过敏食物都不碰，她说："这次发作应该没有原因！"

我问她："有没有吃虾酱之类的？"

她想了一下，说："对，我有吃虾酱圆白菜！"

像 Kate 这样愿意探讨荨麻疹发作根本原因的，属少数。许多荨麻疹患者并无好奇心，也无耐性，每次发作只是怪罪医生："为什么我脖子痒？明明我一辈子没过敏，最近吃的都一样，生活没有任何改变，重点是，我吃东西从来不会过敏……为什么吃药还是不会好？为什么上次（5 年前）来找你，到现在还是没好？"

每个人会过敏的食物天差地别。想知道自己对哪些食物过敏，可通过完整的过敏原检测得知。

为什么会出现食物过敏？除了先天遗传、后天接触过敏原，研究发现了重要机制。

美国哈佛医学院小儿科暨波士顿儿童医院团队，把卵白蛋白（Ovalbumin，蛋白中占 55% 的蛋白质种类）涂抹在一组小白鼠受伤的皮肤上，以诱发表皮过敏；另一组小白鼠则"口服"少量卵白蛋白。8 周后，两组小白鼠进行"口服"大量卵白蛋白的挑战测试，观察两组小白鼠的免疫反应。

他们发现，皮肤涂抹卵白蛋白、再"口服"卵白蛋白的小白鼠，小肠组织肥大细胞明显扩张，血液白细胞介素 4 浓度增加，出现全身性过敏反应，且与免疫球蛋白 E（IgE）过敏反应有关。反之，一开始就"口服"卵白蛋白、再"口服"卵白蛋白的小白鼠，小肠组织肥大细胞没有扩张，血液白细胞介素 4 浓度没有增加，更没有全身性过敏反应，但与卵白蛋白相关的免疫球蛋白 E、脾脏细胞激素（Splenocyte cytokine）产生则与前者相当。

显然，免疫球蛋白 E 参与引发食物过敏，但单独并不足以引发食物过敏，因为小肠组织肥大细胞的扩张反应，也在过敏反应中扮演着关键角色。[4]

简而言之，先吃一点容易过敏的食物，让肠道免疫组织认识后，再吃进该食物时过敏反应就会减弱，便能够"耐受"该食物。如果皮肤先碰到了该食物，之后吃进该食物时，免疫系统便会解读为异物入侵，产生严重过敏反应，该食物就变成严重的过敏原。

比方说，对于花生过敏的孩子，可能是皮肤先碰触到花生的分子，许多是不自觉的，然后才吃花生，引发全身性过敏反应，严重者甚至出现哮喘或休克，可以达到致命的严重度。但若先吃少量花生，之后再吃大量花生，免疫系统就能够耐受。事实上，皮肤接触是对食物抗原产生免疫敏感反应的重要途径。因此，避免皮肤接触食物过敏原，可能可以预防未来的食物过敏。[4]

▍荨麻疹与心脑血管疾病

Helen 是 65 岁的退休公务员，自 50 岁停经以后，就容易发作荨麻疹，在脸、胸、手臂、臀、大小腿等处出现风疹块。她还有糖尿病、高血压、高脂血症，去年曾发作短暂性脑缺血（俗称小中风），检查发现有颈动脉、脑内动脉狭窄问题。她问我："吃药擦药荨麻疹也没好，一直发作，怎么回事？"

在我地毯式"侦查"与解释下，她恍然大悟：发作前常是在享用美食，像她热爱的肉粽（蛋黄、香菇、虾米、糯米）、花生糖、芋头糕、虾蟹、芒果，还有甜食等，这些食物不仅含有她的过敏原，许多还是高血糖指数的食物，让她血糖飙高，恶化了过敏的严重度。

像 Helen 这样的慢性荨麻疹患者，荨麻疹和她的慢性病有关系吗？

答案是肯定的。一项研究发现，慢性荨麻疹患者比起健康人，前者的炎症指标 C 反应蛋白明显较高，且两侧颈动脉内膜中层厚度（Carotid intima media thickness）都较厚。荨麻疹越严重，颈动脉内膜中层厚度越厚，甘油三酯越高，C 反应蛋白也越高，高密度脂蛋白则越低。慢性荨麻疹者的动脉硬化风险的确提高了，可能和免疫系统的慢性轻度炎症有关。[5]

荨麻疹不只是瘙痒、皮肤不适而已，它也是免疫失调疾病。[6,7] 如果放任不管，让免疫系统长期出现炎症反应，会加速心脑血管的老化与病变！

02 过敏性接触性皮炎

环境过敏原，是引发皮肤过敏的常见原因。当皮肤接触到过敏原时，出现湿疹样的皮炎，表现为发红、瘙痒、水肿，甚至水疱，好发于手部、前臂、脸部、眼皮、嘴唇、阴部、手背、脚背，称为过敏性接触性皮炎（Allergic Contact Dermatitis），是接触性皮炎的一种。另一种则是刺激性接触性皮炎（Irritant Contact Dermatitis），我将在 Chapter 7 中详细介绍。

过敏性接触性皮炎在免疫学上，属于第四型过敏反应，为 T 细胞介导的迟发型过敏反应。通常第一次接触过敏原后 14～21 天才产生 T 细胞的敏感化（Sensitization），出现炎症反应，第二次接触则由敏感化的 T 细胞快速反应，提前到 12～48 小时就出现过敏反应，皮疹可持续 3 周，且出现在未接触过敏原的其他部位的皮肤上。[1,3]

皮肤过敏反应，牵涉巨噬细胞、自然杀伤细胞、组织记忆细胞的免疫记忆功能。第一次接触过敏原时，炎症反应较小，但会记忆清楚。在第二次接触过敏原时，能够迅速掀起强大的炎症反应。《自然》（*Nature*）研究发现，不只是以上免疫细胞，连表皮干细胞这种单纯的皮肤细胞也有免疫记忆功能！[8]

人类角质形成细胞（Keratinocyte）在接触到镍这种过敏原时，会制造白细胞介素23，并且在周边血液形成针对镍的记忆T细胞，未来在皮肤树突细胞遇到镍时，能引发1型、17型辅助性T细胞的快速增生。在过敏性接触性皮炎的皮肤病灶上，有中性粒细胞浸润，以及大量表现白细胞介素17、白细胞介素22等的细胞。过敏性接触性皮炎牵涉17型T细胞介导的免疫失调，针对过敏原启动了先天与后天的免疫反应。[9]

过敏性接触性皮炎也和职业有关，比如美容美发人员、医护人员、从事花艺工作的人等。皮炎的严重度和个人过敏体质、过敏原浓度及过敏原的接触量有关。[1]

北美接触性皮炎学会列出十一大常见接触性过敏原。

1. 镍：常见于衣饰金属、珠宝。

2. 新霉素：外用药膏所含抗生素。

3. 秘鲁香胶（Peru balsam）：常见保养品或卫生用品香料。

4. 综合香精（Fragrance mix）：常见于香水与化妆品。

5. 硫柳汞（Thimerosal）：抗菌剂。

6. 硫代硫酸金钠（Sodium gold thiosulfate）：抗风湿药物。

7. 甲醛：抗菌剂。

8. 季铵盐-15（Quaternium-15）：甲醛释放剂性质的防腐剂，溶解后会释放出甲醛。

9. 枯草素（Bacitracin）：外用药膏所含抗生素。

10. 二氯化钴（Cobalt chloride）：用于工业油、冷却剂、眼罩。

11. 苯氧乙醇（Phenoxyethanol）、Methyldibromo glutaronitrile（MDBGN）：用于防腐剂、化妆品。

《儿科学》研究指出，镍广泛被用在首饰与金属材质物品中，但美国就有110万名孩童对镍敏感，镍也是全球最常见的过敏性接触性皮炎过敏原，在孩童的发生率也越来越高，造成瘙痒、不适以致无法到校，生活质量降低，目前推测和过早、频繁接触含镍金属有关，比如玩具、背带扣、电子产品等，或因为穿耳洞。丹麦与欧盟政府数十年来，已经立法推动减少镍的使用，以减少镍过敏性接触性皮炎的发病率。[10]

临床常见皮肤环境过敏原整理如表 6-2 所示，如果皮肤过敏了，可以看看是否有接触以下可疑物品！

表6-2 皮肤环境过敏原确认清单

☐ 护肤用品：保湿乳液、眼霜、护唇膏、化妆品、保养品、清洗剂，含防腐剂，如甲醛、丙二醇（Propylene Glycol）、对羟基苯甲酸酯（Parabens）、汞盐等，及其他添加物。

☐ 防晒乳：特别是含防腐剂、酒精及其他添加物的防晒乳。

☐ 个人卫生用品：卫生巾、卫生纸等，含漂白剂及其他添加物。

☐ 体香剂、止汗剂：香水、香料，含桂皮醛（Cinnamaldehyde）成分。

☐ 染剂：染发剂、衣饰染剂，含对苯二胺（Phenylenediamine）。

☐ 指甲油。

☐ 金属：手表、耳环或项链上的镍、铬。

☐ 植物：手环上的木头材质或涂漆。

☐ 天然乳胶、合成橡胶与添加物：手套、鞋子、保险套。

☐ 外用药物：含新霉素、枯草素、磺胺类的抗生素药膏，或含抗组胺（Diphenhydramine）的止痒药膏，若用来涂抹湿疹或伤口，却发现病灶越来越严重，就必须怀疑对药膏成分过敏。甚至治疗湿疹的类固醇（Hydrocortisone）药膏，也可能会致敏。

☐ 因职业需要或嗜好接触的其他物品。[1,3]

如果有些部位出现了过敏性接触性皮炎，而正在局部使用保湿乳液、防晒乳或其他用品，需要停止使用。若因此皮肤变得干燥或瘙痒，可暂时使用无人工添加物的凡士林，这是最安全的选择。

回避过敏原是最重要的治疗，首要确认过敏原，可到医院进行标准的贴肤试验。过敏原抽血检测，也可作为简便的替代做法。

🦠 03 特应性皮炎

▍特应性皮炎的特征

在蝉鸣震耳的炎热夏日，一位穿着鲜黄色连身长裙的女子走进诊室，我心里想："这么大热天，怎么会有人穿长裙？"

Irene 是 25 岁的上班族，平常在上海工作，偶尔回台湾，就排了许多看诊的行程。她长期困扰于全身多处瘙痒、湿疹，搔抓后还产生血痕与黑色素沉着，臀部和小腿还出现多个特别痒的突起，越抓越凸，这是结节性痒疹。晚上睡到一半，出现极端瘙痒，只好专门起来抓，导致严重的睡眠中断。

原来，她夏天穿长裙，是为了盖住那些黑色素与血痕。尽管她脸蛋十分白皙清秀，但身体简直可以说是"体无完肤"，她自己也不忍心看。她从小就被诊断有特应性皮炎（Atopic dermatitis），还有哮喘、过敏性结膜炎，对多重药物过敏，她爸爸妈妈也都是过敏体质。她知道对尘螨、海鲜、蛋清、牛奶，甚至阳光都过敏，但她居住的环境闷热，加上平日工作压力大、睡眠质量差，又发生了湿疹。

特应性皮炎会出现红色的丘疹、斑块，常合并脱屑，严重瘙痒，且反复发作，分布于身体皱褶处，如手肘内侧、膝盖后方、颈部、手腕、脚踝，具有对称性，通常从小就出现。急性期可出现水疱、渗液，亚急性期出现脱屑、结痂，慢性期变暗红色，因抓痒而出现苔藓化（Lichenification）。[1]

特应性体质是过敏体质，特应性皮炎常只是过敏症状的一部分，还有急性荨麻疹、过敏性鼻炎、过敏性结膜炎、支气管哮喘。

此外，特应性疾病患病率最高的是儿童青少年人群。特应性皮炎患者有 49.8% 合并过敏性鼻炎或哮喘，同时，特应性皮炎与过敏性鼻炎患者，罹患哮喘的概率更是一般人的 9 倍。因为特应性皮炎就诊的季节通常是晚春到盛夏。[11]

▍特应性皮炎的诊断

Diane 是 34 岁的公司会计，初中以后常出现皮炎反复发作的情况，还有过敏性鼻炎、结膜炎合并睑腺炎，并且有药物过敏史。进入春季后，皮肤变得极为瘙痒，脖子、手肘内侧、膝盖后方、手腕、脚踝的湿疹明显恶化。

她还有眼下皱褶、口唇炎、乳头湿疹、双臂与躯干毛孔角化、皮肤干燥等皮肤症状。此外，半年前她出现甲状腺功能亢进，在服治疗甲状腺疾病的药物过程中，还患有胃溃疡，最近压力大，经常熬夜。她被诊断为特应性皮炎。

特应性皮炎的临床表现多样，因此采用"主要特征"＋"次要特征"的诊断方式，详细内容如表6-3所示。

表6-3 Hanifin & Rajka 特应性皮炎诊断标准 [12]

主要特征 （以下出现3项或以上）	次要特征（以下出现3项或以上）
● 瘙痒 ● 典型皮肤症状与分布：成人是屈侧（腹面）的苔藓化（粗皮）及皱纹，幼儿是脸部或伸侧（背面）的皮疹 ● 慢性或反复性皮炎 ● 个人或家族史中有特应性体质（哮喘、过敏性鼻炎、过敏性结膜炎、特应性皮炎）	● 脸部症状：口唇炎、面部苍白或潮红、黑眼圈、眼下皱褶（Dennie-Morgan infraorbital fold）、白色糠疹 ● 四肢躯干症状：手或足皮炎（包括刺激性接触性皮炎）、鱼鳞状癣或掌纹增加或毛孔角化、毛孔突起、脖前皱褶、乳头湿疹 ● 一般皮肤症状：皮肤干燥、出汗瘙痒、容易皮肤感染（特别是金黄色葡萄球菌、单纯疱疹病毒，细胞免疫缺损）、皮肤划痕症（Dermographism）、食物不耐（Food intolerance）、羊毛不耐（wool intolerance）、第一型（速发型）皮肤过敏试验阳性、环境因素影响病情、发作年龄早
	● 皮肤以外症状：反复结膜炎、血清 IgE 增高、白内障（前囊下）、圆锥角膜（Keratoconus）

临床上，不少患者因一项或两项"主要特征"，或几项"次要特征"就诊，尽管没有到特应性皮炎疾病的严重程度，不被诊断为特应性皮炎，但事实上还是代表有过敏体质，代表有不同程度的免疫失调。

▌特应性皮炎的预后

《美国医学会期刊·皮肤医学》的丹麦世代研究中，针对罹患哮喘的妈妈所产婴儿进行13年的临床追踪，用 Hanifin & Rajka 标准来诊断特应性皮炎，以 Scoring Atopic Dermatitis（SCORAD）评估严重度。在 411 名儿童（49.4% 为男童）中，45.3% 被诊断有过特应性皮炎，24.1% 到了 13 岁仍有持续性的特应性皮炎，

76.0% 症状有所缓解。

哪些儿童罹患的特应性皮炎容易变成持续性的？包括有较高的特应性皮炎遗传风险（优势比 1.8）、有丝聚蛋白（Filaggrin）基因突变（优势比 2.6）、父亲有哮喘（优势比 3.7）、父亲有特应性皮炎（优势比 6.2），以及家庭收入和母亲教育程度较高（优势比 1.6）等。

此外，在诊断时，最容易合并出现的次要皮肤特征包括眼下与脖前皱褶、皮肤划痕症、羊毛不耐、出汗瘙痒、容易皮肤感染、食物不耐、食物过敏（优势比 2.6），以及较高症状严重度（优势比 1.1）。以上特征有助于推测患有特应性皮炎儿童的预后。[12]

▌特应性皮炎的免疫机制

在特应性皮炎的成人患者中，有 8 成具有以下特征。

- 血清免疫球蛋白 E 浓度增高。
- 对环境或食物过敏原发生过敏反应。
- 出现食物过敏、鼻炎、哮喘。[13]

中国台湾大学医学院附设医院小儿部研究也发现，罹患特应性皮炎儿童的睡眠障碍，包括睡眠效率差、睡眠中断次数多与时间长，和血清中与特定过敏原尘螨相关的免疫球蛋白 E 浓度有关，显示过敏的敏感化、接触尘螨，是该人群睡眠障碍的重要原因。[14]

回避环境或食物过敏原是重要的。特别是当儿童有严重特应性皮炎时，应考虑食物过敏问题，移除过敏原对病情有帮助。[1]

流行病学研究也印证：免疫球蛋白 E 的过敏反应，在特应性皮炎的产生与病程上格外关键，特别是严重型患者。[15]

之前谈过，特应性皮炎患者的表皮破损，确实让过敏原的接触量变大。然而，单独角质层破损仍无法产生特应性皮炎，另一个关键因素还是免疫失调。[16]

当角质层破损，抗原（过敏物质）的暴露风险将大幅增加，保水度下降，P 物质活性增加，促进角质形成细胞分泌白细胞介素1，启动2型辅助性T细胞（Th2）炎症反应，通过如表6-4所示的三条免疫路线，终而造成广泛性的皮肤损害。[17]

特应性皮炎患者始终在异常的炎症性伤口愈合过程中，先天免疫（Innate immunity）系统也有问题。[17] 另有2成患者，具有特应性皮炎临床特征，但对环境或食物过敏原没有出现免疫球蛋白E过敏反应。他们通常是晚发型的，20岁以后才发作。[15] 这显示特应性皮炎存在不同的发病机制。

表6-4 特应性皮炎与2型辅助性T细胞炎症反应 [17]

主要介质	说　明
白细胞介素4增加	• 刺激B细胞制造免疫球蛋白E与免疫球蛋白G1（IgG1），让抗原呈递细胞（Antigen presenting cell, APCs）与嗜伊红性白细胞分泌CCL18，这是一种吸引其他T细胞、B细胞与树突细胞，而放大炎症反应的趋化因子（Chemokine） • 会恶化角质屏障的重要组成，如减少制造神经酰胺（Ceramide）、减少制造兜甲蛋白（Loricrin）、下调桥粒芯蛋白（Desmoglein）基因表现、下调丝聚蛋白基因表现等
白细胞介素13增加	• 增强免疫球蛋白E过敏反应 • 制造趋化因子CCL18
抗微生物肽减少	• 抗微生物肽（Antimicrobial peptides, AMPs），如抗菌肽（Cathelicidin）、防御素（Defensin）等减少，和患者表皮金黄色葡萄球菌、糠秕马拉色菌增加有关，更容易出现感染症与免疫球蛋白E过敏反应 • 部分金黄色葡萄球菌能制造外毒素与蛋白，为超抗原（Superantigen），能诱发过敏、恶化特应性皮炎

特应性皮炎的"皮肤炎症进行曲"

特应性皮炎的严重性，不只是终身反复发作瘙痒与皮疹，还持续制造促炎细胞激素，影响皮肤，和多种炎性皮肤病有关。炎症激素进入全身血液循环，和多种炎性生理疾病有关。因此被称为"皮肤炎症进行曲"（Inflammatory skin march）。[18]

特应性皮炎和接触性皮炎、脓痂疹（金黄色葡萄球菌或链球菌引起的皮肤感染）、疱疹性湿疹（Eczema herpeticum）等炎性皮肤病有关，也和其他特应性（过敏性）疾病有关，如婴儿期的食物过敏、儿童青少年晚期或成人期的哮喘与过敏性鼻炎，因此特应性皮炎也被称为"过敏进行曲"（Allergic march; atopic march），从婴儿期一路"进行"到成人，是终生必须面对的体质弱点。[19]

对双胞胎的研究显示，特应性皮炎的遗传度（Heretability）达到 80%～90%[20]，表示"过敏进行曲"很容易从上一代"进行"到下一代。

连眼科疾病，如白内障、圆锥角膜（Keratoconus），甚至视网膜脱离，也与特应性皮炎有关。[21,22]

特应性皮炎还与代谢综合征有关。肥胖的儿童青少年比起一般的儿童青少年，更容易罹患特应性皮炎（优势比 2.37）。[23]《美国皮肤医学会期刊》的荟萃分析也显示，过重或肥胖的患者比起一般体重的患者，前者有特应性皮炎的概率明显增加（优势比 1.42）。[24]

美国一项大型追踪研究发现，成年特应性皮炎患者，有一年湿疹发作病史者，有较大概率罹患冠状动脉性心脏病、心绞痛、心肌梗死及其他心脏疾病、脑卒中、周边血管疾病等。过去一年在身体弯曲处（肘、膝等）有湿疹者，有较大概率罹患冠状动脉性心脏病、心肌梗死与充血性心力衰竭，但与脑卒中无关。[25]

一项丹麦的研究发现：比起一般人，较严重的特应性皮炎患者中有较多出现冠状动脉钙化（患者 45.2%，一般人 15.2%），CT（计算机断层）血管成像显示，患者也有较多冠状动脉斑块（患者 48.1%，一般人 21.2%），以及轻度单一血管狭窄（患者 40.7%，一般人 9.1%）。[26]

特应性皮炎的炎症机制主要牵涉 2 型辅助性 T 细胞（Th2）媒介的细胞激素，虽然在急性期与动脉硬化牵涉的炎症机制不同，但在慢性期，1 型辅助性 T 细胞（Th1）媒介的细胞激素大量增加，还包括了 17 型 /22 型辅助性 T 细胞（Th17/Th22）、调节型 T 细胞（Treg）的作用，这就和动脉硬化的炎症机制息息相关了。[27]

特应性皮炎是湿疹的一种。事实上，湿疹患者更容易罹患肥胖症、高血压、糖尿病等。若同时合并疲倦、日间嗜睡或失眠，又有更大概率得肥胖症、高血压、糖尿病与高胆固醇血症。[28]

特应性皮炎也和自身免疫病有关。在没有特应性皮炎的成人当中，自身免疫病的患病率为 5.7%，有特应性皮炎的成人则为 7.9%；在没有特应性皮炎的儿童当中，自身免疫病的患病率为 1.0%，有特应性皮炎的儿童则为 2.0%。[29]

《美国皮肤医学会期刊》的丹麦大型研究中，特应性皮炎患者得以下自身免疫病的风险，和对照组相比呈倍数增加：斑秃（优势比 26.3）、白斑（优势比 18）、慢性荨麻疹（优势比 9.9）、乳糜泻（优势比 5.2）、慢性肾小球肾炎（优势比 4.2）、干燥症（优势比 3.7）、系统性红斑狼疮（优势比 2.7）、强直性脊柱炎（优势比 2.3）、克罗恩病（优势比 2.1）、溃疡性结肠炎（优势比 1.6）、类风湿性关节炎（优势比 1.6）。[30]

研究也发现，儿童特应性皮炎与免疫球蛋白 A 血管炎（Henoch-Schönlein purpura, HSP）、免疫性血小板减少症（Immune thrombocytopenia, ITP）有关。[31]

特应性皮炎牵涉的最重要的炎症因子，包括白细胞介素 17、白细胞介素 22（IL-17/IL-22），以及其他促炎因子，包括白细胞介素 1（IL-1）与肿瘤坏死因子，造成系统性的慢性炎症，产生胰岛素抵抗、肥胖、高血压、高脂血症等心血管与代谢疾病，这是患者谱写的"皮肤炎症进行曲"。[18]

《英国皮肤医学会期刊》研究也总结：特应性皮炎患者最初由于表皮屏障破损，对过敏原敏感化以及病原菌增生，然后引发了 2 型辅助性 T 细胞的炎症反应与胸腺基质淋巴细胞生成素（Thymic stromal lymphopoietin）介导的路径，最终导致远程屏障破坏，包括肠道、呼吸道，印证了"皮－肠－肺轴"（Skin– gut–lung axis）的机制。[32]

特应性皮炎不只是皮肤病，还是典型的免疫失调疾病，也是全身性疾病[33,34]，患者应积极面对，根本改善过敏炎症体质，避免用一辈子演出"皮肤炎症进行曲"！

04 过敏性血管炎与进行性色素性紫癜

Daniel 是 24 岁的信息研究所男学生，又高又壮，有天晚上发现自己两边小腿、脚踝、脚背，出现大量红色至紫色的斑点与斑块，隔天早上，连右侧臀部、肩膀到上背，也出现同样的斑块。这些病灶不痛不痒，他一副无所谓的样子，倒是让他妈妈非常着急。

我详细问诊时，发现他在发作前一晚，看到冰箱里有一整箱从大卖场买回来的快过期的奶酪，他刚打完篮球觉得特别饿，于是吃了半箱。除此之外，未服用任何药物、酒精，最近也没有感冒或感染的迹象。

我向他们解释：这是过敏性血管炎（Hypersensitivity vasculitis），主要是皮肤小血管炎症产生的可触摸紫斑（Palpable purpura），多半分布在小腿与脚踝，可延伸到臀部与手臂。显微镜下呈现白细胞破碎性血管炎，因免疫球蛋白G（IgG）或免疫球蛋白M（IgM）的免疫复合物大量产生，沉积在微血管后的小静脉，造成表浅血管的栓塞，出现从针尖大到几厘米大的丘疹、结节、水肿等，这是典型的第三型过敏反应。3～4周后消退，会留下色素沉着或瘢痕。[1]

免疫机制除了免疫复合物沉积，还牵涉静脉通透性增加、补体系统活化、肥大细胞释放组胺、中性粒细胞吞噬复合体而释放溶酶体酶等。为何产生第三型过敏反应？诱发因素有以下几个。

- 感染：细菌（金黄色葡萄球菌、A群β链球菌）、病毒（肝炎病毒、单纯性疱疹病毒、流感病毒）、霉菌（白色念珠菌）、疟原虫、血吸虫等。
- 药物：青霉素、磺胺类药物、口服避孕药、抗乳腺癌药他莫昔芬（Tamoxifen）、奎宁、流感疫苗等。
- 化学毒物：杀虫剂、石化产品等。
- 食物过敏原：乳清蛋白、小麦麸质等。[1,3]

Daniel的过敏性血管炎，可能是食物过敏原乳清蛋白导致，过去他曾有钱币状湿疹、过敏性鼻炎。

新病灶出现时，可能会出现炎症综合征，包括关节痛、肌肉痛、倦怠、发热等。需要注意的是，免疫复合物也可能沉积在肾脏、胃肠道、肺、心脏、周边神经、肌肉、关节、眼睛，而引起多重器官损伤。

出现过敏性血管炎，也可能是严重疾病的皮肤症状，包括自身免疫病（系统性红斑狼疮、类风湿性关节炎、干燥症、贝赫切特综合征）、高血球蛋白状态、血液肿瘤（淋巴瘤、多发性骨髓瘤等）、癌症（肺癌、乳腺癌、大肠癌、前列腺癌等）。[1,3]

Elizabeth 是位 50 岁的家庭主妇，在左右小腿、大腿，出现大面积、不痛不痒的橙棕色斑点，如针头大小且密布，看起来像撒上了大片辣椒粉。

原来，这是进行性色素性紫癜（Progressive pigmented purpura），是淋巴细胞性微血管炎，血管损坏，红细胞渗出微血管，为细胞介导的过敏反应（Cell-mediated hypersensitivity），即第四型过敏反应。瘀斑从一开始的亮红色，逐渐变为紫红色、棕色的血铁质（Hemosiderin）沉积。

成因未明，可能的原因包括遭遇物理性压力、创伤或使用药物（非类固醇抗炎药、利尿剂等）。逐渐出现，可维持数月至数年。如果是药物引发，可快速发展、扩散到全身，但停药能快速改善。[1,3]

和过敏性血管炎相比，进行性色素性紫癜不侵犯内脏，且随时间改善。没有确定的治疗方式，但文献报告，用生物类黄酮 50mg 每天 2 次，与维生素 C 500mg 每天 2 次，为期 4 周可治疗。[1]

▶ 关注焦点 | 黑眼圈

Jane 30 岁，在软件公司工作，长期困扰于黑眼圈。有些同事给她贴上"熊猫眼"的绰号，有些同事关心地问她："你是不是一直没睡好？"

她看到街上男男女女，似乎都没有黑眼圈。自己出门却一定要在眼圈周围擦上厚厚的遮瑕膏，绝对不能素颜上街。

《英国皮肤医学期刊》研究中，比较患有饮食障碍症（厌食症、暴食症）的女性患者，以及一般女性对皮肤的不满意度，询问项目如下（也许会让人越看越觉得心情沉重）：皮肤外观、皮肤颜色、黑眼圈、眼袋、皮肤干、鱼尾纹、雀斑、细纹、皱纹、出油、成片黑色素、毛孔粗大、皮肤粗糙、皮肤下垂、表浅小血管、皮肤蜡黄。

整体来说，56% 的一般女性对皮肤外观不满意，但患有饮食障碍症的女性达到 81%，对黑眼圈不满意，前者有 9%，后者为 38%，差了 4 倍，都达到统计显著性差异。患有饮食障碍症的女性显著不满意的皮肤项目还包括眼袋、皮肤干、雀斑、细纹、成片黑色素、皮肤粗糙。[35]

黑眼圈指分布在两侧眼皮的圆形、均质色素斑块。看似简单的皮肤症状，却是恶名昭彰的难题，许多人接受医美治疗，仍觉得成效有限。重要原因如下。

- 炎症后色素沉着：黑眼圈确实常见于过敏体质者，可能因特应性皮炎或过敏性接触性皮炎而眼皮痒，有时因过敏性结膜炎而眼睛痒，自觉或不自觉地搔抓或摩擦眼周，皮肤因慢性炎症或炎症严重，而在真皮出现炎症后色素沉着（Post-inflammatory hyperpigmentation）。
- 眼周水肿：因为眼周皮肤过敏，以及组织水肿（或局部或全身）。通常在早晨比较严重，或吃完较咸的一餐时比较严重，带点紫色。
- 眼周充血：炎症后产生的眼周充血（Congestion）与黑眼圈有关。炎症越严重，眼周减氧血液体积、流量越大，黑眼圈也越严重。
- 表浅血管：皮肤随着年龄增加而逐渐老化，由于眼周皮下脂肪的流失，以

126

及真皮胶原蛋白流失，皮肤变薄（萎缩），导致真皮的表浅微血管网变得明显，看似淤青的色泽。

- 泪沟凹陷：泪沟位于内侧下眼眶边缘，除了上述眼周皮下脂肪的流失，脂肪也向前移位，脸颊皮肤下垂，眼眶骨质流失，导致出现空洞与阴影。[36-38]

西班牙一项研究发现，黑眼圈最重要的风险因子是家族史，平均在 24 岁出现，越早发作，严重度也越高，哮喘患者较容易有黑眼圈。运用高光谱成像（Hyperspectral imaging）技术，发现和黑眼圈最相关的成分是黑色素，其次是缺氧血（Deoxygenated blood），也就是血液氧气饱和度较低。[37]

尽管近半数患者观察到，睡眠不足、失眠会加重他们的黑眼圈，但研究团队分析了整体睡眠质量、睡眠时数不足（小于 6 小时）、入睡困难、睡眠中断、使用睡眠药物、晨起疲倦、晚上想睡、白天嗜睡等，都发现与黑眼圈无关。[37]

总体来说，黑眼圈最根本的病因，就是过敏体质，以及皮肤老化。因此，改善过敏是关键的一步，从避免接触环境与食物过敏原做起，并且全方面改善过敏体质。皮肤老化与炎症老化密不可分，针对眼周皮肤的老化，特别要注意眼皮湿疹、过敏性结膜炎，甚至呼吸道过敏的问题，根本上还是要积极改善过敏体质。

🍂 05 重新思考过敏症状

在诊室，当我指出患者过敏时，患者的口头禅是："怎么可能？我以前从来都不过敏啊！"

这时，我心里常想："难道是医生害你过敏的吗？"

东亚流行病学研究发现：最常见的过敏性疾病，也就是过敏性鼻炎的患病率可达 62%，哮喘可达 18%。[11] 耳鼻喉科医生观察到患者鼻黏膜肿胀，有过敏性鼻炎的时候，患者却说从来不曾鼻塞、流鼻涕。患者常不知道自己是过敏体质，黏膜或皮肤早已有了免疫系统进入过敏状态的细微反应却浑然不知，直到听到那一声"枪响"，也就是比较严重的过敏症状出现才恍然大悟，殊不知过敏已在身上不同部位发作了千万次，只是严重度不同而已。

皮肤敏感而忠实地反映出免疫系统的过敏反应，本章的文献回顾再次验证：皮肤本身就是免疫系统的一部分。长期的荨麻疹或特应性皮炎，可以伴随心血管代谢疾病，过敏真是一种影响深远的免疫失调形态。

当皮肤出现过敏症状时，患者渴望用药物快速消灭症状，却未曾思考过敏的根本原因，是否有免疫失调，直到心血管代谢疾病出现，或者皮肤长期"炎症老化"的结果出现，才问医生："我平常都没生过什么病啊，为什么会颈动脉狭窄？为什么黑眼圈这么严重？"

当患者抱怨："为什么我的皮肤症状都不见好？"我会告诉他，未来等着他的是皮肤症状恶化、反复发作、皮肤提早老化、全身提早老化、重大器官疾病，甚至生命的终结，这是一段接一段的下坡路。如果只是皮肤困扰，那还表示：和未来相比，这是在"最好"的阶段，只要肯察觉、肯面对、肯行动，未来还有救！

>>> CHAPTER 7

免疫失调第二型、第三型：炎症、免疫力不足

🔥 01 一般炎性皮肤症状

免疫系统的过度炎症反应，不仅仅是前一章介绍的免疫球蛋白E、免疫复合物、细胞介导免疫等"过敏"反应，还存在许多种炎症形态，本章将介绍常见非过敏的、炎性皮肤症状。

▍刺激性接触性皮炎

Mary是个洗头小妹，今年18岁，来美发厅工作才一周，手红肿痒裂，戴手套工作还是起水泡，痒得没办法睡觉，之前一年甚至出现过干裂、流血。她气急败坏地对我说："为什么总不好？之前有个资深同事还嘲笑我，说我不适合这行，赶快换工作！"

尽管她的语气好似我害她，但我仍耐心询问："手部是否接触刺激物？""皮肤、鼻子、气管、眼睛是否曾经过敏？"并跟她解释刺激物与过敏体质是根本原因，鼓励她先戴棉质手套，再戴工作用的塑料或乳胶手套，然后再接触水、清洁剂、染发剂等，只要洗手就擦保湿乳液或凡士林，做好平日皮肤保养，发作频率会下降。

即使接触温和刺激物像肥皂、清洁剂，或发生物理性摩擦，也可引起皮肤干燥、裂隙、发红、脱屑等湿疹反应，灼热、疼痛比瘙痒更常见；若接触强烈刺激物像酒精、化学物品、有机溶剂、黏合剂、树脂、酸液、碱液、油料、湿水泥等，则可引发灼热、发红、水肿、溃疡等急性湿疹反应，这皆被称为刺激性接触性皮炎（Irritant Contact Dermatitis, ICD），手是最好发的部位。[1]

John 是位 35 岁送货员，前几日，搬货搬到左手肘酸痛，岳母拿了茶树精油给他擦，没想到一小时后，肘弯处出现刺痛的大面积红疹，皮肤变得粗糙，并出现裂隙。他异想天开地拿出酒精来喷，想着皮肤凉凉的就不痒了，很快，病灶面积变得更大，既瘙痒又剧痛，只好赶快来找我。

急性反应是对角质形成细胞产生细胞毒性伤害，持续刺激则造成细胞膜伤害，危害皮肤屏障，导致蛋白质变性，因而产生慢性皮炎。在慢性（累积毒性的）接触性皮炎中，先天免疫系统，如皮肤及淋巴结的树突细胞活化，导致敏感风险上升，且因皮肤受损，导致过敏原穿透到皮肤深层，容易引发过敏反应。诱发因子包括特应性体质、低温、干燥气候、机械性刺激等。[2,3]

刺激性接触性皮炎也占职业性皮肤病的 8 成以上，例如家庭主妇在洗碗、做家务、照顾小孩时，光是重复碰水就会发病，更何况还要使用肥皂、清洁剂。其他如厨师与餐饮业员工、美容美发人员、医护人员，碰脏东西、重复洗手、使用清洁剂或酒精，更是会反复发作。此外，工人接触锯木屑、玻璃纤维、甲醛、环氧树脂、工业溶剂、戊二醛，不只是直接皮肤接触，分子由空气飘散到皮肤，接触脸部、脖子、前胸、手臂等部位，也可引起空气传播刺激性接触性皮炎（Airborne ICD）。[1,2]

对这种职业性皮肤病患者，建议先戴棉质手套，再戴塑料或橡胶手套，可减少刺激与反复洗手的机会，对病情有所帮助。但若使用手套等防护器具仍无法改善，为了健康而调换工作，也是一个选择。

眼皮为好发部位，和因眼睛不适或眼皮瘙痒常用手指或手背去搓揉有关。喜欢舔嘴唇的人，也会因干湿循环而发作。整天接触尿布或卫生棉的臀部与阴部，会因为潮湿而出现病灶。反复发作造成皮肤损伤，也容易合并霉菌或细菌感染。

及早辨认并避免接触皮肤刺激物，以及经常涂抹保湿类护肤品很重要。

▌指甲的刺激性接触性皮炎

慢性甲沟炎

在指甲底部与皮肤交界处，有薄薄的一层小皮，称为指缘上皮（Eponychium, cuticle）或甲小皮，具有保护指甲内部、甲基质（发育指甲的深层组织）的重要作用，若它受到机械性或化学性的伤害，导致近端甲襞、甲基质慢性炎症、甲小皮消失、甲板与近端甲襞分离。[2]

甲小皮无论是接触温和刺激物还是强烈刺激物，都容易使水分、细菌进入近端或侧甲襞（甲沟）、甲床、甲弧影、甲基质等处，导致继发性感染，如灰指甲，甚至病毒疣等。[2]

特别在干冷天气，或过度碰水洗去皮脂，若未适时进行保湿，很容易导致甲小皮干裂。有些人出于潜在焦虑，或以美观为目的而刻意抠掉这层甲小皮，造成外伤。当指甲留得过长，导致容易受到碰撞，可能压迫整个指甲组织，间接刺激甲小皮。

建议减少洗手次数，避免使用酒精或清洁剂，并在洗手后马上使用护手霜或凡士林加强甲小皮局部保湿。此外，适度修剪指甲，避免碰撞，常戴棉质手套，可保护指甲避免刺激，同时减少因手脏而必须洗手的情况。

甲床分离

甲床分离（Onycholysis）是指甲从甲床远端或侧面剥离的现象。外在原因包括刺激性接触性皮炎（机械性、化学性的伤害）、局部创伤（职业性伤害、脚趾结构异常、穿不合脚的鞋子）、过敏性接触性皮炎、灰指甲、干癣等。它是仅次于灰指甲、寻常疣的第三常见指甲疾病。内在原因包括缺铁性贫血、糙皮病（维生素 B_3 缺乏）等。[2,4]

糙面甲

糙面甲（Trachyonychia）是指甲板粗糙得像砂纸，伴随颜色混浊、纵向瘠、点状凹洞、脆甲、甲缘裂开等，常出现在做家务或在工作中碰水，或者接触具有脱水性质的药剂，导致甲板反复脱水的人群，特别是 60 岁以上的老年人，指甲组织含水量已经逐年降低。[4]

当指甲出现点状凹洞时，也需要注意是否为干癣，这是一种炎症反应的皮肤病，它可能只出现指甲病灶，却未出现皮肤或关节症状。[2]

▌ 脂溢性皮炎

Cathy 是位 35 岁的上班族女性，在她的额头、眉毛、眉心、鼻旁、法令纹、耳后、前胸等部位，反复出现白色鳞屑、红色斑块，最无法忍受的是，头皮上黏着浓密的头皮屑，瘙痒难耐，越抠越厚，一搔头还"雪花纷飞"，让她和她的家人相当困扰。

她已经接受多年治疗但仍反复发作，她问我："医生，为什么我老不好？看那么久病，吃那么多药……"

我通过询问病史，发现许多风险因子，包括过敏体质、情绪压力、睡眠不足等，再问她是否常喝牛奶，她激动地说："我在大医院检查过过敏原，只有对尘螨过敏而已，没有任何食物过敏，我每天把鲜奶当水喝也没有关系！"

真的如此吗？

脂溢性皮炎（Seborrheic dermatitis）是常见的炎性皮肤病，影响广泛，特征为橘红色或灰白色的皮肤变化，伴随油腻、脱屑的斑块或丘疹，越抠越厚，边界明显。脂溢性皮炎常发生在皮脂旺盛的部位，包括头皮、额头、眉毛、眉心、眼皮、法令纹、耳后、胸骨前、肩胛间、腋下、乳下、肚脐、胯下、肛门等。[2]

病灶处的细胞激素，如白细胞介素 1α、白细胞介素 1β、白细胞介素 12、白细胞介素 4、肿瘤坏死因子 - α 都显著比非病灶的地方高。[5] 和健康人相比，脂溢性皮炎患者头皮病灶的白细胞介素 1 受体拮抗剂（IL-1RA）与白细胞介素 1α 的比值、白细胞介素 8 都较高，且组胺有过度生成的现象。[6,7]

糠秕马拉色菌（Malassezia furfur）的增生是个关键。当皮肤过度出油，糠秕马拉色菌摄食皮脂中的甘油三酯，代谢物为花生四烯酸与油酸，导致异常表皮分化、皮肤屏障缺损以及炎症反应[8,9]。Cathy 的油脂来源，也包含了全脂牛奶。

《英国皮肤医学期刊》研究发现，在 16 万名德国公司员工中，3.2% 患有脂溢性皮炎，当中男性占 4.6%，女性占 1.4%，平均年龄 43.2 岁，患病率随年纪增加。脂溢性皮炎患者更容易合并其他皮肤病，包括毛囊炎、接触性皮炎、摩擦性皮炎、痤疮、脓皮病、体癣、汗斑、干癣。可能共同牵涉表皮菌群改变、皮脂组成、皮肤炎症反应等机制。[10]

即使接受治疗，患者也常抱怨："为何总是重复发作？根本找不到原因。"事实上，它是慢性皮肤病，存在多种风险因子，包括遗传、季节变化、压力、疲劳、帕金森病、脑卒中、免疫力低下（如艾滋病、癌症）、丙型肝炎感染、雄激素刺激、营养缺乏症（如锌、维生素 B_3 与维生素 B_6）等。[1,2,9]

▋ 干癣

干癣的皮肤症状

干癣患者身上出现深红色增厚的斑块，界限明显，黏着银白鳞屑，又称为银屑病。移除皮屑后，出现点状出血，称为 Auspitz 征象。通常发生在四肢伸侧，特别是手肘、膝盖、头皮、尾椎、阴部等处。[1,2]

干癣还有多种形态，包括滴状干癣，在躯干出现"鲑鱼"粉红丘疹；局部脓疱状干癣，在手掌、脚掌出现小的无菌性疼痛脓疱，也常有指甲侵犯；反式干癣，出现在皱褶处，包括腹股沟、乳房下；全身性脓疱干癣，无菌性脓疱可以全身或局部分布，伴随发热与疼痛；红皮性干癣，伴随全身疼痛、皮肤痛与发冷。[1,2]

1/3 的干癣患者出现指甲侵犯，因危害甲基质，逐渐出现甲板凹陷、甲床分离、甲下碎片、黄棕色"油滴"状病灶、指甲失养变形等指甲病变。如果皮肤病灶不明显，直接通过指甲症状就能诊断出干癣。[1]

5%～8% 干癣患者出现关节炎，多为不对称、单关节侵犯，特别在远端指骨间关节（Interphalangeal joints）形成指（趾）炎（Dactylitis），为香肠般增厚的"腊肠指（趾）"。[2]

干癣的病理机制为：角质形成细胞的细胞周期（Cell cycle）加速，制造表皮细胞的速度是正常人的 28 倍！此外，启动 1 型助手 T 细胞的炎症反应，CD8+T 细胞大量聚集，促进真皮炎症，以及表皮的异常增生。[2] 干癣牵涉的促炎因子，包括肿瘤坏死因子 - α、白细胞介素 17/ 白细胞介素 22/ 白细胞介素 23，以及白细胞介素 1，同时造成全身性的慢性轻度炎症。[11]

干癣的患病率为 1%～3%，有遗传与环境成因，诱发因素如下。

- 物理性外伤：又称为 Koebner 现象。
- 感染：A 型链球菌咽喉炎、念珠菌感染、病毒感染、艾滋病。
- 药物：锂盐、乙型阻断剂、抗疟疾药物、全身性类固醇、干扰素。
- 其他：香烟、酒精、压力、冬季。[1,2]

麻烦的是，日本研究发现，和其他皮肤病患者相比，干癣患者对治疗的顺从度比较差，特别是局部用药，而且对于口服药物的疗效感受、整体治疗满意度都比较差。[12]

干癣

Sam 是一位网络商务公司总经理，45 岁，在头皮、手肘、膝盖、胯下等处都有干癣病灶。他本身是固执、完美主义、急性子的个性，这 10 年来，来自工作与家庭的压力都很大，白天精神很紧绷，上床时间、起床时间与睡眠时间都不固定，就是日夜颠倒。他发现，干癣在睡眠不足、疲劳、感冒等状况下明显加剧。当他觉得累时，就喝含糖饮料、蜂蜜水、蚬精等。他同时有肥胖、颈动脉狭窄、高血压、高脂血症等问题。他接受干癣治疗效果有限，事实上，他并没好好配合治疗。

当他来找我时，我帮他进行维生素分析与全套过敏原检测，发现他的维生素 D 浓度很低，只有 12ng/mL，属于维生素 D 缺乏（Deficiency）范围，而且蜂蜜、蛤蜊是他的严重、中度急性过敏原。加上其他功能医学检测，我了解到他的干癣痼疾，绝非单纯的皮肤问题，而是整体免疫系统出了很大问题！

干癣和前述的特应性皮炎，同样是"炎症皮肤进行曲"，和心血管疾病、代谢综合征、自身免疫病等都有关。[11]

英国大型前瞻性研究发现，干癣患者罹患多种心血管疾病的概率比一般人高，按风险高低依序为心肌梗死［风险比值（Hazard ratio）为 2.74］、充血性心力衰竭（1.57）、心房颤动（1.54）、高血压（1.37）、血栓栓塞（1.32）、瓣膜性心脏病（1.23）。[13]

丹麦一项研究发现，比起一般人，较严重的干癣患者有较多严重冠状动脉钙化的状况（患者 19.3%，一般人 2.9%）。CT（计算机断层）血管成像显示，患者也有较多严重冠状动脉狭窄（狭窄程度大于 70%；患者 14.6%，一般人 0%），以及 3 条血管狭窄或左侧总动脉狭窄（患者 20%，一般人 3%）。[14]

日本研究发现，干癣患者和无干癣的健康人相比，前者更容易有对角耳垂折痕，并且在较年轻时就出现，若干癣患者合并有双侧对角耳垂折痕（前文已有介绍），则出现冠状动脉硬化，以及在多个冠状动脉分支出现硬化的机会皆显著增加（优势比分别为 14.1、10.7）。[15]

这都因为干癣患者有相当活跃的系统性炎症，大量 1 型/17 型助手 T 细胞（Th1/Th17）媒介的细胞激素，正是动脉硬化的炎症机制；[14] 肿瘤坏死因子与白细胞介素 1，造成系统性的慢性轻度炎症，更是产生心血管疾病、代谢综合征（肥胖、2 型糖尿病、高脂血症）的核心机制。[11]

干癣也和自身免疫病有关，如炎性肠道疾病、乳糜泻、系统性硬化病、自身免疫性肝炎、桥本甲状腺炎、自身免疫性水疱病等[11]。当中牵涉两种免疫机制，一种是自身炎症反应（Autoinflammation），属于先天免疫机制；另一种是自身免疫反应，为后天免疫机制，主要是针对特定抗原的 T 细胞以及 B 细胞。[16]

02 特定炎性皮肤症状

假性食物过敏

慢性荨麻疹、反复血管性水肿（嘴唇肿、眼皮肿等）、非过敏性哮喘，都是长年困扰患者，并且医生也找不出原因的慢性皮肤病。看起来明明是过敏反应，认真回避了过敏原，却没有改善；或者进行了初步检查，却查不出任何过敏原。到底原因藏在哪里？

首先，这不是"真过敏"，而是"假过敏"。在大家知道的过敏原（Allergen）之外，还存在一类假性过敏原（Pseudoallergen），包括小分子的人工防腐剂，色素、香料等人工添加剂，以及某些天然食物，可引起非过敏性食物不耐（Non-allergic food intolerance），出现持续的或反复发作的慢性荨麻疹。[17]

假性食物过敏症状类似免疫球蛋白 E 介导的过敏性疾病，但没有对抗过敏原的免疫球蛋白 E 出现，肤刺测试显示为阴性，暴露在这些食物下，并不一定每次都出现临床症状。虽然存有争议，假性过敏原可能诱发或加重部分慢性荨麻疹患者的病情。[18] 假性过敏原牵涉的致病机制，可能包括肠易激综合征（Irritable bowel syndrome）或组胺代谢异常。[19,20]

有些物质可以刺激肥大细胞分泌组胺颗粒，产生典型的皮肤过敏症状，而不经过免疫球蛋白 E 抗体机制，这些物质被称为颗粒释放剂，包括药物，如阿司匹林或非类固醇抗炎药（NSAIDs）、麻醉药（吗啡）、神经肌肉阻断剂、拟交感神经作用剂（肾上腺素、苯丙胺等）、含碘的显影剂等，还有毒蛇或昆虫针刺的毒液、水母螫刺，等等。[20,21]

▋ 食物敏感

Alexander 是位 55 岁的电机工程师，最近 5 年深受慢性荨麻疹的困扰，曾经做过敏原检测，发现对小麦没有任何过敏（Hypersensitive）反应，却有重度敏感（Sensitive）反应，其他过敏原包括尘螨、蟑螂、蛋清、螃蟹、黄豆，但他一直不以为意。一直到某个周日半夜，他全身荨麻疹大爆发，痒到没办法睡，整晚只浅睡了 2 个小时，隔天跑来找我。

我问他："你昨天是否碰过过敏原，或吃到容易敏感的食物呢？"

他想了想说："昨天我一大早 5 点就开车出去，傍晚才回来，在休息站吃得很随便。早上吃了 2 个馒头夹油条，中午吃了 3 个面包，晚上吃了一大碗阳春面，加上车内冷气不凉，又穿牛仔裤，弄得满身大汗。"

我回应："你昨天一大早就接触小麦，到了半夜才发作荨麻疹，有可能是食物敏感反应，和常见的过敏反应不太一样。最近还是得回避小麦等过敏原！"

对食物的免疫不良反应（Immune-mediated adverse reaction）称为食物过敏（Food allergy, FA），可将其简单区分为免疫球蛋白 E 介导的过敏，和非免疫球蛋白 E 介导的过敏（Non-IgE mediated FA, NFA），后者主要影响肠胃黏膜，最容易产生影响的食物蛋白质是牛奶与大豆。[22]

其中，迟发性食物过敏（Delayed food hypersensitivities），又被称为食物敏感（Food sensitivities），是在接触敏感原后经过数小时，甚至数天才出现的炎症反应，免疫机制牵涉免疫球蛋白 G（IgG）的制造，特别是 IgG1 与 IgG4。它们并不像免疫球蛋白 E，不会促使肥大细胞释放组胺，它们代表了辨认外来抗原与产生抗体反应。[23]

免疫球蛋白 G 的半衰期很长，可达 22 ~ 96 天，占了全身免疫球蛋白数量的 75%，参与第二型过敏反应，也就是抗体依赖的细胞介导的细胞毒性（Antibody dependent cell-mediated cytotoxicity, ADCC），以及第三型过敏反应，免疫复合物过敏反应如血清病（Serum sickness）。[17,23,24] 免疫球蛋白 G 抗体增加了小肠黏膜的渗透性，肠道屏障功能不佳，食物过敏原容易直接进入系统性血液循环，让免疫细胞敏感化，从而导致食物过敏反应（表 7-1）。[23]

表 7-1 与免疫球蛋白 G 相关的食物敏感症状 [23]

系统	症状描述
全身	疲倦、虚弱、耐受力差、多汗、发热、畏寒
皮肤	瘙痒、红疹、红肿、荨麻疹、角质化、脱屑（如湿疹或干癣）
肠胃	腹痛、胀气、恶心、呕吐、腹泻
呼吸	食物引发的气管炎、哮喘
骨骼、肌肉、结缔组织	食物过敏关节炎（Food-allergic arthritis）、疼痛、僵硬、肿胀
脑、神经	思考与感觉混乱、记忆障碍、行为问题

奥地利格拉茨医科大学（Medical University Graz）的研究人员推测，以免疫球蛋白 G 为主的食物敏感反应，可能导致慢性轻度炎症，促进动脉硬化形成。他们找来 30 位肥胖的少年，以及 30 位正常体重的少年，检测他们针对食物的免疫球蛋白 G 抗体浓度、C 反应蛋白，以及颈动脉内膜厚度（Thickness of intima media, IMT）。

结果发现，肥胖少年的免疫球蛋白 G 食物抗体（Anti-food IgG）浓度显著较高，且颈动脉内膜较厚、C 反应蛋白较高。免疫球蛋白 G 食物抗体浓度和 C 反应蛋白、血管内皮厚度皆为中度正相关，这已排除其他干扰因子。免疫球蛋白 G 食物抗体可能也参与了肥胖与动脉硬化的病理机制。[25]

食物敏感可能是不明原因皮肤症状的病因之一，值得临床医生关注。目前可通过血液检测找出敏感原，而当对过多食物皆有免疫球蛋白 G 抗体反应时，可能代表肠黏膜渗透性异常，不只是食物敏感。[23]

▍小麦麸质敏感

Alice 是位 40 岁高中女老师，每次吃完小麦制品，就出现皮肤湿疹。奇怪的是，她做急性过敏原检测，过敏原是尘螨、白色念珠菌、香蕉、苹果、橄榄、辣椒、姜、杏仁、蜂蜜、当归、莲子等，但不包括小麦。有天晚上逛夜市，她吃了大饼包小饼、贝果、手工饼干，结果当天难以入睡，半夜又做噩梦，隔天早上还大发"起床气"，下巴、脖子、胸口出现瘙痒的红疹，全身倦怠，肌肉酸痛，用上全身按摩器，力度开最强，过了 1 小时才好些。

我建议她接受麸质敏感检测，结果发现她是中度敏感。我请她回避小麦制品后，症状在 1 周内迅速改善，大半年也都没再发作湿疹和相关症状了。

小麦麸质主要由麦谷蛋白、麦胶蛋白两种蛋白质组成。麸质敏感（Gluten sensitivity）最严重的反应是乳糜泻（Celiac disease），这是一种自身免疫性肠道病变，造成小肠绒毛萎缩，出现典型的吸收不良症状，包括体重减轻、慢性腹泻、发育迟缓等，但相对少见；较常见的非典型症状包括，类似肠易激综合征、腹痛、肠道习惯改变、贫血（最常见是缺铁性贫血）。[26,27] 简而言之，肠道周边的淋巴组织将小麦麸质视为异物，启动强烈的炎症反应来清除它，却同时损害小肠黏膜，导致肠道通透性异常增加、小肠绒毛溃烂。

乳糜泻的并发症，包括因吸收不良引起的骨质疏松、贫血，以及淋巴瘤风险增加。[27] 根据文献回顾，和乳糜泻最相关的皮肤病包括疱疹样皮炎（Dermatitis herpetiformis）、干癣、荨麻疹、玫瑰痤疮、皮肤癌等。[26]

疱疹样皮炎是皮肤出现对称分布且群聚的水疱，剧烈瘙痒，有烧灼感，状如单纯性疱疹，也可以是红色丘疹、风疹块，或是搔抓之后产生的破皮与痂皮。典型分布在手肘、膝盖处，十分对称，若在臀部、尾椎处，常呈现蝴蝶状，也可能出现在头皮、脸部、发际线处。[2]

患者没感觉自己肠胃有异样，但小肠绒毛因麸质敏感而出现慢性炎症、变平、萎缩，这是麸质敏感性肠病（Gluten-sensitive enteropathy），未来出现小肠淋巴癌与非小肠淋巴癌的概率增加。皮肤病理检查可发现：表皮下裂缝与乳突状真皮充满嗜中性白细胞，偶尔有嗜伊红性白细胞，有免疫球蛋白 A 的沉积，血液中有免疫球蛋白 A 抗肌内膜抗体（IgA anti-endomysial antibodies），浓度与空肠（小肠的一部分）绒毛萎缩的程度成正比，20%～40% 出现免疫复合物沉积，20%～30% 出现脂肪便（Steatorrhea），大便灰白且恶臭。[1,2,26]

慢性荨麻疹，也可能是乳糜泻的皮肤症状，因肠黏膜的异常高渗透性（肠易激综合征），导致食物抗原容易从肠道直接进入血液循环，诱发免疫系统产生荨麻疹。此外，乳糜泻的炎症反应，会诱发制造对抗免疫球蛋白 E 受体的抗体，异常活化了肥大细胞，是 35%～40% 慢性荨麻疹患者的致病机制。[18,28]

有一种较轻微的麸质敏感形态，没有乳糜泻，对小麦也没有"过敏"（wheat allergy），但有麸质过敏的肠胃或肠道以外症状，称为非乳糜泻麸质敏感（Non-coeliac gluten sensitivity, NCGS）或麸质敏感，患病率为 0.55%～5%。在乳糜泻患者中，带有人类白细胞抗原 HLA-DQ2 或 HLA-DQ8 基因的高达 95%，而在非乳糜泻麸质敏感者中达 50%，在健康人中为 30%。[29,30]

意大利博洛尼亚大学（University of Bologna）临床医学、消化疾病与内科学系的沃尔塔（Volta）等人，在《自然评论肠胃病学和肝病学》（Nature Reviews Gastroenterology & Hepatology）论文中统计麸质敏感（不包含乳糜泻）者的最常见症状，肠胃症状类似肠易激综合征，出现概率较肠胃以外症状高，但湿疹与皮肤红疹名列第三常见的肠胃以外症状，整理如表 7-2 所示。[31]

表7-2 麸质敏感的肠胃及肠胃以外症状

名次	肠胃症状	出现概率	肠胃以外症状	出现概率
1	腹痛	77%	脑雾（Foggy mind）	42%
2	腹胀	72%	疲劳	36%
3	腹泻	40%	湿疹与皮肤红疹	33%
4	便秘	18%	头痛	32%
5			关节或肌肉疼痛	28%
6			腿麻或手麻	17%
7			抑郁	15%
8			贫血	15%

沃尔塔等人提出麸质敏感（Gluten sensitivity）诊断标准：

- 摄取麸质迅速引发肠胃与肠胃以外症状。

- 回避麸质后，症状快速消失。

- 重新摄取麸质导致症状。

- 麸质与小麦的免疫球蛋白 E 与刺肤测试显示为阴性。

- 乳糜泻的血清检测结果为阴性，包括免疫球蛋白 A 抗肌内膜抗体、免疫球蛋白 A 转谷氨酰胺酶抗体（IgA tissue transglutaminase antibodies）、免疫球蛋白 G 脱酰胺化麦胶蛋白抗体（IgG deamidated gliadin antibodies）。

- 抗麦胶蛋白抗体（Antigliadin antibodies），主要是免疫球蛋白 G，一半患者呈阳性。

- 组织病理学呈现正常黏膜，或表皮内淋巴细胞有轻微增加。

- 人类白细胞抗原 HLA-DQ2 与 / 或 HLA-DQ8 在 40% 患者中呈现阳性。[31]

因此，找不到原因的湿疹与皮肤红疹，麸质敏感或乳糜泻是重要的鉴别诊断。无麸质饮食成为最重要的治疗方法。《英国医学期刊》(*British Medical Journal*)论文指出，对于乳糜泻患者，"终生严格的无麸质饮食，是现今唯一证实有效的疗法"[27]，后文将介绍。

炎症与色素性皮肤病

炎症后色素沉着

炎症后色素沉着 (Post-inflammatory Hyperpigmentation)，在较深色皮肤（费氏分型第 4~6 型）的人种中较容易出现，也就是黄种人、黑种人，可以出现在皮肤病发作后，如痤疮、特应性皮炎、接触性皮炎、干癣、扁平苔藓，或皮肤受伤后，如烫伤、擦伤、化学性溶剂损伤，难愈合，需要数周到数月。[2]

在皮肤出现炎症时，刺激位于表皮真皮连接的黑色素细胞，制造大量黑色素，通过黑色素体，传送到角质形成细胞，并在每个月的表皮代谢中，传递到更上方的表皮层后剥落。因此，若炎症结束，后续黑色素的制造减少，带有黑色素的表皮细胞持续脱落，就能造成色素淡化的效果，这过程需要 1~6 个月不等。[32]

然而，若表皮最底端的基底层破损，黑色素将"掉进"真皮中，招致真皮巨噬细胞的吞食，持续待在那里，有可能终生无法消失。[32]

有种里尔黑变病 (Riehl melanosis)，在脸与脖子上出现网状、汇聚的黑色、棕紫色色素沉着，因接触化妆品中的化学成分、香料，引发了接触性敏感或光接触敏感，刺激黑色素生成。[2]

炎症与黄褐斑

Bella 是 46 岁女性，抱怨这 5 年来，在脸颊、额头、下巴等处陆续出现棕黄色斑块，被诊断为黄褐斑，且疗效不佳。

我深入询问后发现，她年轻时，户外活动多，但都没做防晒。6 年前才注意防晒，但只要用新的防晒乳、保湿乳液、美白产品、彩妆品，脸部就过敏，一发作好几周。连在家打扫、吃点海鲜、天气一变，脸都过敏。她本身就有哮喘、过敏性鼻炎、过敏性结膜炎等病史。长期熬夜到半夜 2 点才睡，睡到 7 点就起床照顾小孩上学。

黄褐斑的成因，除了前述的紫外线光老化、氧化压力，慢性炎症也是重要因素。

研究发现，黄褐斑患者真皮出现炎症，活化了成纤维细胞，分泌干细胞因子（Stem cell factor, SCF），诱导黑色素制造，干细胞因子受体 c-kit 也增加了，与干细胞因子结合后，活化了黑色素制造过程的酪氨酸激酶（Tyrosine kinase）路径。[33,34] 此外，环氧合酶（Cyclooxygenase）COX-2 与前列腺素 E_2 也增加，刺激了黑色素细胞。[35]

黄褐斑病灶也出现更多的肥大细胞，它们是参与皮肤过敏反应的"头号战犯"，释放出组胺，活化酪氨酸激酶路径，制造黑色素，肥大细胞释放的蛋白酶会促成分解IV型胶原蛋白，毁损表皮与真皮间的基底膜、细胞外基质，导致皮肤屏障损害。[36]

▍炎症与晒斑

以老人斑（Age spot），也就是晒斑（Senile lentigo）为例，和周围皮肤相比，晒斑病灶有增强的炎症反应，真皮有更多含黑色素的巨噬细胞（Melanophage），可能是受损的黑色素细胞被巨噬细胞所吞噬。并且，参与轮替（Cycling）的上皮细胞减少，显示炎症也消耗了表皮干细胞。[38]

黄褐斑、炎症后色素沉着、晒斑三者，是经常一起出现的色素疾病，都与慢性炎症有关。[37]

▍炎症与皮肤老化

慢性轻度炎症（Chronic low-grade inflammation）被称为"沉默杀手"，估计至少 5%～7% 人口罹患炎性疾病，并且在增加中。

炎症老化（Inflammaging）由炎症（Inflammation）与老化（Aging）两个词组成，指慢性轻度炎症参与生理老化，且是多种年龄相关疾病的致病因子，包括动脉硬化、糖尿病、阿尔茨海默病、癌症、年龄相关性黄斑变性（Age-related macular degeneration, AMD）。[38]

　　根据文献回顾，除了前文提到的氧化压力（活性氧），参与皮肤老化的炎症因素如表 7-3 所示。

表7-3　参与皮肤老化的炎症因素 [38]

炎症因素	皮肤老化机制
肿瘤坏死因子 -α（TNF-α）、白细胞介素 1	主要促炎性细胞因子，启动皮肤炎症反应，促成其他炎症细胞激素的制造与释放
白细胞介素 6、白细胞介素 8 与其他白细胞介素	征集中性粒细胞、巨噬细胞，活化真皮成纤维细胞，分泌多种基质金属蛋白酶（MMPs）
中性粒细胞	释放弹性蛋白酶（Elastase）与基质金属蛋白酶，造成细胞外基质分解
基质金属蛋白酶	造成细胞外基质（ECM）分解，伤害真皮结缔组织，造成皮肤老化
补体系统	受到紫外线诱发而活化巨噬细胞，沉积在表皮真皮连接
巨噬细胞	在接触紫外线后浸润皮肤，产生活性氧、基质金属蛋白酶，继而分解细胞外基质

▶ 关注焦点│眼皮松弛与眼袋

全身皮肤最薄的地方就是眼皮，它是反映皮肤老化的前哨。通过简单、非侵入性、低风险的拉眼皮测验（Snapback Test），就知道眼皮老化轻微或严重了。有两步骤做这个测验。

- 把下眼皮往下、往外拉（离开眼球方向），维持 2 ~ 3 秒不松手。
- 松手，观察眼皮复位所需时间，如果无法复位，就看它到新位置所需时间。受试者不能眨眼。

打分数的方式如下。

- 0 分：立即复位。
- 1 分：在 2 ~ 3 秒内复位。
- 2 分：在 4 ~ 5 秒内复位。
- 3 分：复位时间大于 5 秒。
- 4 分：无法复位，维持眼睑外翻（Ectropion）状态。[39]

换句话说，如果下眼皮立即回归原位，依偎在眼球上，那么恭喜，这表示它很有弹性，皮肤年龄还很年轻。如果需要 2 秒或更长的时间，表示下眼皮松弛、张力过低，可能由眼皮疾病或老化引起。

眼皮松弛（Dermatochalasis），在 45 岁及以上的人群患病率为 16%，其中男性 19%，女性 14%，风险因子包括较大年龄、较高 BMI、肤色较白、抽烟、男性、遗传等。松弛的眼皮组织具有松散的胶原束，淋巴管数量增加、扩张，弹力纤维减少，可能由慢性轻度炎症、局部缺血、机械性压力开始，激活基质金属蛋白酶 MMP-9、MMP-7、MMP-2 等，进而分解维持张力的胶原、维持弹性的弹力纤维，并出现继发性的淋巴循环淤滞（Lymphostasis）。[40]

皮肤老化的多种因素参与其中，包括持续日晒、抽烟、喝酒、营养缺乏、遗传等。[40]

▶ 关注焦点 | 体气

是否发现自己有浓重的体气，且找不出原因？

瑞典卡罗林斯卡医学中心的研究团队，将受试者随机分组，一组注射细菌内毒素脂多糖（Lipopolysaccharide），以制造身体炎症状态，这可由体温的上升、血液炎症因子的增加，包括肿瘤坏死因子-α（TNF-α）、白细胞介素 6、白细胞介素 8 来确认。另一组则注射生理食盐水，并让他们穿着很紧的 T 恤以收集体气。4 小时后，将 T 恤送实验室做气味分析，并由另一群人评估体气强度、愉悦度，预测健康状态。一个月后，两组互换，再进行一次评估。

结果发现，炎症状态时的体气明显更强烈、更令人不悦，且他人可"闻到"的健康状态更差。值得注意的是，运用液相层析法（GC-MS）分析臭味分子，却发现两组在统计上无显著性差异，炎症状态时的臭味分子浓度还稍低些。这显示，感染或炎症状态会让人体气变差，而且他人可以嗅闻得到，具有让人回避感染人群，以便自我保护的社会生物学意义。[41]

与其用香水而抱怨效果差，不如从饮食与生活方式方面来降低炎症或感染，提升抗炎能力，这才是减少体气的根本做法。

☙ 03 皮肤细菌感染

人偶尔出现呼吸道感染、胃肠道感染、皮肤感染是很正常的。但有些人很容易出现细菌、霉菌、病毒等皮肤感染，在用了不错的抗生素、抗霉菌药、抗病毒药治疗后，恢复速度慢、治疗效果差，即使暂时治好了，还常常复发。这是怎么回事呢？

这就要思考感染的体质因素了：免疫力不足，属于免疫失调的第三型。及早觉察免疫力问题，并且积极提升免疫力，才能避免更严重的感染，或避免出现其他更严重的免疫失调。

▍疖疮

Clair 今年 26 岁，身形略胖，困扰于臀部经常长出肿痛的脓包，自己能挤出黄色的浓液，病灶屡屡加重，拖两三周还没完全好，夏天发作更频繁。

我问到她的职业，她回答："毕业后，我就当外卖送货员，也常半夜送，很辛苦，但能够存一笔小钱，已经一年了。"

我分析道："你因为工作关系，长时间坐着，坐垫又热又烫，皮肤流汗，毛囊堵塞，摩擦后容易受伤，加上过度劳累、睡眠不足、免疫力下降，因此容易出现这类细菌感染症。"

疖疮，即疖痈（Furuncles and carbuncles）。疖是深部的疼痛结节或脓液，没有囊壁，一开始是表浅的细菌性毛囊炎，致病菌主要是表皮的金黄色葡萄球菌，也可能是链球菌等其他细菌，从毛囊开口进入，快速发展为大型、红肿、疼痛的脓疮。痈则是数个深部有炎症的毛囊互相连接。疖好发于摩擦与多汗的部位，包括皮带下方、大腿前侧、臀部、会阴部、腋下、腰部等。痈常发于后颈部、上背部、大腿外侧，可能伴随倦怠、发冷、发热。疖痈软化后可能自然破裂。[1,2]

《英国皮肤医学期刊》研究指出，疖痈的发生，可能与衣物太紧或肥胖引起多汗、闷塞、局部湿度高、摩擦，导致局部细菌增生且毛囊受伤及反复感染有关。其他因素包括卫生状况差、肥胖、免疫抑制剂治疗（如口服或外用类固醇）、抗生素治疗、贫血、糖尿病、皮肤病等。特别要注意的是，鼻孔容易有金黄色葡萄球菌增殖，特别对于特应性皮炎患者，成为重要的反复感染源。而抗药性金黄色葡萄球菌（Methicillin-resistant Staphylococcus aureus, MRSA），以及它产生的毒素（Panton – Valentine leucocidin, PVL）也成为重要病因。[42]

▌蜂窝组织炎

蜂窝组织炎（Cellulitis），是真皮、皮下组织的弥漫性感染，可出现边缘不明显的红肿疼痛的斑块、发热、水肿等特征，常出现在外伤、烧烫伤、擦伤、撕裂伤或被虫咬伤后。高风险因素包括糖尿病、肝硬化、肾功能不全、艾滋病、癌症，以及接受化疗、乳腺癌手术后淋巴水肿，还有酗酒、药物滥用、营养不良、免疫力低下、有蜂窝组织炎病史等。[1,2]

病原菌进入组织空间，利用透明质酸酶（Hyaluronidase）分解细胞外基质的多糖体，纤维蛋白溶酶（Fibrinolysin）消化掉纤维蛋白屏障，以及卵磷脂酶（Lecithinase）摧毁细胞膜。其实病原菌量并不多，蜂窝组织炎可能是针对细胞激素、细菌超抗原（Superantigen）的炎症反应，而非全面性的组织感染。[2]

下肢的蜂窝组织炎，常和足癣形成皮肤伤口有关。反复发作时，可能和静脉或淋巴循环不良有关。[1,2]

▌热水盆毛囊炎

Yvonne 是位 50 岁女经理，刚泡温泉回来，还拉着大箱行李，急忙地进诊室问我"怎么回事？""该怎么办？"我发现她身上数十个瘙痒的红色斑状丘疹与脓疱，分布在胸部、腹部、臀部。

原来这是热水盆毛囊炎（Hot tub folliculitis），即绿脓杆菌毛囊炎（Pseudomonas folliculitis），常发生在受污染的泳池、温泉、滑水道、物理治疗池等，在长时间碰水、水池脏污、过多澡客时就可能出现。据估计，67% 的热水缸与 63% 的游泳池，都有绿脓杆菌的污染。

顾客身上掉落的皮屑成为水中绿脓杆菌的绝佳食物，女性穿泳衣时，闷湿的皮肤部位有助于细菌繁殖。也有个人体质因素，当血糖升高，或者罹患糖尿病时，氧化压力增加，表皮保护性的菌群减少，导致绿脓杆菌易于增生。若皮肤受伤或有烫伤，表皮层破损也会使细菌增生。还好此感染是自限性的，多能在 7～10 天自然消除。[1,2,43]

▌口周皮炎

女性在嘴巴四周出现脱屑红疹、脓疱，从鼻孔旁经法令纹，到下巴，甚至在眼周，但不影响唇周，这是口周皮炎，病因不清楚，可能和类固醇、细梭菌属（Fusobacterium）引发皮肤改变有关。研究发现，与口周皮炎相关的因素包括以下几个。

- 药物因素：使用外用类固醇、吸入性类固醇鼻喷雾。
- 皮肤黏膜产品：含氟牙膏、护肤膏或乳霜、含汞牙填充物、薄荷口味的洁牙粉。
- 物理因素：紫外线、热、风。
- 微生物因素：细梭菌属（Fusiform spirilla）、念珠菌、毛囊螨虫（Demodex folliculorum）。
- 其他：口服避孕药、肠胃吸收不良、情绪压力、吹乐器、戴乳胶手套、涂口红、使用扑灭司林（Permethrin）。[44]

不少人自行使用类固醇药膏，虽然暂时改善了皮肤的炎症症状，却降低了皮肤免疫力，让平日规矩的表皮细菌也蠢蠢欲动，趁机扩张地盘。需要停用外用类固醇，以恢复皮肤的正常免疫力。

▌细菌性甲沟炎

表皮的金黄色葡萄球菌或链球菌，侵犯到甲沟，甚至甲下。风险因子包括反复微小创伤、在潮湿环境中工作（如园艺工人）、甲床分离（局部刺激或干癣造成）、甲沟炎、强迫性抠甲症（Onychotillomania）、干癣、吸拇指、糖尿病、免疫力低下

（包括使用免疫抑制剂）。[45,46]

　　绿指甲，是甲下受到革兰氏阴性细菌绿脓杆菌（Pseudomonas aeruginosa）的侵犯，所分泌的绿脓素（Pyocyanin）融合到甲板中了。[45]

04 皮肤霉菌感染

足癣与体癣

　　足癣（Tinea pedis），是在趾缝出现糜烂、脱屑、裂隙，在足底出现干燥脱屑、角质增厚（像有个软靴一样），或在脚底、脚背突然出现水疱；由皮肤癣菌（Dermatophyte）造成，是最常见的皮肤霉菌感染，包括红色毛癣菌（Trichophyton rubrum）、须毛癣菌（Trichophyton mentagrophytes）等。它们感染并生存在无活性的角质上，包括皮肤外层、头发、指甲，但无法在口腔与阴道内生存，因为这两个部位没有角质层。[1,2,47]

　　足癣在热带、潮湿地区十分常见，房间地板、公共澡堂都有皮肤癣菌的存在，导致人际传染或重复感染。具有特应性体质者较容易复发。临床分类整理如表7-4所示。

表7-4　足癣的临床分类与特征 [1,2,47]

分类	特征
趾缝型	脱屑、厚皮、红疹，外侧三趾间、趾下最常见，伴随糜烂、瘙痒、臭味
慢性足底脱屑型	平底鞋似的脱屑，常由红色毛癣菌引起，有可能出现"两足一手综合征"，合并单手的手癣
急性水疱型	在足背或脚掌旁出现大于3mm的水疱或大疱，由须毛癣菌引起，容易因热或潮湿发作
急性溃烂型	须毛癣菌感染合并细菌感染，通常是金黄色葡萄球菌，在脚掌引起溃疡

很特别的是，足癣（特别是急性溃烂型和急性水疱型）可能引起一种湿疹，称为皮肤癣菌疹（Dermatophytid），在远端的手臂、手指侧、胸部或足侧出现类似汗疱疹（dyshidrotic-like）的瘙痒水疱，发生率约17%。实质上，这就是对霉菌的过敏反应，又称自身致敏（Autosensitization）或自身反应（Id reaction），有时还是霉菌感染的唯一临床表现。自身反应在霉菌、细菌、病毒、寄生虫等感染中都可能发生，而表浅霉菌感染最常见，因为局部的感染激活了全身循环的 T 细胞与抗体，导致局部与全身性的炎症反应。[47]

再者，足癣也可能诱发哮喘等过敏性疾病！这是因为皮肤癣菌感染活化了 2 型助手 T 细胞的免疫机制，出现第一型速发型过敏反应（急性过敏反应），又被称为毛癣菌哮喘（Trichophyton asthma）。研究也发现，哮喘患者对红色毛癣菌较为敏感，表浅霉菌感染可以诱发特应性皮炎发作，治疗霉菌的同时也改善了特应性皮炎。[47]

不错，霉菌除了它的毒性，还会诱发人类的过敏，本身就是容易被忽略的过敏原，治疗过敏性疾病时，绝不能忽略隐藏的霉菌感染，可能它才是根本原因。

此外，体癣（Tinea corporis）为皮肤癣菌感染身体或四肢，呈现圆环形、边缘隆起的丘疹。若面积较大或在脸部出现时，外貌类似湿疹，糖尿病患者、免疫力低下或滥用类固醇药膏的人有较高概率患病。也可能从动物或宠物传染而来，会出现红色隆起的脓疱，容易发生霉菌性毛囊炎。[1,2]

▌甲癣

Ruby 是 48 岁女性，5 年前大部分的指甲开始变黄，明显增厚，指甲下堆积白屑。她嫌不好看，为了看不到那些灰指甲，她开始做彩绘指甲、装人工美甲，但终究藏不住。在朋友的鼓励下去医院就诊，开始口服抗霉菌药物，但疗效不明显。

今年，她不明原因暴瘦 15kg，健康检查才发现她患有严重糖尿病，合并肾脏病变、视网膜病变，糖化血红蛋白为 12%，即使打针吃药一阵子了，血糖仍超过 16.7mmol/L。原来，她 5 年前的灰指甲，正是糖尿病的"第一部曲"，糖尿病造成免疫力低下，霉菌在指甲增生，可惜她视若无睹，认为只是指甲不好看，终究付出惨痛代价！

甲癣（Onychomycosis, Tinea unguium），又称灰指（趾）甲（以下皆称灰指甲），是甲板被皮肤癣菌、酵母菌、非皮肤癣菌的霉菌所感染，变成黄棕色或白色，出现黄色纵沟，甲片增厚隆起，甲下皮屑堆积，并引起甲床分离。[1,2]

根据欧美研究，一般人群中有 4.3% 罹患灰指甲，住院患者则为 8.9%。随着年龄增加患病率增加，超过 65 岁的老年人患病率达到最高。最常见的菌种是红色毛癣菌，占 65% 的案例；其次是酵母菌，占 21.1%，非皮肤癣菌的霉菌占 13.3%。[48]

霉菌常来自家人间互相传染，可能是通过家庭的浴缸，也可能是隔代传染。感染源还可能来自公众泳池、健身房、地板教室（做瑜伽时赤脚或穿公用拖鞋）等。长灰指甲的体质因素包括指甲受伤（包括鞋子太紧）、年龄较大（指甲生长较慢、四肢血液循环变差、周边神经损伤）、心血管疾病（局部血流减少）、淋巴水肿、糖尿病、免疫力低下、足癣、寻常性干癣、多汗（高温湿热）等。[49]

▌ 汗斑与糠秕马拉色菌毛囊炎

汗斑是颈部、前胸、上臂、腹部等处出现圆形至卵圆形（也可融合为地图状）、边缘清楚、大小与颜色不一、带些许皮屑的斑块。在肤色深的人身上，病灶是淡白色或深棕色，但在肤色较浅的人身上，呈现为粉红色或淡褐色。

造成汗斑的酵母菌称为正圆形糠秕马拉色菌（Pityrosporum orbiculare），或称为糠秕马拉色菌。在显微镜下，它们呈现有趣的"意大利面与肉球"形态，就是圆形的酵母菌与其长条状的假菌丝（Pseudohyphae）。它将表皮的脂肪酸进行酶氧化，形成二羧酸（Dicarboxylic acid），能抑制表皮黑色素细胞里的酪氨酸酶，减少黑色素形成，而产生白色斑块。[2]

它属于伺机性感染，平常是皮肤菌群之一，但在流汗、有氧运动、油性皮肤、湿热气候、夏天等状况下，容易增生、感染。在热带地区患病率达 20%。免疫力低下、类固醇治疗、库欣综合征、怀孕、营养不良、烧烫伤、口服避孕药，都可能降低皮肤免疫力，造成糠秕马拉色菌过度增生。[1,2]

有些汗斑患者可能同时合并脂溢性皮炎，以及糠秕马拉色菌毛囊炎。糠秕马拉菌毛囊炎就是糠秕马拉菌感染到毛囊，在青年至中年男女的胸前、上背、上臂出现多颗形态一致的毛囊丘疹与脓疱，无症状或轻微瘙痒。油性肌肤的皮脂腺过度活跃，所分泌的油脂成为这类酵母菌的食物，所以更助其生长。诱发因子包括毛囊堵塞、糖尿病、使用抗生素和类固醇。[1,2]

05 皮肤病毒感染

▌ 带状疱疹

Natalie，一位 45 岁女性，一进门就问我："医生，我胸部出现很多疼痛的水疱，是不是得'蛇皮'了？"

我顿时呆住，心想什么是"蛇皮"？一检查皮肤才发现，她左侧胸口、乳房，延伸到上背，有大面积红色丘疹、水疱、脓疱，十分刺痛且瘙痒，我诊断为带状疱疹，侵犯左侧第 1 胸椎神经节，发作第 3 天。这是俗称的"皮蛇"，她却记成"蛇皮"了。

她告诉我，3 天前感到左胸疼痛，也冒出一些红疹，先去一般诊所看，医生听了她的病情描述，说应该是肌肉筋膜炎，没有要求她配合做详细的皮肤检查，直接开消炎止痛药给她。但这 3 天，她疼痛得越来越严重，红疹也越来越多，甚至冒出水疱，她觉得不对劲，上网查了数据，怀疑有"蛇皮"，所以跑来找我看。

我听了她这么说，觉得很遗憾，若一开始进行皮肤检查，就能及早诊断、及早治疗，带来更好的疗效。想到时至 21 世纪，人们对于隐私部位的皮肤症状，仍常是讳疾忌医，而医生也过度配合这样的保守思想。带状疱疹常发作在胸部、臀部、阴部等隐私部位，若人们能培养面对身体健康的开放态度，医疗质量必能大大提升。

带状疱疹（Herpes zoster），是长期潜伏于感觉神经节的水痘－带状疱疹病毒（Varicella Zoster Virus, VZV）的重新活化（Reactivation），常见于免疫力下降的状态，开始从脊髓附近的感觉神经移动到远端的皮肤或黏膜表面，造成皮肤红肿与红色丘疹（24 小时）、水疱或大疱（2 天）、脓疱（3 天）、结痂（7～10 天），在

1周内都可能出现新的皮肤病灶，需要 2～4 周，皮肤结痂才会脱落，并且恢复正常（图 7-1）。

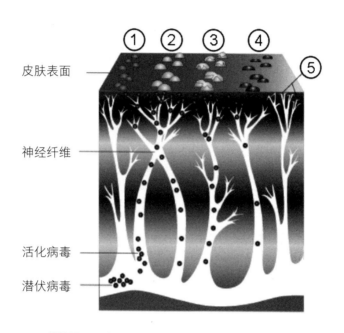

皮肤表面

神经纤维

活化病毒

潜伏病毒

图7-1 带状疱疹的皮肤与神经症状示意图

①一簇小突起，逐渐进展为②，②充满淋巴液的水疱或脓疱，③水疱破裂，④结痂，⑤可能伤害神经而产生疱疹后神经痛。

出处：取材自维基百科公开版权（网址：https://en.wikipedia.org/wiki/File:A_Course_of_Shingles_diagram.png），由 Renee Gordon, CC BY-SA 3.0

　　病灶分布通常是单侧的单一神经节，但也可能同时影响两个或更多的神经节，10% 患者因病毒的血液传播到其他皮肤上长出带状疱疹。所影响的神经节有 5 成以上在胸部，脸部三叉神经占 10%～20%，腰部与颈部占 10%～20%。[2]

　　文献回顾与荟萃分析显示，带状疱疹的风险因子按照所增加的风险，由高至低排列分别为：家族史增加 259% 风险，身体受伤增加 156% 风险，罹患系统性红斑狼疮增加 110% 风险，类风湿性关节炎增加 67% 风险，抑郁症增加 36% 风险，炎性肠道疾病增加 35% 风险，慢性阻塞性肺疾病增加31% 风险，女性增加 31% 风险，糖尿病增加 30% 风险，慢性肾病增加 28% 风险，哮喘增加 25% 风险，心理压力增加 18% 风险，使用降血脂药（他汀类）增加 14% 风险，而黑种人降低 46% 风险。[50]

上述容易得带状疱疹的慢性病，参与了多种免疫失调形态，包括过敏（哮喘）、免疫力下降（因身体受伤、糖尿病、慢性阻塞性肺疾病、慢性肾病、抑郁症等导致）、自身免疫病（类风湿性关节炎、系统性红斑狼疮、炎性肠道疾病）等状况。

带状疱疹最恶名昭彰的事迹，是可能留下疱疹后神经痛（Postherpetic neuralgia, PHN），由于神经炎症，产生持续性的戳刺感、烧灼痛。特别对于老年人，大于 60 岁者有 40% 可能遗留，6 个月内 87% 能缓解，这一人群常伴随抑郁症。[2]

单纯性疱疹

Jesse 是一个女大学生，19 岁，在诊室她告诉我："医生，我得'嘴炮'了！"

我愣住了，心想什么是"嘴炮"？她指了指上唇的红肿皮肤与水疱，我才会意过来，是唇疱疹（Herpes labialis），即单纯性疱疹。

单纯性疱疹由单纯性疱疹病毒（Herpes simplex virus, HSV）感染所致，成群水疱出现在一块红肿的皮肤或黏膜上，水疱破裂形成糜烂（Erosion）或结痂，最常影响嘴唇、肛门、手或手指，需要 2～4 周才能愈合。

最初，可能通过皮肤、黏膜的接触，受无症状感染者的病毒传染。唇疱疹很容易复发，复发比例 1/3，其中一半至少一年发作 2 次。诱发因素包括皮肤或黏膜刺激（特别是紫外线照射）、月经、发热、感冒、免疫状态改变，而生殖器疱疹比唇疱疹更容易复发。患者免疫力缺损（Host defense defect）仍是重要的体质病因，如患艾滋病、癌症（特别是白血病、淋巴瘤），进行化疗、放射线治疗，使用全身性类固醇药物或服用免疫抑制剂等。[2]

病毒疣

病毒疣，是在手、脚、膝盖等部位出现坚硬的、过度角化的丘疹，表皮粗糙，或带有裂痕，由恶名昭彰的人乳头瘤病毒（Human papillomavirus, HPV）造成。

病灶上常带有红色或棕色点，这是真皮乳头微血管循环栓塞，也是该病毒造成的病理特征。通常在角质层受伤后，皮肤接触传染患得，和患者的免疫状态有关，免疫力缺损，如患艾滋病或服用免疫抑制剂等状态更容易患此病。[2]

病毒疣的治疗速度慢，不少属难治型。临床上可见，曾得过病毒疣的患者，常因为到不干净的游泳池、温泉等潮湿场所，而再次感染复发，或家人间通过浴室湿地板互相传染。患者也常在劳累、睡眠不足等免疫力下降的状况下复发。事实上，病毒疣是可以自行消退的。[2] 因此，提升免疫力对难缠的人乳头瘤病毒，也非常重要。

人乳头瘤病毒是个庞大的家族，拥有超过 150 种分型，造成病毒疣的人乳头瘤病毒分型，还算是"友善"的，其他分型真的可怕许多，甚至和癌症有关。该病毒分型与所造成的皮肤病、癌症的关系，如表 7-5 所示。

表7-5 人乳头瘤病毒分型与皮肤病、癌症的关系 [2]

疾病	HPV 型号（最常见）	HPV 型号（高癌变风险）
寻常疣	1、2	41
足底疣	1	2
扁平疣	3、10	41
尖锐湿疣	6、11	30、45、51
上皮内瘤变 （癌前病变）	16、18	16、18、31、33、35、39、45、51
子宫颈癌	16、18	16、18、31、33、39、45、51

▶ **关注焦点｜体气与表皮菌失调**

35 岁的 Marilyn 最近升为公司经理，需要常和员工开会。但员工们不喜欢和她开会，不是因为她很凶，而是大家都知道她有体气（狐臭），心里嘀咕着："怎么可以臭成这样？拜托快去治疗吧！"

Marilyn 也不是不知道自己有体气，但不知道原因与治疗方法，"如入鲍鱼之肆，久而不闻其臭"，自己平常没注意，却带给同事们不小的困扰。

顶泌汗腺的分布局限在腋下、生殖器、肛门、乳房（乳腺）、肚脐周围、包皮、阴囊、眼皮、外耳道等处，大多数部位的顶泌汗腺（Apocrine sweat glands）与汗腺（Eccrine sweat glands）的数量比例为 1:10，但在腋下顶泌汗腺密集，此比例增为 1:1，且顶泌汗腺的分泌量是汗腺的 7 倍。[51] 在显微镜下，体气患者的顶泌汗腺被发现比没有体气的人多，也比较大，但这没办法说明为何味道较大。

直到微生物学领域有了重大发现：皮肤顶泌汗腺的分泌物输出到表皮后，皮肤本来的共生菌群会去代谢它们，包括金黄色葡萄球菌、革兰氏阴性菌，形成腋下气味，这本来是相当正常的生理现象。其中有一种棒状杆菌属（Corynebacterium），它们是革兰氏阳性菌，和白喉棒状杆菌（Corynebacterium diphtheria）是亲戚，若大量增生，代谢为氨、短链脂肪酸如反式（E）-3-methyl 2-hexonic acid（E-3M2H），就形成了体气。[52]

有趣的是，日本研究发现有两种腋下气味：一种类似孜然粉，辣辣的，也就是典型体气，称为 C 型；另一种是牛奶、皮肤味道的，称为 M 型，属于正常人会有的体气。两种菌群种类并没有差异，都包含了厌氧球菌（Anaerococcus）、棒状杆菌（Corynebacterium）与葡萄球菌（Staphylococcus）组成的优势菌群，以及其他种类的细菌。然而，C 型者的腋下细菌数量是 M 型者的 3 倍，前者棒状杆菌数量是后者的 5.4 倍，金黄色葡萄球菌数量是后者的 2.7 倍，这表示腋下细菌数量会影响体气。[53]

其实在皮肤上的分泌物，如蛋白质、氨基酸、脂肪、游离脂肪酸、类固醇、甘油三酯、乳酸等，本来是无臭无味的，之所以会变得有味道，主要原因是细菌的代谢与转换。研究已发现如下三大类体气分子：

- 类固醇臭味：类雄激素分子 16-androstenes，属于信息素（Pheromones），是动物传达信息的体气分子，其中的 5α-androstenol 和 5α-androstenone 具有味道，被认为是体气的来源。

- 挥发性脂肪酸（Volatile fatty acids, VFAs）：有短链（2~5 个碳），有中链（6~10 个碳），特别是前述反式（E）-3-methyl 2-hexonic acid（E-3M2H）。

- 硫乙醇（Thioalcohols）：一种是有肉味、洋葱味的较难闻的典型体气，是 2-methyl-3-mercaptobutan-1-ol 分子，另一种是有淡淡果香的较好闻的体气，是 3-mercaptohexan-1-ol 分子。[54]

日本学者 Adachi 早在 1937 年于德国医学期刊发表，体气者常伴随有湿耳垢。近期日本针对 723 名腋下臭汗症（Axillary osmidrosis）患者研究发现，高达 96.1% 的患者都有湿耳垢的特征，干耳垢者只有 3.9%。在日本一般民众中，湿耳垢占 12.6%~22.4%，但在腋下臭汗症患者中却达 96.1%，显示湿耳垢与腋下臭汗症关系匪浅。[55]

湿耳垢者比起干耳垢者，前者腋下臭汗症较为严重，有更多家族遗传史，更多接受了侵入式的手术疗法。此外，女性体气程度比男性轻，但更多具有家族遗传史，并且更会感觉困扰。[55]

果然，遗传学研究发现，第 16 对染色体上有个 ABCC11 基因，能够同时决定湿耳垢与腋下臭汗症的表现。根据日本长崎大学人类遗传学系团队的研究，高达 98.7% 的体气患者具有 G/G 或 G/A 基因型，在一般人中这个比例只有 35.4%。[56] 体气患者多半有这类 ABCC11 基因的多态性，为显性常染色体遗传。除了有湿耳垢，还会增加皮肤载脂蛋白 D（Apolipoprotein D）的制造，这会增加 E-3M2H 的分泌。[52]

附带补充，载脂蛋白 E 的基因多态性，和阿尔茨海默病有关，一半以上的患者有此状况。带有一个 ε4 基因型的患病概率增加 3~5 倍，带两个 ε4 基因型则提高到 5~15 倍。相反，若带有 ε2 基因型则可能不易出现阿尔茨海默病。

06 重新思考炎症、感染症状

人类赖以生存的环境中，乃至于自己的皮肤黏膜上，本来就充满细菌、霉菌、病毒、寄生虫等微生物。在人体免疫系统正常时，并非将它们赶尽杀绝，而是与它们"和平共存"。但当人体免疫力下降，淋巴细胞数量变少或功能变差时，这些微生物自然扩张地盘，在人体各部位建立许多难以想象的"海外殖民地"。

用来杀菌的抗生素，无法百分百克服细菌感染，抗生素只是辅助的"部队"，多种病毒没有有效药物来对付。当主力"军团"衰弱，也就是免疫力不足时，再强的抗生素，也是回天乏术。与生俱来的免疫力，是对抗多种病原体的高手。

如果好好保养免疫系统，大多数时候身体都能处理巨变的新局。皮肤感染，就像是免疫力的"随堂考"，如果每天都在摧残自己的免疫系统，皮肤感染这关过不了，像肺炎这类致命的"大学入学考"可能就更难过了！

>>> CHAPTER 8

免疫失调第四型、第五型：
自身免疫病、癌症

🌀 01 皮肤的自身免疫病

免疫系统已经错乱，错把自己的身体当成细菌、病毒、异物来攻击，导致组织细胞过度发炎，甚至坏死，称为自身免疫病。

▌ 白斑

Tina 今年 48 岁，是会计师事务所的合伙会计师，外表看来开朗，不管是对工作伙伴、公司员工，还是家里老小，她都是尽心尽力。近 5 年来，她经历婚变、公司运营危机与财务纠纷等，完美主义、控制欲强的她，并不认为自己有压力，只是抱怨夜不成眠。有一天，她洗澡时发现，下巴出现白斑，且在数周内，逐渐延伸到脖子、躯干、腿部……

白斑，是皮肤出现多处粉笔般纯白色的斑块，直径从 5mm 到超过 5cm，界限明显，渐进性地扩展，甚至使正常颜色的皮肤只剩下一点点，称为"宇宙白斑"（Vitiligo universalis）。如果一个白斑中的毛囊周围还有色素，那代表是残余色素，或正在复原中。[1]

临床上分为两型，一种是非分节型，白色斑块呈全身性、对称性分布，好发于手背、手指、脸部、身体皱褶处、腋下、生殖器，特别是身体开口处，包括眼睛、鼻孔、嘴巴、乳房、肚脐、肛门。另一种是分节型，局限在身体的某一单侧，相对稳定。疑似白斑患者需要检查腋下、外阴、肛门等隐私部位，因为这些地方好发，

且可能是唯一发生的部位。[1,2]

白斑的患病率为 0.5%～2%，较高患病率的国家是印度（8.8%）、墨西哥（2.6%～4%）、日本（1.68%）。[3]

白斑不仅仅是皮肤不好看，它还可能是自身免疫失调所导致。科学家发现负责催化黑色素制造的酪氨酸酶编码基因 TYR，在部分人群中存在易感性，免疫系统的编码基因也有许多变异，酪氨酸酶正是白斑患者的自身抗原，遭到了免疫系统的破坏。[5]

在北美洲，白斑患者有 19%～30% 合并自身免疫病，在土耳其的合并比例可达 55%，推测与近亲结婚的风俗有关。[3]中国台湾地区保健数据分析显示：14.4% 白斑患者合并自身免疫病或特应性疾病，包括斑秃、桥本甲状腺炎（自身免疫性甲状腺炎）、重症肌无力、干癣、格雷夫斯病、干燥症、系统性红斑狼疮、特应性皮炎。进一步分析显示，系统性红斑狼疮、干燥症在 60～79 岁人群才容易合并出现；重症肌无力、类风湿性关节炎在 20～39 岁男女或 60～79 岁的女性人群才与白斑有关。

意大利研究显示，41.8% 白斑患者具有至少一种针对特定器官的自身抗体，8.2% 具有超过一种以上的自身抗体，最常见的是抗甲状腺过氧化物酶抗体（Anti-thyroperoxidase, Anti-TPO）25.6%、抗甲状腺球蛋白抗体（Anti-thyroglobulin, Anti-TG）23.4%、抗核抗体（Antinuclear antibodies, ANA）16.8%、抗胃壁细胞抗体（Anti-gastric parietal cell antibodies）7.8%。41.5% 白斑患者合并自身免疫病，最多的是自身免疫性甲状腺炎，占了 37%。[6]

此外，白斑患者的黑色素细胞对氧化压力比健康人敏感，且更难生存。在黑色素形成，以及遭受物理性或化学性伤害时，黑色素细胞会释放活性氧，促进白细胞介素 1β、白细胞介素 6、白细胞介素 8、白细胞介素 18 分泌，活化自然杀伤细胞、炎性树突细胞、细胞毒性 T 细胞、拮抗调节型 T 细胞的抑制功能，炎症反应失控，最终的结果是黑色素细胞被杀害了。[5]

白斑的发作，也可能和过敏性疾病[7]、生理疾病、情绪压力、晒伤、皮肤受伤有关。[2]

由于黑色素细胞不只在皮肤出现，它也富含于眼球的葡萄膜束（脉络膜、睫状体、虹膜），以及视网膜色素上皮，所以白斑患者的眼睛可能出现问题。一项印度研究发现，16% 白斑患者具有葡萄膜束与视网膜色素上皮的眼球异常，包括色素的白色斑点。[8]

▌斑秃

Anna 是位 30 岁的电视台记者，有一天去理发，理发师发现她有"鬼剃头"，转介给我，我发现她有 6 片大小不一的斑秃。她自述当记者 6 年，压力大、工时长、深夜才下班，之后跟同事朋友去夜店吃点烧肉，喝点小酒减压，或者连续追剧几个小时，凌晨 3 点后才睡，7 点多起床又去跑新闻，这样熬夜是常事，早已有反复阴道感染的困扰。这次又被发现斑秃，难道都是她"夜生活太精彩"的代价？

斑秃（Alopecia areata），俗称"鬼剃头"，是一种暂时性、非瘢痕性、丛集性的毛发脱落现象，毛囊是完好的，本质是自身免疫病。[9]

毛发脱落的部位可以是局部的斑块（Patchy），如部分头发、眉毛、胡子、阴毛等；或者蛇行秃（Ophiasis），在头颅边缘（颞叶或枕叶）出现带状分布的秃发；或者全头秃（Alopecia totalis），头发几乎全部脱落；或者普秃（全身秃）（Alopecia universalis），全身的毛发几乎都脱落。

中国春秋末年的知名故事"伍子胥过昭关，一夜愁白了头"。压力可能造成白发，但一夜突然发生，可能吗？

事实上，一夜头发全变白，可能是突发的广泛性掉发，因为黑色的头发掉得比灰白的头发多，或者只有白发没掉落，造成"一夜白头"的错觉。这就是斑秃的一种，称为"一夜白头"，又称玛丽·安托瓦内特综合征（Marie Antoinette syndrome），据称法国玛丽王后 1793 年被送上断头台前，头发一夕变白。斑秃也跟毛囊黑色素有关。[9]

在斑秃发作之前，最常被报告的诱因是情绪或生理压力，如亲友过世、身体受伤等，有时则是因发热、服药或接种疫苗。[9,10]

严重斑秃患者可能在手指甲或脚趾甲出现糙面甲（Trachyonychia），甲面上出现凹洞与纵向条纹。

斑秃患者常合并生理疾病（共病），特别是自身免疫病或炎性疾病，如甲状腺疾病（甲状腺功能亢进、甲状腺功能减退、甲状腺肿、甲状腺炎）、系统性红斑狼疮、白斑、干癣、类风湿性关节炎、炎性肠道疾病等。[9,11]

斑秃患者也常合并炎性皮肤病，包括特应性皮炎、白斑、干癣、扁平苔藓。如果斑秃合并过敏性疾病，如特应性皮炎、鼻窦炎、鼻炎、哮喘等，可能会让斑秃更早发作，且病情更严重，特别是特应性皮炎。[9,12]

显而易见，斑秃是一种免疫失调的疾病，牵涉过敏体质（Atopy）与自身免疫问题（Autoimmunity）。免疫学研究指出，正常毛囊享有免疫特权（Immune privilege），抗原呈递细胞、自然杀伤细胞、肥大细胞等都被抑制了，还有免疫抑制的神经胜肽，如毛囊周边感觉神经纤维释放出来的血管活性肠肽（Vasoactive intestinal peptide, VIP）。

然而，斑秃患者的毛囊周边充斥着抗原呈递细胞、CD4+T 细胞与 CD8+T 细胞，甚至钻进毛发周围的根鞘，启动一系列炎症反应，包含白细胞介素 2、白细胞介素 15 及Ⅲ型干扰素等，失去了免疫特权，导致毛发脱落。[9]

斑秃患者常担心头发永远长不回来。事实上，斑秃即使不治疗，也是有可能自然改善的。1/3~1/2 的患者在一年内自然恢复。即使接受治疗，至少也要等待 3 个月才会出现新生的毛发。最重要的是，斑秃泄露了过敏或自身免疫体质的弱点，未来需要留意合并生理疾病的变化。

02 自身免疫病的皮肤症状

干燥症

又称干燥综合征（Sjögren's syndrome），是一种自身免疫性表皮炎（Autoimmune epithelitis），唾液腺、泪腺等腺体遭受自身免疫抗体攻击，可出现多种皮肤黏膜症状。

- 皮肤症状：干皮病（Xeroderma）、眼皮皮炎、环状红斑、表皮血管炎等。

- 黏膜症状：全身性黏膜干燥，包括口干燥症（Xerostomia）、口角炎、眼干燥症（Xerophthalmia）、喉咙沙哑、干咳、阴道干燥等。[13]

在健康组织中，细胞凋亡后能够被抗原呈递细胞（如巨噬细胞、树突细胞）等所清除，但对于干燥症患者，此能力有缺失，促使自身抗原（Autoantigens）持续刺激免疫系统，CD4+T 细胞与 CD8+T 细胞浸润在局部组织，增加了促炎细胞激素，特别是 1 型助手 T 细胞、17 型助手 T 细胞相关的，如Ⅲ型干扰素、白细胞介素 17，导致表皮组织异常炎症。[13]

系统性红斑狼疮

系统性红斑狼疮（Systemic lupus erythematosus, SLE），是侵犯多重器官组织的自身免疫病，牵涉多种自身抗体，特别是抗细胞核自身抗体，导致皮肤、浆膜、关节、血管、血液、神经、肾脏、心脏、肺、肠胃病变，初期可能表现为发热、虚弱和体重减轻、肌肉酸痛、淋巴结肿大、食欲不振、恶心及呕吐等。

系统性红斑狼疮患者在被确诊时，52% 有皮肤型红斑狼疮（Cutaneous lupus erythematosus, CLE）症状，症状分为局部型和全身型。局部型病灶中，脸颊会出现所谓"蝴蝶斑"，在脸颊突起处与鼻子出现红斑，但不出现在法令纹，以及阳光遮蔽处如上眼皮。表皮可能有轻微细鳞屑与水肿，严重时可有大小水疱。[14]

全身型病灶是广泛性、丘疹性的红斑，分布在脸部、躯干上部、四肢等。病灶快速形成，维持数小时至数天。皮肤病灶发作后可形成色素沉着或者色素脱失。局部型与全身型病灶的严重度，都与系统性红斑狼疮的疾病活动、接触阳光与紫外线的程度有关。[14]

17.3%～85.2% 系统性红斑狼疮出现脱发问题，分为与狼疮病情直接相关的，以及非特定的，后者如休止期脱发、斑秃。[15] 研究发现亚急性皮肤红斑狼疮患者当中，有 70% 出现 Anti-Ro（SS-A）自身抗体，90% 出现光敏感皮疹。[14]

致病机制牵涉数种基因变异，包括人类白细胞抗原的亚型（Human leukocyte antigen, HLA）、肿瘤坏死因子 - α、补体等。紫外线也促进细胞膜自身抗原的表现，促进细胞凋亡，且促炎激素上调，如肿瘤坏死因子 - α、白细胞介素 18、干扰素等。[16]

《科学》（Science）论文指出，自身免疫病，如系统性红斑狼疮，可能是病原菌诱发肠道屏障缺损，病原菌因此移行到淋巴结与肝脏上，导致全身性的自身免疫反应。研究发现，基因突变、肠道病菌、高血糖，是导致肠道屏障缺损、自身免疫性疾病与全身性炎症的三大根本病因！[17]

▌ 类风湿性关节炎

这是一种慢性、全身性的自身免疫病，慢性炎症造成骨骼与软骨的破坏。患者手部关节肿胀、疼痛、早上僵硬，手指弯曲变形，出现皮下结节，可侵犯肺、脾、淋巴、神经、心脏等部位。

皮肤症状包括血管炎、腿部溃疡、网状青斑（Livedo Reticularis）、雷诺综合征（小动脉痉挛导致手指苍白）、中性粒细胞皮炎、化脓性肉芽肿等。[18]

病因和瓜氨酸化过程（将蛋白质中的精氨酸转化为瓜氨酸）异常有关，也许是感染导致。在发病前数年，血液中已出现抗环瓜氨酸肽抗体（Anti-cyclic citrullinated peptide antibody, anti-CCP），这是一种抗丝聚蛋白抗体（Anti-filaggrin）。然后，肿瘤坏死因子 - α、白细胞介素 6 主导了促炎细胞激素、化学激素的慢性炎症，导致多重组织的破坏。[18,19]

类风湿性关节炎的风险因子，包括抽烟、暴露于有肺伤害性的悬浮微粒中（包括硅尘）、感染［包括牙周病伴随的牙龈卟啉单胞菌（Porphyromonas gingivalis）感染］、维生素 D 缺乏、肥胖、肠道菌群失调（影响免疫调节与宿主免疫耐受性）等。[19]

❧ 03 癌症的皮肤症状

▌ 癌症：免疫失调第五型

为什么会产生癌症？

癌症的成因包含多层面，最关键的病因在于免疫失调，甚至是免疫力崩溃。事实上，身体中本来就存在微量的癌细胞，它们可能是因为老化、特定生理环境、遗传基因启动，导致 DNA 错误复制而来。身体共有 60 兆个细胞，据估计健康人在每 10 亿个细胞中有 1 个肿瘤细胞，但它们被以自然杀伤细胞（Natural killer cell）为代表的免疫系统给压制了，始终不敢轻举妄动。

但几十年的免疫失调，使免疫系统"兵败如山倒"，这些癌细胞却"十年生聚，十年教训"，终于熬到了"逆转为胜"的那一天！以大肠癌为例，在第一期、第二期，每 10 亿个细胞中出现约 10 个肿瘤细胞，到第三期、第四期，每 10 亿个细胞中出现约 100 个以上的肿瘤细胞。癌细胞是人类可恨的敌人，却也是可敬的对手。

从皮肤上能看见癌症吗

灰指甲

心脏科医生陈卫华说，他 32 岁时左脚拇指有灰指甲，也就是脚趾甲霉菌感染，向多位皮肤科医生求助一直没好，脚趾还越来越痛，靠吃止痛药度日，直到痛到不行，去做 X 线检查，发现左脚拇指竟然没有骨头！教授宣告他得了骨癌。

他的反应是："怎么可能？我怎么可能得癌症？我还这么年轻，身体这么健康，我还是运动健将，怎么可能得骨癌？"

他终究接受现实，接受骨癌手术，之后远离抽烟、喝酒、熬夜等不良习惯，将生活方式与体质做彻底的改变，骨癌一直没复发。

42 岁那年，他有天看电视时感觉腰酸腹痛，自己到诊所进行 B 超检查，惊讶地发现肾脏有个 1.2cm 的肿瘤，最后确诊为肾癌。他再次面对现实，手术切除肿瘤。没想到 5 年后，又意外发现自己罹患甲状腺癌！还好因为认真面对任何身体不适，癌症发现得早，预后良好。

陈医生在 15 年内，罹患了 3 种癌症。他是运动健将，且家族成员皆无重大疾病，也无癌症病史，长辈们皆长寿。他觉悟："人之所以会生病，终归一句话，还是免疫力的问题"。罹癌根本原因在于睡眠、饮食等生活方式的紊乱。他开始用对的方法照顾好自己的身体，健康状态开始"逆转"。

他说："罹患了3种癌症，能幸运地康复，除了感恩，还是感恩……我不抱怨任何事，这是上天对我最好的安排，如果没有这次生病，我不会知道该好好保养自己的身体，也许将来会生更严重的病也不一定。"

陈医生的故事，我在患者身上屡见不鲜，举几个例子。

Dora是位50岁女性公务员，罹患灰指甲6年，接受标准治疗未显著改善，胯下、臀部的大面积股癣也反复发作，结果去年意外发现罹患肝癌。

Chelsea是位45岁女性业务员，双侧脚踝、小腿极为干燥、瘙痒，发作3年，诊断有慢性单纯性苔藓。她去年被发现卵巢癌，经历手术切除、化疗、放疗。

当然，难治的甲癣、大面积霉菌感染、慢性皮炎并不等于癌症，但陈卫华医生与多位患者的真实经历告诉我：皮肤症状，可能是癌症的初期症状。

带状疱疹、单纯性疱疹

55岁职场女强人Claire抱怨过去5年来，在臀部一直发作疼痛的单纯性疱疹，尽管每次都能用抗疱疹药物，但每年至少发作2次，她说："我不知道为什么。"

结果，她去年偶然在胸部发现硬块，到医院确诊为乳腺癌第二期，历经手术、化疗的辛苦过程，她告诉我："我终于知道为什么了。我是个工作狂，每天凌晨四五点才睡，只睡4小时。前几年停经后，即使想睡，睡眠质量也不好，又要带父母看病，经常只睡3小时。疱疹反复发作，其实就是身体在告诉我，抵抗力低落已经很久了，现在得收自己的烂摊子！"

尽管研究尚未证实单纯性疱疹与癌症的关系，但反复的疱疹发作确实揭示了免疫力相对低下。若是带状疱疹，那真是要严阵以待了。

比利时一项回溯性研究发现，与没有得带状疱疹的人相比，带状疱疹患者接下来被诊断有癌症的相对风险是1.37倍（等于增加了37%概率），在女性人群中，相对风险提升到1.60倍。在大于65岁的女性人群中，后续罹癌的相对风险为1.82倍，其中得乳腺癌的相对风险为2.14倍，得大肠癌的相对风险为2.19倍。[20]

澳大利亚新南威尔士大学针对24万人进行大型追踪研究，他们平均62岁，毫不意外地，和没有癌症的人相比，患者在确诊白血病或实体癌后得带状疱疹的概率较高，相对风险依次为 3.74 倍、1.30 倍。需要留意的是，患者在被诊断有白血病的 1~2 年前，发作带状疱疹的概率特别高，相对风险为 2.01 倍，诊断前的一年内相对风险为 1.95 倍。但实体癌未有此发现。

此外，相对于没患癌症者，曾接受过化疗的实体癌患者得带状疱疹的相对风险为 1.83 倍，未接受过化疗的实体癌患者则为 1.16 倍，只接受放射线治疗的实体癌患者为 1.38 倍。[21] 这可能是因为化疗在杀灭癌细胞的同时也削弱了患者的免疫力。

高雄医学大学暨小港医院泌尿科分析保健数据库（1997~2013 年）发现，比起没有此状况的人，这段时间被诊断有带状疱疹者在 10 年内得前列腺癌的相对风险为 1.15 倍，数字已校正了年龄与其他生理疾病。在 60 岁以下的人群中，此相对风险增加为 1.42 倍。这显示先前得过带状疱疹，在后续得前列腺癌的风险是增加的。[22]

一项系统性回顾与荟萃分析显示，发作过带状疱疹者，后来得任何癌症的相对风险提升为 1.42 倍。在得带状疱疹后一年，罹患癌症的相对风险为 1.83 倍。[23]

为何如此？研究指出有 3 种可能机制。

- 带状疱疹感染，可能是隐藏癌症的一种指标。T 细胞介导的免疫力，不仅压制水痘-带状疱疹病毒，让它们局限在神经节内，也压制癌症形成。因此，带状疱疹是免疫监控（Immune surveillance）损害的指标，显示癌症患者的免疫失调。此外，自身免疫病患者因为免疫失调，同时增加了带状疱疹及部分癌症的发生率。

- 癌症形成过程，也会弱化免疫力，在临床前期、无症状的阶段，就产生了带状疱疹。特别是白血病导致 B 细胞与 T 细胞的数量减少、功能减弱，研究发现得带状疱疹的 5~10 年后，罹患白血病的风险仍是增加的。显示癌症的免疫抑制效应在临床上被诊断出来的多年前，就已经存在了。

- 带状疱疹病毒活化阶段，或者在没有任何症状的亚临床阶段，就可能借由慢性炎症，以及改变致癌基因或抑癌基因，促进癌症发生。[21-23]

玫瑰痤疮

丹麦全国世代研究发现，玫瑰痤疮患者罹患多种癌症的概率增加，包括肝癌增加 42%，非黑色素瘤皮肤癌增加为 36%，乳腺癌增加 25%。然而得肺癌的概率降低 78%。[29]

后文将介绍与玫瑰痤疮相关的众多生理失调，但与癌症的关系的详细机制仍待研究。

▍癌症的早期皮肤症状

皮肌炎

皮肌炎（Dermatomyositis）是慢性的自身免疫病，除了影响皮肤外，牵涉多种器官系统，包括肌肉、血管、关节、食管、肺等。典型皮肤症状如下。

- 丘疹：在手指关节背侧，尤其是掌指关节处出现紫红色丘疹，或在掌指关节、手肘、膝盖等大关节处，出现平坦的紫色红斑。
- 眼周向阳性红疹（Heliotrope rash）：眼眶周围，尤其是上眼皮的紫红斑，随日晒恶化，可出现水肿。也因日晒，在脖子前出现 V 字形紫斑（V 征象）、在脖子后方与上背出现紫红斑（围巾征象）。
- 指甲周围红斑：指甲边缘的皮肤出现红斑，甚至溃疡，虎口部位皮肤粗糙、脱屑、增厚，好像长茧，又称技工手。[24,25]

皮肌炎患者有 14.8% 事实上是肿瘤的伴随症状，超过 45 岁的成年人较容易出现癌症，和卵巢癌、支气管癌、胃癌、鼻咽癌、乳腺癌等有关，两者的关系和某些自身免疫抗体的出现有关。[26,27]

荟萃分析显示，皮肌炎患者罹患癌症的相对风险是一般人的 4.66 倍。从被诊断有皮肌炎时起算，在第 1 年发现有癌症的标准化发生比（Standardized incidence ratio, SIR）为 17.29 倍，第 1~5 年为 2.7 倍，5 年后为 1.37 倍。患有皮肌炎的成年人，应该同时进行癌症检查，并长期追踪。[25,28]

樱桃状血管瘤

樱桃状血管瘤（Cherry angiomas）为如樱桃般红色的小丘疹，看起来就像红色的痣一样，出现在躯干、头颈与四肢，属于良性血管瘤，在 30 岁以后十分常见，有些人会有数百颗，和年龄增加、特定基因突变、怀孕等因素有关。爆发性的樱桃状血管瘤（Eruptive cherry angiomas），指在短时间出现多颗、大范围的樱桃状血管瘤，被认为可能与癌症发生有关。事实上，莱泽－特雷拉征象（Leser-Trélat sign）最早指的是，在癌症患者身上出现了樱桃状血管瘤，而非脂溢性角化。[30,31]

若有这类樱桃状血管瘤，绝大多数状况都是良性的，不过在癌症预测上，此皮肤病灶仍有价值。意大利一项针对皮肤科门诊就诊人群的研究发现，若 70 岁以下的人群，出现爆发性的樱桃状血管瘤（多于 10 颗），或者超过 50 岁以上的人群，出现多于 2 颗不典型黑色素细胞痣（后文介绍），都与恶性黑色素瘤有显著相关性。[32]

另一项针对单侧性乳腺癌女性的案例对照试验中，乳腺癌患侧前胸壁皮肤上的樱桃状血管瘤数量，是显著多于健康侧的前胸壁的。樱桃状血管瘤有可能出现在罹癌前、罹癌后，是否可作为癌症的预测指标、预后指标或者伴随症状，值得更深入的研究。[33]

癌症的伴随皮肤症状

肿瘤伴随皮肤病（Paraneoplastic dermatoses），是伴随癌症出现的皮肤症状，可发生在癌症形成之前或者之后，这些皮肤症状可能是早期诊断癌症的唯一线索。相反，如果患者缺乏对皮肤症状的觉察意识，临床医生也不熟悉皮肤症状与内在癌症的关联，将可能延误癌症的诊断与治疗。[27] 以下介绍令人印象深刻的几种。

恶性黑棘皮病

黑棘皮病分为良性与恶性，前者占 80%，与肥胖、胰岛素抵抗、糖尿病、药物使用等有关。恶性黑棘皮病（Acanthosis nigricans maligna, ANM）较少见，病程是突然、严重、快速、大面积发展的，在摩擦部位出现对称的黑色素沉着，包括腋下、肘窝、乳房下、腹股沟、后颈部，也可能是身上其他部位。皮肤病灶呈现天鹅绒般的过度角化斑块，常被皮肤赘瘤（Acrochordons）包围。平均发作年龄为40岁。[26]

恶性黑棘皮病90%和腹腔癌症有关，60%和胃癌有关，70%～90%和各种腺癌（Adenocarcinoma）有关，包括乳腺癌、卵巢癌、子宫内膜癌、肺癌等。很特别的是，它随着癌症共同进展，癌症恶化，它也恶化；当癌症因为治疗而改善时，它也随之改善。当它出现时，可能癌症发生了转移。因此，恶性黑棘皮病可以作为癌症进展与复发的追踪指标！[26]

若出现此皮肤症状，应尽快进行胃肠道与癌症的相关检查。若癌症患者被诊断有恶性黑棘皮病，代表癌症是侵袭性的，预后不乐观，平均存活时间只剩2年。[26]

恶性黑棘皮病产生的原因，可能是肿瘤细胞分泌数种细胞激素，包括转化生长因子-α（Transforming growth factor alpha, TGF-α）、胰岛素样生长因子（Insulin-like growth factor, IGF-1）、成纤维细胞生长因子（Fibroblast growth factor, FGF）以及促黑素细胞激素-α（MSH-α）。其中，甲型转化生长因子结构类似表皮生长因子-α（Epidermal growth factor-alpha, EGF-α），可与后者在表皮的受体结合而导致角质异常增生。[26,27]

匐行性回状红斑

匐行性回状红斑（Erythema gyratum repens, EGR），是一种全身性、多环状、蛇状匐匐、年轮状、旋涡状的红斑，在病灶边缘会脱皮，可以每天1cm快速扩张。被诊断的平均年龄为63岁。最早被发现的是一位女性出现此皮肤症状，9个月后被诊断有乳腺癌。此症状通常在肿瘤切除数周后，自然消退。

患者有80%会被诊断有癌症，当中30%是肺癌，其次为食管癌、乳腺癌，还有其他癌症。80%患者是在被诊断有癌症之前，先被诊断有匐行性回状红斑的，两者时间差了4～9个月。[26]

匐行性回状红斑的原因，可能是免疫系统过度反应，针对肿瘤抗原的抗体也攻击了皮肤抗原，也就是自身免疫攻击，在皮肤上可发现免疫复合物、补体C3的沉积。当免疫系统受到抑制时，此类皮肤病灶也会自然消退。[26]

莱泽 - 特雷拉征象

脂溢性角化病（Seborrheic keratoses），又称老人疣，是在老年人中十分常见的良性皮肤病灶，呈现为丘疹、疣状突起般的边界明显的色素性病灶，以咖啡色、黑色、棕褐色为主，最常见于胸部、背部，其次是四肢、脸部、腹部、脖子、腋下。

若这些病灶的数目与面积突然增多或变大，有时伴随瘙痒、炎症，就有可能是莱泽 - 特雷拉征象，最有关系的癌症是腺癌，占 50%，30% 是胃肠道癌症，胃癌最常见，其次是大肠癌，20% 伴随淋巴增生异常，也与多种癌症有关。[26]

《柳叶刀》（*The Lancet*）上来自德国埃森大学门诊中心的案例报告，描述了 71 岁女性，身材肥胖且全身出现超过 500 处脂溢性角化斑块，这是在她被诊断罹患乳腺癌前数周快速出现的。针对这种爆发性的脂溢性角化，预防与治疗潜在的癌症是最重要的。[34]

肿瘤细胞可能分泌类似表皮生长因子的细胞激素，刺激角质形成细胞的生长。此类患者表皮生长因子 - α、胰岛素样生长因子浓度也会增高。[26]

脸潮红

脸潮红（Facial flushing），是相当常见且多数是良性的皮肤症状，也可能由玫瑰痤疮、更年期、过敏、药物及其他因素导致，也包括各种癌症，如神经内分泌瘤、肾细胞癌、甲状腺髓样癌、支气管癌等。[35]

神经内分泌瘤（Neuroendocrine tumors, NETs），起源于小肠、直肠、气管、肺等处的肠嗜铬细胞（Enterochromaffin cell），会过度分泌具血管活性的物质与激素，包括 5- 羟色胺、P 物质、前列腺素，引起脸潮红、腹泻、腹痛、瓣膜性心脏病等典型症状，又称为类癌综合征（Carcinoid syndrome），也有非典型症状，如脸潮红过久、头痛、心悸、气管收缩等，牵涉血清素前驱物 5- 羟色胺酸（5-Hydroxytryptophan, 5-HTP），以及组胺。[35]

▌皮肤症状就是癌症本身

佩吉特病（Paget's disease）与乳腺癌

佩吉特病指的是，在乳头与乳晕出现瘙痒的、湿疹样的红斑，伴随乳头皮肤的剥落或鳞屑，可能有乳头内陷、刺痛、烧灼感或疼痛感。病情恶化时，出现破皮、溃疡、结痂及分泌分泌物。乳头皮肤切片化验，可见到佩吉特细胞，是恶性的表皮内腺瘤。

乳腺癌患者有1%~4%出现此皮肤病灶，而大多数佩吉特病患者，都是乳腺癌患者。若病灶是双侧性的、局限在乳晕且不包括乳头，则可能是一般性的湿疹。[36,37]

皮下硬块与腮腺癌

报载一名36岁女性在半年前发现左腮下方有一个小硬块，以为是皮下的痘痘，擦药膏一阵子仍未消退，因为太忙就忽略了。后来该硬块变大、变痛，就诊才发现是下颚腺的腮腺癌！

这是一种相对罕见、容易复发的恶性肿瘤（其实属于涎液腺中发生率较高的肿瘤），经手术切除、配合光子刀放射线疗法，才控制住。她为什么这么倒霉呢？根据描述，这位女性患者本身从事网络销售工作，日夜颠倒，等于是晚上对着屏幕工作，白天睡觉。

答案可能在褪黑素。近年研究发现，褪黑素长期分泌过少和癌症产生有关，夜间大量分泌的褪黑素会被电子产品的蓝光强烈压抑。

癌症的皮肤转移

皮肤突然出现突起的、纤维化增厚的结节，可能有溃疡或过度角化，或是炎症性的，从粉红色到红色，或出现流血，需要考虑是癌症的皮肤转移。原发的肿瘤可通过淋巴、血流、腹腔或其他组织的接触，产生皮肤转移病灶。[1]

在皮肤出现转移性的肿瘤，最常来自肺癌、肾癌、卵巢癌，因性别而有所不同。在女性，皮肤的转移性肿瘤最常来自乳腺癌（69%）、大肠癌（9%）、黑色素瘤（5%）、肺癌（4%）、卵巢癌（4%）；在男性则为肺癌（24%）、大肠癌（19%）、黑色素瘤（13%）、口腔鳞状细胞癌（12%）。大多数出现在腹壁、前胸与头颈部。[2]

原发癌症发生皮肤转移，可能已属末期癌症，多半预后不佳。

04 皮肤癌

最常见的皮肤癌为基底细胞癌、鳞状细胞癌、黑色素瘤，紫外线暴露是单一最大风险因子。

基底细胞癌

2014 年 12 月，当时 64 岁的叶金川（一名医生）发现左眼皮突出一个绿豆大小的硬块，病理化验是淋巴增生。半个月不到，右眼皮上又长出一个，化验结果是淋巴瘤。

5 年后，他发现有一颗痣在脖子上长大，而且痒，这次竟然又被诊断有皮肤癌，是基底细胞癌！他热衷爬山、骑行、划独木舟等户外活动，虽然戴护目镜、穿长袖，但没保护好脖子，常常晒到"烧焦"，可能和罹患皮肤癌有关。叶金川成为罹患淋巴瘤、基底细胞癌的双重癌症患者。

基底细胞癌（Basal cell carcinoma, BCC），是皮肤最常见的恶性肿瘤，源于皮肤或黏膜的基底细胞，40 岁以后较常见，和早年长期日晒导致紫外线伤害有关，特别是中波紫外线（UVB，290～320nm），造成了抑癌基因的突变。肤色浅的人较常发生，因为皮肤黑色素的保护较少，在美国发生率为每 10 万人就有 500～1000 人罹患基底细胞癌，亚裔美籍人群较白人少发生，非裔美籍人群更属罕见。它也与暴露在 X 光等游离辐射环境有关。[1]

最常发生在日晒部位，超过 90% 都发生在脸部，需要特别注意的危险区包括内侧与外侧眼角、法令纹、耳后。以最常见的结节性基底细胞癌来说，隆起的红色丘疹上出现扩张血管。患者有可能一开始被诊断为痣，直到增大，形成溃疡而久未愈合，进行皮肤切片才证实为基底细胞癌。幸运的是，基底细胞癌虽然会造成周边组织的破坏，却较少发生转移或致命的情况。[1,2]

▌鳞状细胞癌

鳞状细胞癌源于表皮的角质形成细胞，出现不同角质化程度的结节或斑块，可伴随萎缩、血管扩张、色素增生、破皮、鳞屑、溃疡等特征，发生率随着纬度降低 8~10 度而倍增，发生在容易日晒的部位，特别是前额、脸颊、鼻子、下唇、耳朵、耳前、手背、前臂、躯干、小腿等。大多数紫外线造成的病灶是分化良好的，健康人转移风险小，但分化形态不佳的病灶以及在免疫力低下的患者身上，较具有侵袭性且转移风险大。[1,2]

鳞状细胞癌在美国的发生率为，每 10 万人中有 12 位白人男性、7 位白人女性发生，原因如下：

- 日晒带来的紫外线伤害，如户外工作者、浅色皮肤的人有较高风险。
- 辐射线暴露。
- 人乳头瘤病毒（HPV）感染。
- 处于免疫抑制状态，如接受器官移植者、炎性疾病患者、艾滋病患者。
- 皮肤慢性炎症，如慢性溃疡、烧烫伤、慢性放射线皮炎、口腔黏膜扁平苔藓等。
- 接触致癌物，如无机砷、碳氢化合物等。[1]

鳞状细胞癌导致组织破坏，且有机会转移，在确诊后 1~3 年内，可侵犯到局部淋巴结。器官移植接受者出现鳞状细胞癌的风险，是一般人的 40~50 倍，侵袭性很强，且预后不佳。[1]

鲍恩病（Bowen disease），是原位鳞状细胞癌，恶性角质形成细胞局限在表皮内而尚未侵入真皮，表现为粉红或红色、边界清楚、且具有鳞屑、过度角化的斑块。若不治疗，会进展为侵袭性的鳞状细胞癌。[1]

口腔黏膜出现白色、边界明显、略隆起的丘疹，称为白斑（Leukoplakia），特别在颊黏膜或下唇黏膜，可能是良性的过度角化，也可能是原位鳞状细胞癌。少于 20% 的白斑患者逐渐变为口腔鳞状细胞癌，白斑摸起来是硬的，特别是位于舌头腹侧或口腔底部。转变为恶性的风险因子包括抽烟、喝酒、嚼槟榔、人乳头瘤病毒感染、紫外线照射等。[2]

光线性角化病（Actinic keratosis），具有黄色鳞屑、棕色色素的角化病灶，可形成像牛角一样的皮角（Cutaneous horn），只有部分角质形成细胞异常，且局限在表皮。常发生在年长者的日晒部位，1～2成会变成侵袭性的鳞状细胞癌，特别是接受器官移植者。[2]

▌黑色素瘤

皮肤的恶性黑色素瘤（Malignant melanoma）是头号致死的皮肤癌症，占了皮肤癌死因的80%。在美国终身罹患侵袭性黑色素瘤的风险是2%，且每年持续增长7%。它是25～29岁西方女性最常发生的恶性肿瘤，30～35岁女性发生率仅次于乳腺癌。[1,2]

早期黑色素病灶变大、形状或颜色改变、瘙痒，一直到晚期出现疼痛、出血或溃疡。有30%是从原有的痣变化而来的，70%是独立生成的。黑色素瘤有4种亚型，包括表浅弥漫型、结节型、恶性小痣型、肢端小痣型。以最常见的表浅弥漫型为例，在白种人中占了黑色素瘤的70%，直径可从5mm发展至25mm，呈不对称、边缘不规则、多种颜色混杂的黑色素斑块或结节。[1,2]

黑色素瘤的风险因子包括白皮肤、在日晒或遮蔽部位都出现非典型痣、非典型痣多于5颗、本身有黑色素瘤病史、家族史中有非典型痣或黑色素瘤、有间歇性而密集的日晒习惯（固定周末日晒，比长期紫外线累积风险更大）、曾因晒伤出现水疱、儿童时期有晒伤经历、黑色素痣多于50颗、痣直径大于5mm、先天痣（形状越大，风险越高）等。早期发现与治疗将有机会治愈，如果没有治疗，黑色素瘤将逐渐向下侵犯，转移到淋巴结，或通过血液转移到肺、肝脏、脑、骨骼、肠道及其他皮肤部位等，晚期诊断预后不佳。[1,2]

根据"ABCDE"的简单口诀，可初步判断身上的痣是否为非典型痣，是否需要到大医院进一步诊疗、切片检查，甚至切除。非典型痣具有五大特征之一或更多。

● **Asymmetry**：不对称，画一条中线会发现两侧的形状不同。

- Border irregularity：边缘不规则。

- Color variegation：颜色多变，同一个病灶存在不同颜色或色泽。

- Diameter greater than 6mm：直径大于 6mm 是通常的标准，因黑色素瘤直径多大于 6mm。更谨慎的做法是以 5mm 为标准。

- Elevation or Evolving：突起、表面不规则或扭曲，以及在改变中，特别是在变大。[1,38,39]

黑甲（Melanonychia），指甲出现纵向的黑色线条，通常来自良性的痣组织，但有时暗藏危机，是恶性黑色素瘤，特别是肢端小痣型黑色素瘤，这是在亚洲人和黑种人中可占到一半的形态，白种人较少见。[2] 哪些指甲色素状况需要提高警戒，留意恶性黑色素瘤呢？

- 黑色素从指甲下延伸到甲沟或周边皮肤（又称"Hutchinson 征象"）。

- 线条宽度大于 3mm，或边缘不规则。

- 条纹颜色从棕色到黑色不等。

- 50～70 岁人群在拇指或食指指甲上出现黑色线条。

- 具有家族或个人恶性黑色素瘤病史[40]。

以上皮肤癌症相关病灶，需要到医院请皮肤专科医生进一步检查与治疗。

▶ 关注焦点 | 痣与黑色素瘤

在前面提到拥有比较多的痣，代表现在和 10 年后可能拥有较佳记忆力，实际生理年龄较年轻化，且大脑老化推迟。如果是"痣"多星，真的代表延年益寿吗？

答案恐怕不然。《英国医学期刊》一篇研究指出，全身上下痣的总数是预测黑色素瘤发生最重要的风险因子。有鉴于要数清楚全身上下多少颗痣并不容易，英国伦敦国王学院的研究团队通过双胞胎世代研究的分析，想看看有哪些部位的痣预测效力最高。

在 3694 位女性双胞胎受试者中，全身痣总量在 30 岁后逐渐下降，分析 17 处痣数量后，发现最能预测全身痣总量的部位是手臂与腿，相关系数在 0.5 左右，为中度相关。在作为对照组的男女中，手臂的预测力最强。

此外，在右手臂上有超过 7 颗痣的女性，最有可能全身痣总量超过 50 颗，概率是少于 7 颗痣女性的 9 倍。而在右手臂上有超过 11 颗痣的女性，最有可能全身痣总量超过 100 颗，概率是少于 11 颗痣女性的 9 倍。

计算右手臂的痣数量，会是初步预测黑色素瘤发生的好方法。[41]

〰 05 免疫失调的常用功能医学检测

▌过敏原检测

抽血进行生物检测，这是我觉得相当敏感的检测技术，可得知急性环境与食物过敏原（免疫球蛋白 E 介导，属于第一型过敏反应），以及慢性食物敏感原（免疫球蛋白 G 介导，属于食物不耐），尽管无法检测环境与食物中所有物质，但项目越多越有参考价值，目前检测项目如表 8-1 所示。

表8-1 过敏原与代表项目举例

过敏原或敏感原分类	代表性项目（举例）
霉菌 / 花粉	青霉菌、白色念珠菌、豚草、相思树、构树
螨虫 / 毛屑	粉尘螨、蟑螂、狗毛屑、猫毛屑、羊毛屑、羽毛
蛋奶类	牛奶、干酪、酸奶、蛋黄、蛋清
谷类 / 果仁	米饭、小麦、黄豆、花生、芝麻、杏仁
肉类	猪肉、牛肉、羊肉、鸡肉、鸭肉、鹅肉
海鲜类	虾、螃蟹、蛤蜊、牡蛎、墨鱼、鲑鱼、鳗鱼
蔬菜类	圆白菜、菜花、竹笋、红薯、土豆、芋头
水果类	芒果、猕猴桃、苹果、香蕉、葡萄、木瓜
酵母 / 饮料	酵母、茶、咖啡、可可豆、蜂蜜
调味料类	葱、姜、大蒜、辣椒、白胡椒、罗勒
中药类	黄花、当归、人参、莲子、灵芝、冬虫夏草

这项关键检测的解读，需要很有经验的临床医生综合评估患者病史与当下症状，给予高度个人化的饮食营养建议，才能达到最大效益。两项重要的原则如下。

- 维持营养均衡，以适当食物取代导致敏感的食物。
- 两害相权取其轻，先回避中度、重度过敏或敏感食物，再回避轻度的。

▌麸质敏感检测

抽血检测四项数值：

- 免疫球蛋白 G 抗麦胶蛋白（IgG Anti-gliadin antibodies, Anti-Gliadin IgG）。
- 免疫球蛋白 A 抗麦胶蛋白（IgA Anti-gliadin antibodies, Anti-Gliadin IgA）。
- 免疫球蛋白 G 转谷氨酰胺酶抗体（IgG tissue transglutaminase antibodies, Anti-tTG IgG）。
- 免疫球蛋白 A 转谷氨酰胺酶抗体（IgA tissue transglutaminase antibodies, Anti-tTG IgA）。

需要留意的是，在过敏原检测中若有小麦过敏或小麦敏感，那么和此项检测中的麸质敏感，其实代表三种不同状况，依序是小麦的免疫球蛋白 E 反应、小麦的免疫球蛋白 G 反应、麸质（小麦特定蛋白）免疫球蛋白 G 与免疫球蛋白 A 反应。

▌血管内皮炎症指标

通过抽血与验尿，检测超敏 C 反应蛋白（hsCRP）、微白蛋白（Microalbumin）、髓过氧化物酶（Myeloperoxidase, MPO）、脂蛋白磷脂酶 A2（LP-PLA2）、纤维蛋白原（Fibrinogen）。

▌类风湿性关节炎指标

通过抽血，检测抗环瓜氨酸抗体（Anti-cyclic citrullinated peptide antibody, anti-CCP）、类风湿性关节炎因子（RA）、超敏 C 反应蛋白（hsCRP）。

▌代表性癌症基因检测

通过血液检测，可以检查个别癌症具代表性的基因是否有变异，举例如表 8-2 所示。

表8-2 癌症具代表性基因

癌症种类 （按中国台湾地区死亡率 由高至低）	代表性 基因举例	基因全称
肺癌、支气管癌及气管癌	BAP1 DICER1 EGFR	BRCA1 基因相关蛋白 -1 基因 内切核糖核酸酶 1 基因 表皮生长因子受体基因
肝癌、胆管癌	APC HNF1A	腺瘤性结肠息肉抑癌基因 肝细胞核因子 1α 基因
大肠癌	APC MLH1 MSH2	腺瘤性结肠息肉抑癌基因 MutL 同源物 1 抑癌基因 MutS 同源物 2 抑癌基因
女性乳腺癌	BRCA1 BRCA2 TP53 PTEN	乳腺癌一号抑癌基因 乳腺癌二号抑癌基因 TP53 抑癌基因 磷酸酯酶与张力蛋白同源物基因
男性前列腺癌	BRCA1 BRCA2 TP53 HOXB13	乳腺癌一号抑癌基因 乳腺癌二号抑癌基因 TP53 抑癌基因 同源框 B13 基因
胃癌	APC CDH1 MLH1	腺瘤性结肠息肉抑癌基因 钙黏蛋白 -1 MutL 同源物 1 抑癌基因
白血病	RUNX1 CEBPA	Runt 相关转录因子基因 CCAAT 增强子结合蛋白 α 基因
卵巢癌、输卵管癌及阔韧带癌	BRCA1 BRCA2 MSH2	乳腺癌一号抑癌基因 乳腺癌二号抑癌基因 MutS 同源物 2 抑癌基因
皮肤癌	CDKN2A TP53 EGFR	细胞周期蛋白依赖性激酶抑制剂 2A TP53 抑癌基因 表皮生长因子受体基因

关于癌症基因检测最有名的案例是国际知名女星安吉丽娜·朱莉得知自己带有缺陷的 BRCA1 基因后，进行双乳切除手术以预防乳腺癌发生。她的家族带有 BRCA1 基因异常，她的母亲 46 岁罹患乳腺癌，在 56 岁过世，她阿姨也在 61 岁死于乳腺癌。带有 BRCA1 基因突变的女性终身罹患乳腺癌及卵巢癌的风险各为

87%、50%。若检测出有癌症基因，后续处置应寻求专业医生意见后再行决定。

此检测最容易被误解的地方是有些人自身罹癌，或有癌症家族史，却未检测到任何具临床显著意义的基因突变，因而质疑检测结果错误。真相是什么呢？

目前常用的检测 98 组癌症相关基因，是单一基因且本身与癌症高度相关的，事实上，癌症的形成由多重基因作用，和癌症形成有关的基因变异，数量就像满天星斗，其中包括已经被科学家发现的，还有许多没被发现的。而后天生理环境也调控着癌症相关基因的表现，且影响力很大，并不是有基因突变就一定会得癌症，这使癌症的预防成为可能。

▌循环肿瘤细胞检测

循环肿瘤细胞（Circulating Tumor Cells, CTC），是原位肿瘤增生，穿过血管壁到血液中，借此转移到远程的细胞。凭测量数量，可追踪多种转移性癌症，包括大肠癌、乳腺癌、前列腺癌、肺癌等，且发现循环肿瘤细胞数量越高，存活期越短，此可作为监控癌症治疗预后与转移的良好指标。[42]

✵ 06 免疫失调的反思

1995 年 6 月 29 日，发生了一件震惊全世界的事件：韩国最知名、最富丽堂皇的三丰百货突然倒塌，造成 502 人死亡，937 人受伤，是历史上第二严重的大楼倒塌意外。

当初本来是地上 4 层的办公大楼，临时被改为 5 层的百货公司。当年 4 月，5 楼天花板就已经出现裂痕，而管理层所做的仅是把天台的货物与商铺移到地下室。

6 月 29 日早上，天台裂痕变大，工程师指出整栋建筑物有倒塌危险，但管理层并未疏散人群，因为当天生意非常好。

下午 5 点，4 楼天花板开始塌陷，但只封闭了 4 楼。管理层开会讨论的是如何修缮大楼，完全没想到大楼会崩塌。

下午 5 点 50 分，大楼传出断裂声，工作人员拉警报，赶紧疏散顾客与员工。

下午 5 点 55 分，天台与上面的大型空调设备开始倒塌，数量不足的承重柱变得不堪负荷，一一倒下，地上楼层完全崩塌进地下室，在 20 秒内整栋建筑被夷为平地，上千名顾客与员工未能逃出……

这场灾难发生前，挽救的机会其实不少。管理层却全部漠视，一再编造借口与谎言。话说回来，你对待自己的身体，是否像当年三丰百货的管理层？

皮肤症状，非常敏感地反映免疫失调，甚至全身问题，从过敏、炎症、免疫力不足、自身免疫病，到潜伏而未发现的癌症。但你是否因为觉得"无伤大雅"而随便擦个药膏，不痒不痛就没事了？真的没事了吗？

Barbara 是一位 40 岁的高中女老师，体形稍胖，很容易流汗，胸背有大面积汗斑，乳房与胯下有湿疹，头皮与脸部有脂溢性皮炎，一开始去药房买药膏擦，后来到医院接受治疗，但疗效有限，并且始终反复发作。

过了 1 年，当我再看到她时，意外发现她身形消瘦且眼窝凹陷。她告诉我："我今年发现乳腺癌第二期，经历手术、化疗，现在吃激素药物（他莫昔芬），强迫进入更年期，出现热潮红、盗汗、干燥，之前的皮肤困扰更严重了。"

我告诉她："千万别灰心！好好正视皮肤的警报，循序渐进调整体质，你还是能重获健康的。"

我看诊时，十分重视对患者皮肤症状的诊察。皮肤症状诚实地反映全身健康状态，让人成为有智慧的管理者，不只是拒绝疾病，更要及早累积健康库存，以面对逐年老化的耗损。

>>> CHAPTER **9**

激素失调造成的影响（上）：
肾上腺、甲状腺、性腺

01 人体内分泌系统

人体主要内分泌系统如图 9-1 所示，包括肾上腺、甲状腺、甲状旁腺、性腺（卵巢或睾丸）、胰岛、松果体、垂体。虽然所分泌的激素量极少，却造成撼动全身的蝴蝶效应。

这指挥团队对健康的影响有先后顺序之别，最常见的是肾上腺、甲状腺、胰岛、性腺，但彼此之间仍相互影响，成为激素的网络系统。

02 肾上腺压力激素的重要性

▌压力激素与黑色素形成

Hebe 是位 45 岁的银行副经理，两颊上的黄褐斑在治疗半年后已明显改善。有天，她懊恼地问我："为什么这个

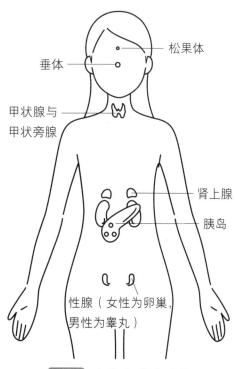

图 9-1　人体内分泌系统

出处：取材自维基百科公开版权（链接：https://en.wikiversity.org/wiki/File:Blausen_0345_EndocrineSystem_Female2.png），由 BruceBlaus. Blausen.com staff（2014）. "Medical gallery of Blausen Medical 2014". WikiJournal of Medicine 1（2）. DOI:10.15347/wjm/2014.010. ISSN 2002-4436，CC BY-SA 3.0

月黄褐斑加重了？"

我检查发现，她的黄褐斑确实加深了，还出现新的斑块。

她补充道："明明最近没晒太阳，也没进行户外活动，没皮肤过敏，不敢碰甜食，睡眠充足，生理期规律……为什么？"

我问："最近压力比较大吗？"

她恍然大悟地说："对啊！这个月主管要我接一个大案子，虽然生活规律，但心理压力很大。"

人体无时无刻不面临压力，来自心理的、生理的、物理的，可能是外在的，也可能是内在的。压力启动两大生理反应系统，出现"战或逃反应"以求生存。

- 下丘脑分泌促肾上腺皮质激素释放激素（Corticotropin-releasing hormone, CRH，简称皮释素），通过门脉循环，活化垂体分泌促肾上腺皮质激素（ACTH，简称促皮质素），刺激肾上腺分泌皮质醇（Cortisol）等，称为"下丘脑 − 垂体 − 肾上腺轴"（HPA 轴），本书简称为"压力轴"。激素通过血液运输，抵达各器官组织。
- 通过中枢神经与自主神经回路，将化学与电信号传导到周边神经系统、神经末梢，作用到各器官组织。

当垂体前叶上的促肾上腺皮质激素释放激素 1 型受体（CRH-R1）被皮释素活化，会刺激神经里的黑色素细胞转译阿黑皮素原（Pro-opiomelanocortin, POMC）才能制造出促皮质素。事实上，阿黑皮素原是由 241 个氨基酸组成的前驱多肽，再切成多种多肽片段，如表 9-1 所示。当中促皮质素、α - 促黑素细胞激素（α -Melanocyte-Stimulating Hormone, α -MSH）、γ - 促脂解素（γ -Lipotropin）和皮肤黑色素形成直接有关。

表9-1 阿黑皮素原基因转译蛋白 [1-3]

蛋白名称	皮肤作用	下丘脑与中枢神经系统作用	肾上腺作用
促皮质素（ACTH）	促进黑色素细胞形成真黑色素（Eumelanin）、影响毛囊细胞周期		刺激糖皮质激素生成
促黑素细胞激素（Melanocyte-Stimulating Hormone, MSH）	分为三种类型：α、β、γ，以α-MSH为主，和黑色素细胞上的1型黑素皮质素受体（Melanocortin 1 receptor, MC1R）结合后，活化腺苷酸环化酶（Adenylate cyclase），大量增加细胞内信号分子cAMP，刺激酪氨酸酶活性，制造真黑色素，并刺激皮肤外分泌腺分泌，包括皮脂腺出油	抑制进食、降低食物吸收效率	
γ-促脂解素	刺激皮肤黑色素细胞合成真黑色素		
β-内啡肽（β-Endorphin）		大脑的"天然吗啡"，产生愉悦感、减轻疼痛	
N端糖蛋白（N-terminal glycoproteins）			成为肾上腺细胞中横跨细胞膜的蛋白质，促进有丝分裂效果

对于肾上腺皮质功能不全（Adrenal insufficiency）的状况，如艾迪生病，（Addison disease）皮质醇过低，因负向回馈机制而刺激垂体分泌过多促皮质素，导致全身性的色素沉着，特别是在阳光暴晒区域及手掌、甲床、黏膜等部位。[4,5]

促皮质素顺着血流，与肾上腺皮质外层的黑素皮质素受体2（Melanocortin 2 receptor, MC2R）结合，刺激合成包括皮质醇的糖皮质激素（Glucocorticoids），继而调节全身细胞核内运作与基因表现。但过高的皮质醇也会对免疫系统产生抑制作用，本质上就是类固醇。另一种糖皮质激素皮质酮（Corticosterone），也是辅助的压力激素。[2,6]

皮质醇在身体的浓度，随生理时钟而高低起伏，在早上起床时达到最高。过大压力会严重干扰皮质醇浓度，及分泌的生理节律。动物试验发现，压力可以导致 4 倍的皮质醇分泌。皮质醇刺激皮肤黑色素细胞合成真黑色素（Eumelanin），让肤色变深，和晒黑、黑色素沉着、黄褐斑形成有关。

欧美有些晒日光浴的人，正午晒、全天晒，已经晒黑了，全身长晒斑和皱纹都还不够，要晒到长皮肤癌。他们是不是晒上瘾了呢？

这是真的！阳光中的紫外线照射，是皮肤面临最大的环境压力，紫外线先活化 p53，再启动上述皮肤压力反应，阿黑皮素原、α-促黑素细胞激素增加，β-内啡肽大量产生，即出现快感与成瘾行为。[7,8]

心理压力大又接触紫外线，促皮质素、α-促黑素细胞激素、γ-促脂解素都大量制造，黑色素细胞制造出大量的黑色素，恶化了黄褐斑与多种色素疾病。[9]

▌皮肤压力激素系统

鱼类、两栖类、爬行类动物，面对生存压力的一种本能，就是皮肤变色！它们是怎么办到的呢？

当环境压力出现时，它们的 α-促黑素细胞激素能从垂体，也能从皮肤上大量分泌，和黑色素细胞上的黑素皮质素受体 1（MC1R）结合，制造真黑色素，使黑色素分散至整个细胞，让身体看起来变黑色。这称为色素易位，是动物令人惊奇的拟态行为。去甲肾上腺素和黑色素细胞上的肾上腺素受体结合，也能控制色素易位。

反之，松果体制造褪黑素，下丘脑产生黑素聚集激素（Melanin-concentrating hormones, MCH），两者作用让黑色素高度集中在细胞某一点上，会显露出生物体本来的其他彩虹色素。[10,11]

爬行类动物，已出现真皮色素细胞单位（Dermal chromatophore units），和其他种类色素细胞形成立体构造，合作无间。每一个人类黑色素细胞，平均和 36 个角质形成细胞（Keratinocyte）接触，形成表皮黑色素单位（Epidermal melanin unit）。富含黑色素的黑色素体（Melanosome）合成后，沿着微小管往黑色素细胞树突末梢移动，再通过 PAR-2 受体，加以丝氨酸蛋白酶的活化，才能将黑色素体注入上方表皮的角质形成细胞内，皮肤看起来就变黑了。

不只是爬行类动物遇到压力会将身体变黑，人类也会如此。皮肤是人体最大的器官，具有自己的一套压力激素系统，也就是压力轴（HPA 轴）。黑色素细胞，连同角质形成细胞（在表皮与毛囊）、皮脂细胞、肥大细胞等，都能够分泌压力激素。

- 分泌皮释素、阿黑皮素原，并切割后者产生促皮质素、α - 促黑素细胞激素、γ - 促脂解素、β - 内啡肽等。
- 具有皮释素、促皮质素、α - 促黑素细胞激素、β - 内啡肽的受体。
- 黑色素细胞、成纤维细胞与毛囊，能够制造促皮质素、皮质醇、皮质酮。
- 具有细胞色素 CYP11A1（即 P450scc），可以将胆固醇转化为孕烯醇酮（Pregnenolone），再转变为孕酮、皮质醇、皮质酮等类固醇激素。[2,12-15]

皮肤压力激素系统的每种激素，与多种皮肤病紧密相关，整理如表 9-2 所示。

表9-2 皮肤压力激素系统与皮肤病 [3,16]

压力激素	生理机制	相关皮肤病
皮释素	<ul><li>刺激肥大细胞释出组胺</li><li>刺激角质形成细胞制造白细胞介素 18，是 2 型助手 T 细胞反应的促炎因子</li><li>第四型（迟发型）过敏反应</li><li>血管通透性增加，血管扩张</li><li>分泌血管内皮生长因子（VEGF），促进血管新生</li><li>角质增生与分化异常</li><li>刺激角质形成细胞，产生促炎性白细胞介素 6</li><li>毛囊角质形成细胞分化异常</li><li>刺激皮脂细胞制造皮脂</li><li>提前进入毛发退化期</li><li>刺激分泌更多促皮质素、皮质醇</li></ul>	特应性皮炎、接触性皮炎、荨麻疹、干癣、脂漏、痤疮、肿瘤细胞生长与侵袭、斑秃
α - 促黑素细胞激素	<ul><li>刺激黑色素细胞增生与黑色素制造</li><li>促进皮脂生成</li><li>抑制毛囊皮脂腺白细胞介素 8 分泌</li></ul>	炎症后色素沉着、黄褐斑、痤疮

续表

压力激素	生理机转	相关皮肤病
促皮质素	• 刺激角质形成细胞制造白细胞介素 18 • 刺激黑色素细胞增生与黑色素制造 • 刺激皮脂细胞分化 • 促进黑素皮质素受体 2（MC2R）表现 • 刺激分泌更多皮质醇	炎性皮肤病、炎症后色素沉着、黄褐斑、脂漏、痤疮、斑秃
皮质醇	• 减少抗菌肽制造 • 抑制表皮脂质合成与角质层层状体分泌，危害表皮屏障 • 增强 1 型助手 T 细胞反应的细胞激素作用 • 通过 PI3K/Akt 路径影响细胞增生与分化、毛囊增生与分化	皮肤感染、特应性皮炎、干癣、痤疮

皮肤是压力快速反应部队，随时面对紫外线、皮肤受伤、血液中的炎症激素变化等。皮肤真是可敬的压力器官，学界提出"肠胃是第二个大脑"，我钻研皮肤医学后发现："皮肤是第三个大脑"。皮肤自己就拥有类似下丘脑、垂体、肾上腺的神经内分泌系统，它们以最高效率应对环境变化。

为什么皮肤能够应变压力？因为在皮肤组织中，表皮与黑色素细胞原本都是神经系统大家族中的一员！

在胚胎时期，表面外胚层（Surface ectoderm）发育为表皮，表面外胚层的中央部分，形成神经管（Neural tube）与神经嵴（Neural crest），前者发育为脊髓与大脑，后者形成脊神经节（Spinal ganglion）、交感神经与副交感神经节、肠道神经丛、肾上腺、周边神经系统，都是神经细胞构成的组织（图 9-2）。

值得注意的，有些神经嵴细胞开始迁徙，并分化为黑色素细胞（Melanocyte），进入真皮并停留在真皮表皮连接（Dermoepidermal junction）处，负责形成色素与光保护作用，有些进入毛囊隆突（Bulge）成为干细胞，决定毛发颜色。真皮由表面外胚层下方的中胚层（Mesoderm）发育，又称为间质（Mesenchyme）。有些黑色素细胞进入垂体、眼睛与耳部的神经组织中。[17]

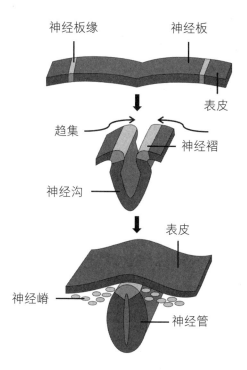

神经板缘　　　神经板

表皮

趋集　　　神经褶

神经沟

表皮

神经嵴　　　神经管

图9-2 皮肤的胚胎发育：表面外胚层的演变过程

出处：取材自维基百科公开版权（链接：https://en.wikipedia.org/wiki/File:Neural_crest.svg），由 NikNaks，CC BY-SA 3.0

更多压力与皮肤症状的关系，我将在 Chapter 11、12 中详细介绍。

03 甲状腺激素的重要性

甲状腺功能亢进与皮肤症状

Lisa 是 25 岁女性银行职员，最近 3 个月她的脸上、身上出现瘙痒不退的湿疹，被诊断为慢性荨麻疹。接着，她出现月经紊乱，很容易饿而暴饮暴食，体重却在变轻，到医院进一步检查，才发现有甲状腺功能亢进。开始治疗甲状腺后，慢性荨麻疹终于获得改善。她的爸爸也有甲状腺功能亢进病史。她回想可能的原因是，研究所毕业后进入职场半年，工作压力大，三餐不定时，熬夜追剧又早起上班。

甲状腺激素失调的第一个临床征象，往往就出现在皮肤上，也往往被忽略，患者一般认为是皮肤本身有问题，或者反复抱怨为何皮肤症状不会好。

事实上，甲状腺激素对皮肤有三大作用。

- 刺激成纤维细胞，制造蛋白聚糖（Proteoglycan）。
- 影响表皮形成细胞，而调节表皮层分化。
- 影响毛发形成与皮脂制造。[18]

甲状腺功能亢进指"下丘脑－垂体－甲状腺轴"出现失调，以至于循环的甲状腺激素浓度过高，女性较容易出现，发生概率是男性的 5 倍之多。整体患病率为 1%，老年女性达 5%。在年轻女性中发病最常见的原因是格雷夫斯病（Graves disease），在老年女性中为毒性结节性甲状腺肿（Toxic nodular goiter）。[18]

格雷夫斯病是一种自身免疫病，甲状腺充斥了特定淋巴细胞，它们制造攻击促甲状腺素（Thyroid stimulating hormone, TSH）受体的自身抗体，导致甲状腺过度活动，分泌过高的甲状腺素，出现脖子（甲状腺）肿大、格雷夫斯眼病（Graves' ophthalmopathy）、心跳加快、手指颤抖、盗汗、失眠、食欲增加而体重却变轻、月经过少甚至无月经等现象。其中，格雷夫斯眼病会呈现眼球突出，是因为眼外肌与眼眶后纤维脂肪组织的酸性黏多糖（Acid mucopolysaccharide）过度增生与沉积，包括玻尿酸。[18,19]

甲状腺功能亢进包括如下皮肤症状：

- 手暖、手掌红斑：皮肤血流增加、周边血管扩张。
- 手湿：皮肤血管扩张、皮脂腺分泌增加，特别是手脚。
- 脸潮红：皮肤血流增加，类似玫瑰痤疮症状。
- 多汗症。
- 头发变细：可能出现广泛性、非瘢痕性脱发。
- 黄甲综合征（Yellow nail syndrome）：黄色、缓慢生长的指甲，缺少甲弧影（Lunula）与甲小皮（Cuticle）。
- 普鲁麦氏甲（Plummer's nail）：指甲远端甲床分离，甲面变凹，通常从第4指、第5指开始。

- 胫前黏液性水肿（Pretibial myxedema）：事实上不只小腿前侧，其他部位如上臂、脖子、上背、受伤处等，都可能出现此种甲状腺皮肤病（Thyroid dermopathy），常出现在眼病之后，因酸性黏多糖沉积在真皮与皮下。

- 甲状腺杵状指（Thyroid acropachy）。

- 全身瘙痒。

- 湿疹性皮炎。

- 慢性荨麻疹：包括皮肤划痕症。[18,19]

Rita，52 岁女性，两颊有明显黄褐斑，皱眉纹、鱼尾纹、法令纹都很深，看起来好似 65 岁的模样。她自我辩解道："我天生就这样，而且被两个小孩气死了，每天都一直骂人，搞得我神经衰弱，失眠 20 年，每天不吃药睡不着。"

我发现她眼球明显突出、脖子上有横向瘢痕，一问，果然是割除了一半的甲状腺。当时她 45 岁，甲状腺功能亢进又有多个结节，后来决定提前退休。事实上，她 18 岁就已经有甲状腺功能亢进了，但一直没好好治疗，反复发作，50 岁又出现多个子宫肌瘤。她一直不在意外表，跑来找我改善皮肤的动机是，女儿说不要跟阿嬷一起出去！

甲状腺功能亢进可以引起上述多种皮肤症状，甲状腺激素长期失调，促使皮肤加速老化，难怪她皮肤较同龄人松弛得厉害，造成经久不消的皱纹。找出甲状腺激素失调的相关病因并积极改善，是改善肤况的根本要务。

甲状腺功能减退与皮肤症状

Ruth，43 岁女性，两颊有深咖啡色的黄褐斑，抱怨接受激光治疗半年"都没效"，但客观来讲是有些改善的，而她总是"看不到"。当我问她家族遗传、压力睡眠、妇科疾病等层面的问题时，她说："都还好啊！"我补充问道："过去有没有生过任何疾病？"

她支支吾吾地说："5 年前医生说我有甲状腺功能减退，我补充了 3 年的甲状腺素，现在我觉得又没怎样，所以自己就停药了。而且，皮肤长黄褐斑，跟我甲状腺怎么样，根本八竿子打不着啊！"

什么是甲状腺功能减退？与黄褐斑等皮肤症状真的没关系吗？

全球与美国最常见的甲状腺功能减退病因，分别是碘缺乏症、桥本甲状腺炎。亚临床性甲状腺功能减退症（Subclinical hypothyroidism）是促甲状腺素升高、但游离四碘甲状腺素数值正常，这可能是甲状腺功能减退的早期症状。

甲状腺功能减退，以桥本甲状腺炎（Hashimoto's thyroiditis）为代表，是一种自身免疫性甲状腺炎，甲状腺受到自身抗体的攻击，包括抗甲状腺过氧化物酶（Anti-thyroid peroxidase, Anti-TPO）与抗甲状腺球蛋白（Antithyroglobulin, Anti-TG），促使甲状腺素分泌过少，基础代谢率下降、交感神经活性低落，出现倦怠、怕冷、嗜睡、体重变重、水肿、月经过多、无月经等症状。[19]

在荟萃分析中发现，黄褐斑患者的甲状腺功能出现异常，包括促甲状腺素（Thyroid-stimulating hormone, TSH）较高，反映出亚临床性甲状腺功能减退，以及抗甲状腺过氧化物酶与抗甲状腺球蛋白较高，反映出自身免疫性甲状腺炎倾向，也与甲状腺功能减退有关，这些差异在女性身上更明显。[20]

甲状腺功能减退还包括以下皮肤症状：

- 皮肤干且粗糙，因过度角质化而呈现鳞屑状。
- 皮肤凉而呈斑驳样。
- 高胡萝卜素血症：肝脏将 β 胡萝卜素转换为维生素 A 的量减少，导致胡萝卜素在表皮层沉积，皮肤看起来呈黄色，但巩膜不受影响，和黄疸有所不同。
- 胫前黏液性水肿：酸性黏多糖沉积，非凹陷型（Non-pitting）。
- 眉毛外 1/3 脱落。
- 眼皮浮肿。
- 眼睑下垂：提眼肌缺少交感神经刺激。
- 巨舌（Macroglossia）、鼻变宽、嘴唇增厚。
- 因为皮脂分泌减少，毛发粗糙脆弱。

- 脱发：50% 出现脱发，特别是胡须、阴毛脱落。

- 指甲脆弱并出现条纹。

- 容易出现其他自身免疫病，包括斑秃、白斑、自身免疫荨麻疹、疱疹样皮炎
（Dermatitis herpetiformis，与乳糜泻有关）等。[18,19]

甲状腺结节与皮肤症状

Lola 是位 46 岁女性经理。她脸上有多颗小型脂溢性角化丘疹，在手脚、脸部与脖子处曾反复发作病毒疣，腰背部有慢性湿疹。因为治疗没有明显改善，她就咄咄逼人地质问医生："你为什么没有把我医好？" 果然，个性很急的她，长期受到胃食管反流与胃溃疡的折磨。去年在健康检查中，发现她右侧甲状腺有多个结节，穿刺后发现有异型性细胞（Atypia），在外科医生建议下，她切除了右侧甲状腺。

在皮肤医美门诊，很多就诊者有甲状腺结节，与皮肤症状的关联性不似前述甲状腺功能亢进或减退明确，但往往能暴露体质上的弱点。

案例对照试验发现，符合代谢综合征者（在以下 5 项中有 3 项或以上：腹部肥胖、血压较高、空腹血糖较高、甘油三酯较高、高密度脂蛋白胆固醇较低），更容易出现甲状腺结节（优势比 2.56），定义为至少 1 个结节大于 3mm。单独高密度脂蛋白胆固醇较低（男性小于 40mg/dL、女性小于 50mg/dL）或空腹血糖异常（空腹血糖值大于或等于 5.56mmol/L 或在使用降血糖药物）者，即使他们不符合代谢综合征，依然容易出现甲状腺结节（优势比分别为 2.81、2.05）。研究提醒，临床医生应留意甲状腺结节患者的代谢综合征问题。[21]

代谢综合征的核心问题是胰岛素抵抗，在其他研究中发现其与出现甲状腺结节有关，血液中胰岛素浓度过高，胰岛素样生长因子也升高，与胰岛素样生长因子受体（Insulin-like growth factor receptor）结合，刺激了甲状腺组织增生。代谢综合征引发的慢性炎症，也促进肿瘤增生与进展。胰岛素抵抗不只与甲状腺结节相关，也与甲状腺癌有关，56.3% 甲状腺乳头状癌、25% 甲状腺滤泡癌存在胰岛素抵抗问题。[21,22]

抽烟、接触或摄入硝酸盐（Nitrates），暴露于环境毒物如苯、甲醛、杀虫剂、

双酚 A、多氯联苯、多卤芳香碳氢化合物、多溴苯醚等，也与甲状腺结节，甚至甲状腺乳头状癌有关。[22,23]

无论如何，Lola 难治的皮肤症状真不是三言两语可以说尽的，通过关注甲状腺结节，深入追查没被发现的代谢综合征、胰岛素抵抗、慢性炎症、环境毒物暴露等问题，才是改善皮肤症状的正确方法！

04 性激素的重要性

▌月经周期与皮肤症状

在月经周期，雌激素升高，抑制皮脂腺分泌，皮脂明显减少，但对于顶泌汗腺几乎没有影响。雌激素会增强角质层的水结合能力，并通过增加黏多糖与玻尿酸，来增加真皮的水合能力。月经中期（排卵前后）与经前阶段（黄体期）皮肤增厚，正是因为这时雌激素浓度较高，皮肤含水量最高。

雌激素会抑制真皮胶原的分解，将可溶性的胶原转换为不可溶的交联形态。皮肤胶原的 80% 由 I 型胶原构成，决定了皮肤厚度，另外 15% 由 III 型胶原构成，决定了皮肤弹性。缺乏雌激素将让 I 型胶原与 III 型胶原都缺乏，但 I 型胶原缺得更多，将导致皮肤明显变薄。[24]

由上可见，雌激素真是女性皮肤健康的灵魂！

然而，雌激素会刺激表皮黑色素制造，在经前阶段（黄体期）形成暂时性的黑色素沉着，在眼睛周围变黑的有 6 成，乳头也可能变黑。最典型的是在怀孕期间，脸上长出黄褐色的"孕斑"，乳晕颜色变得更黑、腹中线（腹白线，linea alba）与外阴都会变得更黑。女性使用含雌激素的避孕药后，出现脸部黑色素沉着的可达 30%。[25]

雌激素单独作用时，会有抗炎效果，但在经前阶段，由于孕酮的增加，发挥了抗雌激素效果，连带地使雌激素的抗炎效果减弱。雌激素可能通过调节性 T 细胞的作用，削弱了细胞免疫反应，同时抑制了自然杀伤细胞与中性粒细胞的活性，减少

γ 干扰素的制造，呈现抵抗力下降的状态。

同时，孕酮通过抑制单核细胞作用，也有免疫抑制效果。因为在经前的黄体期，孕酮浓度升高，会抑制免疫，导致许多皮肤病容易在这个阶段发作。孕酮促成皮肤血流增加，静脉管腔扩张，因此有静脉曲张的患者，特别会在经前受静脉功能不全的症状所困。在经前，孕酮与雌激素二者都升高，共同作用让血管扩张。[24]

经前综合征与痤疮、湿疹

45 岁女性职员 Susan，最近一年在下巴、人中、嘴边等部位狂冒痘，一阵子严重，一阵子又自然好转，但留下许多暗红色痘疤。她抱怨："为什么我这个年纪还在长痘？别人都不会啊！"

我提醒她："我遇过 60 岁还在长痘的。其实，青春期以后冒痘，大部分都跟生理状态'改变'有关喔！"

她杏眼圆睁，说："可是我没生什么大病啊，压力……也跟以前一样（大）啊！睡眠……也跟以前一样，晚上睡五六个小时啊！我吃东西的习惯没有改变，夜宵就喜欢吃盐焗鸡，不行吗？……我长期都这样，没有改变啊！"

我问："是否快到生理期了？"

她愣了一下，皱着眉头说："对啊！每次都是月经前一周就开始冒痘，直到月经来，才明显好转。"

尽管她否认压力，但从她经前特别严重的焦虑语气、易怒情绪，以及严重的皱眉纹来看，恐怕也有经前综合征的状况。经前冒痘、皮肤与毛发油腻的女性占70%。口周皮炎也容易在经前加重。

经前综合征包括以下症状：

- 皮肤症状：热潮红、冒痘、口周皮炎、皮肤与毛发油腻、黑色素沉着。
- 皮肤以外症状：头痛或偏头痛、疲劳、抑郁、易怒与神经质、乳房胀痛、腹痛或腹胀、口渴或食欲与体重增加、便秘与胀气。

经前综合征的产生，可能和孕酮不足或雌激素与孕酮的失衡有关，在少见的案例中，有对孕酮过敏的现象。此外，大脑的 β - 内啡肽不足也和情绪症状有关。[24]

美国纽约西奈山医院一项研究，针对 18～49 岁育龄女性进行调查，大多数在 12～18 岁冒痘，进入成人阶段，65% 报告痤疮因月经而加重。在这部分人群中，56% 报告痤疮在经前一周加重，17% 在经期加重，3% 在经期结束后才加重，24% 认为在整个月的生理周期都严重，且当中有 35% 在使用口服避孕药。[26]

每位女性生理状况不相同，并不必然在经前才会冒痘。其他研究指出，63% 育龄女性在经前冒痘，痤疮平均增加 25%。[27] 33～52 岁女性比 20～33 岁女性，更容易出现经前冒痘的状况。[28]

青春期后痤疮或晚发型成人痤疮，和青春期痤疮在形态上相当不同。前者比较深，伴随轻度到中度炎症，丘疹脓疱位于脸下 1/3 部位、下颚线与脖子处。[29] 研究发现和一般人相比，他们的游离雄激素（睾酮）、脱氢表雄酮（Dehydroepi-androsterone, DHEA）、脱氢表雄酮硫酸盐（DHEA-S）浓度较高，且性激素结合球蛋白（SHBG）较低，但浓度和痤疮严重度无关。[30] 当然，过量的雄激素也刺激皮脂腺制造更多的皮脂，大幅增加了痤疮。

有经前加重现象的不只是痤疮。日本研究发现，有 47% 的特应性皮炎女性患者发现皮肤症状恶化与月经周期相关，当中 96% 都是在经前发生，仅有 4% 是在经期发生。[31] 特应性皮炎的经前恶化，也常伴随其他的经前综合征症状。在经前，对于过敏原或刺激原的皮肤反应增强，可能肇因于雌激素与孕酮的免疫作用。

▌多囊卵巢综合征与皮肤症状

症状与诊断

Judy 是一位 40 岁的业务代表，这 5 年来困扰于下巴、人中、嘴边、下颚、脖子、头皮、背部都长出超大、红肿的痘痘，之前使用过西药、中药，但改善有限。当我询问她经期时，她说："我距离上次月经已经 45 天了，这次月经还没来，而且脸、背和头皮都超油。月经没来，总觉得心情很烦躁，每天喝两杯全糖的珍珠奶茶，心情会暂时好些。"

果然，当成年女性频繁长痘、症状严重、治疗效果差时，就需要考虑是否有性激素失调，特别是多囊卵巢综合征（Polycystic ovary syndrome, PCOS）。这非常常见，40 岁以上女性长痤疮时，更要鉴别诊断。

多囊卵巢综合征在育龄女性中占 5%~8%。[32] 她们常出现月经不规律，月经往往延迟，也可能月经未到，脸上已经冒痘，分布在下巴、口周、下颚，甚至脖子，直到月经终于来时才暂时缓解。还有不规则阴道出血的情况，称为月经稀发（Oligomenorrhea），常困扰于不孕。

尽管多囊卵巢综合征多年来在诊断准则方面还存在争议，但荷兰鹿特丹准则（Rotterdam criteria）是最常被应用的一个标准——以下 3 项特征出现 2 项或以上：月经（次数）过少及（或）无排卵、临床检查或生化检测呈现高雄激素形态、B 超检查发现多囊卵巢形态（多于 12 个囊泡，大小为 2~9mm），即可能罹患多囊卵巢综合征，当然需要排除先天性肾上腺增生、库欣病、分泌雄激素的肿瘤、催乳素瘤、糖尿病、高血压与其他心血管疾病等因素。[33]

多囊卵巢综合征是异质性相当高的疾病，一般分成标准型、排卵型、非高雄激素型，带来不孕、代谢综合征与皮肤症状（表 9-3）。[34,35]

表9-3 多囊卵巢综合征类型和症状

	胰岛素抵抗、代谢综合征风险	无排卵（月经不规则、不孕、子宫内膜增生）	多囊卵巢形态（产生卵巢过度刺激综合征）	高雄激素（产生多毛、痤疮、脱发、脂漏等皮肤症状）
标准型	最高	√		√
排卵型	中度		√	√
非高雄激素型	微弱	√	√	

胰岛素抵抗

患者雌激素作用不足，导致卵巢、卵泡发育不成熟，但关键病因其实是胰岛素抵抗。胰岛素敏感性差、功能不良，导致细胞对血糖的运用与代谢都出问题，称为胰岛素抵抗（Insulin resistance）。因为细胞对胰岛素敏感性不佳，无法输入葡萄糖到细胞里，就像耳聋听不到有人敲门要送货进来一样，胰岛只好分泌更多胰岛素，出现高胰岛素血症。[35]

高胰岛素血症也导致胰岛素样生长因子（IGF-1）升高。[35] 研究也发现，多囊卵巢综合征患者的腹部内脏脂肪形态，并不像健康女性，而像男性。腹部内脏脂肪与多囊卵巢综合征两者之间，存在着恶性循环。[36]

胰岛素抵抗的客观数值称为 HOMA 指数，等于胰岛素浓度（μU/mL）乘以饭前血糖值（mg/dL，1mg/dL=18mmol/L），再除以 405，正常在 2.8 ± 1.8，若大于 4.6，即为胰岛素抵抗。研究发现，从多囊卵巢综合征患者月经不规律的程度，能够预测胰岛素抵抗的严重度，结果如表 9-4 所示。[37]

表 9-4　胰岛素抵抗的客观数值与月经不规律的关系

月经周期	健康女性	小于26天	26～34天：排卵	26～34天：无排卵	35～45天	6周～3个月	超过3个月
HOMA 指数（平均）	1.48	1.87	1.58	1.84	2.17*	2.05*	2.31*

* 代表与健康女性达到统计显著性差异。

大多数人对于胰岛素抵抗感到陌生，但它在糖尿病（或前期）产生之前就已经出现了，月经不规律可能就是初期症状。

高雄激素与皮肤症状

胰岛素抵抗以及高胰岛素，导致雄激素的制造过量，血液雄激素浓度过高。胰岛素本身就对卵巢有性腺刺激作用，促进肾上腺的雄激素分泌，调节促黄体素（Luteinizing hormone, LH）浓度。胰岛素也具有促进类固醇制造酶的作用，促性腺激素释放激素的分泌增加，减少性激素结合球蛋白（SHBG，能抑制性激素活性）的制造，导致雄激素作用过度活跃。[35]

雄激素过高，促进了腹部内脏脂肪的形成，分泌更多的炎症因子，包括肿瘤坏死因子-α、白细胞介素5，瘦素增加，脂联素减少，就能"直接"刺激卵巢与肾上腺产生过多雄激素。此外，也"间接"让细胞的胰岛素抵抗变得更严重，无法通过葡萄糖转运体（Glucose transporter）输入葡萄糖到细胞里。于是，胰岛素浓度代偿性地升高，再度刺激卵巢与肾上腺产生过多雄激素，又继续刺激腹部内脏脂肪的形成。[35]

女性过高的雄激素与皮肤症状紧密相关。韩国首尔大学医学院皮肤科的研究，将妇产科新确诊有多囊卵巢综合征且未开始接受治疗的患者，根据以下三种特征进行归类：月经不规律、多囊卵巢形态、高雄激素，评估其皮肤症状。

结果发现，60% 同时合并有以上三种特征（高雄激素组），40% 具有两种特征（无高雄激素组）。痤疮有 95%，多毛症有 60%，脂漏有 47.5%，黑棘皮病有 20%，雄激素性秃发有 12.5%。多毛症在有高雄激素组患者中更常出现。痤疮的位置多在脸上，分布于额头与两颊。脱氢表雄酮硫酸盐（DHEA-S）是雄激素前驱物，在高雄激素组浓度较高。相反地，血清胆固醇、高密度脂蛋白胆固醇（HDL）在无高雄激素组较高。[38]

有一种雄性化特征是手的第二指与第四指的长度比值（2D:4D ratio）。在男性，第四指通常比第二指长，此比值低，但女性第四指通常和第二指差不多长，或者较短，此比值高。果然，多囊卵巢综合征患者此比值较健康女性低，趋近于男性，反映出雄性化的程度。[39]

由于皮肤症状可能是多囊卵巢综合征最早出现的症状，临床医生应注意患者痤疮、多毛症、脂漏、黑棘皮病、雄激素性秃发的皮肤症状，将多囊卵巢综合征列为鉴别诊断，并进行详细评估。[38]多囊卵巢综合征是皮肤健康的大敌，也让许多女孩或成年女性生活质量下降，并带来情绪困扰，特别是抑郁。[40,41]

多囊卵巢综合征从妈妈子宫内就开始了

多囊卵巢综合征出现的时间点，从妈妈子宫内就开始了。患者的母亲很可能已有高血压或多囊卵巢综合征（胰岛素抵抗、肾上腺活性过高、高雄激素血症），通过胎盘影响到胚胎，而产生子宫内生长受限、永久性代谢机制异常、体形小于妊娠年龄、儿童时期体重过重。

进入成人期后，拥有不健康的生活习惯，如高脂低纤维饮食、久坐不动、抽烟、喝酒等，可能也是跟父母学到的，进而导致出现高血压、糖耐量异常、多囊卵巢综合征，怀孕时又影响到下一代胚胎发展，把多囊卵巢综合征"遗传"下去。[35]

相反地，若女性能改变为健康的生活方式，合理饮食、适当活动、避免烟酒的毒性危害，成为健康的孕妇，就可以阻止非基因的环境影响，打破此疾病遗传的循环。[35]

因此，这个影响女性多层面健康的疾病，并非注定遗传。事实上，后天环境扮演着非常关键的角色。面对不孕、代谢综合征、皮肤症状等多重障碍，从改善胰岛素抵抗开始，需要预防肥胖的发生。多囊卵巢综合征是多重因素疾病，并没有制式化的治疗方式，每位患者都需要有关生活方式与饮食的咨询。[35,42]

高雌激素活性与黄褐斑

50岁的Amy神情严肃，两颊有大片黄褐斑，过去对治疗反应差。我问她："黄褐斑常与女性激素失调有关，你有过哪些妇科疾病吗？"她回答："40岁时，因为月经血量大、贫血，到妇产科检查发现有十几个子宫肌瘤，最大的十几厘米，后来直接切除子宫。"她最近抽血检查显示，雌激素浓度还是居高不下。此外，她长期情绪不佳，每天睡眠只有五六个小时。

黄褐斑，多出现在肤色深、具有特定体质的女性的脸颈部，分布在颧骨、脸颊、鼻子、额头、上唇、下巴，为边界不清的淡或深褐色斑片，多半对称分布。约有 10% 患者为男性。[43]

黄种人就是黄褐斑的好发群体。《欧洲皮肤性病学会期刊》（*Journal of the European Academy of Dermatology and Venereology*）一项研究中，针对 9 个国家 324 位正接受黄褐斑治疗的女性所做的调查结果显示，平均发病年龄在 34 岁，48% 有黄褐斑的家族史，其中 97% 为一等亲。有黄褐斑家族史者，本身肤色较深，90% 属于费氏（Fitzpatrick）分型第 3 ~ 6 型，也就是亚洲、非洲人种的黄肤色、黑肤色，无黄褐斑家族史者仅 77% 为该分型。[44]

黄褐斑特别好发于生育年龄女性，显见性激素对于此黑色素疾病的发生与恶化，有不可或缺的作用，即使在病因上占的比例有高有低。[45] 当中最好发的人群有两类：服用口服避孕药的女性黄褐斑的患病率为 11.3% ~ 46%，怀孕妇女更高，为 14.5% ~ 56%。[46]

最常见的发作时间是生产后，占 42%，且是最后一胎的数年后，29% 是在怀孕前，26% 是在怀孕中。发作也和怀孕后较深的肤色有关。怀孕期间开始长黄褐斑的风险因素包括较长时间的户外活动，每周多增加 10 小时在户外，就多增加 27% 长黄褐斑的概率；怀孕时年龄越大，第一胎怀孕年龄每多 1 岁，黄褐斑的发生概率就增加 8%；怀孕越多胎，在怀孕期间长黄褐斑的风险越大。有 25% 服用避孕药的女性发现，她们是从服药之后开始长黄褐斑的。[44]

这是因为雌激素会诱导制造黑色素酶，包括酪氨酸酶（Tyrosinase），以及与酪氨酸酶相关的蛋白质 1 型、2 型，刺激了黑色素的制造。此外，孕酮也被发现刺激表皮黑色素细胞制造黑色素。因此，服用避孕药或使用激素补充疗法的女性，不管是在育龄还是停经期间，黄褐斑都明显增加。而在怀孕期间，大幅上升的孕酮，以及在第 8 ~ 30 周上升的雌激素，也共同恶化了黄褐斑。[47]

有趣的是，在避孕药中的孕酮成分，也可能通过减少黑色素细胞的制造，减轻雌激素对黄褐斑的影响，但不改变酪氨酸酶的活性。[48] 雌激素与孕酮对皮肤的作用，也决定于皮肤上的雌激素受体，分成 α 型与 β 型，以及孕酮受体。[49] β 型雌激素受体比 α 型更常分布在皮肤组织中。脸部皮肤上的雌激素受体，比乳房或大腿上还多，因此脸部成为黄褐斑最好发的部位。[50]

在性激素检验时，研究结果呈现不一致。有些研究发现，比起健康女性，黄褐斑女性患者的雌二醇浓度，在卵泡期与黄体期都较高。相反地，也有研究发现黄褐斑女性患者的雌二醇、孕酮、睾酮、促黄体素（LH）都较低，呈现垂体或卵巢功能失调现象，可能是雌激素受体敏感度升高的缘故，特别是发生在黑色素细胞上的雌激素受体，最后导致了黄褐斑。[47]

此外，黄褐斑女性患者的脱氢表雄酮硫酸盐（DHEA-S）浓度较低，出现卵巢囊肿的概率也变高。[47,51] 月经不规律者罹患黄褐斑的概率会显著上升（和一般人相较，优势比 3.83）[52]，月经次数过少合并雌激素过高，也是黄褐斑发生的原因之一。[51]

黄褐斑是多重原因导致的复杂的皮肤病，在本书多处段落都会讨论到。

为何黄褐斑很难治

黄褐斑患者的色素颗粒多存在于表皮层，黑色素细胞、角质形成细胞内有许多成熟的色素小体，黑色素细胞比较大，有更多树突（Dendrites），淋巴细胞浸润，有日光性弹性组织变性现象。[53] 和黄褐斑旁的皮肤相比，黄褐斑病灶表皮拥有较高量黑色素与黑色素制造相关的蛋白质，而且酪氨酸酶（TYR）、酪氨酸酶相关蛋白质 1 型（Tyrosinase-related protein 1, TYRP1）的 mRNA 浓度都升高了，显示从 mRNA 层次的生化制造有了改变。[54]

黄褐斑病灶与周遭皮肤的黑色素细胞数量并没有不同，为何黑色素量有差异？黄褐斑病灶皮肤细胞竟然有 279 个基因被改变，其中有 187 个基因检测点（Probe sets）的表现被活化，包括 *TYR*、*TYRP1*、*MITF*、*SILV* 等黑色素制造相关基因或黑色素生物标记。152 个基因检测点表现被抑制，大多数脂肪代谢相关基因被下调了，意味着皮脂制造不足，这和黄褐斑皮肤屏障功能损坏的结果一致。影响所及，不只是黑色素细胞，也包括其他非黑色素细胞的皮肤细胞。[54]

黄褐斑患者需要有合理的治疗目标。他们常抱怨治疗改善有限，几乎没有改善，甚至认为还在恶化。这一点也不奇怪，因为病灶皮肤基因都变了。即使黑色素暂时消掉一些，达到"治标"的效果，但黑色素细胞工厂连夜赶制新的黑色素出来，看起来斑一点都没淡。"治本"之道，还是要从改善内分泌失调、舒解身心压力，及早培养防晒习惯等多层面策略开始。

▌子宫内膜异位症与湿疹

45 岁女性 Emma 是新创公司负责人，两颊有大片难缠的黄褐斑，而且皮肤较同年龄人很明显更松垮下垂，反复发作、瘙痒难耐的慢性荨麻疹，更影响到她已经不多的睡眠，她常常被蚊子叮咬，而且一被叮皮肤就肿，她开玩笑地问："为何蚊子总是叮我，不去叮我同事？"我解释道："你讲对了，蚊子真的会挑有过敏体质的人来叮，这和体温高、血液代谢物改变有关喔！"

原来，她从小就有哮喘、过敏性结膜炎、鼻炎，经常犯湿疹，搔抓后黑色素沉着明显，还有经久不愈的灰指甲。30 岁因为痛经严重去检查，发现有子宫腺肌病，最近检查又发现多个子宫肌瘤，且最大的都超过 5cm 了。

约 10% 育龄女性朋友困扰于子宫内膜异位症（Endometriosis），这是一种慢性雌激素依赖的疾病，原本该在子宫内膜出现的腺体与基质，却出现在子宫外，通常在腹腔当中。在腹腔里出现表浅具不同颜色的病灶，从卵巢中的囊肿（巧克力囊肿），到深层侵犯的团块（如子宫腺肌病），伴随结疤（纤维化）与粘连等。常伴随慢性盆腔疼痛、痛经、性交疼痛、不孕，可能造成失能或生活质量变差。[55]

雌激素是促成内膜组织增生的关键因子，内膜细胞中的转录因子过度表现，制造过多的芳香酶，将雄烯二酮与睾酮分别转化为雌酮与雌二醇，雌二醇在内膜组织累积，雌激素受体 ERα 与 ERβ 的基因表现上调，刺激了细胞增生。简而言之，就是雌激素活性过高。[56] 同时，孕酮受体与细胞内信息传导也失调了，导致孕酮抵抗（Progesterone resistance），减少了孕酮提供的抗炎、抗组织增生作用，最后的结果就是内膜增生。[56]

现代女性雌激素活性过高的原因之一，是接触内分泌干扰毒素（Endocrine-disrupting chemicals, EDC），包括塑化剂（Phthalate）、有机氯类杀虫剂等，它们具有刺激雌激素受体作用，会改变内膜细胞的粘附与增生特性，增加活性氧的产生，减少抗氧化酶的表现，阻碍炎症与内分泌反应。[57]

事实上，育龄女性可能发生月经逆流至腹腔的状况。对于健康女性，腹腔免疫细胞会清除掉这些内膜细胞，但有子宫内膜异位症的女性，内膜细胞似乎逃过了免疫细胞的监控，粘到腹腔与其他器官上了。此外，盆腔的慢性炎症环境，有助于子宫内膜异位组织的生长。[57,58] 研究发现，女性在被诊断为子宫内膜异位症的前几年，就有炎症因子（白细胞介素 1β）较高的情况，以至于罹病风险较健康女性增加 3.3 ~ 4.6 倍。[59]

炎症与子宫内膜异位症有紧密关系，饮食可能就是炎症的重要原因。研究显示，吃较多红肉的女性，子宫内膜异位症发生概率显著增加（优势比 2.0），相反，吃较多绿色蔬菜、新鲜水果，则此概率会降低（优势比 0.3、0.6）。摄取最多反式脂肪酸的女性，被诊断有子宫内膜异位症的概率高了 48%。反之，摄取较多 ω-3 不饱和脂肪酸的女性比摄取较少的，罹病概率降低 22%。[62] 也有研究发现，整体脂肪摄取较高者，罹患概率降低。[61]

红肉、反式脂肪酸是促进炎症的食物，后者是通过活化肿瘤坏死因子 -α 与白细胞介素 6 的免疫机制，导致子宫内膜异位症。[58] 相反，蔬果、ω-3 不饱和脂肪酸，提升免疫系统的抗炎能力，能降低此概率。

免疫学研究也发现，子宫内膜异位症患者的系统性与局部免疫状态有改变，包括 T 细胞与 B 细胞活化、化学激素（Chemokines）分泌增加、局部的巨噬细胞增加、核因子 NF-κB 过度表现等。[56] 在内膜异位组织中，累积的铁也导致活性氧产生，增加了内膜细胞中的核因子 NF-κB 活性，恶化了炎症。[63] 同时，巨噬细胞的清道夫功能、吞噬病原体的能力下降。此外，自然杀伤细胞活性也下降，都代表免疫力变差，成为感染症的易感人群。[56]

美国一项研究，针对 3680 名接受过外科手术确诊有子宫内膜异位症的女性进行调查，发现她们和一般美国女性相比，多种疾病的患病率较高，包括甲状腺功能减退（9.6%，1.5%）、肌纤维疼痛综合征（5.9%，3.4%）、慢性疲劳综合征（4.6%，

0.03%）、类风湿性关节炎（1.8%，1.2%）、系统性红斑狼疮（0.8%，0.04%）、干燥症（0.6%，0.03%）、多发性硬化（0.5%，0.07%）。[64]

就过敏性疾病与哮喘来说，在美国女性中患病率分别为 18% 与 5%，在有子宫内膜异位症且无其他并发症的人群中为 61% 与 12%，在有子宫内膜异位症且合并肌纤维疼痛综合征或慢性疲劳综合征的人群中，患病率达 88% 与 25%！[64] 尤有甚者，子宫内膜异位症患者罹患卵巢癌的概率增加约 50%[65]，特定组织形态的卵巢癌概率可增为 3 倍[66]，皮肤黑色素瘤增加 60%。[67]

显然，子宫内膜异位症是标准的免疫失调疾病，涵盖了皮肤与皮肤外的过敏、炎症、感染、自身免疫，甚至癌症。从患者觉得"瘙痒难耐"的皮肤过敏开始，若不好好找出关键病因，积极调整体质，后果将是难以想象的。

▌高雄激素活性与雄激素性秃发

30 岁男性 Michael 是家族事业第二代接班人，主诉雄激素性秃发，影响前额、额颞侧、头顶，从 25 岁开始吃抗雄激素药物，现在已做过植发，勉强维持一些发量。他的父亲也是"地中海发型"，而且前列腺肥大。令他纳闷的是，他每天游泳 1 小时已经 5 年，但体脂居高不下，在肥胖范围内。我问他："你都什么时候吃东西？吃什么？"

他说："经商压力大，晚上 9 点下班后，我就去游泳，这是我最重要的解压方式。游完后大概 11 点，心情轻松，也饿了，就去熟识的夜市牛排店点一份战斧牛排，然后和经商友人去喝酒、抽烟、打牌，总之，吃到饱为止。但是搞出了胃食管反流和胃憩室，还有痛风……"

我解释："你运动所消耗的热量，抵不上运动完补充的热量，难怪瘦不下来。有没有发现，你正不知不觉地依赖暴食行为来解压？过度摄取红肉、动物性脂肪，也可能刺激雄激素活性，恶化雄激素性秃发症状。"

研究显示，男性具有显著雄激素性秃发的比例，18～29 岁是 11%～16%，40～49 岁有 53%，大于 60 岁达 65%。[68] 根据 Norwood-Hamilton 严重度分类，雄激素性秃发分为七期：

第一期：发际向后退。

第二期：额颞侧发际形成三角形，但小于 2cm。

第三期：头顶脱发。

第四期：前额及头顶脱发增加（本期与之后可考虑植发）。

第五期：分隔前额与头顶的头发更少。

第六期：前额与头顶秃发合而为一。

第七期：仅剩耳前与枕部有稀疏细小的头发。

雄激素性秃发的主要生理机制，是睾酮被 5α 还原酶过度转换为双氢睾酮（Dihydrotestosterone, DHT），导致头皮毛囊变小、血液循环变差。也可能受到常染色体显性或多基因遗传影响，男性比女性严重。[69]《整形与重建外科期刊》一篇研究中，针对 92 对同卵双胞胎男性进行调查与头发拍照，发现不同部位脱发有差异，对应的风险因子如下。

- 前额脱发：抽烟史较久，有头皮屑（意味着有脂溢性皮炎）。
- 颞侧脱发：运动时间长，每周饮酒超过 4 单位（相当于 4 罐 350mL 啤酒）。
- 头顶脱发：每周饮酒超过 4 单位，有较久抽烟史，长时间承受压力。
- 头发变细：BMI 较低，摄取咖啡因较多，有皮肤病史，有较多小孩。

分析发现，若 BMI 较高或睾酮（唾液）较高，不容易在颞侧出现脱发。显然在排除了基因的影响之后，许多外在因素明显地影响着雄激素性秃发。[68]

雄激素性秃发并非男性的专利，6%～25% 停经前女性也有雄激素性秃发，称为女性型秃发（Female pattern hair loss），为广泛中间区域的脱发，属于遗传性，和雄激素不足（芳香酶活性过低）、高雄激素血症、双氢睾酮过高（5α 还原酶活性过高）、高脱氢表雄酮硫酸盐（DHEA-S）或高催乳素等有关，也可能有多项雄性化特征，包括严重囊肿型痤疮、脸毛或体毛过多、月经不规律、不孕等。[43,69]

雄激素性秃发确实带来老态，增加焦虑、不安全感等心理压力，但它不只是美观上的问题而已。

2019 年 1 月，知名作家林清玄因急性心肌梗死过世，享年 65 岁。他年轻时就是完全的雄激素性秃发，额头、颞侧、头顶的头发完全掉落，只剩下枕叶留长的头发，这个发区因为没有睾酮受体，免于受到双氢睾酮的摧残。

罹患雄激素性秃发的林清玄，最后因急性心肌梗死过世，并非偶然。雄激素性秃发患者罹患缺血性心脏病、心肌梗死，真的比一般人概率高！

丹麦大型研究"哥本哈根市心脏研究"历经 35 年的追踪资料里，发现有额顶型雄激素性秃发（Frontoparietal baldness）的男性患者，出现缺血性心脏病、心肌梗死的风险比值，分别多出 14% 与 40%，女性患者的结果类似。有地中海型雄激素性秃发（Crown top baldness）的男性患者，出现缺血性心脏病、心肌梗死的风险比值，分别多出 9% 与 13%，女性患者的结果也类似。这可能是因为过高的游离睾酮刺激毛囊导致雄激素性秃发，也会刺激动脉产生平滑肌增生，导致动脉粥样硬化斑块，继而引发缺血性心脏病与心肌梗死。[70]

该研究排除年龄与一般心血管风险因子的影响，发现有 4 项皮肤老化症状可以独立预测缺血性心脏病与心肌梗死：额顶型雄激素性秃发、地中海型雄激素性秃发、对角耳垂折痕、眼皮黄斑瘤等。当以上皮肤老化症状的数量越多，缺血性心脏病、心肌梗死的风险也越高：有 3～4 项者，比起完全没有的人，未来得缺血性心脏病、心肌梗死的风险比值分别增加 40% 与 57%。对所有年龄层次的人，以上皮肤老化症状越多，10 年内得缺血性心脏病、心肌梗死的风险越高。[70]

在权威期刊《柳叶刀》的案例对照研究中，已发现早发型雄激素性秃发（35 岁以前，和遗传有关）患者，和无此状况的健康人相比，前者有显著的高胰岛素血症以及胰岛素抵抗相关疾病，包括肥胖、高血压、高脂血症。因此，早发型雄激素性秃发正是胰岛素抵抗的临床指标之一。[71]

▌ 性激素与体气

Rebecca 是位 35 岁女性职员，长期困扰于体气（狐臭），在流汗、紧张、睡不好时更明显，不仅自己闻得到怪味道，连丈夫、小孩、同事也都对其"敬而远之"。她认为这是遗传她妈妈，因为妈妈也有明显体气，但爸爸没有。她生性焦虑，心跳偏快，曾经几次突发性呼吸困难，送到急诊诊断为过度换气，和严重自主神经失调有关。她喜欢吃红肉，不爱吃蔬果，不爱喝水。

皮肤检查发现她两侧眉毛浓密，形成一字眉，人中与下巴有较纤细的胡须，脸部有细毛，手臂、双腿毛发明显，腋毛与阴毛十分浓密。以前她一年月经只来两次，却能幸运地生下两个小孩。她也说，体气最明显的时候，就是与丈夫进行性行为的时候，当下有明显的情绪亢奋、燥热、流汗表现。

体气，即臭汗症（Osmidrosis），多在青春期后变得明显，女生8岁以后，男生9岁以后（欧美），反映了它和性激素的密切关系。

事实上，在6~8岁肾上腺功能初现（Adrenarche）时，就可能开始有成人体气（包括狐臭）、腋毛、阴毛、轻微痤疮，这些都代表着雄激素开始活跃，是来自肾上腺的脱氢表雄酮（DHEA）与脱氢表雄酮硫酸盐（DHEA-S），具有微弱的雄激素作用，能在毛囊与生殖器皮肤处转换为睾酮，形成成人体气与毛发生长。若肾上腺功能早现（Premature adrenarche），将增加未来出现多囊卵巢、胰岛素抵抗、代谢综合征的风险。[72]

顶泌汗腺受性激素刺激而分泌。在顶泌汗腺的细胞核中有雄激素受体、雌二醇β受体，雄激素受体又促进了载脂蛋白D的制造，从而增加了前述导致体气的臭味分子 E-3M2H［（E）-3-methyl 2-hexonic acid］。体气还有信息素的作用，在两性吸引上具有生物学意义。[73]

Rebecca的多毛症状、月经过少，显示高雄激素的问题，嗜吃红肉、少吃蔬果的习惯更刺激了雄激素，再加上自主神经失调加重多汗症，导致臭汗严重。总体来说，她需要从调整饮食营养、情绪压力、睡眠质量来改善病情。

>>> **CHAPTER 10**

激素失调造成的影响（下）：胰岛素（代谢综合征）

01 胰岛素抵抗与皮肤症状

▌代谢综合征与胰岛素抵抗

代谢综合征是一群容易导致心血管疾病的风险因子总称。以下 5 项中符合 3 项（含）以上即可判定为代谢综合征。

- 腹部肥胖：男性腰围 ≥ 90cm、女性腰围 ≥ 80cm。

- 血压偏高：收缩压 ≥ 130mmHg 或舒张压 ≥ 85mmHg，或服用医生处方治疗高血压的药物。

- 空腹血糖偏高：空腹血糖值 ≥ 5.6mmol/L，或服用医生处方治疗糖尿病的药物。

- 空腹甘油三酯偏高：空腹甘油三酯 >1.7mmol/L，或服用医生处方降甘油三酯的药物。

- 高密度脂蛋白胆固醇偏低：男性 <1.03mmol/L，女性 <1.29mmol/L。

代谢综合征的核心问题就是胰岛素抵抗，血液中的葡萄糖无法在胰岛素的作用下，进入细胞而被代谢利用，逐步产生心脑血管疾病。代谢综合征的遗传因素仅占 20%，50% 由不良生活习惯造成，包括西式饮食（高糖、高油、低膳食纤维）、过量饮酒、慢性压力等。

▌胰岛素抵抗与黑棘皮病

Jesse 是位 30 岁的上班族女性，身材肥胖，说这几年因为工作压力大，暴饮暴食，一路胖上来，发现脖子后方、腋下、胯下皮肤也逐渐变黑。一开始觉得是洗澡没洗干净，但用力搓洗也弄不掉。为她进行皮肤检查时，我发现这些地方的皮肤不仅暗沉，而且明显增厚，诊断为黑棘皮病（Acanthosis nigricans）。

黑棘皮病，是在皮肤皱褶处出现增厚、粗糙、突起、色素增加的病灶，具有天鹅绒状质感，最常发生在颈部与腋下，也会出现在胯下、腰部（系腰带处）、手指背面、肚脐、嘴巴、乳晕等处，患者抱怨变黑变脏，用力搓洗仍无法去除。

黑棘皮病本身就是对胰岛素抵抗的皮肤组织，和肥胖、糖尿病紧密相关，患者即使没有糖尿病，也可能有高胰岛素血症，细胞对胰岛素反应差。黑棘皮病女性患者，除了有肥胖、胰岛素抵抗，还常有多毛、高雄激素失调，也牵涉高胰岛素过度刺激胰岛素样生长因子受体，以及成纤维细胞生长因子受体。[1,2]

服用雌激素（更年期激素替代疗法）或烟酸（高胆固醇血症用药）、内分泌系统疾病（如松果体肿瘤）也会引发黑棘皮病。需要留意的是，若突发且大范围发病，可能和癌症有关，例如胃癌。[1]

我向 Jesse 说明，要根本改善黑棘皮病，就要改善胰岛素抵抗、高胰岛素血症、高雄激素，一切得从减重开始。

在美国得克萨斯州一项针对 406 位墨西哥裔美国人的研究中，受试者都有黑棘皮病，研究人员评估 5 个部位的严重度：脖子、腋下、手肘、指关节、膝盖，并且计算与糖尿病风险的关联性，结果发现只有脖子最相关。脖子黑棘皮病的严重度分级如下：

- 无：靠近看也没有。
- 有：靠近看很清楚有，远看没有，且无法测量范围。
- 轻微：范围在颅底宽度内，未延伸到脖子两侧，宽度小于 7.6cm。
- 中度：延伸到脖子两侧，即胸锁乳突肌后缘，宽度为 7.6～15.2cm，但从患者前方看不到。

- 严重：延伸到脖子前侧，宽度大于 15.2cm，从患者前方看得到。

再者，脖子的黑棘皮病越严重，饭前胰岛素浓度越高，BMI 也越高（较肥胖），即使患者没有糖尿病，黑棘皮病严重度越高，饭前血糖值越高、血压也越高，高密度脂蛋白胆固醇越低。如果患者有糖尿病，黑棘皮病严重度越高，总胆固醇越高。[3]

▎胰岛素抵抗与痤疮

Sam 是 35 岁男性工程师，从青春期开始，就出现严重囊肿性、聚合性痤疮，接受强效的口服维 A 酸治疗一年后有明显改善，但停药没多久，又开始出油、长粉刺，接着冒出多颗囊肿性痤疮，只好再吃维 A 酸。出于安全性的顾虑，维 A 酸吃吃停停，不敢长期服用。

除了痤疮基因作祟之外，就没有别的原因了吗？

他有高胆固醇、高甘油三酯，而且是家族性的高脂血症，为了维 A 酸用药安全，医生请他全力治疗高脂血症，他却不愿意，推说家族遗传就这样。其实，高脂血症等代谢综合征对痤疮真的有影响！

痤疮是西方饮食文化下的必然现象，在非西方的新石器时代饮食文化中，痤疮纯属罕见疾病。西式饮食有过度刺激的代谢机制，特别是 mTORC1 激酶，它对营养素与生长因子都相当敏感。mTORC1 全称是哺乳动物雷帕霉素靶蛋白（Mammalian target of rapamycin complex）-1，受到胰岛素、生长因子、氧化压力等调控，影响下游蛋白质合成。

痤疮患者和没有痤疮的人相比，前者的痤疮病灶与皮脂腺 mTORC1 激酶活动增加了。mTORC1 激酶活动增加，也正是胰岛素抵抗、肥胖症、2 型糖尿病、癌症、神经退行性变性疾病的关键特征。因此，德国奥斯纳布吕克大学（Osnabrück University）皮肤科医生梅尔尼克（Melnik）指出，痤疮实属西方文明 mTORC1 激酶疾病家族的一员，可谓"皮脂腺毛囊的代谢综合征"！[4]

痤疮本身就是 HAIR-AN 综合征的常见症状之一，英文是高雄激素（Hyper-Androgenism, HA）、胰岛素抵抗（Insulin resistance, IR）与黑棘皮病（Acanthosis nigricans, AN）的缩写。它是前述多囊卵巢综合征的一种亚型，通常出现高雄激素皮肤特征，包括脂漏（皮肤很会出油）、痤疮、多毛症、月经不规律、雄激素性秃发、声音低沉、阴蒂肥大、肌肉量增加、胰岛素抵抗合并糖尿病症状、黑棘皮病等，5% 的女性有此状况。[5]

这类患者有明显增加的胰岛素浓度、升高或正常偏高的睾酮与雄烯二酮浓度，但孕酮与催乳素浓度正常，肾上腺激素也正常。因为细胞出现胰岛素抵抗，因此，胰岛素浓度会因为代偿而升高，促进卵巢过度制造雄激素。[5]

高胰岛素血症与高雄激素血症一起刺激表皮增生、黑色素制造，特别是胰岛素会结合角质形成细胞与成纤维细胞上的胰岛素受体，以及胰岛素样生长因子（IGF）受体，导致表皮过度增生，因而形成黑棘皮病。同时，胰岛素样生长因子刺激皮脂细胞，促进脂肪制造，导致皮肤出油与痤疮。[5]

因此，德国德绍医学中心（Dessau Medical Center）的祖布利斯（Zouboulis）医生认为痤疮不仅是一种常见的皮肤病，更是慢性系统性疾病的征象。[5]

✺ 02 代谢综合征与皮肤症状

▌代谢综合征与化脓性汗腺炎

28 岁女性业务专员 Stella，身形肥胖，在两侧腋下与胯下出现多颗疼痛且化脓的"痘痘"，反复发作 3 年，诊断为化脓性汗腺炎。她还有皮肤过敏、脸部玫瑰痤疮。

我深入询问，发现她年纪轻轻，已有高脂血症、高血压、肠易激综合征，服药勉强控制。她业绩好，却有个小小的减压习惯，就是去"深夜食堂"和朋友同事吃麻辣香锅，且指定重辣，一起吃烧烤，喝啤酒、葡萄酒、威士忌、高粱酒，不亦乐乎！

化脓性汗腺炎（Hidradenitis suppurativa）是多个小而疼痛的疖（Boil）慢性化脓后留疤的皮肤病，出现 2 个以上开口的粉刺，又称双粉刺，或出现瘘管，多分布在腋下、女性乳房下方、胯下、臀部、外阴部、肛周。病理过程是毛囊被角化物质堵塞→毛囊炎与顶泌汗腺扩张→炎症→细菌增生→破裂→化脓，皮下组织破坏扩大→溃疡，纤维化，形成瘘管。[1,2]

从青春期到更年期都有发生，多从 20～30 岁出现，35 岁以后自然缓解。女性较男性多，患病率可达 4%，往往妈妈遗传给女儿。合并有囊肿性痤疮、藏毛窦（Pilonidal sinus）。[1,2] 目前抽烟者罹患化脓性汗腺炎的风险，是不抽烟者或过去抽烟者的 9.4 倍，可能因为抽烟促使炎症反应。[6]

化脓性汗腺炎患者较一般人，更容易出现肥胖（BMI ≥ 30），以及腹部肥胖，优势比分别为 2.56、2.24。BMI 越高，发生化脓性汗腺炎风险越高，肥胖者只要减重 15%，就能显著改善病情。脂肪细胞实质上是独立的内分泌组织，会分泌大量促炎激素，促进患者病灶的慢性炎症反应，且易因皮肤皱褶的摩擦、高湿度及温热环境，恶化病情。[8]

▎代谢综合征与慢性荨麻疹

Sabina，一位 65 岁退休公务员，身形颇为富态。端午节过后，她来找我，从脸上抓到胸腹、大腿、脚底，全身出现瘙痒的风疹块。她抱怨昨晚吃完 2 个粽子后，半夜剧烈瘙痒发作，让她睡不着觉，拼命抓，又赶快去冲热水澡，暂时不痒了，可过了 10 分钟又开始瘙痒，后来都无法再入眠。她无辜地说："我以前怎么吃都没事啊，最近半年为什么吃这个也痒，吃那个也痒，昨天只是吃个肉粽，为什么痒了整晚，甚至可以说痒到现在？"

我查询她的验血结果，发现她的空腹血糖高达 13.9mmol/L，糖化血红蛋白达到 10%！糖化血红蛋白超过 6.5%，就可诊断为糖尿病，因此这数值真的太高了。我解释："高血糖会影响免疫系统，大大增加过敏机会喔！"

她不好意思地说："我就是爱吃，越老越爱吃，坐着没事就开始吃，我真的戒不掉吃，害死自己！"

过了一周，她再度来找我，慢性荨麻疹还在发作，我问她："你最近怎么吃？"

她说："上次听你的话，不再吃那些甜食了。最近改吃新鲜水果，可是为何还发作？"

我再问："吃哪些水果？"

她回答："每天吃菠萝、葡萄、荔枝、芒果、香蕉、木瓜……"

我听后快昏倒了，说："它们可都是高血糖指数食物，天然果糖的危害也不亚于添加糖啊！难怪你的血糖居高不下了。"

人性"贪食"，尽管瘙痒难耐、彻夜难眠，但大多数人嘴上就是不能不吃糖！

《欧洲皮肤性病学会期刊》一项以色列大型小区研究中，比较 11261 位慢性荨麻疹患者与 67216 位健康人，发现慢性荨麻疹患者有显著较高的 BMI，以及较高的肥胖、糖尿病、高脂血症、高血压、代谢综合征、慢性肾衰竭的患病率。分析发现，有慢性荨麻疹者，合并有肥胖、高脂血症的风险增加 20%，代谢综合征、高血压、糖尿病的风险增加 10%。[9]

由于代谢综合征会增加全身性的促炎因子，如白细胞介素 1、白细胞介素 6、肿瘤坏死因子、C 反应蛋白等，而且氧化压力增加、脂肪激素失调、凝血系统活化，这些都是恶化慢性荨麻疹的因素。[10,11]

▌代谢综合征与脂溢性皮炎

Johnson 是一位 60 岁的科技公司主管，头皮、后颈、额头、眉心、鼻侧长年有着脱屑、红色斑块，诊断为脂溢性皮炎。他以不太友善的语气质问我："为何有脂溢性皮炎？"

我回答："这与过敏体质有关，身体疾病、身心压力都有影响。您有哪些身体疾病？"

他说："没有啊，我身体都很正常啊！"

我进一步问："您在吃哪些药物？"

他说："我吃降血糖药和阿司匹林，验血、检查的数值都正常。"

我说："所以您有糖尿病和心脏病？"

他总算不再否认，诚实地说，他有糖尿病史 15 年，最近 5 年出现冠状动脉性心脏病，心脏陆续装了 5 根支架，但冠状动脉持续硬化狭窄中，2 个月前才因为胸闷，装上第 6 根支架，术后除了胸闷改善，他意外发现，脂溢性皮炎竟然好了 80%！

心导管竟然可以治疗皮肤病？

这可能因为心脏供血正常，血液射出率改善，皮肤组织的供血量与供氧量正常化，皮肤免疫系统恢复健康，改善了脂溢性皮炎。照顾好心血管，保证代谢健康，脂溢性皮炎也可能不药而愈。

一项研究比较脂溢性皮炎患者和健康人群的代谢指标，发现前者的高密度脂蛋白（High-density lipoprotein, HDL）浓度较低，且他们的血亲有较高概率出现糖尿病、心血管疾病、高脂血症。当高密度脂蛋白浓度越低，脂溢性皮炎的严重度越高。因此，脂溢性皮炎可以是代谢综合征的指标。[12]

为何如此呢？脂溢性皮炎源于皮肤接触糠秕马拉色菌及分解物时，出现异常免疫反应。糠秕马拉色菌能制造脂肪酶，产生花生四烯酸，引起皮肤炎症，菌体也促使角质形成细胞产生炎症激素，白细胞介素 6、白细胞介素 8、肿瘤坏死因子 - α 等，而高密度脂蛋白具有抗菌特性，当它减少时，糠秕马拉色菌就可能增生，导致脂溢性皮炎。[12]

▌高脂血症与发疹性黄色瘤

Gisela，35 岁，肥胖身材，这几个月以来陆续在前臂、手肘、膝盖、臀部出现黄色、质硬的丘疹，我马上怀疑她有发疹性黄色瘤（Eruptive xanthoma）。我立即询问："你有无高脂血症？数值多少？"

她敷衍地说："有啦！"却不愿意透露细节。

问了老半天，她才透露甘油三酯、胆固醇都超过 19.4mmol/L，空腹血糖也达到 10mmol/L。

黄色瘤为血脂过高，沉积于皮肤形成的黄色结节，依外观分为发疹性黄色瘤（常出现甘油三酯升高）、结节性黄色瘤（Nodular xanthomas，常伴随胆固醇升高）、肌腱性黄色瘤（Xanthoma tendinosum）、扁平黄色瘤（Plane xanthoma）、黄斑瘤（Xanthelasma）等。黄色瘤常发生在肥胖、糖尿病、动脉硬化、甲状腺功能减退、接受雌激素疗法、服用类固醇、多发性骨髓瘤、肾病综合征等人群身上。[2,13,14]

家族性高胆固醇血症（Familial hypercholesterolemia）是一种罕见的遗传性疾病，患者的低密度脂蛋白胆固醇数值超高，可达到正常人的 4 ~ 6 倍，因胆固醇沉积而形成的结节性黄色瘤，在儿童青少年或年轻成人阶段出现，局部性地分布于手肘、膝部、指关节与跟腱等地方。[2,15]

糖尿病与皮肤老化

进入老年，脸形或身形较富态的人，似乎皮肤看起来较年轻，但若有糖尿病，可能对外表弊多于利。

日本横滨市立大学医学院团队，针对平均 49 岁的肥胖糖尿病患者（BMI ≥ 25）以及一群健康人，进行皮肤检测，两组的年龄分布、性别组成相仿。研究发现前者角质层保水度较低，经皮水分散失较多，晚期糖基化终末产物较多，真皮胶原蛋白密度较低。

这都是年老者皮肤的特征。这表示，肥胖糖尿病患者会提早出现皮肤老化现象。[16]

糖尿病与皮肤感染

糖尿病患者经常发生皮肤感染问题，治疗反应差，伤害皮肤组织的程度大，甚至严重到出现败血性休克而死亡。

若糖尿病控制不佳，会出现以下常见的皮肤感染症状：

- 疖疮、疖痈发生率增加。
- 继发性的金黄色葡萄球菌感染，如甲沟炎、溃疡等。
- 蜂窝组织炎，多由金黄色葡萄球菌、A 群链球菌引发。
- 皮癣菌感染，如足癣、股癣、灰指甲。
- 念珠菌感染，在表皮，如腋下、乳下、外阴；在黏膜，如阴道内。[2]

🐟 03 心脑血管疾病与皮肤症状

▍心脑血管疾病与眼皮黄斑瘤

眼皮黄斑瘤（Xanthelasmata palpebrarum），是出现在上下眼皮的黄色扁平斑块，属于最常见的黄色瘤，边缘明确，多靠近内眦，斑块里面多是吞下许多脂肪的巨噬细胞，脂肪组成以胆固醇酯（Cholesteryl ester）为主。[2]

丹麦的"哥本哈根市心脏研究"是一项为期 30 年的大型追踪研究，共有 12000 多个成年人参与，数据分析显示 4.4% 有眼皮黄斑瘤，和没有眼皮黄斑瘤者相比，前者出现心肌梗死、缺血性心脏病、严重动脉粥样硬化、死亡的风险分别增加了 48%、39%、69%、14%。

所有年龄层的眼皮黄斑瘤患者，10 年内出现心肌梗死、缺血性心脏病、严重动脉粥样硬化、死亡的机会都显著增加，最高风险出现在 70~79 岁的男性，可达 53%，相较无眼皮黄斑瘤者增加了 12% 的概率。这项研究已经排除了常见代谢综合征风险因子的影响，包括血清胆固醇与甘油三酯浓度，也就是说，眼皮黄斑瘤的出现，可以独立预测以上心血管疾病与死亡。这项重要发现登载于《英国医学期刊》。[17]

为何会如此呢？黄斑瘤的脂肪是从血清过来的，显示血管中的脂肪促硬化机制正在进行，因此是动脉粥样硬化的生理指标。过去文献也指出，黄斑瘤患者血清总胆固醇与低密度脂蛋白胆固醇增加，高密度脂蛋白胆固醇减少。此项研究更指出他们的心血管疾病风险增加。[17]

由于黄斑瘤患者仅会因为美观理由，希望医生除掉它们，可是未能除去底下暗藏的心血管疾病风险。临床医生需要警示黄斑瘤症状，及早督促检查代谢综合征指标，进行饮食营养与生活方式调整，才能预防未来心脑血管疾病的到来。[17]

▍心脑血管疾病与角膜弓

角膜弓（Arcus corneae）又称为老年环（Arcus senilis），是一种灰色、白色或黄色的混浊斑块，沉积在角膜边缘，但与角膜缘（Limbus）之间有正常角膜透明带，代表着胆固醇酯沉积在角膜基质的细胞外质，成因和眼皮黄斑瘤类似，代表着血管中脂肪促硬化机制在进行，也是动脉粥样硬化的征象。

前述"哥本哈根市心脏研究"也发现，若同时有眼皮黄斑瘤与角膜弓，相较于没有两者的，前者出现心肌梗死、缺血性心脏病、严重动脉粥样硬化、死亡的风险分别增加了 47%、56%、175%、9%。让人印象深刻的是，和只有眼皮黄斑瘤的人相比，多了角膜弓，发生严重动脉粥样硬化的概率增加近 2 倍！不过，只有角膜弓，是无法独立预测心血管疾病风险的。[17]

▎心脑血管疾病与对角耳垂折痕

报载一名 58 岁的律师清晨骑自行车运动，忽然胸口绞痛，不到 1 分钟就丧失意识，送医身亡。勘验的法医断定他是心肌梗死，为什么？他说这位律师两侧耳垂都有明显褶痕。

在前文提到，对角耳垂折痕与冠状动脉性心脏病的关系，在这要进一步说明。

美国加州大学洛杉矶分校针对胸痛患者分析发现，对角耳垂折痕可以预测严重型冠状动脉疾病，也就是血管狭窄程度大于 50%，而且比临床常用的冠状动脉疾病风险评估量表（Diamond-Forrester algorithm）更有预测力，后者评估 3 项特征：胸骨下的胸痛、运动时的胸痛、休息可以缓解的胸痛。对角耳垂折痕在胸痛患者的检测敏感度为 91%，特异度为 32%，也就是说，有对角耳垂折痕的胸痛患者，91% 有严重型冠状动脉疾病；没有对角耳垂折痕的胸痛患者，32% 确实没有严重型冠状动脉疾病。[18]

此外，对角耳垂折痕也是唯一可以预测胸痛患者是严重型冠状动脉疾病的指标，其他广为人知的心血管风险指标皆未入选，包括上述风险评估量表、高血压、高胆固醇血症、抽烟、糖尿病、家族史。[18]

以色列一项针对急性脑卒中住院患者的研究，发现他们 79% 有对角耳垂折痕。根据脑部 CT 数据，发现短暂性脑缺血发作（Transient ischemic attack, TIA）患者中，73% 为有对角耳垂折痕，在脑卒中患者中则有 89% 是对角耳垂折痕者。[19] 西班牙研究也显示，双侧对角耳垂折痕可以独立预测缺血型脑卒中。[20]

临床上，评估颈动脉内膜厚度（Carotid intima-media thickness，IMT）是预测脑卒中的重要风险因子，它代表着动脉粥样硬化的程度。研究发现在健康人群中，有对角耳垂折痕者平均的内膜厚度是 0.88mm，比起无耳垂折痕者的 0.69mm，已经多出 0.19mm，且对角耳垂折痕的出现，和颈动脉内膜厚度呈现中度相关。[21] 在还没有出现有脑卒中的健康人中，对角耳垂折痕已经增加了未来发作脑卒中的风险！

正常下肢血压会高于上肢血压，如果测得下肢的血压比手臂的血压低，就代表可能有周边动脉疾病。测量出的上下肢血压比（Ankle-brachial index, ABI）正常值为 0.9～1.3，轻度至中度阻塞为 0.5～0.9，严重阻塞为 0.0～0.4。一项研究针对没有动脉硬化血管疾病的健康人进行测量，无对角耳垂折痕者的上下肢血压比平均为 1.1，但有对角耳垂折痕者，此数值降至 1.0。分析显示，对角耳垂折痕可以独立预测异常的上下肢血压比，且达到周边动脉疾病严重度者，出现对角耳垂折痕的概率更高。没有动脉硬化血管疾病的健康人常会忽略得周边动脉疾病的可能，这时，对角耳垂折痕可作为预测的有用指标。[22]

不只如此，日本研究针对有代谢综合征的成年人按照有无对角耳垂斜向折痕分组，两组在年龄与心血管风险方面相当，观察对角耳垂斜向折痕与动脉硬化心血管疾病的关系。结果发现，无对角耳垂斜向折痕者的端粒长度平均为 8600 碱基对，但有对角耳垂斜向折痕者只有 7600 碱基对，明显较短，这代表提早老化。[23]

看似福气的对角耳垂斜向折痕，竟然与冠状动脉性心脏病、脑卒中、周边动脉疾病、提早老化紧密相关，实在不能等闲视之！

不可忽略的脑卒中死亡率

人们觉得代谢综合征，就是正常老人会得的病，吃药控制就好了，若控制不良才会导致心脏病。其实，常见的脑卒中的原因就是它，且预后不佳。

一项中国研究中，成人缺血型脑卒中患者，90 天内有 10.6% 概率会再次卒中，90 天死亡率为 7.4%，预后最差的是心脏产生血栓打进脑血管的这个分型，其次是大动脉有动脉硬化，无法确定原因的脑卒中，最后是颅内小动脉疾病。[24]

另一项法国研究中，大于或等于 75 岁的脑卒中患者，相比于小于 75 岁的，前者有较长住院天数——11 天（后者 8 天），一年死亡率为 27%（后者 14%），和一年死亡率最相关的风险因子，包括脑卒中的严重度、出血型脑卒中（脑出血）、失智症。[25]

若能从对角耳垂折痕就看出端倪，及早治疗，可以挽回一条宝贵的生命呢！

▶ 关注焦点 | 休止期脱发

人平均头上有 10 万 ~ 15 万根头发。每根头发都从在头皮的毛囊中长出来，就像种子冒出芽，钻出泥土一样，但有许多毛囊隐藏在头皮里，就像许多种子躲在地底下。

许多动物到了春天就全身掉毛，这代表毛囊有生长周期，集体进入了休止期，但人类通常不会这么戏剧性地掉毛，而是所有的毛囊轮番掉毛，让人感觉不到。其实，头上 90% ~ 95% 的毛囊，在生长期（Anagen）状态，能够活 2 ~ 8 年，5% ~ 10% 在休止期（Telogen），这状态维持 2 ~ 3 个月，更少的头发在退化期（Catagen），为期 4 ~ 6 周。这也就是说，每天总有近 10% 的毛囊进入休止期，上面的毛发自然会掉落，每天掉 100 ~ 150 根头发，都属于正常。[26]

当毛囊不正常地都进入了休止期，引发广泛性、非瘢痕性的脱发，称为休止期脱发（Telogen effluvium）。这是因为某种刺激，导致大批生长期毛囊突然停止了生长，它们就会转入退化期，最后进入休止期，历时约 3 个月后，可见大批毛发掉落，持续约 6 个月，这是自限性的。常见病因如下。[26-29]

激素失调

影响毛发生长与分布的关键因素，就是激素。当甲状腺激素减少，就会影响表皮与皮肤附属器官如毛囊的正常细胞分裂，促进退化期，推迟休止期进入成长期。相反地，甲状腺功能亢进时也会引起脱发，但机制不详。

更年期后雌激素缺乏、催乳素升高，也会引起脱发。产后脱发（Telogen gravidarum）则多是生理性的，出现在产后 3 个月后，由于怀孕期间高浓度的雌激素将生长期延长，使头发比平常更茂盛，而产后雌激素下降至正常浓度，原来生长期的毛发同步进入退化期，出现大范围脱发。

身心压力

不管是心理上的压力（情绪压力），还是生理上的压力（发高烧、出血、慢性系统性疾病或外科手术），都可导致内分泌系统发生剧烈变化，如皮释素（CRH）、皮质醇、DHEA 等分泌异常，毛囊周围出现炎症而脱发。

营养素缺乏

有种核糖核苷酸还原酶（Ribonucleotide reductase），是 DNA 合成的重要酶，需要铁作为辅酶，缺铁时就会减少母质细胞增生。在休止期脱发的患者当中，有 20% 出现铁缺乏，血铁蛋白 200mg/L，但未到缺铁性贫血的严重度。因此，"缺铁性贫血才会导致休止期脱发"的说法有误，事实上，"缺铁就会导致休止期脱发"。

其他，如锌缺乏、维生素 D 缺乏、蛋白质与脂肪酸不足、进食热量过低等影响也很大。

系统性或自身免疫病

包括心脏衰竭、肾衰竭、炎性肠道疾病、白血病等，以及自身免疫病，如系统性红斑狼疮、干燥综合征等，容易出现休止期脱发。

另外，60% 患者血液中出现抗甲状腺抗体（Anti-thyroperoxidase antibodies）、或有桥本（自身免疫）甲状腺炎。

药物不良反应或毒物伤害

口服维 A 酸、避孕药、雄激素、β 受体阻滞剂（Beta-blockers，常见于抗心律不齐或降血压用药）、甲状腺疾病药物、抗凝血剂、降血脂药等。

重金属毒性、染发剂等化学药剂，也可能产生休止期脱发。

头发开始掉落 3~6 个月后才会停止。最重要的是找出以上病因进行治本，矫正上述病因后 3~6 个月，头发开始生长出来，但整个外观要恢复，可能需要 12~18 个月之久。[26]

⚜ 04 针对激素失调的常用功能医学检测

肾上腺激素检测

唾液皮质醇（Cortisol）检测，在一天内不同的 4 ~ 5 个时间点，如 7:00 ~ 9:00、11:00 ~ 13:00、15:00 ~ 17:00、21:00 ~ 23:00。

抽血检测促皮质素（ACTH）、皮质醇、皮质酮（Corticosterone）、脱氢表雄酮、脱氢表雄酮硫酸盐、孕烯醇酮（Pregnenolone），可计算皮质醇与脱氢表雄酮的比值，反映压力与抗压力的平衡状态。

甲状腺激素与自身免疫抗体检测

甲状腺激素血液检测包括促甲状腺素（TSH）、甲状腺素（T_4）、游离甲状腺素（Free T_4）、三碘甲状腺素（T_3）、游离三碘甲状腺素（Free T_3）、逆三碘甲状腺素（Reverse T_3），以及两种自身免疫抗体，抗甲状腺球蛋白抗体（Anti-thyroglobulin, Anti-TG）和抗甲状腺过氧化物酶抗体（Anti-thyroperoxidase, Anti-TPO）。

性激素检测

抽血检测以下性激素：

- 促黄体素（LH）、促卵泡素（FSH）、促黄体素 / 促卵泡素比值。
- 脱氢表雄酮、脱氢表雄酮硫酸盐、雄烯二酮（A-dione）、睾酮、游离睾酮、双氢睾酮（DHT）、性激素结合球蛋白（SHBG）。
- 雌酮（Estrone, E_1）、雌二醇（Estradiol, E_2）、雌三醇（Estriol, E_3）、孕酮（Progesterone）、孕酮与雌二醇的比值、雌酮与雌二醇的比值。

代谢综合征检测

抽血检测空腹胰岛素浓度、空腹血糖、糖化血红蛋白、晚期糖基化终末产物；甘油三酯、胆固醇、高密度脂蛋白胆固醇、低密度脂蛋白胆固醇、脂蛋白 [Lipoprotein（a）]。

此外，需要检查体脂组成、血压等。

心脑血管疾病指标

抽血进行血管内皮功能检测包括同型半胱氨酸、甲基丙二酸（MMA）、5- 甲基四氢叶酸（5-MTHF）、失活性叶酸（UMFA）、精氨酸、瓜氨酸、非对称性二甲基精氨酸（ADMA）、精氨酸与非对称性二甲基精氨酸的比值、对称性二甲基精氨酸（SDMA）。

验尿、抽血进行动脉粥样硬化进展检测，包括花生四烯酸过氧化物（F2-IsoPs）、氧化型低密度脂蛋白（oxLDL）、同型半胱氨酸、非对称性二甲基精氨酸（ADMA）、对称性二甲基精氨酸、微白蛋白（Microalbumin）、高敏性 C 反应蛋白（hsCRP）、髓过氧化物酶（Myeloperoxidase, MPO）、脂蛋白磷脂酶（LP-PLA2）、肌钙蛋白（Troponin T）。

基因检测

肥胖基因检测包括 *PPAR*γ、*ADRB2*、*ADRB3*、*GNB3*、*UCP1* 等。

血脂高（阿尔茨海默病、冠状动脉性心脏病）基因检测包括 *APOE*（*SNP1*）、*APOE*（*SNP2*）等。

2 型糖尿病基因检测包括 *TCF7L2*、*HHEX*（*SNP1*）、*HHEX*（*SNP2*）、*CDKAL1*、*SLC30A8* 等。

骨质基因检测包括 *VDR*（Fok）、*VDR*（Apal）、*ESR*（*SNP1*）、*ESR*（*SNP2*）等。

CHAPTER 11

中枢神经失调造成的影响（上）：
身心压力

01 压力影响皮肤的生理机制

美国前总统，也是美国史上第一位具有黑人血统的总统奥巴马（Barack Obama），在48岁当选总统，外貌神采飞扬，令人印象深刻，卸任总统时仅56岁，已是老态龙钟，对比他刚上任时的容貌，不是老了8岁，而是老了20岁，令人印象深刻。

美国总统可谓全世界最忙的工作，常因国事天下事而睡不好，巨大压力与睡眠不足的代价，就是加速皮肤与全身机能老化。

"脑－皮轴"

在压力下，从大脑启动"下丘脑－垂体－肾上腺轴"（HPA轴，压力轴），这是以激素系统为主的压力反应。此外，也启动"交感神经－肾上腺髓质轴"（Sympathetic-adrenal medullary axis，简称为"SAM轴"），这是以自主神经系统为主的压力反应。

在压力下，交感神经活化，直接刺激肾上腺髓质分泌肾上腺素、去甲肾上腺素这两种儿茶酚胺（Catecholamine），启动"战或逃反应"——心跳加速、呼吸急促、瞳孔放大、肌肉紧绷等全身性反应。肾上腺素和皮肤细胞的肾上腺受体结合，导致皮肤血流减少、淋巴细胞增生、细胞激素产生。去甲肾上腺素可以刺激树突细胞产生各种细胞激素。[1,2] 当淋巴细胞被活化、细胞激素大量分泌时，反过来干扰压力轴运作，如同蝴蝶效应般。[3]

垂体可直接分泌神经递质、P物质（Substance P）、催乳素（Prolactin）。肾上腺也分泌葡萄糖皮质醇与儿茶酚胺，包含多巴胺、去甲肾上腺素、肾上腺素，通过血液循环而影响皮肤。皮肤角质形成细胞也能自己制造肾上腺素，黑色素细胞和角质形成细胞也具有受体，分别影响表皮细胞分化，以及刺激黑色素制造。肾上腺素也会影响成纤维细胞的迁移，以及胶原蛋白制造，和伤口愈合过程有关。[4,5]

压力直接刺激皮肤分泌催乳素，刺激角质形成细胞增生，增加角质制造；诱使皮脂腺制造皮脂；刺激单核细胞与巨噬细胞产生血基质氧化酶（Heme oxygenase-1, HO-1）、血管内皮生长因子（VEGF），导致血管新生；拮抗皮质醇，具有免疫保护作用。[6]

压力通过多种神经免疫机制影响皮肤，称为"脑－皮轴"（Brain-skin axis）。[7,8]

事实上，在1cm²的皮肤里，就埋藏有1km神经纤维，能够分泌神经胜肽，包括P物质，以及神经滋养因子（Neurotrophin）。

先介绍P物质。在压力下，神经末梢分泌P物质，刺激肥大细胞释放组胺，以及增加巨噬细胞、中性粒细胞与其他炎症细胞浸润，刺激单核细胞与淋巴细胞释放细胞激素，增加表皮共生菌的毒性，增加神经性炎症反应。P物质可以说是大脑联系皮肤毛囊的重要媒介，和神经炎症也有关。[9]神经胜肽就是压力的局部反应，产生神经性炎症反应。[10]

此外，肥大细胞位居具有P物质的神经末梢及血管，是启动神经性炎症反应的开关，调控血管扩张与促炎因子的分泌，如组胺、细胞激素、血管内皮生长因子、一氧化氮、氧化酶等。[11]

在皮肤上的神经滋养因子，是神经生长因子（Nerve growth factor, NGF），促进压力引起的皮肤神经增生，并且影响过敏、炎症反应和表皮的其他压力反应。知名的脑源性神经营养因子（Brain-derived neurotrophic factor, BDNF）是神经可塑性、大脑学习与记忆功能的知名调控因子。[12]

神经生长因子会刺激皮肤肥大细胞，释出细胞激素，促进神经性炎症反应（Neurogenic inflammation）；促进角质形成细胞增生，减少紫外线诱发的细胞凋亡；促进成纤维细胞分化为肌成纤维细胞，是伤口愈合的关键步骤；在紫外线照射下，可以刺激黑色素细胞的移动以及树突化。[9]

皮肤不仅有自己的压力激素系统，还有自己的神经递质（Neurotransmitter，神经传导物质）系统，以前只知道中枢神经系统有，但皮肤就是暴露在外的神经系统。"脑－皮轴"牵涉的压力激素与神经胜肽整理如表 11-1 所示。[9]

表11-1 "脑－皮轴"牵涉的压力激素与神经胜肽 [9]

皮肤细胞种类	分泌压力激素	分泌神经胜肽
表皮角质形成细胞黑色素细胞	皮释素（CRH）、促皮质素（ACTH）、催乳素	神经递质、儿茶酚胺
真皮成纤维细胞	促皮质素、皮质醇（Cortisol）、催乳素	神经递质
肥大细胞	皮释素，并具有皮释素、皮质醇、催乳素的受体	具有神经递质、P 物质的受体
皮脂腺细胞	皮释素、催乳素	
神经末梢		P 物质、儿茶酚胺
血管	+	+
毛囊	皆有	皆有

〰 02 皮肤心身症：当压力诱发皮肤症状

皮肤症状往往与压力、大脑病理有密不可分的关系，此学问称为心理皮肤学（Psychodermatology）。它指出存在许多精神皮肤病（Psychodermatological disorder, PDD），包括四大类：心身症、大脑疾病合并皮肤症状、皮肤病合并大脑症状以及其他。根据德国波鸿鲁尔大学医院马夫罗乔古（Mavrogiorgou）等人阐述整理如表 11-2 所示。[13]

表 11-2 精神皮肤病举例

精神皮肤病四大类	个别疾病举例
心身症	多汗症、特应性皮炎、痤疮、抠抓者痤疮、单纯性苔藓、干癣、脂溢性皮炎、玫瑰痤疮、休止期脱发、荨麻疹
原发性精神疾病伴随皮肤症状	强迫症、焦虑症、拔毛症、抑郁症、妄想症、失智症、解离症、体化症、边缘型人格障碍症
原发性皮肤病并发精神症状	斑秃、白斑、神经纤维瘤、慢性湿疹
表皮感觉疾患	心因性瘙痒、舌痛、外阴疼痛

　　首先介绍皮肤心身症（Psychophysiological disorder, PPD）。心理压力会诱发或恶化皮肤病，患者也感受到压力和皮肤症状之间，有清楚的时序性关系，包括痤疮、玫瑰痤疮、特应性皮炎、干癣、斑秃、脂溢性皮炎、荨麻疹等。[9,14,15]

▌压力与痤疮

　　Selena 是位 40 岁的保险公司经理，她在额头、太阳穴、下颌、脖子处冒出红肿的痘痘，除此之外，前胸、后背、头皮、臀部也都有痘痘，下颌的痘疤形成了痤疮蟹足肿，难以消退，不定时变得又肿又痒。而且，鼻子、鼻侧、胸背出油或流汗厉害，还毛孔粗大。

　　怎么会这样呢？原来她长期肠胃不佳，加上业务压力大，时常胃痛腹胀，搞出了胃食管反流、胃溃疡，天天熬夜，累得不得不上床休息时，又难以入睡，吃了 5 年安眠药，虽然出现梦游的严重不良反应，但为了能入睡还是勉强继续吃。隔天起床觉得疲累，三餐靠喝大杯咖啡提神。

　　50% ~ 70% 甚至更多的痤疮患者，被发现在压力下症状会加重。[16] 压力本身，足以让痤疮发作，许多医生已经发现这点，直到一项试验性的研究确认了其因果关系：在面对考试的学生人群中，压力程度和痤疮发作程度有明显相关性。[17]

　　前文谈到皮肤本身就有小型的压力轴，压力通过以下机制恶化痤疮：

- 皮释素（CRH）：由下丘脑释放，刺激垂体分泌促皮质素，再刺激肾上腺分泌肾上腺素与皮质醇。皮释素能直接刺激皮肤里皮脂细胞上的受器，启动关键酶，促进皮脂制造[18]，还刺激角质形成细胞，分泌细胞激素，如白细胞介素6、白细胞介素11，促进炎症反应。[19]

- 促皮质素（ACTH）：刺激皮脂增生。

- α - 促黑素细胞激素（α-MSH）：会刺激皮脂增生。

- P 物质：在出现痤疮的皮脂腺旁，有大量神经纤维产生，富含 P 物质，其有三大作用。第一，刺激皮脂腺的增生与分化。第二，刺激信号分子 PPAR-γ的基因表现，刺激皮脂腺产生脂肪和促炎激素，包括白细胞介素 1、白细胞介素 6，以及肿瘤坏死因子 - α，增强炎症反应。第三，活化肥大细胞，增强神经性炎症反应。

由于表皮角质形成细胞在屏障破损或受到伤害（环境过干、紫外线照射）时，能够分泌多种细胞激素、化学介质、压力激素（糖皮质激素，即皮质醇），都能直接在大脑上引起情绪变化。因此，皮肤病灶极有可能反过来，直接左右患者的情绪！[20]

▌压力与玫瑰痤疮

情绪是玫瑰痤疮最常见的诱发因子之一，79% 患者报告有此状况。69% 患者表示情绪压力让他们每个月都发作痤疮。67% 患者被发现只要专注于减压活动，痤疮就能改善。[21]

不只是这样。在丹麦国家研究中，有 460 万民众罹患轻度、中重度玫瑰痤疮，各有 30725 位和 24712 位，分析发现，他们罹患抑郁症的风险提高了 89% 和 104%，罹患焦虑症的风险也增加了 80% 和 98%。显然玫瑰痤疮常合并精神疾病，临床医生必须关注。[22]

这是为什么呢？

原来，皮释素（CRH）能活化肥大细胞，这是过敏性疾病的关键角色，进一步释放促炎激素，如白细胞介素 6、白细胞介素 8，能导致脸部潮红。肥大细胞也释放组胺，导致血管扩张，形成脸部潮红与刺热感。而压力让皮质醇增加，活化了炎症路径，导致皮肤屏障功能受损。[21]

研究还发现：当一个人的抑郁分数增加时，血液中基质金属蛋白酶（Matrix metalloproteinases, MMPs）的浓度也增加，这正是形成玫瑰痤疮的一大病因。[23]

▌ 压力与特应性皮炎

强烈的瘙痒感，是特应性皮炎患者最大的困扰，心理因素更加重了瘙痒感与搔抓行为，形成"痒—抓—更痒—更抓"的恶性循环。[24]瘙痒牵涉皮肤过度敏感，感觉神经延长生长到表皮层，周边与中枢神经敏感化，中枢神经系统的一连串神经传导失调，可以加重，也可以抑制瘙痒感。[25]因此，针对神经感觉的治疗非常重要，包括心理治疗。[26,27]

压力通过影响免疫系统，将 1 型 /2 型助手 T 细胞平衡转为 2 型助手 T 细胞为主的反应，因而恶化了特应性皮炎。另外，也影响压力轴的激素分泌，产生压力反应。在压力下，连皮肤细胞自己也能分泌促皮释素，直接产生局部炎症反应，促使肥大细胞分泌炎症因子。[28]

美国大型研究显示，9 万多名 0～17 岁罹患特应性皮炎的儿童青少年，和没有特应性皮炎的儿童青少年相比，前者有较高精神疾病的患病率，包括注意缺陷多动症（优势比 1.87）、抑郁症（优势比 1.81）、焦虑症（优势比 1.77）、品行障碍症（优势比 1.87）、自闭症（优势比 3.04），且随着特应性皮炎的严重度增加，精神疾病的患病率也相应提高。[29]

中国台湾地区保健数据库分析也显示，同时被诊断有注意缺陷多动症、抽搐症的患者，比起只有单纯注意缺陷多动症或抽搐症患者，明显有较高概率出现过敏性疾病，包括特应性皮炎、哮喘、过敏性鼻炎、过敏性结膜炎。[30]

此外，美国另一项大型研究发现，没有特应性皮炎的成年人罹患抑郁症的概率为 10.5%，但特应性皮炎患者为 17.5%，且后者有更大风险得中度到严重的抑郁症，其优势比分别为 2.24、5.64。[31]

特应性皮炎患者常合并焦虑、抑郁等压力症状，压力症状又反过来恶化特应性皮炎病情，形成恶性循环，包括特应性皮炎在内的过敏性疾病，与多类型的大脑疾病是紧密相关的。

压力与结节性痒疹

Anita 是 55 岁公务人员，她一手抓着脖子后面，一手抓着左侧小腿，皮肤检查发现她在脖子、腹部、小腿处有多个瘙痒而隆起的结节，有些具有抓痕，且破皮流血。她痛苦的表情中带点快乐，一边抓得不亦乐乎，一边问我："为什么这 5 年来，皮肤痒都不会好？"

我回答："因为你一直抓才会一直痒啊！"

她说："可是因为痒，我才去抓啊！"

我回应："就是因为你一直抓，才会一直痒啊！"

结节性痒疹（Prurigo nodularis），和特应性皮炎一样，都是高度瘙痒的皮肤病，但其呈现圆形隆起、过度角化、瘙痒丘疹与结节，多对称分布，结节间因搔抓动作而出现线状排列。可能会出现一种很有特色的蝴蝶征象（Butterfly sign），唯独在上背与中背未出现病灶，这是因为"抓不到"。病程是慢性化的，平均为期6.4 ~ 8.7 年，女性、老年人会较频繁发作，瘙痒较强烈。[32]

患者最早出现瘙痒的皮肤症状，多次搔抓后出现增厚、肥厚、过度角化，变得慢性化而失去原先的皮肤特征，即使不搔抓，改善的速度也很慢。结节性痒疹患者肇因于皮肤与生理疾病所产生的慢性瘙痒，以及当事者持续的搔抓。最常见的皮肤原因就是特应性皮炎，又被称为特应性瘙痒（Atopic prurigo）。最常合并的生理疾病是精神疾病，包括抑郁与焦虑，其他有 2 型糖尿病、甲状腺疾病、丙型肝炎感染、非霍奇金淋巴瘤等。[33]

病因可能和神经产生病变有关，表皮与真皮的小神经纤维，在密度、分布和形态上都有了改变。[33]

压力与干癣

《英国皮肤医学期刊》研究发现，日常生活最高的压力程度，和一个月后的干癣发作相关，且和较低的皮质醇浓度有关。日常生活压力较高者，和压力较低者相比，前者皮质醇浓度更低。压力通过影响皮质醇，而导致干癣发作。显然，皮质醇较低者的皮肤对于压力比较敏感，可能引发干癣发作。[34]

压力与黄褐斑

巴西研究发现，压力在 4% ~ 7% 的黄褐斑个案中，是作为诱发因素，在 26.3% 的黄褐斑个案中，则是加重因素。[35,36]《英国医学期刊》一项案例对照试验发现，服用抗抑郁或抗焦虑药物者显著容易得黄褐斑（和一般人比较，优势比 4.96），这意指当事者的负面情绪症状，达到焦虑症、抑郁症或其他情绪疾病的严重度。而个人长期的焦虑性格特质（不只是当下的焦虑状态），也会提高黄褐斑发生概率（优势比 1.08）。[37]

为什么呢？如前文介绍，在压力与负面情绪下，下丘脑会增加分泌黑色素皮质素（Melanocortin），包含促皮质素与 α - 促黑素细胞激素，皮肤黑色素细胞都能独立接受其激素刺激，促进色素形成。[38] 黄褐斑病灶表皮层 α - 促黑素细胞激素和黑色素皮质素受体（MC1-R）比起附近的皮肤，都是增加的。[39]

压力与斑秃

尽管直接证据有限，但压力仍是斑秃发作常被提到的因素之一。[40] 斑秃患者较一般人群，更容易合并精神疾病，包括抑郁症、广泛性焦虑症、畏惧症、思觉失调症等。[41]

《英国皮肤医学会期刊》的一项研究指出，斑秃患者相较于一般人群，更容易合并焦虑症，但不容易合并思觉失调症。小于 20 岁的斑秃患者，较容易出现抑郁症（优势比 2.23）；20 ~ 39 岁的斑秃患者容易出现焦虑症（优势比 1.43）；40 ~ 59 岁的斑秃患者容易出现强迫症（优势比 3.00）与焦虑症（优势比 2.05）。半数精神疾病是在发作斑秃前就已经出现的。[42]

《美国医学会期刊·皮肤医学》的一篇韩国研究中，比较 7 万多名斑秃患者与年龄、性别相仿的健康人群，前者在蓄意自伤或精神疾病引起死亡上，多了 21% 的风险，特别是 35 岁以下的成年患者多了 68% 的风险，全头秃患者多了 85% 的风险。在全头秃患者中，因肺癌而死亡的风险多了 116%，可能与抽烟有关。显然，医生应多关注斑秃患者的情绪与心理健康状态。[43]

皮肤自己就有压力轴（HPA 轴），压力直接启动皮肤分泌皮释素、促皮质素、皮质醇，影响皮肤与毛囊状态，促进毛囊周边肥大细胞释放组胺与促炎性激素，让毛囊提早进入毛发的退化期（Catagen）。此外，焦虑症 / 强迫症患者血液皮质醇浓度、脑脊液的谷氨酸增高，可能同时影响大脑与皮肤，恶化斑秃。再者，因为外观缺陷的压力，斑秃可能反过来恶化焦虑症 / 强迫症。[42]

✍ 03 精神皮肤病：当压力制造皮肤症状

精神皮肤病即前述"原发性精神疾病伴随皮肤症状"，皮肤症状都是自我刻意造成的，和心理精神状态有关，本质上就是精神疾病，名列《DSM-5 精神疾病诊断准则手册》（以下简称《手册》），包括：

- 强迫症及相关障碍症：躯体变形障碍、抠皮障碍（神经性抠抓）、拔毛症、强迫症（重复洗手）、嗅觉关系综合征。
- 思觉失调症及其他精神病症：妄想症、身体型（寄生虫妄想）。
- 身体症状及相关障碍症：做作性障碍（人为皮肤病灶）。

▌躯体变形障碍

"当我照镜子时，看到鼻子毛孔粗大和痘疤凹陷，我就想死。"患者 A。

"秃头，让我对人生感到绝望，完全无法见人。"患者 B。

"我走在街上，别人看我，是因为觉得我很丑，别人没看我，也一定是觉得我很丑！"患者 C。

这三句内心话，描绘出躯体变形障碍（Body dysmorphic disorder, BDD）患者内心的痛苦与矛盾。根据《手册》，躯体变形障碍指当事者有以下特点：

- 执着于自己感受到的一种或多种身体外观的瑕疵或缺陷，但是别人无法察觉，或只认为是轻微的瑕疵。
- 对外表的担心已表现在做出一些重复性的行为（例如照镜子检查、过多打扮、抠皮肤或再三寻求保证）或心智活动（例如与他人比较自己的外貌）。

- 上述执着引起临床上的显著症状或社交、职业或其他重要领域的功能减损。
- 对外表的执着，无法由饮食障碍症对身体脂肪或体重的担心来做更好的解释。

《美国皮肤医学期刊》研究发现，躯体变形障碍的患病率在皮肤科门诊为 6.7%，在医美门诊达 14%。[44] 患者最常关注的部位是皮肤、毛发、鼻子[45]，他们常去诊所、常找医生、疯狂整形，却总是怪罪疗效不佳，控诉出现情况恶化，形成医疗纠纷。

躯体变形障碍患者在脑神经生理的病因，包括选择性注意、过度注意细节、威胁感、过度担忧，强迫症状相关的大脑回路"皮质 - 纹状体 - 丘脑 - 皮质"（CSTC）活动过强，神经递质失调，如 5- 羟色胺、多巴胺、γ - 氨基丁酸（GABA）。[46,47]

躯体变形障碍患者常有如下"心结"：

- 被嘲笑的早期经验。
- 依恋关系障碍，如家庭暴力、儿童虐待、性虐待。
- 低自尊，因此过度重视外表。
- 追求完美主义，过度低估自己、高估他人。
- 对拒绝或批评过度反应。
- 焦虑、害羞、抑郁、愤怒、脆弱。
- 压力事件。
- 来自社会文化的压力，对外表的过度强调。
- 来自媒体的压力，如广告暗示的理想外貌、社交媒体中的容貌比较。[46~48]

事实上，躯体变形障碍患者的生活质量，甚至比发作心肌梗死的患者还差[45,49]，超过 60% 罹患过焦虑症，38% 罹患过社交焦虑症，48% 曾有精神病史，45%～82% 有过自杀想法，22%～24% 出现过自杀行为[50]，需要被转介到身心科，接受认知行为治疗与药物（包括 5- 羟色胺再回收抑制剂）治疗。

在医美门诊，给躯体变形障碍患者最好的医美治疗，就是——不要治疗，但需要转介身心科医生协助。

抠皮障碍

Elsa 是一名 18 岁的高中三年级学生，就读于升学压力大的学校，她说摸到或看到自己的皮肤和头皮有突起，心里就不舒服，只有用手指抠掉，让它变平，才会觉得轻松。妈妈发现她在考试前几天，抠皮的行为最频繁，抓得"头破血流"，考完试几天，抠皮动作变得少些。Elsa 自己反倒不觉得抠皮和压力有任何关系。她知道一直抓下去，不只皮肤留疤，还可能导致秃头，但还是冲动地先抓了再说。她以前有慢性荨麻疹，四肢已经留下明显的皮肤瘢痕与黑色素沉着。

抠皮障碍（Excoriation disorder）是首度被列入《手册》的新兴精神疾病，当事者出现反复性、强迫性抠抓，导致组织损坏，又称为病态性抠皮（Pathological skin picking）、神经质抠抓（Neurotic excoriation）、抠皮癖（Dermatillomania）或心因性抠抓（Psychogenic excoriation）。[51]

抠皮障碍患病率为 1.4% ~ 5.4%，普及程度不亚于其他精神疾病。根据《手册》（Excoriation disorder），抠皮障碍指当事者有以下特点：

- 一再抠皮肤，造成皮肤损伤。
- 重复企图减少或停止抠皮肤。
- 因抠皮肤引起临床上的显著症状，或在社交、职业或其他重要领域的功能减损。
- 排除物质（可卡因）或身体状况（疥疮），以及其他精神疾病所导致。

抠皮障碍的诱发因素包括有压力，感到焦虑、无聊、疲劳或愤怒。此外，情绪调节障碍与情绪反应大，可以预测抠皮行为，这已排除了忧郁、焦虑的影响。[52] 若感到皮肤有肿块或不平，或者看到皮肤有污点或变色，也会引发抠皮。[51]

抠皮通常开始时是无意识、自动化的，但过了一段时间就变成有意识的、专注的。患者表示有 69% ~ 78% 的时间知道自己在抠皮，但不少人是在别人发现他们流血时才意识到。[51]

抠皮障碍的病因尚不清楚，但发现大脑运动控制回路失调，对停止信号的抑制反应不良（Stop-signal inhibitory control），以及情绪相关的冲动性较强。[51] 神经影像研究发现，抠皮障碍患者大脑白质路径（White-matter tracts）减少，特别是在前扣带回皮质处，但并未与抠皮、焦虑或抑郁症状严重度相关。前扣带回皮质正是抑制动作反应的重要神经部位。[53]

有学者推测，压力造成皮质醇与内啡肽浓度增加，刺激多巴胺的分泌，过度活化了基底核，因而引起运动障碍，可以说明抑制多巴胺的药物能改善症状。事实上，增加 5- 羟色胺的药物也有些疗效，可能抠皮障碍患者存在血清素系统失调。[13]

抠皮障碍有数种亚型，包括：

- 抠抓者痤疮（Acne excoriée, picker's acne）：当事者抠抓痤疮，导致痤疮的恶化与反复发作，慢性炎症导致明显痘疤，出现炎症后色素沉着。[32]
- 搔头皮症（Trichoteiromania）：强迫性地搔抓或摩擦头皮，常出现发干断裂，有时引起慢性单纯性苔藓（Lichen simplex chronicus）。患者出现"痒—抓 / 摩擦—痒"的行为模式，导致病情难以改善。[54]
- 抠甲症（Habit-tic deformity, onychotillomania）：反复伤害甲母质而导致指甲失养症（Nail dystrophy），患者无意识、反复地抠抓甲板，或往后剥甲小皮（Cuticle）。拇指最常受影响，甲板呈现中央凹陷，并出现横向而平行的脊。[32]

▌拔毛症

根据《手册》，拔毛症（Trichotillomania）指当事者有以下特征：

- 一再拔除毛发导致毛发量减少。
- 重复企图减少或停止拔毛发。
- 因拔毛发引起临床上的显著症状，或在社交、职业或其他重要领域的功能减损。
- 排除身体状况（如皮肤病），以及其他精神疾病所导致。

患病率在 0.6%～3.4%，患者拔除身体不同部位的毛发，最常见的如头发、眉毛、睫毛、阴毛等，持续从数分钟到数小时不等。从儿童晚期到青春期早期开始发作，有两种形态：一种是"自动型"拔毛，当事者自己没察觉正在拔毛，另一种是"专注型"拔毛，当事者看到或感到毛发不对劲，觉得毛发很粗、不规则或长错位置。[55]

引起拔毛的因素包括情绪压力、无聊、头皮感觉、对毛发细节的谬误认知等。拔毛症患者常合并抑郁症与物质使用疾患，10%～20% 患者在拔毛之后，会吞进肚里，称为吃毛症（Trichophagia），这些毛发有可能形成毛团（Trichobezoars）而堵塞胃肠道。[55]

美国芝加哥大学与明尼苏达大学一项针对拔毛症患者的研究中，发现 23% 合并一种或多种的焦虑症，合并焦虑症的拔毛症患者，会有更严重的拔毛症状，出现抑郁症，其一等亲有强迫症的风险增加，且在运动抑制（Motor inhibition）的认知能力测验中表现较差。治疗还需要改善焦虑症与加强放松训练。[56]

拔毛症涉及当事者的刺激与冲动控制能力障碍，此外情绪调节也有困难，特别是情感的觉察与表达障碍（Alexithymia）。脑生理研究还发现，"皮质－纹状体－丘脑－皮质"（CSTC）神经回路异常，5-羟色胺、多巴胺系统失调，还有谷氨酸系统失调。N-乙酰半胱氨酸（N-Acetylcysteine, NAC）可以通过调节谷氨酸系统，使半数的拔毛症患者出现明显的改善。[13]

▍强迫症

强迫症指当事人出现反复强迫思考，造成焦虑与不适，用反复的强迫动作来消除此焦虑与不适，造成显著的困扰或失能。

和皮肤相关的强迫思考包括怕弄脏、怕被感染。造成皮肤症状的强迫行为包括过度洗手、摩擦、抠抓。患者因此过度接触水和肥皂、过度摩擦，导致皮肤出现刺激性接触性皮炎、瘙痒或抓伤（Excoriation）。慢性抠抓或摩擦可导致皮肤的苔藓化，以及"痒－抓"的恶性循环。[32]

强迫症的形成，是古典制约与操作制约学习的心理结果，也牵涉"皮质－纹状体－丘脑－皮质"（CSTC）神经回路异常，5-羟色胺在其中起调节与抑制作用，却出现了失调。[13]

剪发癖（Trichotemnomania），是强迫性地剃（剪）光头发，但患者常不承认。这本质上是一种强迫症，而不是拔毛症。[57]

《美国皮肤医学会期刊》描述过这样一个案例：一位 28 岁女性患者从一年前开始，失去了所有的头发、眉毛、腋毛与阴毛，但仔细检查，毛囊开口还看得到黑色的发干，都在皮肤表面以下，显然是因为有一段时间未修剪所致，显微镜检查也显示头发有明显切面，而毛囊组织是正常的。

原来，患者一年前经历重大压力，她的男友离她而去，随后她出现了心因性发声障碍，当时精神科医生认为是突发性脱发引起的压力反应。其他医生也曾经诊断其为一种最严重的斑秃，即普秃（Alopecia areata universalis）。不过以上皮肤检查显然推翻了这个诊断。[58]

▌嗅觉关系综合征

Ruth 是高中二年级女生，向我抱怨自己腋下有"臭水沟味"，出现半个月了，妈妈摇头表示没闻到。我和其他医护人员凑上前嗅闻，也都没闻出味道。我问她："你最早怎么发现的？"

她想了想，说："坐我隔壁的女生跟我说，'你身上有臭水沟味！'我仔细闻，果然有臭水沟味！但我妈骗我闻不到，她是假好心。"

这时，我注意到她手臂上满是抠抓形成的黑色素沉着，原来她自幼有特应性皮炎，痒就抓，抓更痒，手臂色素不均且凹凸不平，害羞的她感到自己很丑，没勇气交朋友，学习成绩也不理想，每天心情不悦。或许自卑的她，过度在意同学这句"你身上有臭水沟味"的负面批评，不自觉地把外表当成自身失败的"代罪羔羊"，出现转移（Displacement）的心理防卫机制，夸大了想象中的臭味。

嗅觉关系综合征（Olfactory reference syndrome），指当事者持续并痛苦地想着，认为自己散发出难闻的身体气味，但他人并未嗅闻到。《手册》将其归类为"其他特定的强迫症及相关障碍症"，造成当事者焦虑、忧郁、社交退缩与人际关系苦恼。[59,60]

嗅觉关系综合征的拟定诊断准则如下：[59]

- 执着于持续的身体气味或口臭（Halitosis）的想法，尽管旁人解释并未闻到。
- 当事人认为此想法是不合理或过度的。
- 导致显著的痛苦或功能损害。
- 并非其他疾病所造成，或因其他生理原因所导致。

日本九州岛齿科大学针对 1000 多名女大学生的研究证实，社交焦虑明显带来更多的嗅觉关系综合征，以及病态性主观口臭（Pathologic subjective halitosis）。[61]

嗅觉是极主观的经验，有些自觉的臭汗症患者，可能只是嗅觉关系综合征。研究发现，液相层析法的客观技术并无法解释人类的主观嗅觉经验。事实上，嗅觉能力与觉察阈值受到种族、性别、环境、职业、生理状态、烟酒药物使用、心理状态与认知偏差等重大影响，个人传达的嗅觉经验是不可靠的，无法作为评估依据。[62]

还有许多身心疾病与嗅觉关系综合征类似：[59]

- 精神疾病，如妄想症（身体型）、严重抑郁症合并精神病特征、思觉失调症、情感思觉失调症、其他精神病症、失智症。
- 中枢神经疾病，如癫痫症、脑瘤、脑伤、三甲基胺尿症。
- 周边神经疾病，如慢性鼻窦炎、过敏性鼻炎、上呼吸道感染。

三甲基胺尿症（Trimethylaminuria），就是俗称的"臭鱼症"，这是一种罕见疾病。食物中的胆碱、卵磷脂，或氮硫化物会被肠道菌分解成三甲胺，这是鱼腥味的来源。正常人体的含黄素单氧化酶 3（Flavin-containing monooxygenase 3, FMO3）会将三甲胺代谢掉，而臭鱼症患者无法代谢，导致体内含有过多的三甲胺，随呼吸、汗液或尿液排出，出现臭味。[63,64]

寄生虫妄想

我曾在《临床精神药理期刊》（*Journal of Clinical Psychopharmacology*）发表过临床案例。

一位 67 岁男性本身有高血压、糖尿病、白内障、慢性肾衰竭，有皮肤瘙痒症状 5 年，两年前开始认为有虫寄生在身体与脸部皮肤中，导致他的瘙痒。当风吹起，他感到皮肤特别痒，搔抓后声称有看到小黑虫与虫卵，又说视力模糊是因为虫在眼睛里面移动。他认为眼皮变黑，是因为虫子的关系，揉眼皮是为了拨落虫卵。

皮肤检查显示，他在额头、脸、头皮、腰、背都有散布的抠抓性丘疹与结节，但并未有任何虫类感染，我诊断为人工皮炎（Dermatitis artefacta）。眼科检查显示他有两侧青光眼与右侧缺血性视神经病变。在进一步的精神状态检查中，被寄生虫感染的意念不可撼动，为有皮肤与眼睛症状的寄生虫妄想（Delusional parasitosis）。

此外，简短智能状态测验为 19 分（总分 30 分），CT 检查显示有脑萎缩，可能早期的失智症是根本原因。后来运用精神药物治疗，一个半月以后症状完全消失。[65]此案例报告被多篇皮肤医学与眼科学期刊论文所引用。

寄生虫妄想在《手册》中被归类为"妄想症、身体型"，出现不少于一个月的妄想，但并不符合思觉失调症。患者平均 57 岁，女性是男性的 3 倍，80% 都合并精神疾病，包括 74% 有抑郁症、24% 有物质滥用、20% 有焦虑症。患者通常主观压力也很大，影响人际关系与工作。[66]

患者可能出现火柴盒征象（Matchbox sign），喜欢收集他们认为有虫的"证据"，包括灰尘、脏污、植物纤维、动物毛发、疙瘩、皮屑，甚至有关过去病灶或虫的照片。他们出于幻觉描述虫爬感，可能将寄生虫归因于某次碰到脏环境或者性行为。也可能出现二联性精神病（Folie à deux），患者坚信家人被虫寄生，想尽办法要治疗他们，而家人也变得这么认为。[66]

这类"虫危机"要认定并非想当然，因为医生需要排除多种常见皮肤病，包括疥疮（疥虫感染）、禽螨诱发皮炎、宠物诱发皮炎、毛毛虫皮炎、农产品诱发皮炎（Grocer's itch）、人造纤维（Fiberglass）皮炎、物质诱发虫爬感与瘙痒（包括苯丙胺、可卡因等）、生理疾病诱发虫爬感与瘙痒（如甲状腺功能亢进、肝肾疾病）、思觉失调症与相关疾病、失智症和其他精神疾病（如焦虑症、强迫症、体化症）等。[66]

尽管没有任何证据有虫，但患者并不会因此而松一口气，反而到处找医生，试图找到一个相信他讲的话的医生。和患者说明到底有没有虫，几乎对他没有任何帮助，医生最好是做更全面的评估与处置。

有时，患者会反问医生："你是不是觉得我疯了？"

这时，医生可以这样回答：

- "我相信你真的很困扰，我想要帮助你。"
- "我认为我们有时都会感到有点疯狂，没关系，我们一起来关注你的症状，让你感觉好一些。"
- "有人说你疯了吗？如果真的这样，你的想法是什么？"
- "接受治疗可以减轻你所感觉到的虫爬感。" [66]

人为皮肤病灶

人为皮肤病灶（Self-inflicted skin lesions, SISL），过去又称人工皮炎、神经性抠抓、心因性抠抓、自我伤害等，也包含前述某些心理皮肤病。欧洲皮肤病与精神病学会（European Society for Dermatology and Psychiatry, ESDaP）将它分为两大类。[67]

第一类，隐藏或隐瞒的皮肤伤害行为。

- 有明确外在诱因的是诈病（Malingering），例如为了取得伤病保险金、争议事件的赔偿金，为了逃避上学等，制造某种皮肤病，故意恶化原先已有的皮肤病，或故意不遵守医嘱服药治疗，误导医生错误判断或制造错误病历。
- 无明确外在诱因的是佯病症（Factitious disease），又称孟乔森综合征（Münchausen's syndrome），例如受到家庭暴力的小孩自我伤害，制造出皮肤症状，获得父母或医疗人员的关注。其中有种特殊的代理型佯病症，照顾者故意在小孩的皮肤上制造伤害，以此得到医疗人员的关注。

第二类，没有隐藏或隐瞒的皮肤伤害行为。

- 病态的皮肤抠抓与伤害行为，以强迫行为为主的有抠抓者痤疮、拔毛症、噬甲症，以冲动行为为主的有割伤、烧伤、打击、制造瘢痕。
- 非病态的身体改变行为，包含文身、穿环（如耳环）、医美手术等。[67]

04 当皮肤病造成压力

皮肤病能导致巨大身心压力，心理症状有时比皮肤症状还明显，包括干癣、慢性湿疹、痤疮、血管瘤、鱼鳞癣、斑秃、白斑等。[68,69]

《英国皮肤医学期刊》的一项丹麦大型研究，追踪将近 25 万名干癣患者达 20 年，发现他们罹患抑郁症的风险较一般人高，在轻度、中度、重度患者中，各增加 19%、19%、50% 的抑郁症风险。最高风险人群是重度患者，且在 40～50 岁之间。若同时合并炎性肠道疾病，会增加抑郁风险，但干癣性关节炎则不影响。若过去罹患过抑郁症，后续再得抑郁症的风险也显著增加。[70]

干癣患者的生活质量明显下降。[71] 根据中国台湾长庚医院皮肤科的研究，女性寻常性干癣（Psoriasis vulgaris）患者的生活质量较差。若合并干癣性关节炎、干癣指甲侵犯、烧灼感、痒感，会让生活质量更差，但和疾病严重度、罹病时间长短无关。显然，照顾干癣患者需要格外关注心理层面。[72]

特应性皮炎患者身心压力也很大。丹麦一项病例对照研究显示，有较高自杀想法比例的皮肤病患者人群为干癣患者（21.2%）、特应性皮炎患者（18.9%），而湿疹患者（5.8%）、荨麻疹患者（6.3%）和健康人群（6.8%）无差异。[73] 特应性皮炎患者的忧郁分数，和其皮肤痒痛的程度有关。[73]

新西兰研究发现，有痤疮困扰的青少年有较多的抑郁、焦虑症状，和无此困扰的青少年相比，优势比依次为 2.04、2.3，且较容易出现自杀行为，优势比为 1.83，排除了抑郁或焦虑的影响，有痤疮困扰的青少年仍较易出现自杀行为，优势比为 1.50。[74]

挪威研究发现，14% 青少年有较严重的痤疮症状，平均 4 位患有严重型痤疮的青少年男女中，就有 1 位有自杀想法。较少或没有痤疮的女生有自杀想法的概率是

11.9%，但有较严重痤疮的女生则是 25.5%，风险超过 2 倍；较少或没有痤疮的男生有自杀想法的概率是 6.3%，但有较严重痤疮的男生则是 22.6%，风险超过 3 倍。分析发现，较严重痤疮和精神健康问题、朋友依附感差、在学校不努力、没有谈过恋爱等有关。[75]

最常造成生活质量下降的皮肤病前三名为皮炎（特应性、接触性、脂溢性）、痤疮、干癣。紧接着的依次为荨麻疹、病毒性皮肤病、霉菌性皮肤病。[76] 干癣、特应性皮炎、痤疮患者的自杀想法，和临床显著的情绪痛苦、身体形象改变、亲密关系困难、日常生活功能受损等有关。[69]

发达国家已注意到皮肤病与精神疾病间紧密的关联，目前精神皮肤病学（Psychodermatology）领域的国际学会有欧洲皮肤病与精神病学会、英国精神皮肤学会、日本精神皮肤学会[68]。它们指出，精神皮肤病的治疗目标需要涵盖：

- 觉察并治疗大脑症状，如抑郁与焦虑。
- 觉察并改善睡眠障碍。
- 处理社会隔离或退缩。
- 提升自信心。
- 减少生理不适。[68]

05 身心压力与皮肤老化

▌身心压力与整体老化

Lola 在餐厅工作，刚到门诊时，我发现她脸上布满褐色、黑色大小不一的斑块，合并黄褐斑与晒斑，脸颊与下巴皮肤松弛，有很深的法令纹、木偶纹，以及双下巴，皮肤也相当干燥。只看皮肤，我会猜她是 70 岁的女性。

我一翻病历，她 55 岁，上次来治疗是一年前。她主动说："这次隔了一年才来治疗，因为工作实在太忙了！我们餐厅老板都找不到员工，高峰时段，客人一直催上菜，而且火气大，我一急，压力也跟着大起来，一直这么干，都快累死了。晚上12点睡觉，早上6点起床，就赶去上班。餐厅里找不到人，没人愿意来做专职！"

我说："真苦了你的皮肤。"

她苦笑说："老板是美式风格，给员工自由，真有客人投诉才检讨。我们老员工喜欢过年加班，因为老板会每天额外发2000元红包，连续几天。所以不知不觉这样忙下去，到我再来就诊，已经是一年后了！"

显然，她的皮肤老化和工作过劳、压力大、睡眠不足脱不了关系。

有句话说："保持年轻的秘诀，就是多喝水、多运动、谎报年龄。"

年龄可以保密，皮肤外表可以通过美容治疗改善，但细胞内的老化时钟却无法更改。染色体上的细胞端粒（Telomere）长度代表细胞老化的程度，是真正的"生物年龄"。美国哈佛医学院癌症研究中心在《科学》（Science）上的一篇论文指出，当细胞端粒因年龄而耗损，不再能够当"安全帽"来保护染色体DNA时，加上肿瘤抑制蛋白p53突变，就会推动老化的引擎。接下来产生组织干细胞衰退、线粒体失能，危害各种组织的再生与能量支持，导致老化与各种老化疾病的产生。[77]

美国加州大学洛杉矶分校教授伊丽莎白·布莱克本（Elizabeth Blackburn）因卓越的端粒研究，于2009年荣获诺贝尔医学奖。她的研究团队针对20～50岁停经前健康女性（平均年龄为38岁），她们是育有健康或生病孩子的妈妈，检测周边血液单核细胞的端粒长度，发现心理压力（特别是养育生病的孩子），不管是主观的压力感或时间长度，和氧化压力过高、端粒酶（Telomerase）活性降低、端粒长度缩短明显相关。以上是三大细胞老化指标，端粒酶是用来维护端粒长度的重要酶素。

研究发现，主观压力感最大的女性端粒长度平均为3110bp（碱基对），压力感最小的女性人群为3660bp，前者端粒长度显著短550bp，若以健康人一年缩短31～63 bp的速度换算，前者比后者老了9～17岁！此重要研究结果发表于《美国国家科学院院报》（Proceedings of the National Academy of Sciences of the United States of America）。[78]

这告诉人们，同样都是38岁的年轻妈妈，因为心理压力大，可以比同年龄的其他妈妈老上 17 岁这么多！中年患者常爱质问医生："为什么我的皮肤这么松弛？为什么它一直长斑和皱纹？为什么做完治疗不久，整张脸又垮下来了？"

我会这么回答："首先，这已经是老化的结果了。其次，长期压力是最大凶手！"

慢性心理压力、氧化压力过大、提早老化、出现老化疾病（慢性疾病）与终极死亡，都有紧密关系，反映在细胞端粒长度的缩短。[79,80]老化并非成年之后才开始，若青少年时期遭遇霸凌，即使非肢体霸凌，在高度的心理压力下，他们的端粒长度也会出现缩短。[81]关键机制就是压力激素皮质醇，皮质醇导致细胞端粒酶活性降低，和端粒长度缩短有关。[82]

皮肤老化，往往是内在老化的结果。

▎身心压力与皮肤老化

《临床麻醉学期刊》（*Journal of Clinical Anesthesia*）一篇研究针对高工作压力的麻醉科医生，以及较低工作压力的检验科医生，评估生理与情绪健康程度和上脸与中脸的皮肤老化程度，并分析端粒长度，以及氧化应激指标。

结果发现，和较低压力的检验科医生相比，高压力的麻醉科医生生理与情绪健康较差，端粒长度明显较短，上脸与中脸皮肤较老化，自由基明显升高，呈现生理与皮肤的老化。[83]

若承受心理压力达到情绪障碍症的程度（如抑郁症、躁郁症等），当事者细胞端粒长度明显缩短，和同年龄没有情绪障碍症者相比，可提早老化 10 年！[80]相反地，接受治疗后，若端粒长度越长，当事者就觉得脸部外观改善越多，两者有紧密关联。[84]端粒长度可以说是一本掌管皮肤的"生死簿"！

在经典的新西兰但尼丁研究中，针对 1972 年 4 月至 1973 年 3 月出生的 1037 名居民，从出生追踪到 45 岁，检视其在成人时期有哪些精神症状，这些精神症状出自 14 种常见精神疾病，归纳为如下三大类型：

● **外化型疾病**：注意缺陷多动症、行为规范障碍症、酒精依赖、尼古丁依赖、大麻依赖、其他药物依赖。

- 内化型疾病：广泛性焦虑症、抑郁症、恐惧（包括社交畏惧症、特定畏惧症、特定场所畏惧症、恐慌症）、饮食障碍症（包括暴食症、厌食症）、创伤后压力症。

- 思考疾病：强迫症、躁狂症、思觉失调症。

同时，研究团队客观评估这些 45 岁的居民有哪些老化症状，包括询问："许多人自己觉得比实际年龄更年轻或更老。你觉得自己是几岁？"再分析老化症状与精神症状之间是否有关。

结果发现，1037 人中有 997 人活到 45 岁，也就是有 3.9% 在 45 岁之前已经过世。有较多精神症状者，会在 26 岁以后明显出现多项老化症状，和有较少精神症状者相比，可以提早老化 5.3 岁。前者容易感到自己和同龄人比起来更老。通过中立观察者来评估他们的照片，同样印证了有较多精神症状者有更显著的脸部老化，不管是属于上述三种类型精神疾病的哪一种。

同时，前者在 45 岁出现较多生理老化症状，涉及社交聆听（在嘈杂环境中聆听的能力）、视力、平衡感、走路速度、认知功能等方面。研究印证了精神症状与皮肤老化、生理老化的关系，此重要发现刊载于《美国医学会期刊·精神医学》。[85]

在慢性压力下，大量的压力激素，也就是葡萄糖皮质醇，将降低成纤维细胞功能，导致 I 型胶原、III 型胶原制造减少，在体外试验中减少达 80%。此外，白细胞从血液移行到皮肤，所分泌的炎症激素，如白细胞介素 1、肿瘤坏死因子 - α，都能上调胶原酶的基因表现，导致胶原的分解，形成皮肤老化。[86]

"外在美"，得先从"内在美"做起。人一生面对的心理压力五花八门，每个人都有压力，有些人动辄发飙，有些人从容优雅。

爱美的你，要纵容自己发飙，还是学习优雅呢？

雄激素性秃发与交感神经低下

中国台湾大学医学工程系特聘教授林颂然等人，思考"鸡皮疙瘩"现象，寒冷会导致交感神经活化，刺激立毛肌（Arrector pili muscle, APM）收缩，留住体表一层厚空气，形成冷空气绝缘体来保暖，此时，毛囊干细胞（Hair follicle stem cell, HFSC）活性也会同时提升，加速毛发再生以强化保温功能。

仔细看，交感神经会释出去甲肾上腺素（Norepinephrine），用类似神经突触调控毛囊干细胞，而立毛肌会维持交感神经对毛囊干细胞的支配。若没有去甲肾上腺素的刺激，毛囊干细胞就会进入休眠。在胚胎发育过程中，毛囊干细胞分泌所谓"音猬因子"（Sonic Hedgehog, SHH），促进"立毛肌－交感神经"栖位（Niche）的形成，控制成人后的毛囊再生。

由于雄激素性秃发患者的秃发处，毛囊失去立毛肌，交感神经也会从毛囊附近退离，因此交感神经低下也与雄激素性秃发的病理机制相关。这个发现刊载于重量级期刊《细胞》（Cell）。[96]

▶ 关注焦点｜多汗症、臭汗症

根据《美国皮肤医学会期刊》回顾文章，多汗症指的是汗液制造超过了体温调节的需求，通常在造成患者情绪、生理、社交上的不适时，才被诊断出来，对生活质量产生负面冲击。在美国至少有 4.8% 的人口受到影响，好发于 18～39 岁，男女相当，但女性更愿意求医。[87,88]

多汗症分成原发性与继发性。原发性占了患者人群的 93%，90% 都有双侧且典型的分布，进入青春期后，依好发概率依次为腋下（51%）、手掌（30%）、脚掌（24%）、头脸部（10%），少数位于腹股沟、臀部、乳下等部位。继发性占了患者人群的 7%，由多种生理疾病或药物所导致，呈现整体的流汗、不对称分布。在诊断出原发性多汗症之前，必须排除继发性的状况。[88]

多汗症最重要的原因，就是自主神经失调，导致正常的汗腺在神经刺激下过度活动。此外，部分患者是由于脑神经的情绪控制功能出状况。[88]

汗腺的分泌，是由交感神经的胆碱神经纤维（Cholinergic nerve fiber）所控制的，也受到肾上腺素等儿茶酚胺的刺激，特别在情绪导致流汗的状况下。然而，汗腺是体温调控神经回路的一环，从大脑皮质、下丘脑、延脑、脊髓侧角、脊髓旁交感神经节（链）、节后无髓鞘的交感 C 型神经纤维，最后刺激到汗腺的节后毒蕈碱类胆碱受体。[88]

在多汗症的患者中，汗腺的数量并未如想象中增加，也没有肥大，组织解剖都没有任何异常，唯一异常的是自主神经系统，包括交感与副交感神经两大部分，神经回路过度活跃，导致正常的汗腺出现过度分泌。许多研究指出，多汗症实质上就是复杂的自主神经失调[89,90]。研究证据包括多汗症患者的皮肤泌汗神经（Sudomotor nerve）反应增强，流汗时额叶皮质区活化，将手指浸入冷水时血管收缩反应更强，以上显示交感神经亢进；相对地，持续闭气用力（Valsalva maneuver）时，副交感神经反应变弱等。[88]

多汗症的另一重要原因，是大脑情绪调节问题。情绪性流汗（Emotional sweating）相关的神经回路是边缘系统、前扣带回皮质、下丘脑，特别和腋下、手掌、脚掌、额头与头皮等部位的流汗有关，受到大脑皮质的调控，而不会像前述体温调节流汗（Thermoregulatory sweating），受到其他体温调节神经回路的影响。[91]

继发性流汗的特征，多为不对称、单侧或全身性的流汗，出现夜间流汗，25岁以后才出现，无家族多汗症病史等。导致继发性流汗的原因包括过热、吃热的或辣的食物、发热、怀孕、停经等状况，以及一些病理状况，包括癌症、感染、内分泌代谢疾病、心血管疾病、呼吸道疾病、神经疾病、精神疾病等。[92]

多汗症带来许多皮肤病包括表皮细菌、霉菌、病毒的感染。多汗症的形态包括凹陷角质溶解、皮癣菌感染、寻常疣或足底疣、汗疱疹、湿疹样皮炎、臭汗症等。[93,94]

多汗症也对日常生活、工作、社交互动带来负面冲击，多汗症患者的生活质量甚至和罹患严重干癣、类风湿性关节炎、系统性硬化病、终末期肾病患者相当！当事者感到尴尬、挫折，且没有安全感、低自尊，很难适应学校生活和亲密关系，休闲活动也减少，带来明显负面情绪或忧郁。[88]

臭汗症不只和前述的表皮菌群失调有关，也导因于自主神经失调。

顶泌汗腺受到分布在皮肤上的交感神经，也就是肾上腺素与胆碱（Adrenergic and cholinergic）神经纤维的指挥，以及儿茶酚胺，如肾上腺素、去甲肾上腺素影响。这与汗腺受到胆碱神经纤维所指挥略有不同。因此，体气患者如果情绪变化大或情绪不稳定，体气当然会加重。[95]

>>> **CHAPTER 12**

中枢神经失调造成的影响（下）：
睡眠障碍、生理时钟

01 睡眠障碍与皮肤症状

最常见的睡眠障碍包括睡眠剥夺（睡眠不足，每天夜眠不足 7 小时）、失眠（入睡困难、睡眠中断、早醒）、熬夜或睡醒时间不规律，以及睡眠呼吸暂停等（表 12-1）。皮肤病会引起睡眠障碍，影响患者整体身心状况，继而恶化皮肤病。相反地，睡眠障碍会加重皮肤病，影响患者整体身心状况，继而恶化睡眠障碍。

表 12-1 美国国家睡眠基金会针对不同年龄，建议不同的睡眠时间

阶段	定义	睡眠时间（小时）
新生儿	0 ~ 3 个月	14 ~ 17
婴幼儿	4 ~ 11 个月	12 ~ 15
幼儿	1 ~ 2 岁	11 ~ 14
学龄前儿童	3 ~ 5 岁	10 ~ 13
学龄儿童	6 ~ 13 岁	9 ~ 11
少年	14 ~ 17 岁	8 ~ 10
青年	18 ~ 25 岁	7 ~ 9
成年	26 ~ 64 岁	7 ~ 9
老年	65 岁或以上	7 ~ 8

出处：美国国家睡眠基金会（National Sleep Foundation）。
注：中国定义新生儿为 0~1 个月，婴幼儿为 1~12 个月，幼儿为 1~3 岁。

睡眠障碍与特应性皮炎

英国爱丁堡大学皮肤科研究发现，患有特应性皮炎的孩童，每天的夜间睡眠比健康孩童平均减少 46 分钟，且前者抓痒或动来动去的状况是后者的 2～3 倍。[1] 中国台湾大学医院小儿部研究也发现，患有特应性皮炎的孩童比健康孩童，需要较长时间才能入睡，睡着后会醒来更长时间，睡眠效率较差。[2]

特应性皮炎患者睡不好，半夜频繁醒来，更容易察觉到皮肤痒，增加了搔抓的机会，且没有清醒意识能够控制搔抓的冲动。而且，在一晚的糟糕睡眠与搔抓之后，隔天特应性皮炎加剧了。从免疫系统来看，睡眠剥夺扰乱调节型 T 细胞的作用，将助手 T 细胞的 1 型 /2 型平衡转为 2 型为主的反应，因而恶化了特应性皮炎。[2]

睡眠呼吸问题也和特应性皮炎有关。

新加坡国立大学医院研究发现，习惯性打鼾的小学或学龄前儿童，出现特应性皮炎的风险更大（优势比 1.8）。[3] 中国台湾奇美医院研究发现，患有阻塞性睡眠呼吸暂停的患者（包括成人与孩童），出现特应性皮炎的风险多了 50%，但孩童若已罹患阻塞性睡眠呼吸暂停，出现特应性皮炎的风险增为 4 倍。[4] 这可能是因为阻塞性睡眠呼吸暂停与特应性皮炎都有系统炎症、氧化压力过高、交感神经亢进等问题。[2]

患有特应性皮炎的孩童，常合并身材矮小、注意缺陷多动症等发育问题，睡眠障碍正是关键所在。[5,6]

世代追踪研究发现，若在婴幼儿时期湿疹合并睡眠问题，就可以预测孩子长大到 10 岁时，更容易出现情绪问题（优势比 2.6）以及行为问题（优势比 3.0）。[7]

睡眠障碍与湿疹

Vivian 是位 48 岁女性大学教师，一年来困扰于两侧乳晕上的湿疹，既发红，又奇痒无比，在闷热与流汗后加重，也常在半夜突然痒起来，影响睡眠质量，她习惯性搔抓，又出现困扰的皮肤黑色素沉着。排除了癌前病变的可能，擦药膏后好些，但不擦药膏又复发。

原来她有过敏性鼻炎、过敏性结膜炎等过敏问题，又长期熬夜，阅读学术资料或撰写论文到半夜 3 点，早上 8 点起床，喝大杯黑咖啡就觉得活力百倍，觉得自己并不像别人那样需要那么多睡眠，有时为了开会，早上 7 点就得起床，十几年来，每天睡 4~5 小时是家常便饭。

我建议她："马上做出改变！每天睡够 7~9 小时，最好午夜 12 点前就要入睡，这还只是改善湿疹的第一步。第二步还需要注意……"

一个月后，她的湿疹已经改善 80%，除了感谢我，她回想恶化的那阵子，确实是睡得特别少。

美国一项针对 34000 名成年人的大型问卷调查发现，湿疹患者比一般人更容易出现常态性的失眠（优势比 2.36）、白天嗜睡（优势比 2.66）、疲劳（优势比 2.97）。湿疹、失眠、白天嗜睡、疲劳，正是负面健康状态的指标，特别是湿疹与睡眠症状一起出现的时候。分析发现，有两个风险人群最容易出现湿疹：一个是出现哮喘、过敏性鼻炎、食物过敏的人群；另一个就是有多种睡眠症状的人群。[8]

研究发现，在急性睡眠剥夺时，促炎因子如白细胞介素 1β、白细胞介素 6、肿瘤坏死因子 -α 的浓度增加；在慢性睡眠剥夺时，促炎因子如白细胞介素 1β、白细胞介素 6、白细胞介素 17 与 C 反应蛋白的浓度增加。[9] 睡眠不足或失眠促进制造炎症因子，加重了湿疹等炎性皮肤病。

▎ 睡眠障碍与干癣

在动物试验中，具有干癣的小鼠历经 48 小时的睡眠剥夺，血清中促炎细胞激素，如白细胞介素 1β、白细胞介素 6、白细胞介素 12 浓度增加，而抗炎细胞激素，如白细胞介素 10 浓度降低。前述促炎激素越高，血清中压力激素（Corticosterone）浓度也越高，且能预测越严重的干癣严重度指标角质层胰蛋白酶（Kallikrein-5, KLK-5）。在恢复正常作息（包括睡眠反弹的补觉行为）的 48 小时后，这些细胞激素异常变化就都回归正常了。研究指出，睡眠剥夺通过影响免疫系统、皮肤功能而恶化干癣，因此睡眠不足是干癣的风险因子。[10]

针对干癣与睡眠障碍的系统性文献回顾发现，干癣患者合并阻塞性睡眠呼吸暂停的比例达到 36%~81.8%，一般人仅为 2%~4%，比例相当悬殊，印证干癣常伴随代谢综合征等。不宁腿综合征在干癣患者的患病率为 15.1%~18%，一般人群仅为 5%～10%。干癣患者的失眠症患病率也偏高，和皮肤病灶的瘙痒与疼痛有关。虽然改善干癣的皮肤症状，就能改善失眠，但却无法改善阻塞性睡眠呼吸暂停。[11] 这显示需要针对干癣系统性的炎症问题做治疗。

如果干癣患者合并有睡眠障碍，和没有睡眠障碍的患者相比，会明显增加缺血性心脏病、脑卒中的风险，各为 25%、24%，此效应在年轻患者人群上的表现比中老年患者人群更为明显。[12]

睡眠障碍与痤疮

Fiona 是 28 岁的女性上班族，她抱怨："明明我吃痘痘药、擦痘痘药都很认真，好几周下来，为什么还是在长新痘痘呢？"

我说："事出必有因……让我深入了解一下，你晚上睡几个小时呢？"

这时，Fiona 露出腼腆的微笑，说："我追剧到半夜 3 点，早上 7 点爬起来去上班，算起来 4 小时。"

我说："你的睡眠不足，这和长痘痘可是有密切关系呢！"

美国克利夫兰医疗中心皮肤科研究发现，随着主观睡眠质量分数下降，痤疮的客观严重度指数显著增加。[13] 这可能因为在睡眠不足或质量不佳时，皮脂腺上的皮释素接收器大量增加，导致皮脂腺过度分泌油脂，这可是痤疮形成的重要因素。[14]

比起没有痤疮的人，痤疮患者毛囊的白细胞（CD4-T 细胞）显著增加，分泌促炎激素（白细胞介素 17）的细胞也增加了，可能恶化毛囊周边的皮肤，这是形成痤疮的要素。

睡眠障碍与皮肤感染

35 岁的 Jude 最近一周在臀部长出两颗肿痛的囊肿，让她"如坐针毡"，检查诊断为疖痈，细菌感染所致。原来她最近一周因为公司加班，晚上只睡 5 个半小时，加上在办公桌前久坐，对臀部某些部位造成压迫。

Jason 是一位 30 岁年轻工程师，一年前双手长出 9 颗病毒疣，他怀疑和接触不洁的公用计算机有关。他抱怨接受冷冻治疗和擦药膏已经半年，治疗效果仍不佳。

原来，这份工作压力大，熬夜加班，睡前他打游戏解压，一打又拖延了 2 小时，从半夜 3 点睡到早上 7 点起床，只睡 4 小时。过短的睡眠可能影响免疫力。

芬兰一项研究，让健康男性受试者进行 5 天的睡眠限制，每晚只睡 4 小时，结果他们的血液检测数据如下。

- C 反应蛋白浓度：增加 45%，即使再睡了两天 8 小时的恢复性夜眠，还是继续增加了 131%。
- 白细胞数量：自然杀伤细胞数量降低 35%，B 细胞增加 21%，但在恢复性夜眠后恢复；周边血液单核细胞增加了 133%。
- 促炎激素：白细胞介素 1β 增加了 37%，白细胞介素 6 增加了 63%，白细胞介素 17 增加了 38%，在恢复性夜眠后仍增加了 19%。

睡眠不足特别冲击免疫系统，自然杀伤细胞数量减少，和皮肤感染症的形成有关，而促炎激素（白细胞介素 17）大量分泌，也加重了皮肤炎症[17]。

研究指出，睡眠质量不佳或睡眠时间不足（一般以每天 6 小时或 5 小时为切分点），导致免疫系统失调而容易感染。

- 杀菌的免疫力变差，T 淋巴细胞减少、自然杀伤细胞活性降低。
- 促炎因子增加，如白细胞介素 1β、白细胞介素 6、肿瘤坏死因子 - α、C 反应蛋白增加。
- T 细胞端粒长度减短（意味着免疫系统老化）。[18]

神经心理免疫学研究显示，在心理压力下，原来在皮肤与黏膜的菌群，还会移行（Translocation）到局部的淋巴结中，造成感染加剧。[19]

▌睡眠障碍与玫瑰痤疮

中国案例对照研究发现，玫瑰痤疮患者与健康人群相比，前者较多有睡眠质量差的问题，比例分别为 52.3%、24.0%。玫瑰痤疮患者相较健康人群，有 3.5 倍的风险会出现睡眠质量差，且重度玫瑰痤疮患者相较于轻度至中度玫瑰痤疮患者，有

1.8 倍的风险出现睡眠质量差。[20]

此研究发现两种基因多态性与玫瑰痤疮、睡眠障碍同时有关，包括 *HTR2A* 基因（5-Hydroxytryptamine receptor 2A genes），负责制造 5- 羟色胺受体，其变异与抑郁症有关；以及 *ADRB*1 基因（Adrenoceptor- β 1 genes），调节肾上腺素（激素）、去甲肾上腺素（神经递质）作用，此受体主要分布于心脏，与基础心律有关。这也支持了玫瑰痤疮形成的压力、血管因素。[20]

动物试验也发现，具有玫瑰痤疮症状的老鼠经历睡眠剥夺后，玫瑰痤疮症状恶化了，且多种玫瑰痤疮相关的致病炎症因子表现都增强了，包括基质金属蛋白酶 9（Matrix metallopeptidase-9）、Toll 样受体 2（Toll-like receptor-2）、抗菌肽（Cathelicidin antimicrobial peptide）与血管内皮生长因子（Vascular endothelial growth factor, VEGF）。显然，睡眠障碍可以通过炎症机制，导致玫瑰痤疮恶化。[20]

▌睡眠障碍与黄褐斑

Elizabeth 55 岁，颧骨特别高耸，上面两块深褐色的黄褐斑，她抱怨做过一段时间的激光治疗，效果不佳，此外还有脸色蜡黄、黑眼圈的困扰。她自诉"天生丽质"，年轻时从来不长斑，很少户外活动以及日晒，前阵子出现阴道出血异常，检查有子宫内膜异常增厚，已施行刮除术，检查是良性增生。

当我问到睡眠状况时，她说："我 45 岁以后就浅眠，躺到床上会烦恼工作和家务事，没办法控制，很难入睡，一有声音就醒来不能再睡。50 岁更年期更严重，整晚翻来覆去都睡不着。但我发现，若睡得好黄褐斑会变浅，睡不好颜色就加重……朋友都说我的黑眼圈像我在吸毒！"

我遇见过太多这样的案例，黄褐斑治疗效果不佳，却发现睡得好黄褐斑浅，睡得差黄褐斑深，显然，改善睡眠是这类患者的首要任务。

前面已讨论过身心压力与黄褐斑有关，但目前尚未有研究探讨睡眠障碍与黄褐斑的关系。不过，研究指出，睡眠剥夺也对身体产生压力，会降低皮肤屏障功能的修复，增加血清白细胞介素 1β、肿瘤坏死因子 - α，加上压力也会影响雌激素 / 孕酮表现，推测和黄褐斑形成的炎症与激素失调有关。[21,22]

▌睡眠障碍与皮肤癌

西班牙一项针对 82 位罹患皮肤黑色素瘤患者的研究中，有 60.7% 罹患睡眠呼吸暂停，严重性指标呼吸暂停低通气指数（Apnea-hypopnea index, AHI）≥ 5，14.3% 符合严重睡眠呼吸暂停，AHI ≥ 30。研究发现，血氧饱和度下降指数（Oxygen desaturation index, ODI，或称缺氧指数）越高，黑色素瘤生长速度越快，且和侵袭性（恶性度）有关。[23]

为何如此呢?

原来，间歇性的缺氧早已被发现与缺氧诱导因子（Hypoxia-inducible factor-1, HIF-1）的产生有关，这是一种促进癌症发生的分子。另外，血管内皮生长因子（Vascular endothelial growth factor, VEGF）和肿瘤的血管新生作用与转移有关。已有许多研究支持间歇性的缺氧与肿瘤生长、癌症发生和死亡率都有关。[23]

另一项针对 443 位黑色素瘤患者的研究发现，呼吸暂停低通气指数，或血氧饱和度下降指数最高的 1/3 人群比起最低的 1/3 人群，多出 93% 的概率得侵袭性的黑色素瘤。[24]

▌睡眠障碍与斑秃

韩国分析保健数据库发现，有睡眠障碍的人群比一般人群得斑秃的风险增加 65%，特别是 44 岁或以下人群。在排除相关干扰因子后，睡眠障碍不只是增加斑秃风险 91%，也增加其他并发症风险，包括类风湿性关节炎（89%）、格雷夫斯病（甲状腺功能亢进）72%、桥本甲状腺炎 64%、白斑 54%，以及实体器官癌症 10%。

研究证实，睡眠障碍是斑秃的独立预测因子，且和甲状腺与皮肤自身免疫病、癌症有关。睡眠不足本身就形成压力，刺激肾上腺压力激素的分泌，并产生自身免疫抗体，斑秃与多种自身免疫病有多种共通的免疫系统基因变异，包括 *CTLA4*、*IL-2/IL-21*、*IL-2RA* 等。[25]

▌睡眠呼吸暂停与雄激素性秃发

韩国一项研究中，睡眠呼吸暂停与其他睡眠参数，并未发现与雄激素性秃发有关，但若是睡眠呼吸暂停患者又合并脱发家族史，比起两者都没有的人，有高达 7 倍的风险发生雄激素性秃发。

血清转铁蛋白饱和度（Transferrin saturation）代表有多少百分比的转铁蛋白与两个铁离子结合，雄激素性秃发患者，以及有睡眠呼吸暂停但无雄激素性秃发的患者，比起两种疾病都没有的人，都有较低的转铁蛋白饱和度。研究团队推论，缺氧有可能是连接睡眠呼吸暂停与雄激素性秃发的因素。[26]

🌀 02 睡眠障碍与皮肤老化

▍暂时性睡眠剥夺与皮肤老化

讲到皮肤老化，我先分析一个比较轻松的议题：皮肤老态。

《英国医学期刊》一项瑞典卡罗琳斯卡学院的研究中，招募 23 名 18 ~ 31 岁的成年男女，并安排两种状况：一是正常夜眠，至少涵盖了前一天晚上 11 点到当天早上 7 点的 8 小时睡眠，并且清醒 7 小时，直到在下午 2 ~ 3 点进行脸部摄影。另一状况是睡眠剥夺，凌晨 2 点睡到当天 7 点就起床，并维持 31 小时的清醒，撑到隔一天的下午 2 ~ 3 点再进行脸部摄影。摄影图片由另一群不知情的观察者评估，在 0 ~ 100 分的视觉量表上评定健康、疲惫感、吸引力。

结果发现，在急性睡眠剥夺状态下看起来不健康（较正常夜眠状态，少了 5 分），更疲惫（多了 9 分），以及不具有吸引力（少了 2 分）。健康分数少得越多，疲惫感增加越多，吸引力减少越多。[27]

这项研究指出，睡眠状况会影响人际感知与判断。演化心理学也发现，脸部具有吸引力时，传达出健康的信息，选择此配偶有助于将基因成功地传递下去。[28]

睡眠状态明确影响了脸部外貌，这在临床医疗中格外重要，印证了"睡美容觉"（Beauty sleep）确实有益。成功的医生比一般人群，甚至医生同行懂得"察言观色"，更能了解患者在睡眠与健康上和健康人有异的细节，给予相应的医疗建议。[27]

卡罗琳斯卡学院团队的研究还发现，急性睡眠剥夺状态相较于正常睡眠，更容易出现眼皮下垂、眼红、眼睛浮肿、眼下黑眼圈、皮肤苍白、皱纹或细纹、嘴角下垂等特征，在 0 ~ 100 分的视觉量表上差距在 3 ~ 15 分。在睡眠剥夺状态下看起来有悲伤感，并和疲惫感密切相关。[29]

睡眠障碍与皮肤老化

如果长期睡眠时间或质量不佳，对于皮肤的影响又是如何呢？

一项研究中，将 60 位健康美国白人女性依据其睡眠质量分为两组：一组是每天睡眠时间 ≤ 5 小时，匹兹堡睡眠质量指数（Pittsburgh sleep quality index, PSQI）>5 分；另一组是每天睡眠时间 7 ~ 9 小时，匹兹堡睡眠质量指数 ≤ 5 分。然后，使用客观测量方法评估皮肤的内在与外在老化。

两组平均年龄为 37.5 ~ 39.6 岁，在年龄、肤色分级、BMI 上无差别。分析发现，好眠者内在皮肤老化程度明显低很多；少眠者的经皮水分散失程度高，意味着皮肤屏障功能较差。运用撕胶带测验（Tape stripping）破坏皮肤屏障功能的 72 小时后，好眠者比少眠者多了 30% 的皮肤修复；经过紫外线照射的 24 小时后，好眠者的皮肤红斑反应较快消退。

研究验证了长期睡眠质量不佳和皮肤内在老化症状、皮肤屏障功能变差、对外观较低满意度等都有关。[30]

阻塞性睡眠呼吸暂停与皮肤老化

对于有阻塞性睡眠呼吸暂停的患者，日复一日处于睡眠窒息状态，大脑、身体都缺氧，到了白天总是睡眼惺忪，该怎么办呢？

还好，通过正压呼吸器治疗，他们不只改善了睡眠，和治疗前相比，连脸部外观也改善了：变得更有精神、更年轻、更有吸引力。运用客观的摄影测量法（Photogrammetry）发现，治疗后额头表面积减少，下眼眶与脸颊潮红降低，且治疗后从脸颊潮红的降低程度，可预测主观精神的改善程度。[31]

为什么阻塞性睡眠呼吸暂停患者睡眠改善后，额头表面积减少了呢？阻塞性睡眠呼吸暂停会影响心脏血液输出与体液回流，造成眼皮、额头、脸部浮肿，通过治疗改善后，额头的皮下组织自然恢复了。此外，睡眼惺忪时会不自觉地额肌用力，增加了皱纹与额头表面积，治疗后也能一并改善。[31]

🌀 03 昼夜节律、蓝光与皮肤症状

▎昼夜节律失调与皮肤感染

Jessica 是一位 47 岁的女主管，经常有感冒、唇疱疹、泌尿道感染、阴道炎，还有灰指甲，吃药擦药后还是反复发作。上周，她左侧胸部还出现了带状疱疹。她抱怨："我不吃垃圾食物，没什么身体疾病，隔天就到健身房锻炼，每天睡 7 小时，最近压力也不大……为什么我一直感染？"

我问："你每天能够睡 7 小时，现代人普遍做不到，那你是几点睡到几点呢？"

她说："我下班已经 10 点，累了总得放松嘛，就刷手机追剧，半夜 3 点睡，早上 8 点起床，去上班路上、午休的时间再补点觉，拼拼凑凑就有 7 小时啊！"

我说："原来如此，你可能是因为昼夜节律紊乱，导致抵抗力下降而感染喔！"

《免疫学期刊》（*Immunology*）的经典试验中，"熬夜组"的小鼠每周有一天黑夜时间被缩短 6 小时（称为"时相前移"），为期 4 周，"好眠组"小鼠保持正常的"白日—黑夜"节律。接着，为两组小鼠注射细菌内毒素，诱发感染与败血性休克。

结果发现，24 小时后，比起"好眠组"，"熬夜组"的小鼠体温较低、促炎因子浓度较高，显示炎症失控。一周后，"好眠组"的死亡率为 21%，"熬夜组"的死亡率竟高达 89%！

睡眠检查显示，"熬夜组"睡眠时间长度并没有减少，睡眠参数一样，但细胞"时钟基因"的表现变了，是昼夜节律紊乱导致了严重感染与死亡，而非睡眠不足或压力！[32]

这研究也让我了解到，为何我在医院值班的多年岁月中，每个月都会感冒，一

感冒要两周才恢复。"熬夜组"的小鼠每周有一天昼夜紊乱，"熬夜组"的医生每周有 2～3 天昼夜紊乱；"熬夜组"的小鼠每周睡眠时间长度并没有减少，"熬夜组"的医生若运气差则整晚不能睡觉，一周少 16～24 小时的睡眠；"熬夜组"的小鼠死亡率高达 89%，"熬夜组"的医生死亡率会是多少？

▌ 昼夜节律与皮肤健康

昼夜节律（Circadian rhythm），又称生理时钟，调节着免疫系统、细胞激素、皮质醇以及皮肤生理运作。

在下丘脑的视交叉上核（Suprachiasmatic nucleus, SCN），接受来自视网膜上日夜光线的变化，是一个中央（中枢神经）的"大时钟"，皮肤也接受来自环境光线、紫外线、温度、湿度、污染物等影响，就像是周边（组织器官）的"小时钟"，肝脏也是个重要的"小时钟"。每个细胞则是"微时钟"，受到"小时钟"与"大时钟"的调控，彼此维持一致。[33]

皮肤是一个免疫器官，受昼夜节律调控，白天晚上都不同。在夜间，促炎细胞激素如白细胞介素 1β、白细胞介素 2、白细胞介素 6、肿瘤坏死因子 - α、γ 干扰素分泌增加，还有促进睡眠作用。但抗炎细胞激素，如白细胞介素 4、白细胞介素 10，在人醒来之后才大量分泌，产生抑制睡眠的作用。[34,35]

老鼠在正常情况下，是白天睡觉、夜间进食，和人类相反。研究人员想看看"日夜颠倒"对人类的影响，故意在白天光照环境下喂食老鼠。

中国农业大学与美国加州大学尔湾分校的老鼠试验中，比较正常进食时间（半夜吃得多）的老鼠，和特定进食时间的老鼠之间，是否有皮肤、肝脏生理节律与皮肤健康指标的变化。特定进食时间包括只在早上 4 小时内吃、在中午 4 小时内吃、在晚上 4 小时内（睡前）吃，或在白天 8 小时内吃。

结果发现，中午吃的这组，皮肤生理时钟提前了 4.2 小时，早上吃的这组生理时钟延后了 4.7 小时。肝脏的生理时钟相对固定，只和它们开始摄食的时间有关。晚上吃的这组，皮肤生理时钟基因表现分子 Per2 浓度，比白天进食的 3 组高。

进食时间影响了皮肤细胞的转录体（细胞所转录出 RNA 的总和，Transcriptome）表现有 10% 之多。在进食后，表现减少的基因有：饥饿反应、细胞自噬、氧化压力反应、细胞增殖的负面调控、脂肪氧化；表现增加的基因有：脂肪合成、蛋白质制造。这显示皮肤代谢在进食前是氧化的，进食后是合成的。

进食时间并未改变毛囊表皮干细胞 DNA 制造的生理时钟，但相较于正常进食组，其他组的干细胞生长数量都减少了。同时，DNA 受到中波紫外线 UVB 破坏的情况，晚上吃的组、正常进食组（半夜吃得多）是夜晚比白天严重，早上吃或中午吃的组，则是白天比夜晚严重。而修补 DNA 损害的基因 *Xpa* 表现，只有在正常进食组是好的，其他组都下降。

研究团队指出，不正常进食时间，将导致皮肤细胞氧化机制以及细胞分裂的生理时钟出现失调（Asynchrony），造成活性氧的 DNA 伤害增加，可能危及皮肤干细胞，和皮肤老化与癌化有关。[36]

经典老鼠研究如果"翻译"到人类身上，可以这么说：晚上吃夜宵或半夜还在吃东西的人，生理时钟变乱，皮肤干细胞将会减少，受到紫外线的伤害更严重，因为修补 DNA 损害的基因表现弱，皮肤会提早老化，甚至发生癌症！

▌昼夜节律失调与特应性皮炎

特应性皮炎患者常有夜间瘙痒，明明睡着却不自觉搔抓，导致早上起床，看到自己浑身是血。为何如此？

皮肤细胞表现着昼夜节律基因，包括 *CLOCK* 基因（Circadian Locomotor Output Cycles Kaput）与 *BMAL*1 基因（Brain and MuscleArnt-like protein-1），影响了皮肤生理。

- 皮肤血流速度在下午与傍晚较快，在睡前的深夜又再度快起来。[37]
- 皮脂在夜晚制造较少，经皮水分散失又较多，导致特应性皮炎患者夜间瘙痒。[38,39]
- 皮质醇在入睡后降到最低，也导致瘙痒感在夜间加重。[38]

中国台湾大学医院小儿部研究还发现，患特应性皮炎的孩童，若早上的白细胞介素 4 较高，睡眠效率较佳，相反地，若 γ 干扰素与白细胞介素 4 的比值较低，睡眠效率较差，且早上的白细胞介素 31 较高，第一期睡眠（最浅眠期）比例较低。[2]

昼夜节律影响免疫状态，特应性皮炎患者需要高度重视夜间睡眠的时间安排。

▌褪黑素与皮肤健康

褪黑素，正是指挥昼夜节律基因的关键激素，由松果体制造，具有促进睡眠、免疫调节、抗氧化压力等生理效果。但令人意外的是，皮肤、淋巴细胞、肥大细胞等也能制造褪黑素！[40] 褪黑素分泌的变化，在皮肤病，如特应性皮炎、脂溢性皮炎、干癣等方面，扮演重要角色。[41,42]

褪黑素对皮肤的重要作用，整理如表 12-2 所示。[42]

表 12-2 褪黑素的皮肤生理作用

皮肤生理作用	简介
光保护	强抗氧化剂，诱导对抗氧化压力的反应，保护细胞基因完整性；保护角质形成细胞、黑色素细胞、成纤维细胞免受紫外线破坏
抗癌	直接抗癌作用或调节生理节律以抗癌；有抗黑色素瘤的能力，延长黑色素瘤患者的无疾病存活期，能增强末期黑色素瘤患者化疗疗效并减轻副作用；基底细胞癌与鳞状细胞癌患者的褪黑素浓度较低
表皮屏障功能与伤口愈合	可能通过"褪黑素-线粒体轴"（Melatonin-mitochondria axis），调节表皮细胞的命运：存活、分化、细胞自戕
色素形成	如同其名，对某些脊椎动物，褪黑素可淡化皮肤黑色素、抑制黑色素形成；调节不同季节的毛发黑色素状态；抑制酪氨酸酶与表皮黑色素细胞；皮肤制造的褪黑素能通过影响周边生理时钟分子，调节黑色素细胞活动；褪黑素与 5-羟色胺可能减少白斑患者皮肤的氧化压力，具有保护作用
毛囊	人类头皮毛囊可制造褪黑素，受去甲肾上腺素的刺激；对抗氧化压力所导致的毛发生长抑制
炎性皮肤病	免疫细胞如肥大细胞，具有褪黑素受体；褪黑素能决定 T 细胞分化命运、T 细胞免疫病理、巨噬细胞作用等；褪黑素能改善特应性皮炎、脂溢性皮炎；干癣患者存在血清褪黑素浓度的昼夜节律异常
热调节	调节对热的皮肤血管舒张反应；微调血管张力；调节对冷的皮肤血管收缩反应

中国台湾大学医院小儿部研究发现，在特应性皮炎的孩童人群中，若夜间褪黑素浓度较高，他们的睡眠效率更好、总体睡眠时间更长、较少睡眠中断，且病情较轻微。不过，有特应性皮炎的孩童夜间褪黑素浓度，是比健康孩童高的。[2]

一项针对 20 ~ 69 岁成年人的研究发现，血清褪黑素浓度（以早晨 8 点至 10 点为标准）较低者，出现较高的皮肤老化严重度（第四级、第五级、第六级）的风险显著增加，优势比分别为 1.9、2.4、3.8。此外，睡眠状态较差者，更容易出现色素沉着。年龄增加时，色素沉着较严重，皮肤保水度较差。褪黑素浓度可能随年纪增加而降低，它的减少和皮肤老化有关。[43]

▌现代皮肤杀手：蓝光压抑褪黑素

综上所述，顺从昼夜节律、坚持优质睡眠、制造充足褪黑素浓度，是皮肤抗老化的关键。

然而，电子产品的屏幕发出来的高能量蓝光，直接压抑褪黑素的产生，给予视交叉上核的"大时钟"错误信号，而下游的皮肤与肝脏"小时钟"、细胞"微时钟"更是全部"走钟"。

蓝光正是现代人昼夜节律紊乱的凶手！相当于在黑夜里近距离凝视一个小太阳，成为前述《免疫学期刊》经典试验中的"熬夜组"小鼠，免疫力像北极的冰山，在温室效应中绝望地崩塌，"熬夜组"的小鼠死亡率 89%，"天天熬夜组"的现代人死亡率会是多少？

在死亡尚未发生前，皮肤已经受到蓝光与昼夜节律紊乱的危害。研究发现，蓝光除了直接抑制褪黑素的分泌，还促进脸部长斑，加速皮肤光老化[44,45]，导致皮肤内外双重老化。

专家建议已经深受"蓝害"的现代人，即使无法脱离电子产品，也尽量做到睡眠环境维持黑暗，至少睡前 2 小时关掉屏幕。[44,45]

04 中枢神经失调的常用功能医学检测

神经内分泌分析

通过验尿检测重要神经递质与其代谢物，推估脑神经运作状态。

- 兴奋性神经递质：谷氨酸、组胺。
- 抑制性神经递质：γ- 氨基丁酸、5- 羟色胺、5- 羟基吲哚醋酸（5-Hydroxyindoleacetic Acid, 5-HIAA，5- 羟色胺代谢物）、甘氨酸。
- 儿茶酚胺类神经递质：苯乙胺（Phenylethylamine, PEA）、多巴胺、高香草酸（Homovanillic Acid , HVA，多巴胺代谢物）、去甲肾上腺素、肾上腺素、去甲肾上腺素与肾上腺素的比值、香草扁桃酸（Vanillyl mandelic acid , VMA，肾上腺素、去甲肾上腺素代谢物）。

尿液神经递质的解读，需要临床医生的经验与判断。对部分患者来说，高香草酸、香草扁桃酸、5- 羟基吲哚醋酸的高或低，可以说明失眠、易怒、焦虑或抑郁。但对部分患者难以解释，这时可能受到肠道神经系统（ENS）的神经递质活动影响，神经递质作用在肠道蠕动、免疫调节、信息传导等多方面，不见得直接和情绪相关。以 5- 羟色胺为例，肠道还占了 95% 的量。

此外，当患者在服用精神药物、中药、西药等时，若有中枢神经作用或不良反应，也可能干扰解读。检测结果需要与医生探讨许多可能原因。

色胺酸代谢指标

通过尿液检测色氨酸在肝脏的代谢路径，包括犬尿氨酸（Kynurenate）、黄尿酸（Xanthurenate）、吡啶甲酸（Picolinate）、喹啉酸（Quinolinate）等，当身体炎症或皮质醇浓度升高时，导致色胺酸与 5- 羟色胺被酶分解，往犬尿氨酸、喹啉酸的代谢路径上走，导致这四项代谢指标浓度异常升高。

自主神经检测

通过测量心率变异性（进阶心电图分析），得知自主神经运作状态，包括自主神经总体功能、交感神经功能、副交感神经功能、NN 间距标准偏差（SDNN）、自主神经偏向（交感/副交感）、自主神经年龄等。由于影响自主神经功能的因素颇多，就像神经内分泌分析一样，需要与医生探讨许多可能原因。

>>> **CHAPTER 13**

肠胃功能与肠道
菌群失调造成的影响

01 肠胃功能失调与皮肤病

▌肠胃功能失调与皮脂腺疾病

Diane 是一名 30 岁金融业员工，在额头、两颊、耳前、下巴、下颚等多处，总是冒出疼痛的囊肿与痤疮，曾经口服维 A 酸 3 个月，出现结膜干燥、戴隐形眼镜不适的问题，皮肤也严重干燥，最后决定停用。我仔细询问，发现她从小肠胃就很差，常便秘、腹胀，要不就是腹泻。麻烦的是，她经常吃盐焗鸡、炸鸡、炭烤牛肉汉堡，即使一吃就腹泻，她对蔬菜水果也是敬而远之的。

在患者难解的皮肤病背后，暗藏着肠胃失调的老毛病。首先介绍肠胃症状与皮脂腺疾病的关系，包括脂漏、脂溢性皮炎、痤疮、雄激素性秃发、玫瑰痤疮等，是相当常见而困扰的皮肤病。

中国一项针对 13000 多名汉族青少年（年龄 12～20 岁）的问卷研究发现，皮脂腺疾病的患病率依次是脂漏 28%、脂溢性皮炎 10%、痤疮 51%、雄激素性秃发 2%、玫瑰痤疮 1%。出现皮脂腺疾病的风险因子包括年龄较长、在当地居住时间较久、口臭、胃酸反流、腹胀、便秘、吃甜食、吃辣、痤疮家族史、每天晚睡、腋毛 / 体毛 / 脸毛过多、乳晕毛过多、焦虑。[1]

进一步分析发现，有皮脂腺疾病的青少年比起没有的，有显著的口臭、胃酸、腹胀、便秘问题。显然，肠胃功能失调是皮脂腺疾病的重要风险因子，与皮肤病灶

266

发生和发展有关。[1]

为何如此呢?

脂溢性皮炎患者常呈现自主神经失调,如容易流汗、心律不稳、神经亢进,以及功能性肠胃症状,如便秘与腹泻。肠胃功能失调可能增加皮脂腺分泌,亲脂性的糠秕马拉色菌增生,也影响矿物质吸收,如锌、铜,较低的锌浓度会降低免疫力,影响表皮脂肪代谢,产生过度角化问题,形成油腻状脱屑,恶化皮脂腺疾病。

此外,遗传、睾酮浓度较高(多毛症状)、生活方式与环境也都和皮脂腺疾病的发生有关。[1]

▎肠胃功能失调与玫瑰痤疮

Claire 是 35 岁的上班族,这两年两颊泛红,局部出现红色至深红色的丘疹与斑块,曾被诊断为痤疮,经过治疗没有改善。她问我:"我查过网络数据,我的状况是不是网友说的'红糟'啊?"

我说:"是'酒糟'(玫瑰痤疮),可不是'红糟'啊!上次还有患者问我,她脸红是不是'红曲'?"

她说:"我没有日晒,没有吃热或辣的食物,也不碰酒,只是在夏天做了一次桑拿,之后便开始反复发作。"

经药物治疗后,她病况大有改善,但停药后玫瑰痤疮很快又复发。我询问她是否有再接触玫瑰痤疮常见促发因子,她都否认,最后我问:"你的肠胃状况怎么样?"

她叹了一口气说:"我肚子常胀气、闷痛,有灼热感;工作以后常便秘,三天'大'一次;有时会拉肚子,去肠胃科检查,医生说我有胃食管反流……之前医生都看我皮肤,没问过我肠胃怎样,你为什么要问我肠胃?"

我回答:"你肠胃不好,这跟脸部玫瑰痤疮,其实大有关系啊!不少患者反馈我,肠胃改善了,玫瑰痤疮也明显改善。"

玫瑰痤疮患者占一般人口的 5.46%,占皮肤科门诊患者的 2.4%,影响 5.4% 的女性和 3.9% 的男性,且多集中在 45～60 岁。[2]

玫瑰痤疮的特征为脸部持续或反复地出现红疹、潮红、丘疹、脓疱、微血管扩张等皮肤病变，甚至有特征性的鼻赘型玫瑰痤疮、眼型玫瑰痤疮等。细心的医生发现，患者常抱怨肠胃症状，包括消化不良、胀气、排气、腹痛、便秘、排便不顺等，许多被诊断为有肠胃疾病且在服药治疗中。

肠胃症状与玫瑰痤疮的关系，只是偶然吗？不是的。

丹麦的皮肤研究团队为了验证玫瑰痤疮和肠胃症状的关系，进行了全国性的研究，囊括了近 5 万名玫瑰痤疮患者，以及 430 万名健康人，发现前者有乳糜泻（严重的肠道麸质过敏）的风险比值为 1.46；严重的肠道炎症疾病，如克罗恩病为 1.45，溃疡性结肠炎为 1.19；以及最常见的肠易激综合征，风险比值为 1.34。此研究登载于《英国皮肤医学期刊》，提醒临床医生，在遇到玫瑰痤疮患者且具有肠胃症状时，应进一步诊疗。[3]

该研究后续带来更惊人的发现，追踪玫瑰痤疮患者与健康人长达 15 年后，分别有 11.1%、10.4% 的受试者过世，各种原因的死亡率类似，但玫瑰痤疮患者因消化系统疾病而死亡的风险比值为 1.95，且主要因肝脏疾病。此项数值高于前述各种消化系统疾病的风险。其中一项原因，可能是使用酒精。[4]

▍肠胃功能失调与其他皮肤病

Karen 是一位 43 岁公司女主管，这 4 年来，她发现自己的法令纹、嘴角纹、下巴木偶纹加深，脸皮逐渐变得松垮，且脸部、脖子、腹部容易犯湿疹，不明原因反复发作，夏天还在手脚部出现剧烈瘙痒的汗疱疹。经询问得知，她从初中就开始有肠易激综合征，工作后又出现胃食管反流、慢性胃炎，在职场压力下，她的肠胃状况特别糟。

肠胃炎症的指标之一是钙防卫蛋白（Calprotectin），它是存在于中性粒细胞和巨噬细胞的含钙蛋白，具有抗微生物的活性，代表急性炎性细胞活化。炎性肠道疾病患者的粪便钙防卫蛋白（Fecal calprotectin）增加。

研究也发现特应性皮炎的孩童患者，出现钙防卫蛋白增加的现象和疾病严重度呈现正相关。特应性皮炎不只是皮肤炎症与屏障破损，也和肠道黏膜炎症与屏障破损有关。[5]

化脓性汗腺炎是皮肤的慢性炎症疾病，在皮肤皱褶处如腋下与胯下的毛囊，出现非感染性的疔疮脓肿，发生率可达 4%。它的许多特性与痤疮类似，风险因子包括高血糖指数食物、乳制品，常合并炎性肠道疾病、代谢综合征，且和肠道菌群失调有关。[6]

什么是炎性肠道疾病呢？

日本前首相安倍晋三在 2020 年 8 月底突然宣布，因溃疡性结肠炎宿疾恶化而辞职。安倍晋三两度卸任，都因为溃疡性结肠炎，这是一种炎性肠道疾病，导致腹痛、腹泻、便血、脱水，严重时出现肠道穿孔、狭窄、中毒性巨结肠，罹患大肠癌风险显著增加。

《美国皮肤医学会期刊》的一篇荷兰与比利时的多中心研究指出，一般人群得炎性肠道疾病的概率是 0.4%～0.7%，但化脓性汗腺炎患者罹病的概率是 3.3%，是一般人群的 4～8 倍，其中克罗恩病为 2.5%，溃疡性结肠炎为 0.8%。[7]

Marie 是 49 岁女性家庭主妇，她脸上的斑点被家人称作"满脸豆花"，从额头、眼周、颧骨、两颊到嘴唇、唇周，布满大小、深浅不一的斑点，涵盖了小晒斑、黄褐斑、颧骨母斑、脂溢性角化等多种色素皮肤病变。她强调她有做防晒，但斑点仍显著增加。

原来，她从小就有肠易激综合征，胀气、便秘、腹泻是家常便饭，最近几年胃食管反流严重，合并贲门松弛，她甚至无法平躺睡觉，因为胃酸会涌到嘴边。她还有十二指肠溃疡与数颗大肠良性腺瘤。

临床观察，当患者有较严重的色素性皮肤病时，也常合并肠胃症状，但这方面的研究仍欠缺。不少患者认为自己的肠胃状况"很好"，和皮肤病没有关系。其实，肠胃状况不是最糟，并不能代表"很好"。接下来将解析可能的肠胃病因，从容易被忽略的肠道菌群失调说起。

💈 02 肠道菌群失调与炎性皮肤病

▌肠道菌群失调与玫瑰痤疮

《欧洲皮肤性病学会期刊》的文献回顾指出：肠道菌群失调造成慢性炎症反

应，导致组织损坏或自身免疫问题，已知是许多疾病的相关病因，包括过敏、心血管疾病、精神疾病、神经退行性变性疾病与癌症等，而逐渐累积的证据指出，肠道菌群失调和皮肤有明显关联，包括玫瑰痤疮、干癣、痤疮、特应性皮炎等。[6]

玫瑰痤疮的药物治疗往往包含口服或外用抗生素治疗，比如四环素、甲硝唑（Metronidazole）等，显示出细菌扮演着致病角色。研究还发现，当肠胃通过时间（Gut transit time，从摄食到食物排出体外的时间）减短，玫瑰痤疮也会改善，细菌感染、代谢物和玫瑰痤疮的关系，逐渐受到重视。[8,9]

小肠细菌过度生长（Small intestinal bacterial overgrowth, SIBO），指的是空肠液萃取中，每毫升含有 $>10^5$ 菌落形成单位（CFU）的菌量。它通过增加全身的细胞激素，来刺激脸部玫瑰痤疮的发作，特别是肿瘤坏死因子 - α。小肠细菌过度生长的原因和胃酸分泌不足、肠道蠕动与结构异常、免疫失调有关。小肠细菌过度生长可能毫无症状，也可能呈现，如肠易激综合征、吸收不良综合征，甚至肠道外疾病，如肌纤维疼痛综合征、非酒精性脂肪性肝病等。临床上可用乳糖葡萄糖氢气 / 甲烷呼气测试来诊断。[8,9]

意大利热内瓦大学的研究团队发现，玫瑰痤疮患者出现小肠细菌过度生长的概率显著高于健康人群（46% vs 5%）。当给予一周抗生素疗程后，小肠细菌过度生长完全改善，71.4% 患者玫瑰痤疮病灶完全消失，21.4% 改善至轻微程度。[8] 而那些没有小肠细菌过度生长问题的玫瑰痤疮患者，81.3% 对抗生素疗程无反应，显示这些患者的玫瑰痤疮有其他病因，需要使用不同的治疗方法。[8]

他们也发现，玫瑰痤疮患者和健康人群相比，显著较容易出现小肠细菌过度生长问题（优势比 13.6），且第二亚型的丘疹脓疱型（Papulopustular rosacea, PPR）比起第一亚型的红斑血管扩张（Erythematotelangiectatic rosacea, ETR），更容易出现（优势比 12.3）。[10]

意大利热内瓦大学的研究团队针对前述玫瑰痤疮患者进行了 3 年追踪，探讨多种已知微生物与玫瑰痤疮的关系后发现，毛囊螨虫（Demodex folliculorum）、胃幽门杆菌（Helicobacter pylori）、小肠细菌过度生长都扮演了致病角色，以玫瑰痤疮的分型来说，第二亚型的丘疹脓疱型，以小肠细菌过度生长最多；第一亚型的红斑

血管扩张型，以胃幽门杆菌最多；毛囊螨虫则未在玫瑰痤疮分型中占多数。[10,11]

他们也发现先前接受小肠细菌过度生长治疗的玫瑰痤疮患者，在 3 年的追踪期间，87.5% 都能维持临床的缓解状态，即使他们曾遭遇超过一项刺激发作的风险因子。[10]

> ### 酒精如何加重玫瑰痤疮？可能通过改变肠道菌群
>
> 过去研究已证实，酒精能改变肠道菌群生态。研究团队继续探讨玫瑰痤疮患者喝酒是否影响肠道菌群生态。一项研究将饮酒定义为每周喝超过 1 杯酒（酒精浓度为 12% 的 100mL 红酒，含约 11g 酒精），发现在 240 位玫瑰痤疮患者中有 48% 饮酒。在未饮酒的患者中，有 31% 出现小肠细菌过度生长，但饮酒的患者则有 44%。和未饮酒的患者相比，饮酒的患者更容易出现小肠细菌过度生长（优势比 1.76）。[11]
>
> 尽管肝脏是负责代谢酒精最重要的器官，但肠道菌群也能氧化酒精，增加乙醛浓度，这是酒精最毒的代谢产物，影响肠道菌群生态。酒精会导致胃酸分泌不足，以及小肠蠕动变慢，这两者正是有利于小肠细菌过度生长的关键原因。只要停止喝酒，就能减少小肠细菌过度生长与玫瑰痤疮。其实，玫瑰痤疮作为"酒鬼"的标签并不完全是错的。[11]

▌肠道菌群失调与干癣

干癣患者有 3 倍风险罹患克罗恩病，这是溃疡性结肠炎之外的炎性肠道疾病，和干癣都牵涉 17 型 T 细胞及其细胞激素（白细胞介素 17、白细胞介素 22、白细胞介素 23）调控问题，也和肠道菌群失调有关。[6]

取干癣患者的粪便，研究菌落组成，并与年龄、性别、BMI 相当的非干癣患者的粪便做对比发现，干癣患者有较多厚壁菌（Firmicutes），较少拟杆菌（Bacteroides），且厚壁菌中的瘤胃球菌（Ruminococcus）与巨球形菌（Megasphaera）是最多的。这影响到有些细菌基因功能过度表现，包括细菌的化学趋化

（Chemotaxis）与碳水化合物的传输，而有些细菌基因功能则下调了，包括钴（维生素 B_{12}）与铁的传输。[12]

研究也发现，干癣患者肠道菌群中保护性的普拉梭菌（Faecalibacterium prausnitzii）比健康人群显著减少，炎性肠道疾病患者的肠道菌群也有此现象。此外，干癣患者的大肠杆菌（Escherichia coli）显著增加。[13] 这被称为干癣核心肠道菌生态（Psoriatic core intestinal microbiome），和健康人群有显著不同。[14]

干癣性关节炎患者和健康人群相比，前者有较少的 Akkermansia、Ruminococcus、Pseudobutyrivibrio 菌，且和皮肤干癣患者一样，都有较低的肠道菌群多样性（Diversity），特别是有益的菌种，这和炎性肠道疾病的肠道菌群失调形态很类似。[15]

由于肠道菌群失调会诱发慢性炎症，不只影响到近端的肠道、远端的皮肤，也影响到了关节。关节环境过去被认为是无菌的，但在类风湿性关节炎患者的关节中，却发现细菌的片段，可能是从肠道周边淋巴组织（GALT）过来的。肠道菌群失调同时影响了皮肤与关节，干癣性关节炎可能印证了"皮－关节－肠轴"（Skin-joint-gut axis）的生理机制。[6,16]

▎肠道菌群失调与痤疮

北京大学第三医院皮肤科的研究，募集 31 位中度至重度痤疮患者，以及条件相当的 31 位健康人，收集他们的粪便，进行肠道菌群研究，发现痤疮患者的放线菌门（Actinobacteria）（口腔共生菌，可产生抗生素）比例显著降低为 0.89%，健康人则为 2.84%；变形菌门（Proteobacteria）（包括许多病原菌，如大肠杆菌、沙门氏菌、志贺菌、绿脓杆菌、幽门螺杆菌等）显著增加为 8.35%，健康人群则为 7.01%；许多有益菌，如乳酸菌（Lactobacillus）、比菲德氏菌（Bifidobacterium）和 Butyricicoccus、Coprobacillus、Allobaculum 菌都有减少。研究指出了肠道菌群改变与痤疮发生风险的关联。[17]

中国另一项研究发现，痤疮患者比起健康人群，前者的肠道菌群多样性显著降低了，厚壁菌门的丰富度较低，拟杆菌门较高，有些潜在有益菌则有减少的现象，如梭菌纲（Clostridia）、梭菌目（Clostridiales）、瘤胃球菌科（Ruminococcaceae）、毛螺菌科（Lachnospiraceae）。进一步分析，可通过比较全部 38 种菌类的相对丰富度，或者当中 19 种菌属（genera），成功区分痤疮患者与健康人群。[18]

痤疮患者拟杆菌门与厚壁菌门的比值增高，这和代谢与免疫疾病有紧密关联。正是西方饮食造成了痤疮患者的肠道菌群形态：拟杆菌门多和长期较高的蛋白质与动物性脂肪摄取有关，相对地，普雷沃氏菌属（Prevotella，也属拟杆菌门）多和长期较高的碳水化合物摄取有关。[19] 比起健康人群，糖尿病患者的肠道厚壁菌门、梭菌属所占的比例都下降，当血糖越高，拟杆菌门与厚壁菌门的比值也越高，但此比值和 BMI 无关。[20]

拟杆菌门与厚壁菌门的比值增高，也是炎性疾病患者的肠道菌群形态。克罗恩病患者的拟杆菌门与变形菌门的丰富度增加，但厚壁菌门减少。[21] 在影响皮肤黏膜的自身免疫病，如贝赫切特综合征中，发现厚壁菌门中产丁酸的 Roseburia、瘤胃球菌科的 Subdoligranulum 丰富度都有降低，导致丁酸（Butyrate）显著降低。由于丁酸能促进调节型 T 细胞的分化，丁酸的制造不足可能导致调节型 T 细胞反应降低，以及过度发炎的免疫反应。[22]

肠道菌群失调与特应性皮炎

证据显示，肠道菌群能够调节全身免疫反应，当肠道菌群失调、肠道菌群多样性降低、特定致病菌（拟杆菌门、梭菌纲、肠杆菌科、葡萄球菌属）增加时，可能导致过敏性疾病的形成。研究已发现，当婴儿肠道的克雷伯菌与双歧杆菌的比值（Klebsiella/Bifidobacterium）升高，未来患有过敏性疾病的风险也增加。[6,23,24]

当婴儿出生后，胃肠道开始有菌群繁殖，肠道菌群形态受到母体多重因素影响。韩国研究发现，若婴儿是剖宫产出生的，且妈妈在怀孕期间接受过抗生素治疗，那么婴儿在 6 个月大时，肠道菌群多样性降低，且在 1 岁时更容易被诊断为特应性皮炎（相较于一般婴儿，优势比 5.7）！[25]

若婴儿是剖宫产出生的，且父母亲有过敏性疾病或有白细胞介素 13 与 *CD*14 的基因变异，那么婴儿也容易出现特应性皮炎。上述风险因子越多，得特应性皮炎的概率也越高。剖宫产出生、抗生素使用可能导致了肠道菌群失调，增加了特应性皮炎的发生风险，且和遗传体质有关。[25]

在特应性皮炎患者身上，肠道比菲德氏菌丰富度较健康人明显降低，且比菲德氏菌越少，特应性皮炎严重度越高。[26,27]有湿疹的婴儿，肠道多种有害菌的丰富度高、菌量大，若肠道 Akkermansia muciniphila 菌增加，和肠道屏障功能丧失、皮肤湿疹的加重有关，因为这种菌能够分解黏液中的多糖体为短链脂肪酸，导致微生物多样性降低。相反，有益菌，如脆弱拟杆菌（Bacteroides fragilis）与唾液链球菌（Streptococcus salivarius）丰富度降低，它们具有抗炎症作用。[28]

横跨 29 个国家和地区包含 19 万名孩童的大型研究分析显示，出生一年内使用过抗生素，到了六七岁时更容易罹患哮喘、皮肤湿疹、鼻与眼结膜炎（优势比分别为 1.96、1.58、1.56）。[29]另一项荟萃分析也发现出生两年内使用过抗生素，明确增加日后过敏性疾病的发生率，包括过敏性鼻炎、湿疹与食物过敏，却与客观的过敏检测无关，包括皮肤针刺测试结果阳性、特定抗原血清或血浆免疫球蛋白 E 浓度增加。[30]这也印证了皮肤过敏反应，并不只牵涉免疫球蛋白 E，它涵盖更多形态的炎症机制。

抗生素可能对肠道菌群产生负面影响，并且影响了免疫力，给婴儿不当使用抗生素是个公共卫生议题，不管是患者或医生，都应该更谨慎地使用抗生素，减少日后过敏性疾病的发生风险。在使用抗生素期间或之后补充益生菌，可能会改善抗生素对肠道菌群的负面冲击。[30]

03 "肠－皮轴"

谈到这里，"肠－皮轴"（Gut-skin axis）或"皮－肠轴"（Skin-gut axis）的概念已经呼之欲出，肠道／肠道菌群与皮肤之间时时刻刻都在互动，仿佛在说你听不到的悄悄话，英国曼彻斯特大学转译皮肤医学教授 Catherine A. O'Neill 等人将其整理如下。[31]

1. 肠道菌群导致皮肤炎症

在特应性皮炎与玫瑰痤疮患者中，发现有肠道菌群失调现象，而改善小肠细菌过度生长（SIBO）的问题后，这些炎性皮肤病的症状也改善了。[8]

2. 肠道菌群影响免疫系统

一个人是否会患有过敏性疾病，和婴儿早期（1周~18个月）的肠道菌群多样性有关。若父母有特应性（过敏）疾病，孕妇在怀孕期间或者分娩后，补充益生菌，能显著降低孩子罹患特应性皮炎的风险。[31] 在皮肤免疫疾病中，如干癣、特应性皮炎、玫瑰痤疮，除了表皮共生菌群失调，也有肠道菌群失调。[32]

3. 肠道菌群代谢物危害皮肤健康

有害菌艰难梭菌产生的游离苯酚（free phenol）、对甲酚（p-cresol），经由血液循环，导致皮肤角质形成细胞表现减弱，和表皮分化、屏障功能减弱有关。如果限制益生菌摄取，对甲酚血液浓度增加，和皮肤干燥、表皮细胞缩小有关。相反，补充益生元（Galacto-oligosaccharides, GOS），以及益生菌如比菲德氏菌，能减少血清游离苯酚，避免皮肤干燥与角质代谢异常。[33,34]

4. 肠道渗透性异常对皮肤的影响

肠道渗透性异常，即常被提到的"肠漏"（Leaky gut）。《美国医学会·皮肤医学》一篇研究中，35.5% 干癣患者的周边血液中，竟然发现了肠道菌群的DNA，且他们都是斑块型干癣患者，其他分型则无此发现，且出现更高的炎症激素，包括白细胞介素 1β、白细胞介素 6、白细胞介素 12、肿瘤坏死因子 - α、γ 干扰素。[35] 当肠道因慢性炎症而屏障功能不佳时，可能形成"肠漏"，肠道菌可从肠道黏膜渗漏到肠道血管中，然后直接进入血液循环系统（包括进入肝脏的门脉循环），导致全身性炎症与皮肤炎症。[31,36]

5. 肝脏免疫下降对皮肤的影响

当肠道菌从肠道黏膜渗漏到肠道血管中时，会先通过肠肝循环的血管路径进入肝脏，肝脏中的特殊巨噬细胞，又称为库普弗细胞（Kuppfer cell），是血液的防火墙，当肠道菌侵入肠道循环或者全身循环时，它能像飞弹一样，迅速将它们拦截下来。若肝脏不能拦截这些肠道菌，那么这些"漏网之鱼"将四处攻击，譬如发生非酒精性脂肪性肝炎等状况，造成肝脏免疫力下降。[36]

6. 饮食影响皮肤

经肠道摄取的西式饮食，主要成分是高碳水化合物（精制淀粉）与高饱和脂肪酸，刺激毛囊皮脂腺制造过量皮脂，牵涉脂肪制造的 FoxO1 与 mTOR 路径，以及转录因子固醇调节元件结合蛋白 -1（Sterol regulatory element-binding proteins, SREBP-1）。当 SREBP-1 被过度刺激时，将造成皮脂中的非必需脂肪酸与甘油三酯增加，促成痤疮杆菌大量生长。特别是游离的油酸（Oleic acid），增加了痤疮杆菌在角质形成细胞中的生长，刺激制造白细胞介素 1α，导致粉刺产生。[31]

7. 肠道菌群制造的分子物质影响皮肤

肠道菌群通过制造分子物质，具有直接或间接影响皮肤的潜在作用，整理如表 13-1 所示。[31]

表 13-1 肠道菌群制造影响皮肤的分子物质

细菌制造分子	潜在皮肤作用	制造该分子的肠道菌
短链脂肪酸（如丁酸、醋酸、丙酸）[37]	抗炎	拟杆菌、比菲德氏菌、丙酸杆菌、真细菌属（Eubaterium）
γ - 氨基丁酸（GABA）[38,39]	止痒	乳酸杆菌、比菲德氏菌
5- 羟色胺[38,40,41]	产生瘙痒、促进黑色素制造	大肠杆菌、链球菌、肠球菌
多巴胺[38,42]	抑制毛发生长	大肠杆菌、芽孢杆菌（Bacillus）
乙酰胆碱[38,43]	皮肤屏障失调	乳酸杆菌、比菲德氏菌
色胺（Tryptamine）[44]	抗炎	乳酸杆菌、芽孢杆菌
三甲胺（Trimethylamine）[45,46]	预防角质形成细胞脆弱性	芽孢杆菌

当中，γ- 氨基丁酸、5- 羟色胺、多巴胺、乙酰胆碱都是大名鼎鼎的神经递质，短链脂肪酸（如丁酸、醋酸、丙酸），也在"肠 – 脑轴"（Gut-brain axis）中扮演重要的角色。

不过，有些对皮肤的作用似乎不太讨喜，像是 5- 羟色胺产生瘙痒又促进黑色素制造，多巴胺抑制毛发生长，乙酰胆碱让皮肤屏障失调。可说是对头好，不见得对皮肤好；对皮肤好，不见得对头好！

8. 皮肤渗透性异常对食物过敏的影响

当皮肤有渗透性异常［或许可称为"皮漏"（Leaky skin）］，譬如特应性皮炎患者的皮肤因丝聚蛋白先天问题而破损，如果皮肤无意间先"碰"到过敏原，如花生，会活化皮肤免疫细胞，也就是抗原呈递细胞（Langerhans cells），之后当吃进花生时，肠道与全身免疫系统立即出现强烈的食物过敏反应。[31]

相反，若先"吃"进花生，反而能够诱发免疫耐受反应，不出现食物过敏。

《新英格兰医学期刊》随机分派研究中，让 640 个有严重湿疹或鸡蛋过敏的婴儿，在 4～11 个月大时就开始用嘴巴吃进花生，或者回避吃花生，结果发现他们在 5 岁时，回避组出现花生过敏的概率为 13.7%，进食组则为 1.9%。在婴儿时期就检验（皮肤针刺试验）出有花生过敏的人群中，回避组出现花生过敏的概率为 35.3%，进食组则为 10.6%。

此外，进食组有较高的花生 IgG4 抗体数值，也就是食物敏感反应（Hypersensitivity）较强，回避组有较高的花生 IgE 抗体数值，也就是食物过敏反应（Allergy）较强。皮肤针刺试验荨麻疹反应较强者，或花生 IgG4 与 IgE 的比值较低者，和花生过敏有关。[47]

研究人员总结，在花生过敏的高危险孩童中，尽早开始吃花生，能够显著降低花生过敏的风险，并调节免疫系统对花生的反应。[47]

04 "肠-脑-皮轴"

"肠-脑-皮轴"在近年由柏林夏里特大学医学中心（Charité-Universitätsmedizin Berlin）内科学与皮肤学中心的佩特拉·艾克（Petra Arck）等人[48]，以及美国纽约州立大学下州医学中心的惠特尼·P. 鲍（Whitney P. Bowe）等人[49]整理得最详尽。

早在 70 年前，已有两位皮肤科医生约翰·H. 斯托克斯（John H. Stokes）与唐纳德·M. 皮尔斯伯里（Donald M. Pillsbury）观察到肠胃不适、焦虑抑郁、痤疮等症状，常一起出现（其实现在也是如此），他们推断，情绪状态可能影响肠道菌群，而痤疮患者常有胃酸不足问题，导致肠道菌群失调、大肠细菌扩展到小肠、小肠细菌过度增生、肠道渗透性异常增加，发生全身性与皮肤炎症；补充嗜酸乳杆菌（Lactobacillus acidophilus）可能是有效的疗法。[49,50]

果然，当代医学逐步验证，肠道菌群能够影响全身性炎症、氧化压力、血糖控制、脂肪代谢以及情绪，口服益生菌通过调节上述关键病因能改善痤疮。[49]

"肠－脑－皮轴"有一个非常重要的证据。美国麻省理工学院比较医学部门的一项经典试验中，老鼠在喝下含罗伊氏乳杆菌（Lactobacillus reuteri）的水或一般水3周后，进行皮肤切片，观察其伤口复原状况，发现前者表皮愈合显著加速。[51]

接着在双盲随机对照试验中，让健康女性服用罗伊氏乳杆菌（L. reuteri DSM17938）或安慰剂3周，再进行皮肤切片，同样发现前者皮肤愈合较快、伤口也较小。

研究人员分析服用罗伊氏乳杆菌的老鼠，发现它们有这些变化。

- 血液中催产素（Oxytocin）浓度显著升高。
- 压力激素皮质酮（Corticosterone）降低：表示压力降低，印证了与催产素相关的母亲照顾行为能够减轻压力。
- 胸腺重量增加：表示免疫力提升，可能和催产素的增加有关。
- 中性粒细胞在正常范围内降低：显示患慢性炎症的风险低，研究证实与催产素的增加有关。

研究人员接着将罗伊氏乳杆菌进行灭菌处理而做成溶解液，结果伤口修复能力和补充活菌时一样增强，伴随催产素浓度增加、压力激素降低、胸腺增重，且中性粒细胞降低。更意外的发现是，下丘脑室旁核（Paraventricular nucleus, PVN）制造催产素的细胞增加了！[51]

事实上，皮肤的成纤维细胞、角质形成细胞都有催产素受体，催产素还能改善胸腺与周边淋巴细胞功能，减少压力引发的皮肤炎症反应。皮质酮浓度过高会推迟皮肤愈合，相对地，催产素则能降低皮质酮，促进毛发生长。各个步骤都与伤口愈合有关，活生生地展现了肠道菌群、大脑、皮肤的交互作用，构成了"肠－脑－皮轴"的生理机制。[52]

美国麻省理工学院的研究显示，死去细菌的内部或细胞壁，存在对健康有益的物质，还有调节催产素的作用，这被称为"后生元"（Postbiotics），打开了益生菌治疗的另一扇窗。[51]

动物的演化就是从"腔肠动物"开始的，从口腔到肛门，也代表生命的"始"与"末"。目前，医学总共发现哪些肠－器官轴呢？又和哪些疾病有关联呢？整理如表 13-2 所示。

表13-2 **肠－器官轴与相关疾病** [53]

肠－器官轴	相关疾病
肠－脑轴 （Gut-brain axis）	抑郁症、自闭症、阿尔茨海默病、帕金森病
肠－肾轴 （Gut-kidney axis）	微肾功能衰退、肾结石、尿路结石、慢性肾病、终末期肾病
肠－肝轴 （Gut-liver axis）	非酒精性脂肪性肝病、非酒精性脂肪性肝炎、酒精依赖综合征、酒精性肝硬化、肝硬化、末期慢性肝病、肝衰竭
肠－骨轴 （Gut-bone axis）	类风湿性关节炎、僵直性脊柱炎、骨质疏松、骨质缺乏
肠－皮轴 （Gut-skin axis）	湿疹、特应性皮炎、痤疮、干癣、干癣性关节炎、贝赫切特综合征
肠－心轴 （Gut-heart axis）	心脏衰竭、动脉硬化性心血管疾病、高血压、心肌梗死

综上所述，皮肤抗老化绝对不能忽略两件事。

- 照顾肠胃：打造好的肠道菌群生态、优质的肠胃功能，有好的肠道免疫才有好的皮肤免疫！

- 照顾大脑：放松解压、改善焦虑抑郁、增加自信心、保证不熬夜，有好的大脑才有好的皮肤！

▶ 关注焦点｜肛门瘙痒

肛门位于肠道最末端，肛门瘙痒（Pruritus ani）影响 5% 人口，以 30～50 岁人群最多。[54,55]

首要考虑局部刺激因素。

- 局部湿度增加：可能因为流汗、身体活动、痔疮突出、皮赘，甚至肛门瘘管与肛裂问题。
- 渗便：和咖啡因、酒精、辛辣食物、食物过敏、食物敏感等有关。
- 慢性腹泻。[54,55]

因为肛门受到刺激不舒服，患者可能会过度清洁肛门，导致皮肤损伤，若使用湿纸巾等卫生用品，所含有的酒精、防腐剂、香料等，会进一步损伤皮肤，产生刺激性接触性皮炎，更加瘙痒，让人更想去清洁它，形成恶性循环。若有过敏体质，接触到衣物残留的清洁剂、局部使用乳液或药物，诱发过敏性接触性皮炎，因为不舒服持续搔抓肛门，往往让病情变得更严重。[55]

越来越普遍的智能马桶冲洗，也可能造成肛门过度刺激，常导致肛门瘙痒，这是需要注意的。[56]

避免局部过度刺激或接触过敏物质、适度保湿、改善过敏，是基本做法。肛门口渗湿的液体，可能是肛门腺分泌物，本身就具有清洁与维护肛门皮肤正常的作用，若过度清洁反而减少了这层保护，更容易有肛门瘙痒。

身体疾病，如糖尿病、甲状腺疾病、肝肾疾病，身心状况，如压力、焦虑、抑郁，是导致肛门瘙痒的重要全身性原因。肛门瘙痒的原因还包括炎性皮肤病（干癣、扁平苔藓、癌前病变等）、缺铁性贫血、长期便秘、念珠菌感染、股癣、单纯性疱疹、尖锐湿疣、蛔虫等。[54,55]

肛门是人类肠道可以被看见的部分，肛门与口腔的健康，同属肠道健康的重要环节。

🖐 05 肠胃功能与肠道菌群失调的常用功能医学检测

肠菌基因图谱暨个人化肠道微生态调节

通过粪便检测，运用最新的NGS次世代细菌基因定序，以及大型菌相数据库，精准了解肠菌组成，包括以下指标。

- 肠菌功能分数：区分为失衡、正常、良好。
- 轴线失衡指标："菌－肠道轴""肠－代谢轴""肠－免疫轴""肠－神经轴"。
- 肠型分析：拟杆菌（Bacteroides）、普氏菌（Prevotella）、瘤胃球菌（Ruminococcus）等，与饮食与代谢形态有关。
- 变形菌门分析：包含的胃幽门螺杆菌、沙门氏菌、霍乱弧菌等有害菌所占比例，与代谢性疾病、肠道炎症、癌症等有关。
- 肠道微生物多样性分析。
- 益生菌分析：双歧杆菌属、乳杆菌属下多个菌种。
- 病原菌分析：孢梭杆菌属、克雷伯菌属（Klebsiella）、幽门螺杆菌（Helicobacter）、沙门氏菌属、志贺菌属下多个菌种。
- 肠道菌群相关疾病风险评估：包括肠易激综合征、炎性肠道疾病、大肠癌、胃癌、肥胖、糖尿病、高血压、心血管疾病、非酒精性脂肪性肝病、类风湿性关节炎、过敏等疾病。

根据每个人不同的肠菌基因图谱，给予个人化益生菌调节疗程（外加益生元与后生元），摆脱"所有人都吃一样益生菌"的过时做法，具体实践精准医学。

肠道菌群失衡指标

通过验尿，测量多种经由细菌代谢的有机酸浓度，推知肠道菌失衡状态。

- 一般肠道菌：苯甲酸（来自食品防腐剂）、对羟基苯甲酸（来自酪氨酸或食品防腐剂）。
- 孢梭杆菌：苯乙酸（来自苯丙氨酸）、吲哚乙酸（来自色氨酸）、二羟基苯丙酸（来自多酚类）。

- 厌氧菌：苯丙酸（来自苯丙氨酸）。
- 好氧菌：丙三羧酸（来自糖类食品）。
- 酵母菌（念珠菌）：柠檬酸、酒石酸、阿拉伯糖（以上来自糖类食品）。
- 梨形鞭毛虫（Giardia lamblia）：4- 羟苯基乙酸（来自酪氨酸）。

肠道黏膜渗透性分析

前一晚喝下含有乳果糖（Lactulose）与甘露醇（Mannitol）的糖水，隔天收集晨尿，通过验尿得知此二者浓度与比值，推知肠道黏膜渗透性（Intestinal permeability），若有异常渗透即前述"肠漏"，则是自身免疫病与多种疾病的关键病因之一。

胃肠道系统综合分析

通过粪便检测，检验以下指标。

- 消化吸收功能：胰弹性蛋白酶 1（Pancreatic elastase 1）、腐败性短链脂肪酸（Putrefactive SCFAs）。
- 肠道免疫：嗜伊红性血球蛋白 X、钙防卫蛋白（Calprotectin）。
- 肠道代谢：腐败性短链脂肪酸、丁酸、酸碱值、β 葡糖醛酸苷酶。
- 胆酸：石胆酸（Lithocholic acid, LCA）、脱氧胆酸（Deoxycholic acid, DCA）、石胆酸与脱氧胆酸的比值。

>>> CHAPTER **14**

肝肾排毒异常
与环境毒物危害

🔅 01 肝脏解毒异常与皮肤症状

▎肝硬化与蜘蛛痣

我还清楚地记得在中国台湾大学医学院二年级的课堂上，教授强调身体检查的重要性，要留心患者皮肤上任何变化。若出现蜘蛛般的红痣，要怀疑患者是否有肝硬化。

蜘蛛痣（Spider nevus），或称蜘蛛状血管瘤（Spider angioma），是一种毛细血管扩张（Telangiectasis），沿着中央小动脉与表浅细血管呈辐射状分布，看起来就像有 8 只或更多只细长脚的蜘蛛，通常出现在上腔静脉，包括脸部、颈部、双手、乳头连线以上的躯干。约 33% 的肝硬化患者出现蜘蛛痣，特别是年轻患者，及血管内皮生长因子（VEGF）、碱性成纤维细胞生长因子（Basic fibroblast growth factor, bFGF）较高者。[1]

为何会出现蜘蛛痣？肝脏细胞损伤后，无法代谢（分解）血液中的雌激素，导致雌激素浓度升高，血管扩张。若蜘蛛痣变大、变多，表明肝损害可能在持续恶化；若肝功能改善，蜘蛛痣则会变小、变少。[1]

并非出现蜘蛛痣就代表肝脏有问题，因为在青春期、孕期，以及服用避孕药或采用激素替代疗法，同样可能因雌激素增加而产生蜘蛛痣，这是一种皮肤生理反应。

德国进行了一项研究，针对 744 位具有肝脏切片资料的患者进行肝纤维化严重度分级（F0～4），并详细记录他们的皮肤症状，其中 7 成患慢性丙型病毒性肝炎。结果发现，随着肝硬化加重，皮肤不适症状增多。痒感、皮肤干燥等，在没有或轻微肝硬化人群中，或多或少出现过，但在严重肝硬化人群中，症状非常明显。干癣、白斑、扁平苔藓、迟发性皮肤卟啉病（Porphyria cutanea tarda），也较常出现在包括肝硬化在内的肝病人群中。能够反映较严重肝硬化的皮肤症状有蜘蛛痣、掌红斑（Palmar erythema）、毛细血管扩张、皮肤出血、皮肤干燥。[2]

通过皮肤症状，以及血液生化数值等，研究者发现肝硬化严重度的预测公式如下：

25+ 皮肤干燥（有则计为 1，无则为 0）×0.5 + 蜘蛛痣（计分方式同前）×2+ 指甲变化（计分方式同前）×0.5 + 掌红斑（计分方式同前）×1 + 年龄 ×0.04– 性别（男性为 1，女性为 0）×0.5– 血小板数值（以千为单位）×0.01 – 凝血酶原时间（Prothrombin time, PT，以 % 为单位，另有换算公式）×0.1 – 血清白蛋白（克 / 升）×2。

得数每增加 1，得中重度肝纤维化或肝硬化的风险就增加 3.3 倍。令人讶异的是，与单纯用试验数据预测相比，单纯用皮肤症状来预测肝硬化严重度更加准确！[2]

如果有轻微的肝硬化，可能连患者自己也不知道。出现皮肤症状往往已经非常严重了，且是不可逆的。若对皮肤症状视若无睹，不及早保护肝脏，就中了那句老话：肝若不好，人生就是黑白的。

> **迟发性皮肤卟啉病**
>
> 在受日照多的部位，如脸部、颈部、手背、前臂，出现水疱、红肿、糜烂、溃疡、粟丘疹、表皮色素增生、硬皮等，脸部也出现多毛症状。[3]
>
> 红细胞中负责携带氧气的最重要成分是血红蛋白（Hemoglobin），核心分子是血红素（Heme），它主要在肝脏合成。若肝脏功能变差（需要注意，谷草转氨酶 / 谷丙转氨酶数值正常，并不代表肝功能没问题），导致肝脏制造血红素的酶——尿吡咯原脱羧酶（Uroporphyrinogen decarboxylase）缺乏或活性下降，

使中间产物吡咯过度累积，尿液变成红棕色的葡萄酒色尿（Port-wine urine），在乳突真皮层出现免疫球蛋白 G（IgG）、免疫球蛋白 M（IgM）与补体 C3 沉积，这就是不折不扣的炎症导致的皮肤病。[3,4]

什么时候肝脏功能可能变差呢？

- 酒精：酗酒。
- 药物：性激素如雌激素（口服避孕药或采用激素替代疗法），以及肝毒性药物，较常见的有抗心律不齐的药、抗霉菌的药、口服维 A 酸等。
- 环境毒物：接触芳香族碳氢化合物（包括苯、酚、甲苯等有机溶剂）、空气污染及烤肉（其中含有多环芳烃）等，多有致癌性。
- 乙型或丙型肝炎病毒感染：当谷草转氨酶 / 谷丙转氨酶超过正常值时，即为肝炎状态，可能是急性、慢性肝炎，值得注意的是，抗原携带者也是高危人群。
- 艾滋病病毒感染。
- 肝脏良性或恶性肿瘤。[5]

超过 80% 的迟发性皮肤卟啉病患者和酒精或雌激素有关。当患者戒酒、停用肝毒性药物后，可在 2 个月至 2 年内痊愈。治疗包括减少肝脏的铁沉积。[5]

肝胆疾病与皮肤瘙痒

肝不好，瘙痒是常见的皮肤症状，特别是涉及胆汁郁积，如梗阻性胆结石，持续很长时间且非常严重，通常不会出现明显皮肤病灶，但搔抓很严重，以至于产生苔藓化斑块、结节性痒疹等病灶。[6]

瘙痒的原因还不完全清楚，可能和胆盐、胆酸、胆红素的累积有关。当清除这些物质、胆管疏通后，瘙痒自然改善。另外，还与其他的瘙痒原交互作用有关，包括内啡肽、组胺、类胰蛋白酶（Tryptase）等。[6]

在急性乙型肝炎病毒感染时，有 10% 患者会出现血清病（Serum sickness），并且在黄疸出现之前，表现为皮肤红斑、发热、疲倦、关节痛等症状，可出现血管性水肿、荨麻疹、多形性红斑（Erythema multiforme）、结节性红斑（Erythema nodosum）。这是因为血液中出现多种免疫复合物，包括免疫球蛋白 G、免疫球蛋白 M、补体 C3、乙型肝炎表面抗原（HBsAg）等。许多时候，先出现皮肤症状，再出现肝脏症状。[6]

乙型或丙型肝炎病毒感染，还与多种皮肤病有关：节结性多动脉炎（Polyarteritis nodosum）、冷球蛋白血症（Cryoglobulinemia）、皮肌炎、扁平苔藓等。[7]

▌非酒精性脂肪性肝病与干癣

非酒精性脂肪性肝病（Non-alcoholic fatty liver disease, NAFLD）是指一系列的肝病，包括相对良性的脂肪变性（Steatosis），到非酒精性脂肪性肝炎（Nonalcoholic steatohepatitis, NASH），这时脂肪堆积引发炎症反应，肝细胞气球样变（Hepatocellular ballooning），肝纤维化，导致肝硬化、肝细胞癌。非酒精性脂肪性肝病在美国发病率约 19%，其大幅增加了糖尿病、心血管疾病的发病风险，而高血压、睡眠呼吸障碍、维生素 D 缺乏可能导致非酒精性脂肪性肝病恶化。[8]

超过 50% 的干癣患者出现了非酒精性脂肪性肝病，明显比一般人发病率更高。在排除代谢综合征与其他干扰因素后，干癣仍可独立预测非酒精性脂肪性肝病。干癣患者比起非干癣患者，其非酒精性脂肪性肝病更严重；有非酒精性脂肪性肝病的干癣患者比没有非酒精性脂肪性肝病的干癣患者的干癣症状更严重。[9]

为什么会这样呢？《英国皮肤医学期刊》文献回顾指出：干癣与非酒精性脂肪性肝病，都涉及增加的炎性脂肪因子（Adipokines），包括肿瘤坏死因子 - α（TNF- α）、白细胞介素 6，以及肝因子（Hepatokines）。这时候具有抗炎作用的脂肪因子，亦即脂连蛋白（Adiponectin），浓度反而下降。炎性因子和抗炎因子失衡，导致胰岛素抵抗，逐步促进非酒精性脂肪性肝病的产生。因此，干癣患者都需要接受非酒精性脂肪性肝病的筛查与治疗。[8]

肝脏雌激素代谢异常

在前面的章节中，已介绍雌激素对皮肤的重要影响，但那只是故事的一部分，因为故事的另一部分，即雌激素的代谢也同样重要。

肝酶处理雌激素（雌酮、雌二醇）有两个阶段，第一阶段为羟基化，通过细胞色素 P450 作用；第二阶段为结合作用（Conjugation），包括甲基化、硫酸化、葡萄糖醛酸化、谷胱甘肽化等，将第一阶段代谢物变为水溶性物质，通过粪便与尿液排出体外（表 14-1）。两个阶段所产生的雌激素代谢物，分为保护性物质、致癌性物质这两类。

- 保护性物质：2- 羟雌酮、2- 甲氧基雌酮、4- 甲氧基雌酮。
- 致癌性物质：16 α - 羟雌酮、4- 羟雌酮。

2- 羟雌酮与 16 α - 羟雌酮的比值，又称 2/16 比值，代表肝脏第一阶段羟基化的解毒能力，涉及还原型辅酶 II 依赖的细胞色素 P450，部分受到先天基因多态性影响。2/16 比值过低（解毒酶能力弱），可能与乳腺癌风险增加有关。相反地，比值越高（解毒酶能力强），乳腺癌的发生风险越低，罹患乳腺癌后的死亡率也越低。[10-13]

2- 甲氧基雌酮与 2- 羟雌酮的比值、4- 甲氧基雌酮与 4- 羟雌酮的比值，涉及儿茶酚 -O- 甲基转移酶（Catechol-O-methyltransferase, COMT），可代表肝脏第二阶段甲基化的解毒能力。实际上，保护性及致癌性雌激素代谢产物百分比，前者应高于60%，后者应低于 40%。

表 14-1 肝脏解毒两个阶段与雌激素代谢

第一阶段	雌激素代谢物	属性	第二阶段	雌激素代谢物	属性	第二阶段
细胞色素 P450 羟基化			COMT 酶素甲基化			
CYP1A1	2- 羟雌酮（2-OHE1）	保护性	甲基化→	2- 甲氧基雌酮（2-MeOE1）	保护性	硫酸化 / 葡萄糖醛酸化→

续表

第一阶段	雌激素代谢物	属性	第二阶段	雌激素代谢物	属性	第二阶段
CYP1B1	4- 羟雌酮 （4-OHE1）	致癌性	甲基化→	4- 甲氧基雌酮 （4-MeOE1）	保护性	硫酸化 / 葡萄糖醛 酸化→
	醌 （Quinones）	致癌性				谷胱甘肽 化→
CYP3A4	16α- 羟雌酮 （16α-OHE1）	致癌性	还原→	雌三醇（E_3）	活性	硫酸化 / 葡萄糖醛 酸化→

肝脏雌激素代谢复杂吧，其实这还没结束。葡萄糖醛酸化的雌激素进入肠道中，若遇到肠道菌群失调的情况，细菌所分泌的 β- 葡糖苷酸酶（β-Glucuronidase）将葡萄糖醛酸去结合（Deconjugate），雌激素又变回原始活性的样态，在肠道被吸收回血液中，继续作用在全身组织的雌激素受体上。子宫内膜异位症、乳腺癌患者可能因而处在雌激素水平高的状态，又称为"雌激素 – 肠道轴"（Estrogen–gut microbiome axis）。[14-16]

由于多数雌激素代谢物具有组织雌激素受体 α、β 的作用，了解与雌激素相关的皮肤症状，如黄褐斑、湿疹，也是重要参考指标。

▌"肠－肝轴"与"肝－皮轴"

《新英格兰医学期刊》论文指出，为了避免肠道菌进入全身循环中，肠道与肝脏都筑起防御系统：肠道制造黏液层、抗菌肽、肠道免疫球蛋白 A（IgA），肠道表皮细胞间紧密连接（Tight junctions），肝脏分泌补体、快速 C 反应蛋白、可溶性模式识别受体（Soluble pattern recognition receptor）等。

然而，在某些情况下肠道菌通过肝脏进入全身血液中：肠菌群发生改变，同时肠道渗透性增加，肝脏网状内皮系统功能变差，进入门体侧支循环（Portosystemic collaterals），接着出现菌血症，导致全身性的促炎性细胞因子激增，免疫失调，造成身体伤害。这就是"肠－肝轴"（Gut-liver axis）的生理机制。[17]

事实上，在肝脏出现病变时，不管是影响分子合成、分泌、结合的机制，还是影响调节的机制，都有皮肤症状，如黄疸、瘙痒，以及出现色素性皮肤病、指甲与头发症状。肝脏与皮肤间紧密的作用关系，被称为"肝－皮轴"（Liver-skin axis）。[18]

"肝－皮轴"是双向作用的。以干癣患者为例说明，一方面，皮肤淋巴细胞与角质形成细胞过度制造多种细胞激素，包括白细胞介素 6、白细胞介素 17、肿瘤坏死因子等。它们参与全身性的胰岛素抵抗，而胰岛素抵抗较严重的干癣患者，容易出现持续性的非酒精性脂肪性肝病。

另一方面，非酒精性脂肪性肝炎患者的肝脏释放促炎性细胞因子、促氧化因子、促动脉硬化因子，通过促进皮肤角质形成细胞增生及出现炎症，反过来加剧干癣的严重度。[9]

〽 02 肾脏排毒异常与皮肤症状

▎尿毒性瘙痒症

Jenifer 是 50 岁女性，受失眠困扰半年了。她说半夜会腿抽筋，躯干皮肤非常痒，甚至被抓得遍体鳞伤。到医院抽血后发现，原来估算的肾小球滤过率（Estimated glomerular filtration rate, eGFR）只剩下 20mL/min，自己却毫无所知，此数值若低到 10 就要透析了！她愤怒地问："我怎么可能肾不好？我平常没压力，吃得清淡，天天运动，一点症状都没有啊！"

我回答："肾脏跟肝脏一样，都是沉默的排毒器官，有问题的时候不出现症状，一旦症状明显了，可能问题已经很严重了。"

David 是一位 60 岁的慢性肾病患者，抱怨多年头皮瘙痒，疣也变得越来越多。他问我："人为什么这么麻烦？动物有这么多皮肤病吗？"

我称赞他："你有这样的提问，真是病人哲学家！动物当然也会生病，但人才有机会预防疾病。"

最近他肾小球滤过率持续下降中，已经降至 30mL/min，虽然还不用透析，但皮肤瘙痒，疣不断复发，用药能止痒，但一停药就复发。

瘙痒是慢性肾病最典型的皮肤症状之一，又称尿毒性瘙痒症（Uremic pruritus, UP），影响超过一半的慢性肾病患者。透析的患者中，瘙痒最常见于背部、腹部或头部，但全身性瘙痒并不常见。[19] 在未接受透析治疗的终末期肾病患者中，瘙痒的发病率达到84%，其中82%认为有些不适，43%感到非常不适，是仅次于乏力的第二常见症状。[20]

肾小球滤过率

肾小球滤过率是根据肌酐（Creatinine, Cr）数值而估计出的肾功能指标，比肌酐数值更能反映早期肾功能变化。正常人为100～120mL/min，随着年龄增长，肾小球滤过率逐步下降，在40岁，每年减少0.8～1mL/min，数值越小就表明肾功能越差。

肾功能变差的原因包括系统性疾病（如糖尿病、高血压）、慢性炎症、尿路梗阻等。若受损超过3个月，功能产生永久性损害，而且不可逆，称为慢性肾病。美国国家肾脏基金会将慢性肾病分为五期。

第一期：肾小球滤过率90～100mL/min，"正常"肾功能，但有微小肾脏实质伤害、微量蛋白尿，强调早期诊断与治疗的重要性。

第二期：肾小球滤过率60～89mL/min，"轻度"肾功能障碍，有肾脏实质伤害，开始需要规范且积极的治疗。

第三期：肾小球滤过率30～59mL/min，"中度"肾功能障碍，需要控制血压，坚持低蛋白饮食，预防各种并发症，如贫血、心血管疾病、钙磷失衡等。

第四期：肾小球滤过率15～29mL/min，"重度"肾功能障碍，照护重点同"中度"。

第五期：肾小球滤过率 < 15mL/min，"末期"肾脏病变（ESRD），或称肾衰竭，接受血液透析或腹膜透析，等待肾源并准备接受肾脏移植。

尿毒性瘙痒症真是"痒死你"，患者会"抓到爽"，可能因为过度抓挠，产生更多皮肤病变，如抓伤、神经性皮炎、结节性痒疹。此外，还可能导致皮脂腺异常，因为血管内皮细胞坏死出现微血管病变，也容易合并其他能造成瘙痒的皮肤病，如接触性皮炎、特应性皮炎，以及对透析液过敏，等等。[19]

尿毒性瘙痒症的成因仍不清楚，可能因素包括以下七大类：

- 无法通过透析排除的物质累积。
- 系统炎症（促炎性细胞因子，如 T 细胞、白细胞介素 2 大增）及免疫系统失调，引起皮肤与神经炎症。
- 尿毒症脑病。
- 代谢失衡、高钙血症与高磷血症引发磷酸钙在皮肤中结晶。
- 与甲状旁腺功能亢进相关的骨代谢疾病。
- 脱水导致皮肤改变。
- μ 型阿片受体活性增加。[19,21,22]

慢性肾病与皮肤症状

皮肤干燥，又称干性皮肤（Xerosis cutis），高达 80% 肾透析患者存在这个问题，是最常见的皮肤症状，常出现在前臂、大小腿的外侧面。干性皮肤容易因伤口愈合慢导致皮肤感染风险提高。为何干燥？因为汗腺、皮脂腺都出现异常，皮肤缺乏水分，以及缺乏避免水分散失的皮脂。[19]

表皮色素沉着，呈偏黑或偏黄的颜色，是第二常见的皮肤变化，在手掌、脚掌出现斑块状的暗沉，黏膜出现广泛性的色素沉着。用显微镜可看到，黑色素沉着在基底层或浅层真皮。这可能和中分子量的物质累积有关，像是尿色素（Urochrome），又称尿胆素（Urobilin），以及类胡萝卜素和促黑素细胞激素（MSH）。慢性肾病患者应注意防晒。[19]

肾病患者可能在脸、脖子、胸部出现沿毛孔分布的多处突起，称为毛孔角化症，起因于毛囊角质过度增生，以及明显炎症反应。毛孔角化症也可能是其他原因导致的，包括黑色素瘤、多发性骨髓瘤、家族性或先天性角化过度、多囊肾病、糙皮病（烟酸缺乏症）、锌缺乏、高脂血症、接触放射线等。[23]

后天穿透性皮肤病（Acquired perforating dermatosis, APD）是特殊的皮肤病灶，具有散布的圆锥状角质丘疹、斑块、结节，通常发生在容易有表浅伤害或摩擦的地方，如手臂外侧。若搔抓，可能会出现典型的线状皮损，主要发生在终末期肾病、糖尿病患者中，接受透析的患者发生率可达 11%。[24,25]

为何如此？显微镜下可看到，富含角质、胶原、弹性纤维、中性粒细胞的角质栓，入侵到表皮层，将毛囊撑开。真正原因尚不清楚，但可能机制是皮肤愈合能力变差，微血管病变，搔抓引起皮肤损伤或真皮坏死、真皮变性，胶原与钙盐沉积导致异物反应。[24,25]

此病灶牵涉物质从真皮穿过表皮被排到体表外，对周围组织造成部分破坏[19]。这真可以说是"皮肤排毒"的写照！需要这样的排毒方式，也代表肾脏排毒功能太差，毒素排泄功能已经被皮肤取代。

慢性肾病导致矿物质代谢失调，和钙化皮肤病有关。

- 转移性皮肤钙质沉积症（Metastatic calcinosis cutis）：出现不可溶的钙或磷酸盐，在真皮或皮下组织沉积，占肾透析患者的 1%。
- 钙化性尿毒症动脉病（Calciphylaxis, Calcific uremic arteriolopathy）：真皮小血管钙化、皮下脂肪钙化，导致表皮缺血、组织坏死，占肾透析患者的 1% ~ 4%。[19]

▍晚期糖基化终末产物累积与皮肤老化

肾脏功能差，尿毒成分就开始累积，其中一种是前面提到的晚期糖基化终末产物（Advanced glycation end-products, AGEs），它是过量的糖分子附着在蛋白质分子上，引起蛋白质变性失能，已知可导致动脉硬化、冠状动脉狭窄、外周动脉疾病，是引起心血管疾病死亡的风险因子。在这种情况下，肾病、糖尿病的患病率会增加，还会引发骨质疏松症。[26,27]

晚期糖基化终末产物会在皮肤里沉积，造成皮肤老化，通过紫外线测量皮肤自体荧光（Autofluorescence）——全身性晚期糖基化终末产物严重程度的指标，在接受血液透析的肾病患者身上，该指标与心血管疾病的发生有关。[26]

日本福岛医科大学肾脏与高血压的研究团队针对尚未接受透析的 304 名慢性肾病患者进行测量，想了解晚期糖基化终末产物与肾功能、心血管疾病的关系。患者年龄的中位数为 62 岁，肾小球滤过率中位数为 54.3mL/min，患糖尿病者占 27%。

分析发现，肾小球滤过率越低或慢性肾病越严重，晚期糖基化终末产物越多。能独立预测较高晚期糖基化终末产物的因素包括年龄较大、患糖尿病、肾小球滤过率较低及心血管疾病病史。[26]

03 香烟对皮肤的危害

香烟与皮肤病

抽烟者容易长痘，不是肿痛的大痘，就是一大堆粉刺。为什么呢？

相较于非抽烟者，抽烟者的粉刺中白细胞介素 1α、脂质过氧化物（Lipid peroxide）浓度更高。不过，并没有发现白细胞介素 1α、脂质过氧化物的浓度与粉刺的严重度、分布有关。[29]

脂质过氧化物是在活性氧作用下，毛囊中的皮脂（不饱和脂肪酸）氧化而产生的。脂质过氧化正是氧化压力的重要指标。脂质过氧化物产生后，通过核因子 κB 而增加了白细胞介素 1α，参与了粉刺形成与炎症反应。[30] 过氧化角鲨烯是致粉刺性最强的脂质过氧化物，被发现通过活化脂氧合酶（Lipoxygenase）及增加白细胞介素 6，促进了角质形成细胞的炎症反应。[31]

香烟活化了芳香烃受体（Aryl hydrocarbon receptor, AHR）路径，启动了皮肤慢性炎症反应，和特应性皮炎、干癣、白斑等有关。[32,33] 老鼠试验显示，长期暴露在香烟及紫外线下，皮肤出现屏障破损（经皮水分散失增加）、红斑增加、皮肤弹性降低，甚至出现表皮样瘤或鳞状上皮癌。[34]

▍香烟与皮肤老化

50 年前，学术界已发现，抽烟者看起来比同龄非抽烟者老。[35] 多项流行病学研究也证实，抽烟者容易出现皱纹。美国加州大学旧金山分校医学院研究发现，和同龄非抽烟者相比，男性抽烟者出现中重度皱纹的风险是前者的 2.3 倍，女性抽烟者更是增加到 3.1 倍。[33,36]

抽烟者的皮肤干燥，如皮革般，还松弛。在一项案例研究中，52 岁的抽烟女性鱼尾纹严重，但她 55 岁不抽烟的女性亲戚鱼尾纹不太明显，尽管她们的生活环境与生活方式非常相似。[33]

美国俄亥俄州一项同卵双胞胎研究发现，抽烟者的脸部皮肤老化状况较他们的手足来得严重，包括上眼皮赘皮、下眼袋、颧袋（Malar bags，位于下眼袋正下方的袋状突起）、法令纹、上唇皱纹（口周纹，或称阳婆婆纹）、下唇唇红部（Vermilion）皱纹、下颌垂肉等。若双胞胎都抽烟，但烟龄差 5 年以上，则抽烟较久的那位会有更严重的皮肤老化问题，包括下眼袋、颧袋。[37]

这是为什么呢?

抽烟者下眼袋的形成，和眶隔（Orbital septum）的紧实度（Integrity）变化有关。[37] 针对人类皮肤成纤维细胞的体外研究已经发现，烟草通过促进基质金属蛋白酶（MMP-1、MMP-3）基因过度表现，导致 I 型胶原蛋白、III 型胶原白蛋加速分解，皮肤老化加速。这也和烟草剂量有关，香烟引起皮肤的内在老化机制，和紫外线引起的外在老化机制很类似。[38]

烟草加速了皮肤结缔组织的分解，让眶隔变得松弛，也让眼轮匝肌支持韧带（Orbicularis retaining ligament, ORL）变松，真皮变薄且缺乏弹性，形成了颧袋。整体皮肤失去弹性的结果就是，出现了上唇的口周纹、下唇唇红部细纹，而且因为皮肤无法抵抗重力，加上垂坠的脂肪垫，加剧了法令纹、下颌赘肉。[37]

《英国皮肤医学期刊》一项研究表明，针对英国韦尔斯将近 800 位老年人（年龄 ≥ 60 岁）的皮肤皱纹与老化测量发现，年龄和每天抽烟的习惯与皮肤老化有关。统计发现，累积日光照射量原本与皮肤老化有关，但排除年龄的影响因素后，就无关联了。每天抽 1 包烟（20 根），皮肤老化提前 10 年! 皮肤老化与皱纹受抽烟影响极大，长期日光暴露的影响反而没有明确证据，这项医学发现对于年轻人群来说，可以作为控烟教育很好的切入点。[39]

英国伦敦圣托马斯医院双胞胎研究与遗传流行病学中心的研究人员分析 1122 名年龄介于 18~76 岁的白人女性，发现她们的基因染色体末端的端粒（Telomere）随着年龄增长而稳定缩短，这是老化的重要生理指标，端粒缩短的速度是每年减少 27 个碱基对。抽烟越多，端粒缩短越多。和没有抽烟的女性相比，女性抽烟者每天抽 1 包烟，每多抽 1 年，端粒就会多损失 5 个碱基对，等于多耗损 18%，简单地说，是比别人多老化 18%。[40]

研究团队进一步估算，曾经抽烟或现在抽烟，相当于提前老 4.6 岁，若每天 1 包烟、连抽 40 年，将提前老 7.4 岁！原因仍和抽烟加剧氧化，增加基因复制时端粒的耗损，以及炎症加速白细胞的消耗有关。这印证了抽烟催人老。[40]

《美国国家科学院院刊》经典研究发现，在香烟的烟雾或水烟中，存在反应性糖基化产物（Reactive glycation products），又称为糖毒素（Glycotoxins），可以在体内快速与蛋白质反应产生晚期糖基化终末产物，且可导致基因突变。抽烟者血液中的晚期糖基化终末产物，以及载脂蛋白 B（Apolipoprotein B）都明显比非抽烟者多，该物质和抽烟者动脉硬化与癌症发生率高有关。[41] 前文已介绍晚期糖基化终末产物与皮肤老化的关系，因此，晚期糖基化终末产物是香烟造成皮肤老化的另一机制。

🌀 04 酒精对皮肤的危害

据估计男性有 43%，女性有 33% 的酗酒者合并皮肤症状。与酒精相关的血管性皮肤病很常见，包括蜘蛛痣（血管扩张）、腹部静脉曲张、红掌。另外，酒精阻碍肝脏雌激素代谢，造成真皮血管扩张、肝脏门脉高压等。[42]

喝酒可能引起短暂脸红，若脸红特别明显或持续时间久，可能有肝脏乙醛脱氢酶（Aldehyde dehydrogenase, ALDH）缺乏的先天性缺陷。原来，酒精在肝脏代谢的第一步，是经过乙醇脱氢酶（Alcohol dehydrogenase, ADH）代谢成有毒的乙醛，第二步由乙醛脱氢酶代谢成无毒的乙酸。身体缺乏乙醛脱氢酶，会导致身体清除乙醛的速度减缓，造成血液中乙醛浓度升高，引起脸红、心跳加快等反应，也会恶化酒精中毒，引发脸部血管扩张与脓疱。[42,43]

饮酒导致的皮肤危害包括荨麻疹、脂溢性皮炎、湿疹等；容易发生皮肤感染，因为酒精抑制细胞免疫与体液免疫，压抑中性粒细胞与自然杀伤细胞。酗酒引起的营养缺乏症也会产生多种皮肤病变。[42]

酒精能够诱发干癣这种炎性皮肤病，但干癣患者却比一般人更容易有酗酒的问题。饮酒量越大，干癣症状越严重，并且药物疗效越差。干癣患者滥用酒精、药物更容易出现肝毒性。干癣患者常有酒精性肝病、焦虑、抑郁、心血管疾病与癌症。[44]

《美国医学会期刊·皮肤医学》分析美国统计局的死亡文件资料显示，一般人因酒精相关疾病死亡数为每年每1万人中2.5人，但干癣患者因酒精相关疾病死亡数达每年每1万人中4.8人。相较于一般人，干癣患者死于酒精相关疾病的概率增加了58%，包括酒精性肝病（65%）、肝纤维化与肝硬化（23.7%）、酒精性精神疾病（7.9%）。[45]

酒精和多种癌症都有关，如肝癌、胰腺癌、大肠癌、食管癌、口腔癌（鳞状上皮细胞癌）、乳腺癌等。皮肤癌也不例外，如基底细胞癌，组织学病理显示这和免疫力低下有关。[42]大型人口学研究发现，酒精摄入量越多，患有黑色素瘤的风险越大。有饮酒习惯的人，患黑色素瘤的概率较一般人高20%。[44]

为何如此？

酒精可说是"致癌圣品"，会导致细胞内核糖核酸（DNA）受损，制造自由基，有光敏感性，能改变细胞代谢。而且，酒精有激素效应，促进身体制造前列腺素、分泌促黑素细胞激素。再者，酒精抑制免疫功能增加癌细胞转移潜力，促进黑色素瘤生长。[44]

每个人的肝脏对酒精的代谢能力都不同，甚至有天壤之别。负责酒精代谢的乙醛脱氢酶 ALDH2 基因存在个体变异，发生一个点突变由赖氨酸（Lys）取代谷氨酸（Glu）[标志为 *ALDH2**487Lys 或 *ALDH2**2]，导致 *ALDH2**2/*2（Lys/Lys）基因型的乙醛脱氢酶完全没有活性，*ALDH2**1/*2（Glu/Lys）基因型活性只有正常酶的 17%～38%，以致清除乙醛的速度减缓，使血液中乙醛的浓度升高，容易引起酒精脸红综合征（Alcohol flushing syndrome），包括脸红、心悸、头痛、头晕、呕吐、不悦等反应。[46]

乙醛被世界卫生组织国际癌症研究机构（IARC）列为一级致癌物，有 *ALDH2* 基因缺陷者，患头颈癌、食管癌的风险大幅增加。糟糕的是，*ALDH2**2 的基因变异在世界范围内的患病率为 5%，但在东亚人群中高许多，应通过 *ALDH2* 基因多态性检测及早辨识高风险人群，才能预防酒精相关疾病与癌症。[46,47]

📖 05 处方药物与皮肤症状

▌严重皮肤过敏反应

有报道，女大学生为了治疗痘痘，服用磺胺类药物 Baktar（Sulfamethoxazole 400mg/Trimethoprim 80mg），结果出现急性重症肝炎，差一点就肝移植了。还有男大学生服用同款抗痘药，导致肝衰竭而死亡。

严重皮肤药物不良反应包括史 - 约综合征（Stevens–Johnson syndrome, SJS）、中毒性表皮坏死松解症（Toxic epidermal necrolysis, TEN）、伴随嗜酸性粒细胞增多症与全身症状的药物反应（Drug reaction with eosinophilia and systemic symptoms, DRESS）等，全身出现红疹水疱、皮肤破损和黏膜溃疡，最后因并发肝肾衰竭死亡，死亡率可达 30%～50%。[48]

中国台湾林口长庚医院皮肤部钟文宏教授等人研究发现，服用磺胺类药物氨苯砜产生严重药物过敏的人，85.7% 都带有特殊基因型 *HLA-B**13:01，但在一般人群中，此基因型仅占 10.8%。而且，具有该基因型的患者服用氨苯砜后，血液中针对该药物的杀伤性 T 细胞增加近 4 倍。[49]

皮肤药物不良反应除了与特殊基因型 *HLA* 有关，也与肝脏代谢酶变异、免疫系统失调、病毒感染（单纯性疱疹病毒、人类疱疹病毒 6 型、柯萨奇病毒 A 组 6 型）、肾功能不全或慢性肾病代谢障碍、心血管疾病等有关。[48]

▌一般皮肤过敏反应

Marilyn 是 30 岁女性，周日中午吃完 5 只虾、喝了 100mL 红酒后，感到牙龈肿痛。口腔诊所没开门，家人好心拿止痛药给她吃，没想到 30 分钟后，她脸上出现大面积膨出的风疹团，特别痒，接着连脖子、手臂都开始出现这样的疹子，Marilyn 赶紧来找我。

我诊断她患了急性荨麻疹，药物过敏的可能性大，但需要留意酒精、海鲜类的关联性。我开处方后交代她：若出现呼吸困难，应到医院急诊就医。

许多人都经历过类似的药物过敏。

- 主观皮肤症状：瘙痒、手脚掌烧灼感。
- 客观皮肤症状：局部或全身多处出现荨麻疹；出现血管性水肿，表现为真皮与皮下组织肿胀，常发作在眼皮、嘴唇、生殖器等处。
- 全身症状：潮红、突发疲倦、打哈欠、头痛、无力、头晕、舌头麻木、打喷嚏、气管水肿导致呼吸困难、气管痉挛（气喘）、胸骨下压迫感、心悸、恶心、呕吐、腹痛、腹泻、关节痛。[50]

吃完药 1 小时内出现的过敏反应，称为速发型过敏反应，与产生免疫球蛋白 E（IgE）有关。1~2 天后，甚至多日后才发生的过敏反应，称为迟发型过敏反应，以 T 细胞介导反应、免疫复合物为主。两种过敏都伴随氧化压力大、活性氧大增，可破坏细胞分子结构，在周边血液单核细胞检测到脂肪与蛋白质过氧化物。[51]

临床上最常引发皮肤过敏反应的药物，整理如表 14-2 所示。[50]

表 14-2 最常引发皮肤过敏反应的药物

药物种类	举例
止痛抗炎药	非类固醇抗炎药（NSAIDs）、阿司匹林
抗生素	青霉素、磺胺类、阿莫西林、四环霉素、抗霉菌药、甲硝唑（Metronidazole）
口服避孕药	雌激素、雌激素加孕酮
降血压药	血管紧张素转化酶抑制剂（ACEI）、钙离子拮抗剂
抗心律不齐药	盐酸胺碘酮、盐酸普鲁卡因胺
癌症化疗药	顺铂（Cisplatin）、5- 氟尿嘧啶（5-FU）等
抗癫痫药	卡马西平、拉莫三嗪、丙戊酸钠等

Gina 是 45 岁的上班族，罹患慢性荨麻疹多年，自称频繁发作，还说完全找不到原因，最近三天发作，症状很严重。在我仔细追问之下，得知她长期反复发生尿路感染，一发作就要服用抗生素与止痛药。她过去出现过多重药物过敏史。

Hebe 是 51 岁女性，最近半年反复出现不明原因荨麻疹，最常出现在大小腿两侧，多次要求医生帮她打类固醇。当医生提醒她类固醇依赖的问题时，她说："我也不是故意的，只要吃药就出现荨麻疹，到底是什么原因？"

我询问药物使用，她说："我有癫痫，服用卡马西平10年，之前没出现过过敏。"

我再问："除了抗癫痫药，最近半年还服用了其他药物吗？"

她说："因为更年期，正在进行激素疗法……很多女人都在做，会有问题吗？"

肝脏解毒功能有先天障碍、后天损害，或随着年龄老化，遇到多种需要经过肝脏代谢，且本来就容易过敏的药物，在临床上很容易引发药物相关的荨麻疹。

▎药物引发痤疮

患者长痤疮并有以下状况时，就要考虑是药物引起的：

- 找不到常见的痤疮诱发因素，如激素变化、职业因素等。
- 在用药后出现痤疮，有时序性关系。

- 只要不用药，皮肤症状就改善。
- 不典型的痤疮特征，包括脖子上长痘痘、非出油部位出现病灶等。
- 对一般痤疮治疗的反应不佳。[52]

引发痤疮的常见药物分为三类：确定导致痤疮的、很可能导致痤疮的、可能和痤疮有关的，整理如表 14-3 所示。

表 14-3　引发痤疮的常见药物[52]

确定导致痤疮的	很可能导致痤疮的	可能和痤疮有关的
类固醇 同化类固醇（用来增肌） 睾酮补充剂 卤素（泳池中的氯） 锂盐（抗抑郁症用药） 部分抗癌靶向药物	免疫抑制剂（环孢素、硫唑嘌呤、他克莫司水合物） 双硫仑 三环类抗抑郁药 维生素 B_{12} 维生素 D_2（麦角钙化醇）	抗甲状腺药 部分抗癌靶向药物 部分抗肺结核药 维生素 B_6 维生素 B_1

06 食品毒物对皮肤的危害

Richard 是 30 岁的年轻男医生，脸颊下半部、下巴、脖子反复长痘痘，出现炎性囊肿；整脸出油，且毛孔粗大，还伴随大量闭合性粉刺；胸部与腿部出现多处结节性痒疹，半夜发作让他痒得睡不着。自行擦药膏后效果差。他本身是乙型肝炎抗原携带者，去医院体检还意外发现有轻微肝炎、中度脂肪肝、高脂血症、结直肠腺癌、不明原因肾囊肿……

询问他的饮食史得知，从大学开始，他每天夜宵都是一袋方便面，最近一年则买了流行的空气炸锅，夜宵改成吃炸猪排、炸鸡肉、炸鱼、炸花枝、炸薯条、炸甜甜圈等，甚至蔬菜水果也都炸了吃，很少吃新鲜蔬果。他是年轻有为的医生，但所患慢性病种类已经罄竹难书，油炸食品恐怕"居功甚伟"。

油炸食品其实适合放在"错误饮食对皮肤的影响"这一章中，我却放入本章讨论，为什么？因为油炸食品是地道的"毒物"，竟成你我"美食"。

油炸的温度很高，常达到175℃～190℃，所用的油多半是ω-6不饱和脂肪酸，如大豆油、玉米油等，会出现氧化与氢化，一方面产生反式脂肪酸，另一方面产生致癌物或致突变化合物，包括醛（Aldehyde）、丙烯醛（Acrolein）等。

肉类在高温烹调时，会产生杂环胺类（Heterocyclic amines, HCAs）与多环芳烃——都是已经确认的致癌物。包裹的炸粉成分、薯条、面包都属于碳水化合物，高温形成丙烯酰胺（Acrylamide），全都是致癌物。

更糟糕的是，反复使用不更换油，且油炸时间过长，以上"毒物"的浓度会继续累积。研究已经发现油炸食品与多种癌症的关联性，包括乳腺癌、前列腺癌、肺癌、鼻咽癌、胰腺癌、食管癌、喉癌等，和慢性炎症亦有关。[53]

高温烹调还产生前面提到的晚期糖基化终末产物，增加氧化压力与促炎效应，而油炸食品的晚期糖基化终末产物浓度非常高，油炸鸡胸肉20分产生的晚期糖基化终末产物，是水煮鸡胸肉1小时的9倍！[54]

不说油炸食物中的致癌物，光是食用油炸食品造成慢性炎症、氧化，都大大增加了发生皮肤炎症的概率，包括难治的痤疮、囊肿与湿疹。

Roger是50岁的工学院教授，在手背上长出多个结节性痒疹，接受了药物治疗、冷冻治疗，仍旧反复发作。我询问了他的饮食习惯，发现他爱吃油炸食品，于是我建议他不吃油炸食物，同样的食材，改用蒸煮的烹饪方式。

结果，他的结节性痒疹在2个月后全部消失，且多年不再发作。

07 文身对皮肤的危害

文身与皮肤症状

18岁的Elizabeth是女大学生，赶时髦，跟着同学去文身，忍痛在左手臂上刺了一大朵红艳的玫瑰，还有油绿的叶子及黝黑的茎和刺，下面还有Elizabeth的英文签名、她的生日……我看到不禁想：这是便于有一天出现"不测"，让警察、法医和检察官好辨识身份吗？

没想到过了两天，几乎所有文身部位和邻近皮肤都变得红肿，瘙痒难耐，她赶紧找我，我怀疑是文身颜料引发的接触性皮炎。使用抗过敏药物后，局部出现大范围的黑色素沉着，过了 1 周变得更黑了，她不禁怀疑是用药所致。

艳丽的文身颜料，其实含有炭黑、二氧化碳、氧化铁、多环芳烃、苯酚、甲醛、塑化剂、有机色素，以及重金属（包括钡、铜）；也含有锑、砷、镉、铬、铂、铅、镍、锰、钒等，这是污染物（表 14-4）。[55]

这些颜料若是涂在陶瓷上，经过 1000℃以上的煅烧，会成为精美的艺术品，但涂在皮肤上，可能导致皮肤伤害与健康风险。

表 14-4 文身色素所含的化学成分 [56]

色彩	常见化学成分
黑色	铁化合物
红色	朱砂（硫化汞）、镉红（硒化镉）、三氧化二铁、偶氮染料（Azo dyes）
蓝色	铜酞菁（Cu-Phthalocyanine）、天蓝（Azure blue）、钴蓝、硅酸铝钠、硅酸铜（埃及蓝）
绿色	三氧化二铬、亚铁氰化铁（Ferrocyanide）、铁氰化物（Ferricyanide）、铬酸铅
白色	氧化钛
紫色	锰、铝
橘色	镉、硫化硒
黄色	镉黄
棕色	赭石（氧化铁混合黏土）

在美国，从较大的儿童到 60 岁成人，约 24% 身上至少有一个文身。[57] 一项研究针对美国 38 个州共 500 位有文身经历的成人，凸显了文身带来的整体健康状况隐忧，包括疼痛（3.8%）、感染（3.2%）、瘙痒（21.2%）等。[58]

皮肤的感染性危害包括金黄色葡萄球菌或化脓性链球菌（Streptococcus

pyogenes）感染、化脓性肉芽肿反应、全身性细菌感染、人乳头瘤病毒感染或接触性软疣感染、全身性病毒感染（乙型肝炎病毒感染、丙型肝炎病毒感染、艾滋病病毒感染）。[57]

《德国医生杂志》（*Deutsches Ärzteblatt*）刊载了一个案例：一名 59 岁德国男性在左手臂文身，黑色与白色，面积约 7 cm×12 cm，5 小时后，他发现文身部位逐渐变得红肿，而且左手臂、左侧脸颊、嘴唇、舌头等没有文身的部位也都变得红肿、刺痛，后来他还出现呼吸急促，来到急诊室，被诊断为速发型过敏反应。

他否认过去有类似症状或过敏，但因有高血压、糖尿病、痛风，需要服用相关药物，此外，他有吸烟史。对文身颜料进行化学分析，发现有甲醛、镍、钴、锰、镉、锑等，这可能是引发严重过敏的元凶。幸好医疗介入及时，让他捡回一条命。[59]

另一种则是迟发型过敏反应。T 淋巴细胞介导的炎症反应，包括接触抗原后导致巨噬细胞活化、细胞激素导致炎症、目标细胞溶解。以接触性皮炎为代表，速发型过敏反应表现为红、肿，有囊泡、大疱，迟发型过敏反应表现为苔藓化、出红疹、脱屑。[57]

《美国皮肤医学会期刊》的一篇研究，针对 1416 款美国使用的文身墨水进行分析，发现 44 种色素成分包含金属与非金属类别，其中 11 种被怀疑会造成过敏性接触性皮炎，占 25%。[60]

最常引发皮肤病理反应的是红色墨水，其成分是朱砂（Cinnabar），也就是硫化汞，近年逐渐被硒化镉、褐土（Sienna）、赭石（Red ochre，即氢氧化铁）、有机染料取代，但仍是最容易引发皮肤病变的颜色。引发皮肤病理反应第二常见的是黑色墨水，可能引发迟发型过敏反应。绿色墨水偶尔引发皮肤炎症反应，因为它含铬。蓝色、白色、紫色与其他颜色，可能引发肉芽肿反应。[57]

此外，文身对皮肤的破坏，会加重原有的皮肤病，包括干癣、特应性皮炎等。[61,62]

一位来自印度尼西亚的女性 Mary，左小腿有玫瑰文身 3 年，但最近半年她的左下腹、臀部、脸部过敏总治不好，左小腿玫瑰文身处特别肿胀，对药物反应差，附近还有痒疹。这明显是文身重金属引起的，可能是异物肉芽肿反应（Foreign-body granulomatous reactions），墨水成分引发了皮肤炎症反应。[62]

《新英格兰医学期刊》曾刊载一个案例：一位 42 岁的男性在过去 5 个月内，在他的文身图案上出现无数的丘疹突起，但没有瘙痒、疼痛、呼吸困难、发热、关节痛或其他全身性症状。病理切片发现，其真皮层出现非奶酪性坏死的肉芽肿（Granuloma），内含有黑色与棕色色素颗粒，病理诊断为皮肤肉瘤反应。[63]

▌文身与癌症风险

文身的色素非常不稳定，容易发生光分解作用，且有细胞毒性，像多环芳烃与其他色素还会吸收紫外线，制造更多具有破坏性的活性氧。紫外线 A（UVA）可以穿透皮肤 1.5mm，也就是文身色素所在的真皮。每平方厘米 4 焦耳的光照剂量就会产生单态氧及它所造成的细胞毒性，所需能量比阳光还低。[55]

此外，由于色素颗粒会被细胞摄入，且代谢过程非常缓慢，甚至还含有纳米颗粒，因而导致在分布、代谢、排出机制的迥异，有更多不可测风险。

权威医学期刊《柳叶刀》文献回顾发现，文身的染料与色素存在多种毒性风险，包括皮肤敏感、急性皮肤毒性、免疫毒性、神经毒性、心脏毒性、肾毒性、肝毒性、胰腺毒性、肺毒性、胚胎发育毒性、生殖毒性，以及致癌性，特别是偶氮染料、部分芳香胺、苯酚、甲胺、二苯甲酮（Benzophenone）等。[55]

文身是否增加患癌风险？目前证据尚不充分。《柳叶刀·肿瘤医学》的一篇论文回顾了文身者患皮肤癌的案例报告，在 50 位患者的记录中，作者有以下发现。

- 基底细胞癌、恶性黑色素瘤：常出现在黑色、深蓝或深色墨水处。
- 鳞状细胞癌、角化棘皮瘤、假性上皮瘤样增生（Pseudoepitheliomatous hyperplasia）：常出现在红色墨水的文身处。[64]

但无法确认这是单纯巧合还是和墨水的潜在致癌性有关。[65] 黑色墨水的主要成分是碳质灰，本身就是多环芳烃；黄色墨水中的偶氮染料在接触紫外线时会产生光分解产物，都被怀疑有致癌性。[62]

激光除文身的健康风险

德国一项调查发现，文身后最常见的后遗症是后悔，这非常讽刺。至少有一半接受文身的人会感到后悔，且 7% 的文身者产生了并发症，引发生理不适。[55,66] 因此，有部分文身者会接受激光治疗，去除文身。

但是，德国另一项研究发现，常见的蓝色墨水的铜酞菁在被红宝石激光照射时，竟会产生氰化氢（Hydrogen cyanide），以及有毒又致癌的苯。1.5mL 的铜酞菁就能产生 1mmol 的氰化氢气体，且明显危害皮肤细胞活性。一般文身的色素量，$1cm^2$ 能高达 9mg！[67]

用激光除文身，对患者或医疗人员来讲，都有潜在危险，真是令人担忧——至少需要严格的防护措施。

有时重金属来自药物。类风湿性关节炎患者长期或高量使用含金盐的口服或肌肉注射药物，金颗粒会沉积在组织器官中，包括皮肤。如果此时受到阳光照射或接受激光治疗，将出现淤青似的蓝灰色，称为金质沉着症（Chrysiasis）。[68]

文眉的皮肤风险

许多人因眉毛纤细、稀疏或脱落，接受文眉。这是否安全呢？

根据最新医学文献，文眉并发症的风险是存在的。

- 过敏性接触性皮炎：对含有对苯二胺（Para-phenylenediamine, PPD）成分的文身色素出现敏感反应。

- 肥厚性瘢痕、蟹足肿：和文身色素沉着、皮肤损伤与慢性炎症有关。

- 肉芽肿、上皮样肉瘤：异物反应、过敏反应、免疫系统持续受到墨水刺激而出现肉芽肿。

- 病毒疣感染：含碳的深灰色或黑色文身色素可能抑制皮肤局部免疫，导致病毒疣增生。[69-71]

> 眉毛在人脸醒目处，若发生以上并发症，可想象当事人的受困扰程度。尽管以上状况并不常见，建议在文眉前了解可能出现的风险，考虑体质因素后慎重决定。

◌ 08 护肤产品的健康风险

▌防晒剂成分与湿疹

《美国医学会期刊》的一项经典研究中，针对市售的 4 种防晒剂（分为喷雾、乳霜、乳液剂型），观察 4 种活性成分包括阿伏苯宗（Avobenzone）、氧苯酮（Oxybenzone）、奥克立林（Octocrylene）、依茨舒（Ecamsule）是否通过皮肤进入使用者的身体。24 位健康受试者被随机分派使用其中 1 种防晒剂，且用最大剂量，涂抹方式为每 $1cm^2$ 的皮肤涂抹 2mg 防晒剂，涂抹 75% 的身体范围，一天 4 次，为期 4 天，连续 7 天收集血液样本。[72]

结果发现，在第 1 天涂抹完第 4 次后，不管哪一种防晒剂，活性成分的血液浓度都超过了 0.5ng/mL，这是美国食品药品监督管理局定的健康红线。事实上，氧苯酮第 1 天已经高达 162ng/mL，第 4 天高达 178ng/mL。氧苯酮可能会影响内分泌，其他成分的致癌性、胎儿致畸性、妨碍发育的风险数据不明确。最常见的皮肤不良反应是疹（Rash），发生率为 17%，其他还包括粟粒疹、皮肤瘙痒。[72]

二苯甲酮，特别是二苯甲酮 -1 与二苯甲酮 -3，是内分泌干扰剂（Endocrine disruptors），可能与神经发育疾病、先天异常、男性不育有关，有良好的亲脂性，皮肤接触后数小时即在体液，如乳汁中检测到。国际癌症研究机构（International agency for research on cancer）将之归为可能致癌物（2B 类）。

▎香精、塑化剂成分的健康风险

意大利一项研究，检测市售 283 种护肤美妆产品，发现 52.3% 含有香精（Fragrance），60% 含有防腐剂，58% 含有其他化学原料。香精可导致皮肤敏感，引发过敏，最常见的香精成分是柠檬烯（Limonene），占 76.9%，其次是柠檬醛（Citral），占 24.2%，还有许多小的过敏原。如果产品含有多种香精，就意味着使用者暴露在多种过敏原下，比起单一成分更容易发生接触性过敏。[73]

护肤产品的迷人香味，也可能来自添加的塑化剂邻苯二甲酸二乙酯 [Di（2-ethylhexyl）phthalate, DEP 或 DEHP]。根据中国台湾林口长庚医院肾科颜宗海医生、林杰梁医生等人的文献《摄食含塑化剂的起云剂的食物与饮料的食物安全》，塑化剂在人体研究中已被发现以下危害。

- 生殖功能危害：不育症，导致男性精子 DNA 损害，精子数量减少，精子形态、活性、质量异常，游离睾酮、孕酮、促卵泡素水平降低。
- 呼吸与免疫危害：肺功能下降。
- 代谢危害：腰围增加、肥胖、胰岛素抵抗增加。
- 甲状腺危害：甲状腺素（T_3、T_4）浓度下降。
- 妇科疾病：子宫内膜异位症、子宫肌瘤、高催乳素血症、性激素不足。
- 癌症：乳腺癌。[74]

对于孕妇来说，塑化剂还有致胎儿畸形的风险。2011 年 5 月 23 日，中国台湾地区黑心食品使用含塑化剂的起云剂事件被揭发出来，震惊社会各界。从当年 3 月进行到 12 月的一项针对 112 位孕妇的追踪研究显示，孕妇尿液中的邻苯二甲酸酯类（Phthalates, PAE）浓度自新闻爆出后明显降低，特别是邻苯二甲酸酯，进一步分析发现，比起累积暴露量较少者，在第二孕期（12～28 周）塑化剂累积暴露量较大者生产的胎儿身长较短。这说明孕妇如果暴露在相对高浓度的塑化剂中，可能对胎儿健康产生负面影响，应该将邻苯二甲酸酯类浓度严格控制在法定标准之内。[75]

中国台湾环境医学研究所王淑丽研究员等人，调查 1676 位女性怀孕期间使用 11 种个人保养品的习惯，并且分析尿液中邻苯二甲酸酯代谢物的浓度，发现留滞型

（Leave-on）个人保养品的使用频率显著增加尿液中塑化剂代谢物邻苯二甲酸单乙酯的浓度。使用频率若分成 4 个级别，每个月 1~3 次、4~12 次、13~24 次、25 次及以上，每上升一个级别，浓度平均可增加 13%，若使用精油则增加近 22%。至于冲洗型（Rinse-off）个人保养品，则多数无关联。[76]

由于邻苯二甲酸单乙酯暴露可能与内分泌干扰、过敏有关，王淑丽博士建议孕妇减少使用含香味的护肤产品、口红、精油，以及含塑化剂的洗发水等的频率，并且注意脸部清洁，可用肥皂洗手，以降低塑化剂暴露。此外，应多喝白开水或运动流汗，帮助塑化剂经由尿液、汗液排出体外，降低胎儿的发育风险。

▎防腐剂成分的健康风险

对羟基苯甲酸（Paraben, Para-hydroxybenzoic acid）是过去常添加的有机酸类防腐剂，属于内分泌干扰剂（Endocrine disruptors），能够模仿雌激素作用，引发多种健康风险，包括乳腺癌、卵巢癌、睾丸癌等，特别是对羟基苯甲酸丁酯（Butylparaben）、对羟基苯甲酸丙酯（Propylparaben）。[73]

许多国家已经禁止将对羟基苯甲酸使用在新生儿与儿童的卫生用品中。

甲醛释放剂（Formaldehyde-releasers）是另一类防腐剂。最常见的有 DMDM 乙内酰脲（DMDM Hydantoin）与咪唑烷基脲（Imidazolidinyl urea），使用者暴露在甲醛刺激性、过敏性接触性皮炎的风险中。即使添加浓度低，但频繁使用，也会出现较大暴露量。该物质具有多种细胞毒性，包括血管内皮细胞、气管内皮细胞、自然杀伤细胞、角膜表皮细胞，和人类白血病有关。[73,77] 国际癌症研究机构将甲醛归为确定致癌物（1 类）。

甲基氯异噻唑啉酮（Methylchloroisothiazolinone, MCI）和甲基异噻唑啉酮（Methylisothiazolinone, MIT）是卤化物防腐剂，氧化细胞壁的结构，使细胞蛋白质变性，产生抗菌效果，多用于短暂接触后就洗掉的产品，如沐浴乳与洗手液，常会引发过敏性接触性皮炎。[77]

氯苯甘醚（Chlorphenesin）在较高浓度时，可引起皮肤刺激性、接触性皮炎，特别是敏感皮肤。儿童使用可能引发呼吸道与神经系统不良反应，美国食品药物监督管理局禁止氯苯甘醚被儿童与哺乳期女性使用。[73]

三氯生（Triclosan）是抗菌剂，长期食用对内分泌有潜在伤害，经光分解作用可产生二噁英，且可能与常用抗生素的抗药性形成有关，它散布于城市污水、鱼类、母乳中。美国食品药物监督管理局已经禁止使用三氯生，但欧洲仍允许其用于美肤产品中。[73]

至于苯氧乙醇（Phenoxyethanol）这种常用的醇类防腐剂，它能有效对抗革兰氏阳性菌、革兰氏阴性菌、酵母菌，但对皮肤共生菌株只有微弱的抑制作用。欧盟消费者安全科学委员会（European scientific committee on consumer safety）认为，只要浓度在1%之内，苯氧乙醇对所有年龄的人都安全，且几乎不造成皮肤刺激。在动物试验中，曾经观察到毒性作用，但出现在200倍以上的高浓度下。[78]

清洁剂成分的健康风险

椰油酰胺二乙醇胺（Cocamide DEA）属于泡沫增稠剂，能刺激皮肤，国际癌症研究机构将它归为可能致癌物（2B类），美国加利福尼亚州政府也将它纳入致癌物名单。[73]

聚乙二醇（Polyethylene glycol, PEG）是常用的表面活性剂，具有轻微的皮肤刺激性，但它的化学原料为致癌物，合成时可能掺杂其他有毒物质。[73]

染发剂成分的健康风险

对苯二胺（Para-phenylenediamine, PPD），染发剂的常见成分，是个特别的过敏原，可导致过敏性接触性皮炎，从皮肤痒、红、肿、起水疱，到严重的头皮湿疹，部分或全部脱发。只要接触第二次，就可能出现皮肤敏感反应。由于流行的黑色海娜文身（Black henna tattoo）也含有此成分，儿童青少年、年轻成人也可能接触到它。美容美发从业人员因为工作而常接触对苯二胺，所以接触性皮炎成为他们的常见职业危害。[79]

对苯二胺与皮肤蛋白质产生化学反应，氧化并切割细胞表面蛋白而释放到组织中，同时产生活性氧，氧化血清白蛋白上的半胱氨酸，形成表位（Epitope）而诱发

后续免疫反应。除了接触性皮炎，还可能产生荨麻疹，出现呼吸困难、鼻塞、腹部疼痛、腹泻等全身性过敏症状。[79,80]

研究发现对苯二胺过敏性接触性皮炎患者在接触对苯二胺以后，皮肤的紧密连接蛋白基因（CLDN1，CLMP）、丝聚蛋白基因（FLG1，FLG2）都下降了，和皮肤炎症反应有关。即使没有出现对苯二胺皮炎症的美容美发从业人员接触它时，这些表皮屏障分子的表现也减少了，事实上还是增加了患刺激性接触性皮炎，以及其他物质的过敏性接触性皮炎的风险！[79]

在使用染发剂时，尽可能避开对苯二胺成分，避免让它接触到头皮或附近区域，或改用植物染料。美容美发从业人员接触对苯二胺时务必戴上手套，多使用保湿剂，预防手部湿疹或接触性皮炎的发生。[81]

使用含有对苯二胺成分的永久性染发剂，会不会导致癌症，尤其是膀胱癌？

《英国医学会期刊》重要前瞻性研究发现，个人曾经使用永久性染发剂和大多数癌症、癌症相关的死亡率并无关联，且与膀胱癌无关。听了松一口气吧？但是，它们之间仍存在藕断丝连的关系。

- 曾经使用者的基底细胞癌发生风险略有升高（风险比值为 1.05）。
- 累积使用剂量与乳腺癌（雌激素受体阴性、孕酮受体阴性、激素受体阴性）、卵巢癌有关。
- 发色深的女性的霍奇金淋巴瘤发生风险升高。
- 发色浅的女性的基底细胞癌发生风险升高。[82]

职业性接触永久性染发剂，是有癌症发生风险的，因为国际癌症研究机构将其认定为极可能致癌物（2A 类）！个人使用则为未分类（3 类）。[82]

▎彩妆成分的健康风险

唇部彩妆用来滋润嘴唇，打造光泽、健康、年轻的外表。然而，彩妆品中的着色剂可能含有多种微量重金属，包括锑、砷、镉、铬、钴、铜、镍、铅、汞等，它们被发现与多种健康危害有关，包括细胞 DNA 毒性、神经退行性变性疾病、肝肾疾病、心血管疾病、免疫失调、癌症等。

唇部彩妆使用者可能无意识地吞入彩妆，经过消化道吸收，进入全身循环。长期下来，有可能伤害重要器官组织。国际癌症研究机构将铅、钡、镉、铬、镍等归为确定致癌物（1 类）。[77]

🌀 09 空气污染对皮肤的危害

世界上有 54% 的人居住在城市中，承受着严重的空气污染，特别是发展中国家。工厂排放、交通拥堵造成的空气污染与臭氧层被破坏，室内使用不干净的燃料，特别是在密闭空间燃烧蜡烛或烧炭或抽烟，都有害健康。世界卫生组织发现，90% 都市居民接受的空气污染都是超标的，且空气污染是单一最大的环境风险因子，造成全球 11.6% 民众因肺疾病、心血管疾病、多种癌症死亡。[33,83]

皮肤受到悬浮微粒的负面影响。悬浮微粒是 10μm（称为 PM10）、2.5μm（称为 PM2.5），甚至小于 100nm 的超细微粒（Ultrafine particles, UFP）。虽然看起来很小，但它们的表面可吸附多种有机物或无机物，包括毒性重金属、多环芳烃，后者可被转换为有毒的醌。这些有害物质可以在角质层堆积，破坏皮肤屏障功能。另外，食用烟熏肉也让人把多环芳烃吃下肚。[33]

北京大学人民医院皮肤科一项针对居住在北京市区（高 PM2.5）、郊区（低 PM2.5）共 400 位年龄在 40～90 岁的女性皮肤老化症状（包括晒斑、脂溢性角化等）的研究发现，市区女性出现脸颊晒斑的风险是郊区女性的 1.5 倍，手背晒斑的风险则是 2.8 倍。此外，抽烟、吸二手烟、接触石化燃料与皮肤分型，也都和皮肤老化有关。研究还显示，悬浮微粒 PM2.5 和皮肤的外在老化有关。[84]

为何如此呢？

较大的悬浮微粒，如 PM2.5，通过增加氧化压力与炎症直接危害皮肤。PM2.5 上的重金属导致活性氧产生，造成角质层细胞脂肪氧化，细胞活性降低，甚至有细胞毒性。氧化压力继而启动促炎症机制，制造更多白细胞介素（IL-1α）与环氧合酶（COX-1,2）。[33]

德国杜塞尔多夫大学环境医学研究中心的一项研究，追踪了400位70～80岁老年女性的肺部老化情况，分析接触纳米级悬浮微粒对皮肤的影响。居住在城市与乡村的老年女性分别为200人。研究者排除儿童时期晒伤、使用日光浴床等干扰因素，并且厘清内在老化、外在老化、抽烟史的影响。

结果发现，针对交通引起的纳米级悬浮微粒，若空气污染的吸收量分为4个级别，则每增加一个级别，可在额头增加16%的晒斑，在脸颊增加17%。若接触烟灰（Soot），通常附着多环芳烃，每增加一个级别的吸收量，将在额头增加22%的晒斑，在脸颊增加20%。此外，居住在繁忙地段方圆100米内的女性，每增加一个级别的吸收量，将在额头增加35%的晒斑，在脸颊增加15%。[85]

极细微粒从肺泡进入血液循环，进到深部表皮与真皮，也能进入发干与毛囊，它们进入真皮细胞线粒体中，刺激制造活性氧。[33]

针对50岁以上白人女性与中国女性的两项追踪研究发现，常见空气污染物二氧化氮也和脸颊上较多的晒斑有关。[86]

一项中国女性研究发现，因使用固态燃料烹饪造成的室内污染，会增加脸部5%～8%的严重皱纹，在手背上出现更多细纹的概率增加75%。[87]此外，室内暴露悬浮微粒PM2.5越多，额头部位的色素斑和上唇皱纹也越多，这些都代表着更严重的皮肤老化。[88]

累积的证据指出，许多空气污染物正是引发或加重特应性皮炎的风险因子，包括香烟、挥发性有机化合物、甲醛、甲苯（Toluene）、二氧化氮、悬浮微粒等。这些空气污染物引发皮肤的氧化压力，导致皮肤屏障损坏，以及免疫失调。[89]

近年大众开始意识到悬浮微粒PM2.5对健康的危害及与癌症的关联。研究让两辆卡车发动8分钟，将尾气导入室内，排气后，再请一位抽烟者到室内抽一根烟，分别测量两种状况的悬浮微粒浓度后发现：抽烟产生的悬浮微粒浓度远比卡车尾气高得多！悬浮微粒最重要的来源，并非交通造成的空气污染，而是抽烟。[90]香烟，包括一手烟、二手烟、三手烟，是室内空气污染最重要的来源。

▶ 关注焦点 | 环境毒物、皮肤症状与癌症

Martin 是一位 50 岁的干洗店老板，从 30 岁创业开始，脖子、腰侧的湿疹长期不好，到了夏天，半夜痒得睡不着，频频起床抓痒。

我仔细了解其病史后发现：他 30 岁因肚子闷痛发现胆囊炎合并胆息肉，40 岁就出现前列腺肥大，今年还发现肾癌。他的爸爸是这家干洗店的创始人，有两种癌症：膀胱癌、前列腺癌。他的妈妈得过子宫内膜癌。Martin 的太太去年才发现乳腺癌已经到了第二期，做了手术并正接受化疗。

由于店里生意好，他从早忙到晚，常忘了喝水、吃饭，发现口渴、肚子饿的时候，就喝可乐或含糖饮料，既解渴又解饿。因此一天喝下的水不到 500 mL。此外，他有多颗龋齿，银粉补牙的部位很多，去年进行了部分除汞，改为陶瓷牙齿。

在店里的密闭空间从事干洗，长期吸入并碰触包括四氯化碳在内的多种有机溶剂，肝脏解毒能力有遗传的先天局限，后天又接触大量有肝毒性的环境毒物，伤了肝脏并发生胆囊慢性炎症，形成息肉。补牙的银粉长期溶出汞等重金属，毒性重金属本来要经过肝脏解毒，经过肾脏排出体外，却因水分补充过少，毒性重金属浓度过高，这可能是他罹患肾癌的病因之一。他的父亲患有膀胱癌，和长期接触毒性物质的职业脱不了关系。

肝脏负责雌激素代谢，当肝脏受到毒害，致癌的雌激素代谢物增加，保护性的雌激素代谢物减少，和乳腺癌、子宫内膜癌、前列腺癌等激素相关癌症有关，也和一般人"无关痛痒"的前列腺肥大、良性乳房囊肿有关。Martin 爸爸的前列腺癌、太太的乳腺癌、妈妈的子宫内膜癌，恐怕也与此有关。

这个"癌症之家"的故事令我想到：几十年来，Martin 的脖子与腰际久病未愈的湿疹是否已经透露了健康危险？皮肤就像金丝雀守护着矿工的生命一样守护着我们的健康。若不理会这只金丝雀的反应，到癌症上门恐怕就后悔莫及了。

10 肝肾排毒异常与环境毒物危害的功能医学检测

▍肝毒素与肝脏解毒指标

通过尿液检测，得知肝脏的环境毒物暴露与解毒状况。

- 2- 甲基马尿酸（2-MetHip）：常见有机溶剂二甲苯（Xylene）的副产物，指标偏高表示曾经暴露于含此物质的亮光漆、油漆、喷雾等环境中，会增加肝脏解毒负荷。

- 杏仁酸（Mandalate）、苯基乙醛酸（PGA）：常见有机溶剂苯乙烯的肝脏第二阶段代谢指标。

- α - 羟丁酸（AHBA）：脂溶性环境毒素，如多环芳烃、亚硝胺的肝脏第二阶段代谢指标，反映谷胱甘肽的结合作用。α - 羟丁酸是肝脏谷胱甘肽合成速率的指标，浓度上升表示细胞对谷胱甘肽的需求量高。

- 葡萄糖酸（Glucarate）：当酶受刺激要增加肝脏解毒能力时生成，代表肝脏正面对多种毒素负荷，包括多环芳烃、亚硝胺、杀虫剂、处方药、食物成分、肠道菌等，或代表肝脏第二阶段解毒葡萄糖醛酸化（Glucuronidation）失调。

- 焦谷氨酸（Pyroglutamate）：肾脏与小肠氨基酸回收指标，指标过低代表谷氨酸摄入不足、毒物负荷高、氧化压力大。

- 乳清酸（Orotate）：尿素循环指标。

肝脏解毒功能分析

通过口服小剂量咖啡因、阿司匹林、对乙酰氨基酚，检测唾液与尿液中的代谢产物，评估肝脏两阶段的解毒功能。

- 第一阶段：细胞色素 P450 酶的清除能力。
- 第二阶段：谷胱甘肽、甘氨酸、硫酸盐、葡萄糖醛酸的结合作用。

- 第一阶段与第二阶段硫化、甘氨酸化、葡萄糖醛酸化比例：两阶段解毒能力的平衡状态。

肝脏雌激素代谢分析

通过尿液检测可得知肝脏雌激素代谢是否异常，并推测肝脏两阶段的解毒能力。

- 2- 羟雌酮与 16α- 羟雌酮的比值（2/16 比值）：反映肝脏第一阶段羟基化解毒能力，比值过低为解毒异常，提示乳腺癌发生风险提高。
- 2- 甲氧基雌酮与 2- 羟雌酮的比值、4- 甲氧基雌酮与 4- 羟雌酮的比值：代表肝脏第二阶段甲基化解毒能力，比值过低为解毒异常。
- 保护性及致癌性雌激素代谢物百分比：前者应 ≥ 60%，后者应 <40%，反之代表雌激素代谢与肝脏解毒异常。

肝脏解毒能力相关基因变异检测

1. 第一阶段

- *NQO1* 酶基因变异：解毒对象为苯与对苯三酚的衍生物，存在于油烟、香烟的烟雾、烧香烟雾、汽车尾气、城市烟雾、油漆、印刷原料等中。
- *CYP1A1* 基因变异：CYP1A1 是氧化酶，会活化多环芳烃、芳香胺、二噁英等，会将前致癌物（Pro-carcinogen）活化为致癌物（Carcinogen），抽烟、吃烧烤类食物等也会活化 *CYP1A1* 基因，产生更多 CYP1A1 酶，衍生更多致癌物。

2. 第二阶段

- *GSTM1* 基因：谷胱甘肽转硫酶 -M1，将第一阶段解毒产生的毒物或致癌物加上亲水基团，增加水溶性，能通过汗液、尿液、粪便排出体外。
- *GSTT1* 基因：谷胱甘肽转硫酶 -T1，作用与 *GSTM1* 类似。

肝脏酒精代谢能力相关基因检测

ALDH2 基因：酒精先经过乙醇脱氢酶（ADH）代谢成有毒的乙醛，再由乙醛脱氢酶（ALDH）代谢成无毒的乙酸。负责的 *ALDH2* 基因存在个体变异，Lys/Lys 基因型的乙醛脱氢酶完全没有活性，Glu/Lys 基因型活性约为正常酶的 20%，会导致乙醛清除速度减缓、血中乙醛浓度升高，容易引起脸红等酒醉反应，大幅提高患食管癌、头颈癌、心脏病、失智症等的风险。

毒性重金属分析

可以通过抽血检测，也可以通过尿液、头发检测，得知身体毒性重金属浓度。血液、尿液检测呈现实时的浓度，头发检测呈现长期累积的浓度。常见毒性重金属项目包括以下几种。

- 高毒性重金属：汞、铅、镉、砷、镍。
- 有毒的重金属：锑、钡、铍、铋、铊、锡。
- 其他毒性重金属：钯、铂、银。

环境激素检测

通过尿液检测，得知以下环境激素（Xenoestrogen）在体内累积的浓度。

- 邻苯二甲酸酯类（Phthalates）：单甲基酯、单乙基酯、单丁基酯、单苄基酯、单乙基己基酯（MEHP，知名塑化剂 DEHP 尿液代谢物）。
- 对羟基苯甲酸酯（Parabens）：甲酯、乙酯、丙酯、丁酯。
- 酚类（Phenols）：壬基苯酚、辛基苯酚、丁基苯酚、双酚 A、三氯生。

>>> CHAPTER **15**

组织再生与
血管功能障碍

⚘ 01 皮肤伤口愈合与瘢痕

25 岁的 Kate 因为右边眉毛、鼻尖、下巴上有红疤而来找我。3 个月前的一场摩托车车祸造成了这些疤。她很担心地问我："这些疤会消失吗？"

这就要从伤口的修复过程说起了。根据美国麻省理工学院生物工程学系的研究，组织再生（Regeneration）在皮肤与周边神经受伤时启动，是伤口修复的重要机制，伴随伤口的收缩（Contraction）与结疤。[1] 伤口修复分为 3 个接续并重叠的阶段，血液中的白细胞、血小板、血管生成因子等扮演核心角色。

▌第一阶段：炎症期

炎症期（Inflammatory phase），从受伤后第 1 天到第 7 天，是皮肤急性伤害的立即反应，涉及两大目标与生理机制。

1. 警告与停止伤害

末梢感觉神经受伤后，细胞膜上的两种痛觉受器，也就是瞬时受器电位（Transient receptor potential, TRP）TRPV1、TRPA1，会立即发送信号给大脑，产生"痛"觉。角质形成细胞、肥大细胞、树突细胞、内皮细胞在受伤时，都会启动这类痛觉受器。

接着，末梢感觉神经轴突会释放 P 物质，以及降钙素基因相关肽（Calcitonin

gene-related peptide, CGRP）。降钙素基因相关肽能扩张动脉，让皮肤血流增加。P 物质则增加血管通透性，导致皮肤水肿，征集炎性白细胞，并刺激肥大细胞释放炎症物质颗粒，它包括组织胺、5- 羟色胺、蛋白酶及其他介质，持续增加微血管通透性，造成"红""热"的皮肤炎症，以及让纤维蛋白原（Fibrinogen）、其他血浆凝血因子能够外渗（Extravasation），吸引更多炎症细胞进入伤口，表现为"肿"。组织胺的释放，又刺激神经末梢释出更多 P 物质与降钙素基因相关肽，增强了皮肤的神经性炎症（Neurogenic inflammation）。[2]

2. 止血、消除病原、清理伤口

当血液接触伤口处具有血栓形成活性的血管内皮下层（Thrombogenic subendothelium）时，活化了血小板，释出具有血管活性的儿茶酚胺（Catecholamine）与 5- 羟色胺，周边血管收缩，减少血液流失，并启动内在与外在血液凝固机制；在纤维蛋白聚合作用（Fibrin polymerization）下血栓形成，并作为聚集细胞的支架（Scaffolding），包括白细胞、角质形成细胞、成纤维细胞等，这是伤口愈合的灵魂；血小板释出化学激素、细胞激素，吸引更多炎症细胞来到伤口处，包括中性粒细胞、巨噬细胞。

中性粒细胞扮演最重要的角色，它也是白细胞中数量最多的种类，占 50%~70%。从受伤后到第 7 天，是它主要的工作时间。当伤口处的细胞受损或坏死时，会释放出"损伤相关分子模式"（Damage-associated molecular patterns, DAMPs）；当伤口存在细菌或霉菌等病原时，会释放出"病原相关分子模式"（Pathogen-associated molecular patterns, PAMPs）。中性粒细胞凭借 Toll 样受体等的感应，活化了先天免疫反应，并且通过滚动、粘附、匍匐、迁移等动作跑到伤口处吞噬病原，用囊泡里的活性氧、抗菌蛋白质消灭病原。

两天后，单核细胞与它转化成的巨噬细胞也开始工作了，从炎症期横跨增生期，直到第 30 天，巨噬细胞会成为主角。巨噬细胞一样会检测 DAMPs、PAMPs，并受到促炎性细胞因子，如 γ 干扰素、肿瘤坏死因子 -α 等活化，分化为炎症型巨噬细胞（称为 M1），制造更多促炎性细胞因子，以及杀菌的活性氧。

接下来会分化出抗炎型巨噬细胞（称为 M2），释放抗炎的白细胞介素 10，以抑制白细胞介素 1、肿瘤坏死因子 -α 的工作，让炎症现象逐渐消失，让皮肤恢复恒定状态（Homeostasis）。这对于正常的组织修复与重塑是非常关键的。若没有这项抗炎机制，容易形成下文所提到的肥厚性瘢痕，甚至蟹足肿。

此外，调节型 T 细胞（Regulatory T cells, Tregs）也具有抗炎作用，可以调节组织的炎症反应，包括限制 γ 干扰素的制造、减少炎症型巨噬细胞的数目，增加表皮生长因子受体（Epidermal growth factor receptor, EGFR）的表达。这对于伤口的再上皮化与愈合十分重要。

还有杀伤细胞能释放 γ 干扰素、肿瘤坏死因子 -α，且具有高强度的细胞溶解作用，能对抗病原。以上中性粒细胞、单核细胞、巨噬细胞、杀伤细胞的角色，属于先天性免疫，对病原采取立即但没有特定性的攻击。还有另一群免疫细胞，包括 CD4+ T 细胞、CD8+ T 细胞、B 细胞等淋巴细胞，它们能记忆每种病原的样子，精准歼灭病原，在伤口的炎症期同样扮演重要角色，这属于后天性免疫，在未来病原再次入侵时，启动更快速的作战策略。[2-5]

▌第二阶段：增生期

增生期（Proliferative phase），从受伤后第 1 天到第 30 天，巨噬细胞持续扮演重要角色，目标是修补伤口破损，启动四大机制。

1. 进行纤维组织增生（Fibroplasia）

成纤维细胞接受多种细胞激素，以及生长因子的信号而活化，前者包括白细胞介素 1、肿瘤坏死因子 -α 等，后者包括转化生长因子 β（Transforming growth factor-β, TGF-β）、血小板源性生长因子（Platelet-derived growth factor, PDGF）、表皮生长因子（Epidermal growth factor, EGF），以及成纤维细胞生长因子 2（Fibroblast growth factor-2, FGF-2）。这些细胞激素与生长因子由血小板、巨噬细胞、成纤维细胞、血管内皮细胞、角质形成细胞所分泌。接着，成纤维细胞开始增生，制造金属蛋白酶、金属蛋白酶抑制剂，迁移到伤口组织，激活胶原制造，将不成熟的纤维组织替换掉，分化出另一种肌成纤维细胞（Myofibroblast），增加胶原堆积，让伤口收缩，并感应皮肤的张力，决定胶原如何堆积。

2. 再上皮化（Re-epithelialization）

从受伤后 16 ~ 24 小时开始，持续到重塑期。角质形成细胞分化填补伤口的缺损，细胞与细胞外基质（Extracellular matrix, ECM）之间的互动扮演重要角色。角质形成细胞还刺激成纤维细胞释放生长因子，刺激产生更多角质形成细胞。

3. 血管生成（Angiogenesis）

受伤部位细胞持续增生与代谢加速的同时，血液供应变得不足，组织变为缺氧状态，刺激巨噬细胞、成纤维细胞、血管内皮细胞、角质形成细胞制造缺氧诱导因子（Hypoxia inducible factor-1, HIF-1），在与血管内皮生长因子（Vascular endothelial growth factor, VEGF）、血小板源生长因子等生长因子的共同作用下，内皮细胞开始形成新的血管，称为血管生成作用（Neovascularization）。

4. 周边神经修复

在末梢神经受损时，启动侧支神经再支配（Collateral reinnervation），以及神经再生（Nerve regeneration）。施万细胞（Schwann cell）可以说是神经细胞的守护神，构成紧紧围绕在神经周围的髓鞘，这是高速神经传导的关键。神经受伤时，它会自行分解毁坏的神经周围的髓鞘，促进神经轴突生长，长出新的髓鞘。伤口的成纤维细胞上有 Ephrin-B 分子，当接触到施万细胞上的 Ephrin-B 受器时，就能引导施万细胞行进的方向，并将新生血管当成支架（Scaffold），引导轴突生长，重新跨越神经线路断掉的地方。[2,4,5]

▋ 第三阶段：重塑期

重塑期（Remodeling phase），组织重塑的目标是恢复皮肤完整性，从第 5 天开始，超过第 30 天，甚至可能直到数年。

新形成的肉芽组织，包括表皮、真皮、神经、肌纤维，都会进行重塑，形成具有功能的组织。肉芽中的血管成分，包括成纤维细胞、肌成纤维细胞，会逐渐减少，周边血液单核细胞经历细胞自噬，或者离开了伤口。成纤维细胞分泌的胶原金属蛋白酶，以及巨噬细胞，会分解肉芽组织中的Ⅲ型胶原蛋白，用Ⅰ型胶原蛋白来取代，重组为平行的细纤维束，形成低细胞数量的瘢痕。[2,4,5]

整体来说，皮肤组织再生与伤口的收缩之间是相互拮抗的。伤口收缩的机械性力量导引肌成纤维细胞与胶原排列组合，形成瘢痕。试验中使用一种特殊胶原来阻断收缩作用，结果引发了明显的再生反应，减少肌成纤维细胞的密度、排列、组合，最终未形成瘢痕。[1]若伤口愈合、再生与收缩平衡出现异常，会导致两类结果：过度纤维化和慢性伤口。

第一类是过度纤维化。

- 肥厚性瘢痕：一般指突出、厚且硬的瘢痕，受伤超过真皮层，如深二度烧伤、取皮部位等。若出现在关节，妨碍关节功能；若出现在脸部、躯干暴露处，导致身体形象改变；一开始因血管丰富呈红色，有瘙痒感或疼痛感，持续半年到一年后，因血管减少而变平、变软，痒痛感也消失了。

- 蟹足肿：瘢痕超越了原先受伤的范围，并出现变形、瘙痒、感觉异常等，是临床难题，将在下一节介绍。

- 萎缩性瘢痕：常见于浅二度烧伤、皮肤擦伤或浅层感染后，表面粗糙、质地柔软、有色素变化，与周围正常皮肤界线不明，没有功能障碍，一般无须处理。萎缩性瘢痕分为三种：波动形（Rolling）、车厢形（Boxcar）、冰凿形（Icepick）。

第二类是慢性伤口。

- 糖尿病足部溃疡：和下肢周边血管与神经病变有关的皮肤溃疡，常导致坏死，甚至需要截肢。因为高血糖而改变了细胞代谢形态，产生更多活性氧、过氧亚硝基（Peroxynitrite）、毒性的晚期糖基化终末产物等，导致血管、神经、周边血液单核细胞损害，伤口始终处于慢性炎症状态而出现愈合异常。

- 腿部溃疡：静脉血液回流不良或动脉堵塞导致。
- 褥疮。[2-5]

🦠 02 蟹足肿

▌蟹足肿与局部皮肤病因

Alice 是 49 岁科技公司经理，她身上的蟹足肿，从后颈、胸、腹、背到大腿，总共有 9 处，她在我面前叹气。

为何如此？因为她容易长脂肪瘤，自己总是看不顺眼，就找了外科医生进行处理。眼前一道一道的红色瘢痕十分"漂亮"，可见当时医生刀法利落！然而，出现了"手术成功，结果失败"的后果：9 条更明显的蟹足肿。

她摇头说："早知道就不手术了，我非常后悔。"

我仔细询问了解到，她从小皮肤、鼻子、眼睛、气管都容易过敏，长期压力大又睡不好，痛经严重，还贫血，被诊断为子宫内膜异位症。

蟹足肿（Keloid）常见于胸部中央，及耳垂、下颚、肩关节、上肢、背部等，为暗红色或紫红色且形态不一的硬肿块，病灶范围超过原始受伤或病变部位，硬度类似软骨，并缺乏弹性，因为像蟹足一样往周围皮肤扩展，得名蟹足肿。它通常不像肥厚性瘢痕那样可以自行退化，还伴有瘙痒与疼痛，患者搔抓后可能破皮，继而出现继发性感染，包括皮脂腺炎症和毛囊炎症，形成脓肿、瘘管。[6,7]

蟹足肿与肥厚性瘢痕都是皮肤的纤维增生，在皮肤受伤或受刺激时，修复过程出现异常，产生病理性或炎症性的瘢痕。部分人有蟹足肿体质，暗肤色的人得蟹足肿的概率是白皮肤的人的 15 倍。基因研究发现，与蟹足肿有关的几种基因变异，称为单核苷酸多态性（Single nucleotide polymorphisms, SNPs）。[8,9]

局部的皮肤病因包括创伤、烧伤、手术、注射疫苗、皮肤穿刺（穿耳洞、文身等）、毛囊炎、痤疮、带状疱疹感染等，在皮肤修复过程中，伤口愈合缓慢、伤口范围过大、瘢痕周围皮肤张力不均或过大。蟹足肿特别容易发生在存在皮肤拉伸的地方，像前胸、肩胛骨等处，特别是健身的人，反复进行重量训练给局部皮肤带来极大拉伸张力，即使积极治疗，蟹足肿仍容易恶化或反复发作。相反地，皮肤不存在拉伸的部位不容易有蟹足肿，像头顶、小腿前侧。即使是有多处蟹足肿的患者，也是如此。[10]

蟹足肿的形状各异，有蝴蝶状、蟹脚状、哑铃状，主要由所处部位的皮肤张力方向与大小决定。局部刺激，如穿刺、抠抓引起的炎症，会导致蟹足肿恶化。伤口附近的皮肤张力，导致其处在网状真皮层有持续性或反复性炎症，出现数量异常的血管形成情况，也包括胶原蛋白、神经纤维等。[10]伤口微环境持续有炎症，是导致异常瘢痕的核心原因。过去研究发现，如果伤口要花 21 天，甚至更长时间愈合，形成肥厚性瘢痕的概率增加 70%。[10]

▌蟹足肿的全身性病因

蟹足肿的病因除了有局部皮肤因素，也有全身性因素。怀孕期间最容易出现严重瘢痕或蟹足肿，可能和激素水平异常导致的血管扩张效应有关，恶化了皮肤局部状况。[11]

高血压是蟹足肿恶化的一个因素。日本医学院整形外科的研究团队针对 304 位接受外科治疗的严重蟹足肿患者进行分析，发现高血压和蟹足肿的大小、数量显著相关，年龄也是相关因子，尽管蟹足肿人群的高血压发病率和一般人群相比并无不同。[12]

为什么高血压和蟹足肿有关呢？

高血压导致血管张力大（包括那些在愈合伤口或瘢痕中的血管），血管损害可加重局部炎症，出现血管扩张而恶化瘢痕状况。[10]皮肤也是高血压的危害目标，未来需要关注蟹足肿患者的高血压问题，降压治疗可能成为减轻，甚至预防蟹足肿的可能策略。[12]

从组织学上看，蟹足肿是真皮内广泛的、成束状分布的嗜酸性透明样变化的粗大胶原。宏观上呈现驼峰形的 3D 结构，中间相对较平坦的部分是较成熟的瘢痕，周边突起的驼峰有蟹足肿的肥厚胶原组织，靠近周围皮肤的部分进行着旺盛的血管生成作用。[10]

Cara 是 35 岁的上班族女性。两年前剖宫产之后，耻骨上方剖腹处逐渐形成坚硬而红肿的团块，长 10cm、宽 2cm，形状像百足蜈蚣，被诊断为蟹足肿，因治疗效果有限且经常复发，她特地来找我。

我问她："何时容易发作？"她想了想，说："发作有两种情况：第一种情况是过敏发作的时候，像是我鼻子或眼睛过敏，还有晒太阳后出现皮肤过敏；第二种情况是为了照顾婴儿而熬夜，夜间睡眠质量差，加起来全天睡眠也不到 5 小时。"

我说："因为持续过敏炎症，加上睡眠障碍，可能造成免疫与循环系统失调，会影响到蟹足肿的状况。"

日本整形外科医生小川（Ogawa）等人推测，血管内皮功能变得异常，炎症细胞增加，促炎性细胞因子大量分泌，加以血管渗透性异常，这些炎症细胞穿透血管壁渗透到蟹足肿组织里，引起严重的局部炎症。这一连串的病理环节，是根治蟹足肿必须考虑的关键。[10]

03 玫瑰痤疮

玫瑰痤疮的类型

Joyce 是 30 岁的医院护士，一见到我就说："我的'红糟'又来了，怎么办？"

我说："什么？你吃了'红糟'肉吗？"

她说："不是，我是说脸上整片泛红的老毛病又来了！之前吃药、擦药就好，但一停药就不出意外地又复发了。"

我说："那是叫酒糟啦！医生都知道，这是个难缠的病。我帮你看看，说说你发病的经过，我来找原因。"

她两颊发红、灼热、刺痛，中间有些红色丘疹与脓疱。

原来，她是过敏体质，皮肤常冒出红色痒疹，手上也容易起汗疱疹。25 岁时在忙碌的病房工作，压力大，不自觉地贪吃，明显发福，又有肠易激综合征，一紧张或一吃错东西，就容易拉肚子。和同事吃麻辣火锅或喝点小酒，病情就严重了，而且一发不可收拾，无论事后再怎么"清心寡欲""斋戒沐浴"，都于事无补。

除此之外，她还有高血压、高脂血症、偏头痛……持续服药中，可谓罄竹难书。听到这里，连我都觉得头痛了。

John 是 40 岁男性业务员，因为脸红来找我。他非常懊恼，因为脸红，常被警察拦下来检查酒驾，其实他根本不喝酒。

酒糟（Rosacea），即玫瑰痤疮，是炎症性的慢性皮肤病，影响到神经与血管，造成脸红，以脸部中段为典型，表现为鼻子、脸颊、下巴、额头等处变红，产生类似痤疮的红肿与丘疹，皮肤增厚，脸部皮肤小血管变得明显。玫瑰痤疮容易复发，出现永久性的潮红、血管扩张，眼睛也可能有灼热感与酸痛。

传统上，玫瑰痤疮的四种分型特征如下：

- 第一亚型：红斑血管扩张型（Erythematotelangiectatic rosacea, ETR），频繁发作并且通常在中脸部持续潮红（Flushing）。有时是脸红（Blushing），肤色深的人，可能主观上感到潮红，却看不到脸红，也可能影响到脸部周边、耳朵、脖子、上胸，但眼周皮肤不受影响。和其他红疹不同的是，玫瑰痤疮可在数秒钟或数分钟内发作，这是受到诱发因素引起的神经血管刺激。另外，通常出现明显扩张的毛细血管，但并非诊断的必要特征。

- 第二亚型：丘疹脓疱型（Papulopustular rosacea, PPR），圆顶状的红色丘疹，可伴随或不伴随脓疱，成群分布于脸部中央。这种形态的炎症可导致慢性脸部水肿。病灶若出现粉刺，应认为是痤疮病理的一部分，并非玫瑰痤疮造成的。

- 第三亚型：鼻赘型（Phymatous rosacea），包含毛囊扩大、皮肤增厚或纤维化、腺状增生，形成球根状或蒜头状的鼻外观。其实，它可出现于有皮脂腺的脸部位，但以鼻子最常见，且以男性为主。

- 第四亚型：眼型（Ocular rosacea），出现以下一项以上的症状，包括眼部水样或充血外观，有异物感、烧灼或刺痛感，感觉干、痒，光敏感，视力模糊，结膜与眼皮边缘毛细血管扩张，眼皮与眼周出现红疹。[13,14]

根据美国国家玫瑰痤疮学会于 2017 年刊登在《美国皮肤医学会期刊》的专家共识，玫瑰痤疮的分类标准与病理生理如下：

- 诊断准则为固定中央脸部红疹，具有典型特征，可能周期性地增强皮瘤变化。
- 主要特征包括潮红、丘疹与脓疱、毛细血管扩张、眼球症状（眼皮边缘毛细血管扩张、眼皮结膜充血、角膜有铲状沉积物、巩膜炎与巩膜角化）等，以上若有两项及以上可直接诊断。
- 次要特征包括烧灼感、刺痛感、水肿、干燥、眼球症状（蜂蜜样分泌物呈项圈样堆积于睫毛根部、眼皮边缘不规则、泪液蒸散失调）。[13]

▍玫瑰痤疮的神经血管病因

出现玫瑰痤疮，代表多种病因同时存在[15]，这是皮肤医学上的重大问题，当然没有简单的治疗方法。

玫瑰痤疮由神经血管失调、先天免疫反应所启动，还包含 LL37 与丝氨酸蛋白酶（Serine protease）增加。丘疹有大量的 T 细胞，以及浆细胞、肥大细胞、巨噬细胞。脓疱中，吸引中性粒细胞的趋化因子（Chemokine）也增加了。在所有分型中，肥大细胞的数量都明显增加了。[13,16]

鼻赘型看似没有炎症迹象，但存在免疫媒介增加、亚临床（轻度）炎症、先天与后天免疫基因上调的状况。[16]事实上，在出现肉眼可见的纤维组织之前，神经血管早就发生炎症了。

一对父子进入铁板烧店，爸爸说"小孩要吃清炒牛肉"，厨师狐疑，一再询问："胡椒、洋葱、青葱……都不要？"我抬头一看，果然如此。小孩两颊通红，正是玫瑰痤疮患者。

英国伦敦国王学院卓越心血管中心研究人员的回顾文献指出，在皮肤感觉神经末梢的细胞膜上，存在数种"瞬时受器电位"，其中两种受体 TRPV1、TRPA1 与玫瑰痤疮有关，它们可以因热、因蔬菜或香料中的辛辣物质而活化，这些正是玫瑰痤疮发作的刺激原。此外，在炎症反应中的活性氧，可以活化 TRPA1，诱发血管扩张；炎症介质如蛋白酶，可以作用在蛋白酶活化受体 2（Protease-activated receptor 2, PAR2）上，继而增强活化 TRPV1、TRPA1。

TRPV1、TRPA1 被活化，将打开钙离子通道，让细胞内钙浓度提高，因而释放神经肽，包括 P 物质、降钙素基因相关肽。P 物质导致血管扩张，增加血管通透性，使皮肤水肿，并刺激肥大细胞释放炎症介质，包括组织胺。P 物质还促使白细胞释放蛋白酶、活性氧。降钙素基因相关肽扩张动脉，导致表皮血流增加，形成脸部潮红，有灼热感，且炎症机制导致痛与痒，形成了我们所知的玫瑰痤疮症状。[17]

▌玫瑰痤疮与皮肤老化

Joyce 常自我解嘲："酒糟没那么灼热刺痛的时候，两颊红红的不退，上班都不用画腮红，真方便！"

真的这样吗？虽然脸上不用化妆很方便，但若玫瑰痤疮不积极改善，将产生以下皮肤恶果。

- 真皮退化：玫瑰痤疮的血管支撑差，推测和真皮组织受到损害有关。血液长期积聚在皮肤血管，血管内皮受到损害，导致血管渗漏（Vascular leakage），血清蛋白、促炎性细胞因子、代谢产物清除不佳，最终导致真皮退化。

- 活性氧的影响：早期炎症反应中，中性粒细胞释放出活性氧，产生过氧阴离子、氢氧自由基、单分子氧、过氧化氢等，造成组织氧化伤害，导致皮肤炎症。同时，皮肤的抗氧化机制也因为过高的氧化压力，逐渐被耗损。

- 血铁浓度的影响：玫瑰痤疮患者皮肤含铁蛋白（Ferritin）细胞数，明显较无玫瑰痤疮者高，而且这类细胞数越多，玫瑰痤疮越严重。这可能因为铁会催化过氧化氢，产生自由基，损害细胞膜、蛋白质与 DNA，导致皮肤组织受损。[18]

玫瑰痤疮的先天与后天因素

究竟玫瑰痤疮是先天注定的还是后天导致的呢？

《美国医学会期刊·皮肤医学》的一项研究，针对 550 位双胞胎进行追踪，当中 233 对为同卵双胞胎，42 对为异卵双胞胎，由皮肤科医生根据美国国家玫瑰痤疮学会量表，评估玫瑰痤疮严重度。结果发现，玫瑰痤疮严重度在同卵双胞胎为 2.46 分，在异卵双胞胎为 0.75 分，且同卵双胞胎间得玫瑰痤疮的相关系数为 0.69，异卵双胞胎间则为 0.46，统计上呈现明显差异，并推算出遗传基因占了玫瑰痤疮成因的 46%。[19] 玫瑰痤疮确实存在遗传因素。[20,21]

玫瑰痤疮严重度也和后天因素有关，依相关性高低依次为年龄较大、累积紫外线暴露多、BMI 高、抽烟、喝酒、患心血管疾病和皮肤癌等。[19] 想要改善玫瑰痤疮，遗传基因、年龄无法改变，但可以改善紫外线暴露情况，也可以不碰烟酒等。但此研究也披露，玫瑰痤疮正是过重或肥胖、心血管疾病等代谢疾病的警讯。

玫瑰痤疮与多种生理疾病有关

中国台湾地区多个皮肤科研究团队分析数据库后发现，玫瑰痤疮患者罹患高脂血症、高血压、冠状动脉性心脏病的概率，比起一般人群显著高出 10%~40%，且在排除高脂血症、高血压、糖尿病的影响后，玫瑰痤疮仍可以独立预测冠状动脉性心脏病。男性玫瑰痤疮患者较女性患者更可能罹患这些疾病。此重要发现刊登于权威的《美国皮肤医学会期刊》。[22]

没错，出现玫瑰痤疮表示身体有麻烦了！《美国皮肤医学会期刊》的另一篇论文，美国国家玫瑰痤疮学会回顾了玫瑰痤疮共病的大量研究，发现比起健康人群，玫瑰痤疮患者罹患生理疾病的风险增加 [23]，整理如表 15-1 所示。

表 15-1 玫瑰痤疮患者罹患各种生理疾病的风险（数值来自不同研究）[23-26]

疾病分类	个别疾病（优势比），依优势比由高至低排列
过敏性疾病	食物过敏（10）、空气相关过敏（4.6）
自身免疫病	类风湿性关节炎（2）、多发性硬化（1.7）

疾病分类	个别疾病（优势比），依优势比由高至低排列
癌症	甲状腺癌（1.6）、皮肤基底细胞癌（1.5）
心血管系统疾病	高脂血症（6.8）、心血管疾病（4.3）、高血压（2.8～4）、冠状动脉性心脏病（1.2）
消化系统疾病	胃食管反流（4.2～4.6）、其他肠胃疾病（3）、克罗恩病（2.7）、炎性肠道疾病（2.1）、乳糜泻（2）
代谢疾病	肥胖、高脂血症、高血压、糖尿病等（4.4），其中2型糖尿病（2.6）
泌尿生殖系统疾病	包括反复泌尿感染、尿道结石、尿失禁、肾炎等（7.5）
呼吸系统疾病	包括慢性鼻窦炎（感染）、慢性气管炎、哮喘（过敏）、慢性阻塞性肺病等（4）
女性激素系统疾病	包括经前期综合征、不孕、女性性功能障碍、子宫内膜异位症、多囊卵巢、乳房纤维囊肿、子宫肌瘤、接受激素替代疗法等（3.2）
神经精神系统疾病	抑郁症（4.8）、帕金森病（1.7）、偏头痛（1.2）

有关玫瑰痤疮与偏头痛的共病情况，一项丹麦全国性追踪研究发现，一般民众罹患偏头痛的概率为 7.3%，但玫瑰痤疮患者罹患偏头痛的概率高达 12.1%。若从玫瑰痤疮亚型来看，眼型玫瑰痤疮患者罹患偏头痛的概率是健康人群罹患偏头痛的概率的 1.69 倍。有趣的是，鼻赘型玫瑰痤疮患者则降低为 0.45 倍。50 岁或以上的女性玫瑰痤疮患者是罹患偏头痛的高风险人群。[27]

为何玫瑰痤疮和这么多生理疾病有关？美国约翰霍普金斯医学院皮肤科研究团队指出，这是因为玫瑰痤疮涉及免疫系统失调、慢性炎症、内分泌失调、代谢综合征、皮肤或黏膜屏障受损、局部菌群改变等共通性全身问题。[24] 玫瑰痤疮正是生理系统问题的警告。玫瑰痤疮与消化系统疾病、神经精神系统疾病的高度共病，也呼应了前文提到的 "肠－脑－皮轴"（Gut-brain-skin axis）。[28]

我一再看到，患者因为玫瑰痤疮导致皮肤灼热、刺痛而苦恼，虽然积极接受治疗，却反复发作，抱怨 "无法断根"，希望能永远抹除这些皮肤症状。但是，我了解他们更大的问题，也是根本问题——是全身性生理疾病，从食物过敏、空气相关过敏，到胃食管反流、高脂血症、高血压、糖尿病、心脏病等。若不找出并改善生理疾病，玫瑰痤疮得不到改善，皮肤持续有慢性炎症，提早老化是必然的。若能根据本书的全方位建议，从改善过敏炎症、免疫失调、内分泌失调、情绪压力、肠胃功能不佳与肠道菌群失调等病因开始，才有机会摆脱玫瑰痤疮的纠缠。

04 毛细血管扩张

黄褐斑和血管扩张

许多黄褐斑患者的脸上可看到，黄褐斑病灶附近有明显的毛细血管扩张，难道这和黄褐斑形成有关吗？

研究发现，肥大细胞导致血管增生，通过分泌血管内皮生长因子、成纤维细胞生长因子 2，以及转化生长因子 β，增加了病灶皮肤血管的直径、密度。[29]

黄褐斑病灶的角质形成细胞内诱生型一氧化氮合酶（Inducible nitric oxide synthase, iNOS）活化，特别是接触紫外线后，和转录因子（NF-κB）路径活化有关，也就是过度炎症。[30]

这也是黄褐斑治疗的重要方向，如何减少皮肤血管扩张，减少病灶的营养与氧气，减轻皮肤炎症反应。

05 静脉曲张

静脉曲张的各种形态

Stella 是百货公司售货员，今年 45 岁，她抱怨接受医美（如电波拉皮、激光）时特别容易烫伤，虽然操作的医生使用的是安全剂量。我对她印象很深刻，年纪轻轻，脸上到处是蜘蛛丝般的小血管，还有如蚯蚓一般浮出的青筋。她的大腿、小腿、脚踝、脚背也没有幸免，全是扩张的大小血管。此外，她半夜常腿抽筋，却找不到原因。她还有中度痔疮，上厕所肛门流血，极度疼痛。这到底是怎么回事?

静脉曲张是一种慢性静脉疾病（Chronic venous disorder），其最轻微的一种形态是毛细血管扩张（Telangiectasis），毛细血管是直径小于 1mm 的蜘蛛丝状血管，因在乳突真皮下血管网内的微血管、小静脉、小动脉因特定原因持续扩张，形成红色或紫红色斑状、点状、线状、星芒状、扇状的血管形态。蜘蛛丝状静脉曲张好发在大腿外侧、膝窝和脚踝等处，严重的时候，整条腿布满红色或蓝紫色的蜘蛛丝状血管。按静脉曲张 CEAP 国际分类（表 15-2），它为较轻微的 C1。[7,31]

表 15-2 静脉曲张的 CEAP 国际分类 [33]

C 临床征象（Clinical signs）

　0: 无可见或可触摸的静脉疾病
　1: 毛细血管（蜘蛛丝状）或网状静脉
　2: 静脉曲张（蚯蚓状）
　3: 水肿
　4a: 色素沉着或湿疹
　4b: 皮脂硬化或白色萎缩（Atrophie blanche）
　5: 愈合的溃疡
　6: 发作的溃疡（血栓性静脉炎、蜂窝组织炎）

E 病因（Etiology）
　c: 遗传性；p: 原发性；s: 继发性；n: 无确认静脉病因

A 解剖位置（Anatomical location）
　s: 表浅静脉；p: 穿透静脉（穿透筋膜交通支）；d: 深层静脉；n: 无确认静脉位置

P 病理生理
　r: 逆流；o: 阻塞；r,o: 逆流与阻塞；n: 无确认静脉病理生理

分类较严重的 C2 静脉曲张，是腿部出现蚯蚓状、团状、浅蓝色静脉弯曲扩张，俗称"浮脚筋"。更严重者会出现水肿、色素沉着、湿疹、皮肤萎缩、溃疡等

症状。根据研究，欧美静脉曲张的流行率为 22%～29%，5% 出现静脉水肿、皮肤变化或静脉溃疡；未愈合溃疡占 0.5%，已愈合溃疡占 0.6%～1.4%。

▌静脉曲张的病因

流行病学研究显示，静脉曲张的风险因子包括年纪较大、女性、多次生产（怀孕多胎）、久站、静脉疾病家族史和肥胖。[34-36]

大多数静脉曲张是原发性的，也就是静脉本身的问题造成的，包括内在结构脆弱或血管壁的生化学异常，通常是多重病因造成的。可以是局部或全身多处的静脉曲张，伴随或不伴随隐静脉（Saphenous vein）瓣的闭锁不全。[32] 继发性静脉曲张的原因包括深层静脉血栓、深层静脉阻塞、表浅血栓静脉炎或动静脉畸形，也可以是先天的静脉发育不良。[32]

《新英格兰医学期刊》回顾文章指出，发生在髂内静脉（Internal iliac vein）的阻塞，是下肢慢性静脉功能不全（Chronic venous insufficiency）的关键原因，比胫静脉、股静脉、下腔静脉都重要，但由于髂内静脉位于盆腔深处，有病变时很难早期辨识，可能早已产生血栓；或者和血栓无关，只因为横跨其上的髂内动脉或腹下动脉搏动而导致压伤。后者在 60% 无症状静脉曲张患者中存在，在 90% 有症状静脉曲张患者中存在，改善它能完全消除静脉曲张问题。[37]

▌静脉曲张的皮肤危害与健康风险

随着静脉曲张的病程进展，身体会出现慢性静脉功能不全，持续性的静脉高压造成血管内皮细胞活化，红细胞与高分子渗漏，白细胞渗出，组织水肿，出现淋巴循环不良，而细胞激素导致的血管周边慢性炎症反应，会减弱皮肤屏障对病原菌与过敏原的防御能力，导致静脉溃疡、皮肤溃疡、湿疹、脂肪皮肤硬化症（Lipodermatosclerosis，皮下组织纤维化）等，最常出现在脚踝或脚踝上面一点的地方。[37-39]

因此，静脉曲张的症状，不只是可见的毛细血管扩张或扭曲的青紫色血管。如果有以下症状，皆应考虑静脉曲张的可能性：

- 觉得血管膨胀、腿部肿胀、发热，有沉重感。

- 腿部瘙痒、酸麻或疼痛。

- 不宁腿综合征。

- 夜间小腿抽筋。

- 无法久站或久坐，容易感到下肢不舒服。

- 在久站、月经期或感到劳累时上面提到的不适感加剧。

- 抬高腿时，以上症状会减轻或消失。[34,37]

这些症状可能由其他疾病导致，如外围动脉疾病、淋巴水肿、椎间盘突出与神经压迫、心力衰竭、肾病、风湿病等，需要从根本上厘清病因。若仍找不出具体原因，且持续受到困扰，可能深层静脉曲张就是原因，需要进行血管 B 超检查、静脉造影或 CT 检查等。[37]

▶ 关注焦点｜痔疮

Stella 是一位 35 岁的女性公务员，她深受痔疮之苦有 5 年之久，排便时出血，最严重时马桶里一片红。她常头晕，检查发现有轻微贫血。她常觉得肛门瘙痒、疼痛，用卫生纸擦拭，撕裂般的痛楚简直要了她的命。这两年她发现有硬块从肛门脱出，检查是内痔脱垂，一开始还会缩回去，后来就固定在肛门外，走路时摩擦不舒服，又不能久站，怕内痔脱垂得更厉害。

肛垫（Anal cushions）由松散的结缔组织、黏膜下动静脉血管（包括小动脉、小静脉、动静脉交通支）、平滑肌纤维组成。这个软垫有助于协助内外括约肌让肛门达到完全封闭。[40]

痔疮由多重因素导致，最重要的是两大原因。

一是静脉压升高。便秘、腹泻、怀孕、肥胖或腹水引发腹内压升高。事实上，痔疮患者在休息时的静脉压是高于正常值的。之前有"静脉曲线学说"，认为痔疮完全由静脉曲张形成，现在认为这只是部分原因。

二是黏膜脱垂。当括约肌、骨盆底部肌肉因老化松弛，导致痔疮组织脱垂时，如果过度用力，会使肛垫滑出肛门外，造成软垫组织内血管充血，以及肌肉纤维断裂，肛垫的支持组织恶化，导致静脉扩张，形成血栓与炎症。这就是病态的痔疮，这个观点被称为"肛垫滑动学说"。[40,41]

痔疮依照发生的解剖部位，分为三大类。

- 外痔（External hemorrhoid）：发生在齿状线以下，由下痔静脉丛（Inferior hemorrhoidal plexus）扩大、曲张与反复炎症导致，形状不规则。由于有体神经分布，出现血栓时容易疼痛，表现为蓝色的疼痛肿块，有坠胀感或异物感。因肛门高低不平，不容易清洁干净，容易瘙痒或疼痛，搔抓可导致分泌物。

- 内痔（Internal hemorrhoid）：发生在齿状线以上，是上痔静脉丛（Superior hemorrhoidal plexus）的曲张静脉团块。由于有脏器神经分布，通常无痛，早期症状为排便前后出血，晚期症状为肛门脱垂、黏液流出。

- 混合痔（Combined hemorrhoid）：位于齿状线上下，兼有内痔与外痔的特征，因为直肠上痔静脉丛、下痔静脉丛互相吻合流通，括约肌间沟消失，痔块表面同时被直肠黏膜与肛管皮肤覆盖。[40,41]

根据 Goligher 分类法，内痔依照严重度分为 4 度。

- Ⅰ度：只有流血，没有脱垂。
- Ⅱ度：在用力时内痔脱出肛门之外，可自动缩回。
- Ⅲ度：在用力时内痔脱出肛门之外，必须用手推回肛管中。
- Ⅳ度：内痔脱出肛门之外，无法自行用手推回。[41]

仔细了解 Stella 的病史，我发现她得痔疮的原因包括长期便秘、腹胀，反映了她肠道菌群失调，有肠胃慢性炎症；加上工作与家庭两方面压力都大，月经不调，内分泌失调，引起骨盆底部肌肉松弛。久坐久站的生活习惯也是一个重要原因。

我建议她进行改善痔疮的基础策略如下。

- 温水坐浴法：使用 40℃左右的温水，一次坐浴 10 分钟，每天 3~4 次，可以清洁肛门、减少肛门收缩、减轻疼痛。
- 高膳食纤维饮食：摄取大量富含纤维的全谷物、蔬菜、水果等，这些是天然的软便剂，可缓减便秘症状，通常需要坚持超过 6 周，以达到效果。
- 补充充足的水分：避免粪便挤压，利于排便。[40,41]

此外，建议她多做凯格尔运动（后文介绍），接受针对肠道菌群失调与内分泌失调问题的饮食营养调整，她的情况将有明显改善。

>>> CHAPTER **16**

破解女性私密症状
密码（上）：免疫失调

Sabina，50岁，是公司女主管。最近三年，她的私密处、胯下、臀部瘙痒频繁发作，还有烧灼感、疼痛感且性交不适，这不仅让她白天很不舒服，半夜还会搔抓。她觉得这些症状很难启齿，更羞于让医生检查，尽管备受困扰，却只向医生求助了两三次，她向医生抱怨："为什么反复发作，老不好？""为什么接受了治疗，疗效不好？""为什么医生都找不出根本原因？"

私密症状是女性极为常见的困扰，许多女性有"觉得下面很脏"的心态，害怕因"下面有问题"被嘲笑，长期受困于这类"隐疾"而不敢面对，讳疾忌医，导致身心长期承受巨大痛苦。更糟的是，因此延误了多种疾病的治疗。

事实上，女性私密症状和本书所关注的皮肤症状一样，不是局部症状，而常是多个生理系统失调的结果。本章将重新解析女性私密症状的关键病因。让我们从女性外阴解剖学开始谈起。

🌀 01 女性外阴解剖构造

女性外阴（Vulva）可区分为阴阜、大阴唇、小阴唇、阴蒂、阴蒂包皮、尿道口、阴道口、处女膜、阴道前庭、阴唇系带等部位（图16-1）。大阴唇与男性的阴囊、阴蒂与男性的阴茎头在胚胎学上均系出同源。在接近阴唇系带的小阴唇与

336

处女膜间藏有巴氏腺（Bartholin gland，前庭大腺）的开口，分泌润滑阴道前庭的液体。[1,2]

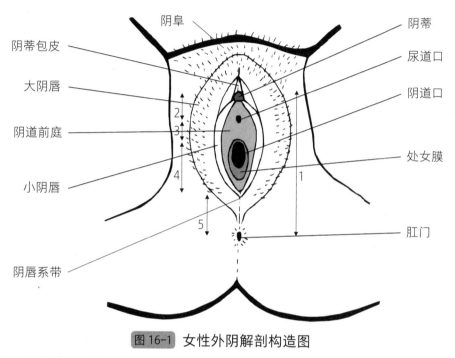

图 16-1 女性外阴解剖构造图

注：1 肛门阴蒂距离，2 阴蒂阴道口距离，3 尿道口阴道口距离，4 阴道口阴唇系带距离，5 阴唇系带肛门距离，3+4+5 尿道口肛门距离，2+3+4 阴蒂阴唇系带距离。

出处：取材自维基百科公开版权（链接：https://en.wikipedia.org/wiki/File:Vulva_hymen_miguelferig.png），Miguelferig，CC BY-SA 3.0

正常女性外阴形态变化极大。根据权威的《英国妇产医学期刊》（*British Journal of Obstetrics and Gynaecology*）与《国际泌尿妇产医学期刊》（*International Urogynecology Journal*）研究，欧美女性与华人女性外阴解剖构造测量如表 16-1 所示 [3,4]，显示所谓"正常"外阴的个体差异度大，许多女性觉得自己的外阴长得"很奇怪""跟别人不一样"，其实"很正常""跟很多人都一样"。外阴一生中因不同发展阶段及雌激素等激素水平变化而持续改变，更年期后会出现大小阴唇退化、阴蒂缩小、阴道黏膜萎缩等变化。[1,2]

表16-1 欧美女性与华人女性外阴解剖构造测量 [3,4]

		华人女性	欧美女性
阴蒂宽度	平均值 ± 标准偏差	4.1 ± 1.2	4.6 ± 2.5
	最小值 ~ 最大值	2 ~ 8	1 ~ 22
阴蒂长度	平均值 ± 标准偏差	5 ± 1.7	6.9 ± 5.0
	最小值 ~ 最大值	1 ~ 10	0.5 ~ 34
小阴唇长度（左右平均）	平均值 ± 标准偏差 *	48 ± 5.8	42.5 ± 16.3
	最小值 ~ 最大值	35 ~ 68	5 ~ 100
小阴唇宽度（左右平均）	平均值 ± 标准偏差 *	20.6 ± 8.6	13.8 ± 7.8
	最小值 ~ 最大值	3 ~ 45	1 ~ 61
大阴唇长度（左右平均）	平均值 ± 标准偏差 *	75.7 ± 5.2	79.9 ± 15.3
	最小值 ~ 最大值	21 ~ 90	12 ~ 180

注：单位为毫米，华人女性研究为 18~64 岁中国妇产整形外科门诊人群，欧美女性为 15~84 岁瑞士医院妇产科与泌尿妇产科门诊人群 [3,4]。常态分布下，在平均值正负一个标准偏差以内包含了 68.27% 的人，正负两个标准偏差以内包含了 95.45% 的人。标注 * 的标准偏差为估值。

外阴解剖构造测量数据具有特殊生理与病理意义，这部分内容将在本章与下一章中详细介绍。

02 外阴免疫失调：过敏、炎症

外阴刺激性接触性皮炎

外阴最常见的症状之一，就是刺激性接触性皮炎，身体出现皮肤湿疹变化与瘙痒不适感。外阴皮肤屏障功能较其他身体部位弱，潮湿、摩擦、尿液、阴道分泌物，都会降低皮肤屏障功能而导致外阴刺激感，因而产生 3 种皮肤反应：急性刺激性皮炎、慢性刺激性皮炎及单纯感觉刺激，后者只有刺痛感与灼热感。[5]

　　许多女性有尿失禁问题，由于盆底肌松弛，整天使用护垫都无法保持干燥，又因为害羞不愿意告知医生，有些老年女性还有渗便的情况。尿液与粪便可被酶分解为氨，腐蚀皮肤而导致炎症，而粪便中的念珠菌又造成进一步伤害。

　　有些患者使用具有高刺激性的消毒药剂，导致外阴皮肤炎症。有些人强迫性地清洁，总觉得外阴在形态上或道德上是"肮脏"的。有些人过度清洁，是因为害怕有异味被别人闻到，或认为很容易被感染，她们可能先用了清洁剂或肥皂，又扑粉或喷雾，又用抗菌湿纸巾擦拭……难怪产生刺激性皮炎。[5]

　　事实上，正常的阴道分泌物正是为了维持局部潮湿、柔软的正常环境，若擦得太干净反而更容易生皮肤病。

　　有些女性没有可疑的外阴局部接触史，也没有过度清洁习惯，却反复出现刺激性皮炎，原因可能是雌激素过低，如停经、哺乳、产后，以及服用抗雌激素药物枸橼酸他莫昔芬等，服用避孕药也有可能出现症状。[5] 常见诱发因素整理成表 16-2。

表 16-2 外阴刺激性接触性皮炎的诱发因素 [5,6]

病因分类	描述
阴道炎	持续的阴道分泌物
尿失禁	多出现在停经后
局部护肤产品	体香剂、含有酒精等的刺激物
清洁剂、肥皂等表面活性剂	含有月桂基硫酸钠（Sodium lauryl sulfate, SLS）
消毒剂	含氯己定等
卫生用品	卫生巾、湿纸巾、成人纸尿裤
过度清洁	包括持续摩擦皮肤
卫生不良	皱褶处有残留物
局部药物	抗疣药物
口服药物	服用维 A 酸治疗痤疮
体液	汗水，以及性行为中伴侣口交接触的唾液与精液
摩擦皮炎	过久的性交动作、自慰
自为皮炎	刻意用刺激性或腐蚀性物质伤害皮肤

有些女性表示，在经期感到外阴瘙痒，是不是月经刺激引起的？

美国一项研究招募了 20 位女性受试者，进行 4 天的皮肤贴片测试，采用当事者的经血与静脉血，分别以密封的方式贴在大阴唇与上臂，观察皮肤的变化。24 小时、48 小时后，大阴唇的皮肤并无受到刺激的征象，但上臂在 48 小时后，却出现明显皮肤刺激征象。如果先在上臂涂上凡士林，皮肤刺激反应减弱。显然，大阴唇皮肤对于经血与静脉血有不敏感现象。[7]

治疗外阴刺激性接触性皮炎的第一步，是停用外阴局部产品。第二步是进行单纯坐浴（Sitz bath），将阴部浸泡于微温的水中，不要使用任何清洁剂，早晚各 10 分钟，拍干局部后，擦上薄薄的凡士林。在相当瘙痒的状况下，可使用冷敷、冷水坐浴，进行 5～10 分钟。[5]

外阴过敏性接触性皮炎

过敏性接触性皮炎是过敏原诱发了免疫反应，即第四型过敏反应（迟发型过敏反应），但和刺激性接触性皮炎难以区分，还常一起出现。前者较常间歇性发作，第一次发作在接触过敏原后 10～14 天，再次接触过敏原不到 24 小时就可能发作。常见的外阴过敏原整理成表 16-3。

表 16-3　导致外阴过敏性接触性皮炎的常见过敏原 [5,6]

病因分类	描述
外用药物	苯佐卡因（Benzocaine）、新霉素、消毒剂、类固醇、雌激素、孕酮、杀精剂等成分
外用护肤产品	在乳液、乳霜、沐浴乳、化妆品中含有防腐剂（包括甲醛、对羟基苯甲酸酯），在润肤剂或乳化剂中含有酒精及香料
卫生产品	卫生巾、护垫、卫生纸、湿纸巾含有香料
乳胶产品	避孕套、阴道隔膜
生理用品	阴道灌洗液、人体润滑剂
体液	精液、唾液
美甲产品	指甲油含有甲醛等化学成分
贴身衣物	含对苯二胺（PPD）、偶氮染料、甲醛、镍

有时根本原因难以找出，医生必须像侦探一样，患者也必须和医生密切合作，才有可能找到诱发原因。[5]

外阴干癣

在女性慢性外阴症状群中，外阴干癣占 5%。在外阴出现边界清楚的红色斑块，在病灶边缘出现鳞屑，主要影响阴阜、大阴唇、小阴唇、会阴、肛周、腹股沟、臀沟等处，尿失禁患者常出现浸润、裂隙。由于局部环境潮湿，皮肤病灶常缺乏典型干癣特征。[8,9]

研究发现，45% 的女性外阴干癣患者感到疼痛不适，28% 患者有性交疼痛症状。由于慢性外阴疾病患者及出现外阴疼痛的干癣患者的生活质量恶化，因此积极诊疗很重要。[9]

03 外阴免疫失调：感染

女性几乎一生被困于私密处瘙痒、异常分泌物、大量白带及排尿异常，如尿频、尿急、排尿困难、疼痛感等。这涉及多种感染疾病，包括外阴阴道念珠菌感染、细菌性阴道病、盆腔炎、性传播疾病（如滴虫阴道炎、披衣菌感染、尖锐湿疣等）。不少患者即使换过多种强效抗生素，甚至换过多个医生，仍反复发作。根本原因在哪里呢？

外阴阴道念珠菌感染

念珠菌性外阴炎是最常见的外阴感染，阴道口与会阴部黏膜潮红、肿胀，可出现白色分泌物、糜烂或溃疡，症状为外阴瘙痒，伴有烧灼感、疼痛感与性交不适。90% 以上的患者是白色念珠菌（Candida albicans）过度增生，其余以光滑念珠菌（Candida glabrata）为主，皆属酵母菌。这类酵母菌原本是阴道、下消化道、口腔的正常菌群，喜欢潮湿的生长环境，若大量生长，会导致外阴炎症反复发作，还常造成患者的抑郁与焦虑。[10,11]

感染是外在致病原与内在免疫系统失衡的结果。阴道黏膜上驻扎着大量免疫细胞"军团"，是身体抵抗病原体的"正规部队"，这本厚厚的"点将录"包括抗原呈递细胞如巨噬细胞、树突细胞、B 淋巴细胞、先天淋巴细胞、杀伤细胞，以及 CD4、CD8 T 细胞和分泌抗体的浆细胞，还有满地的"手榴弹"——抗微生物肽。它们都会受到月经周期的激素状态影响。[12,13]

因此，先天性免疫系统是身体对抗念珠菌的第一道防线，阴道免疫细胞通过 Toll 样受体（Toll-like receptors, TLRs）辨认出这类酵母菌的异常分子，接着产生促炎激素或防御肽（Defensin），包括 γ 干扰素、白细胞介素 17、白细胞介素 22、白细胞介素 23 等，这一切对于抵抗念珠菌至关重要。部分患者因炎症小体（Inflammasome）调控机制不佳出现过度反应，表现为炎症反应，导致严重的外阴阴道症状。[10] 事实上，过敏体质、局部过敏、过敏反应、接触化学物质都会改变阴道环境而促进念珠菌从无症状的增殖转变为有症状的阴道炎。[14]

《美国妇产医学会期刊》文献回顾指出，若一年内出现 3 次及以上外阴阴道念珠菌感染，称为复发性外阴阴道假丝酵母菌病（Recurrent vulvovaginal candidiasis, RVVC），致病机制如下。

- 基因因素：某些家族基因多态性。
- 患者因素：免疫力下降（如感染艾滋病、服用类固醇）、使用抗生素（抗细菌却导致霉菌增多）、接受激素替代疗法、过敏体质、营养失衡等。
- 行为因素：服用口服避孕药，使用子宫内避孕器，频繁或近期性交、口交。
- 病理因素：阴道细菌增生、外阴皮肤病、念珠菌在阴道增殖等。[10]

研究指出，反复发作的外阴阴道念珠菌感染和性行为有关，包括近期曾用口水自慰（风险比值 2.66）、男为女口交（Cunnilingus，风险比值 2.94）、男性伴侣曾在前一个月用口水自慰（风险比值 3.68）。[15,16] 此外，白色念珠菌可通过性行为传染而引发男性阴茎头炎（Balanitis）。[11]

此病非常难治。美国韦恩州立大学妇产科研究发现，患者接受 6 个月最强效的口服抗霉菌药（氟康唑）维持疗程后，尽管症状有所改善，但 70% 的患者不能停药，需要继续长期服用该药，因为 55.1% 仍出现有霉菌培养证实的反复发作，16.8% 出现复发迹象。事实上，在 6 个月的维持疗程后，7.5% 的女性出现抗药性，80.9% 发现在停药后复发。[17]

外阴阴道念珠菌感染还有两种分型。

- 尿布疹：常见于穿纸尿裤的婴幼儿或老年人，在外阴与臀部出现红色丘疹、浅层脓疱、浅层糜烂、白色脱屑、红色脓疱与丘疹，诱发因素包括免疫力下降、使用类固醇或抗生素、皮肤潮湿等。[11]
- 间擦疹（Intertrigo）：容易在肥胖者的身体皱褶处出现，包括乳房下、腹部、腋下、胯下、肛门附近，呈现整片红色、潮湿、有光泽的斑块。乳房下垂的中老年女性容易在乳房下出现成群的脓疱。诱发因素包括糖尿病、肥胖、卫生状况不佳、湿热环境、内衣裤太紧、皱褶处有皮肤病（如干癣）、外用类固醇等。[11]

外阴阴道念珠菌感染患者需要积极避免相关危险因素，改变生活方式，改善免疫失调的根本问题。

外阴皮癣菌感染

股癣（Tinea cruris）为半月形、红棕色斑块或斑点，伴随鳞屑或水疱，向周围逐渐扩大范围，边缘清楚且稍微隆起，中心稍有痊愈，伴有或不伴有瘙痒。多由腹股沟向阴阜、外阴、会阴、肛周、臀沟、臀部、大腿、下腹部等处蔓延。股癣一般由皮癣菌感染导致，包括红色毛癣菌、须毛癣菌、絮状表皮癣菌、犬小孢子菌等。外阴因为流汗、温暖、潮湿容易出现皮癣菌感染，特别是在夏季，但冬天因衣服穿太多，身体流汗，依然容易发作。不少女性常以为胯下出现"湿疹"，讳疾忌医，自行去药房购买含类固醇药膏涂抹，不仅造成病情恶化，还导致症状难于辨认，容易被误诊。[11,18]

细菌性阴道病

在排除明显阴道感染等重要原因后，私处异味常见的原因是细菌性阴道病

（Bacterial vaginosis），出现乳状、均质、有特殊"鱼腥味"的阴道分泌物，导致外阴及阴道不适，外阴有刺激感或疼痛。尽管促炎性细胞因子增加了，但中性粒细胞并未增加，没有细菌性阴道炎（Bacterial vaginitis）那么严重。

在碱性的阴道环境下，厌氧菌将精氨酸、赖氨酸等氨基酸转化为有机酸或多胺类，如腐胺（Putrescine）、尸胺（Cadaverine），具有挥发性，产生明显臭味，在性交接触精液后明显，因为精液是偏碱性的。进入更年期后，阴道环境逐渐偏向碱性。[19]

相较于阴道里以乳酸菌为主的菌群，此时厌氧菌大量增生，可达平常的 1000 倍。以阴道加德纳菌（Gardnerella vaginalis）为主的多菌种生物膜形成，附着在阴道上皮上。细菌性阴道病被报告过的风险因子如下。

- 性行为因素：有多重性伴侣、性接触频率高、使用子宫内避孕器、男性未割除包皮、性行为未使用避孕套。
- 人口学因素：黑种人。
- 生理因素：阴道灌洗、抽烟、处于月经期、维生素 D 浓度低及饮食因素和遗传基因。
- 心理因素：长期处于压力状态下。[20,21]

外阴毛囊炎、疔疮与表皮囊肿

细菌（通常是金黄色葡萄球菌）感染毛囊而在外阴形成毛囊炎，或膨大疼痛的疔疮，是常见皮肤病。危险因素包括刮除阴毛或使用蜜蜡除毛时，造成皮肤损伤；穿紧身内裤过久导致闷热与流汗；肥胖导致外阴部皮肤摩擦、形成皱褶、流汗；罹患糖尿病或艾滋病等；免疫力低下。[22]

有种假性毛囊炎（Pseudofolliculitis），看似是细菌性毛囊炎，实为阴毛内生的原因，常见于有粗黑、卷曲阴毛的女性。[22]

外阴表皮样囊肿（Epidermoid cyst），为黄白色丘疹或结节，内容物像干酪、有臭味，发生在大阴唇内侧或外侧，可能因为反复摩擦、生产裂伤、会阴切开术、外科手术之后，表皮嵌进底下皮肤组织，囊肿的囊壁由角化的鳞状上皮细胞组成，

向内分泌角质而无法从皮肤的毛孔分泌出来，逐渐累积而形成囊肿。[8,23]

前庭大腺囊肿

女性一辈子有 2% 的风险出现前庭大腺囊肿或脓疡。前庭大腺位于两侧小阴唇下方基部，当其导管阻塞或受到感染时，就会肿胀或化脓，堵塞前庭大腺开口，淤塞的黏液让单侧的大阴唇异常红肿，大小从花生到高尔夫球不等，很疼。最常见的感染细菌是大肠杆菌，其次是金黄色葡萄球菌，但可能是包含厌氧菌的多重菌种。可能和受伤、性交过程导致导管阻塞、口交或性传播疾病有关。[22,24,25]

女性在 30 岁后，前庭大腺逐渐退化。若 40 岁以上女性的前庭大腺肿大，应排除癌症，特别当囊肿是坚硬、固定或不规则形状时。前庭大腺癌症占外阴癌症的 5%，及早发现可以减少局部侵袭、远程转移的风险。[24]

外阴疱疹

Joyce 56 岁，是一位公司主管。最近 5 年来受外阴疱疹所困扰，外阴反复起水疱、破皮、疼痛，每月发作 1～2 次，有时发作 1 周后，本来都快好了，又恶化。去年，她在例行体检中意外发现有乳腺癌第二期，并接受外科手术，有 3 个月外阴疱疹没发作，但随着化疗次数增加，做完第 6 次化疗外阴疱疹又发作了。她抱怨："为何这 5 年都接受治疗，外阴疱疹还一直发作？"

我回答："外阴疱疹不只是单纯的皮肤困扰，它表示你身体早有免疫失调，抵抗力低下已经很久，还好你的癌症发现得比较早，还有希望！"

在外阴部出现成群的水疱或脓疱，并迅速破皮或形成溃疡，是单纯性疱疹的皮肤症状，由 1 型或 2 型单纯性疱疹病毒（Herpes simplex virus, HSV）引发。病灶可以延伸到阴道、子宫颈，伴随严重的排尿困难，以及腹股沟淋巴结肿大，部分患者会在前几天出现疲倦、发热、食欲减退，以及外阴疼痛、压痛、烧灼或针刺感等症状。[22]

外阴部的带状疱疹常发生于老年女性或免疫力低下的人群，在荐椎神经节的水痘 – 带状疱疹病毒（Varicella-zoster virus, VZV）活化，沿着该神经节扩散到外阴部皮肤。在急性期，需要尽快确诊，并在发作 72 小时内口服足量的抗病毒药物，能加速皮肤愈合，并减少疱疹后神经痛的风险。[22]

尖锐湿疣与软疣

尖锐湿疣（Condylomata acuminata），呈疣状、菜花状丘疹，也可是角化坚硬的或平坦的形态，表现多变，可造成疼痛、刺激感、瘙痒、排尿困难、流血等症状。大一点的病灶可导致阴道或肛门性交疼痛、尿液滞留、直肠疼痛。

尖锐湿疣由 6 型与 11 型人乳头瘤病毒（Human papillomavirus, HPV）所引起，主要通过性接触传染。在接触病毒后 1～3 个月，大小阴唇开始出现疣状物，也可在会阴部、阴道内、子宫颈、肛周、肛门内、直肠、尿道口、尿道内等处发现病灶。有 5% 女性患者发生在会阴部多个部位，25% 存在肛周病灶。[26]

诊断需要完整检视阴部、肛门皮肤与黏膜，鉴别诊断包括外阴乳头瘤（良性的乳突状突起，为正常解剖变异）、福代斯斑点（Fordyce spots，特应性皮脂腺，为黄色皮脂腺组织突起，也是正常解剖变异）、皮赘、脂溢性角化、痣、宫颈微腺性增生（Microglandular hyperplasia, MGH）。其他的感染疾病，如扁平湿疣（第二期梅毒）、软疣、单纯性疱疹也可能混淆，同时必须排除外阴癌前病变或癌症。患者需要进一步检验是否合并其他性传染疾病，包括披衣菌感染、梅毒、艾滋病，性伴侣也必须同时接受性病相关检查。[26]

女性罹患尖锐湿疣，经治疗仍难以痊愈，更糟糕的是，提高了患妇科癌症的风险。可能出现宫颈上皮内瘤变（Cervical intraepithelial neoplasia, CIN），这是因为同时感染到具有致癌性的人乳头瘤病毒亚型，也就是 16 型与 18 型人乳头瘤病毒。需要定期接受宫颈涂片检查，留意子宫颈癌、阴道癌（男性为阴茎癌）、肛门癌的发生。[22]

约 90% 的人乳头瘤病毒感染，在两年内会被免疫系统清除掉，但有 1% 的患者会变成侵袭性的癌症（鳞状上皮细胞癌）。但宫颈上皮内瘤变第二级或宫颈上皮内瘤变第三级（原位癌）各只有 40%、33% 缓解，5%、12% 发展成癌症。大多数人乳头瘤病毒感染从青春期开始，7～15 年才变成第三级的宫颈上皮内瘤变，花 20

年或更长时间变为具侵袭性的癌症，相关的风险因子包括人乳头瘤病毒的持续感染、致癌型人乳头瘤病毒、年龄超过 30 岁、多种人乳头瘤病毒感染、免疫抑制及抽烟。[26,27]

非常重要的是，注射二价、四价或九价人乳头瘤病毒疫苗，有助于预防尖锐湿疣、宫颈上皮内瘤变，降低未来罹患侵袭性癌症的风险。[26,27] 患者被诊断为人乳头瘤病毒感染，会经历愤怒、抑郁、被排斥感、罪恶感，可能持续超过一年，也可能因为罹癌风险提高而焦虑，对于未来的性关系有负面情绪，医生需要事前告知、事后关怀，方能提升患者治疗的顺从性，达到治疗目标。[26]

传染性软疣（Molluscum contagiosum）由痘病毒（Poxvirus）引起，是较常见的具有蜡样或珍珠光泽的圆形丘疹，中间常有肚脐状凹陷，大小为 2～8mm，可发生于外生殖器、肛门附近，及臀部、下腹部、大腿内侧等处，多通过性行为传染，属于性传染病。如果免疫力低下，病灶数目与大小都可能增加。[22] 临床上可通过冷冻治疗等方法处理。不要挤破，否则可能造成扩散与群聚现象，常洗手，避免接触，不要共享物品。

尿路感染

女性在一生中至少有 50% 的风险罹患尿路感染。若 6 个月内出现 2 次及以上，或者 1 年内出现 3 次及以上，就是反复性尿路感染，年轻女性的发生率约为 27%，超过 55 岁的女性可达 53%，明显影响健康并给生活质量带来负面影响。反复性尿路感染的可能风险因素整理成表 16-4。

表 16-4 反复性尿路感染的可能风险因素[28]

病因分类	说明
免疫力低下	糖尿病患者、接受器官移植者、慢性肾功能不全者
尿路异常	尿路结石、尿路阻塞、膀胱输尿管逆流
排尿异常	余尿量增加、排尿流速变慢、排尿时腹压增加
行为因素	性交、新的性伴侣、使用杀精剂、刻意延迟排尿（憋尿）
其他	喝含糖饮料、雌激素缺乏

性交是导致反复性尿路感染最常见的行为因素，故它又被称为性交后膀胱炎（Post-coital cystitis），俗称蜜月膀胱炎。美国华盛顿大学针对 18～35 岁女性的研究发现，若 1 个月性交次数不少于 9，相较于 0～3 次者，罹患反复性尿路感染的风险是后者的 10.3 倍，若为大学诊所就诊人群，此风险可提高至 15.7 倍。1 个月性交次数 4～8 次，风险也提高了 5.8 倍。在过去 1 年中有新的性伴侣，使用过杀精剂，也分别增加 90% 与 80% 的风险。[29]

蜜月膀胱炎的风险因子包括性交频率高、性伴侣数量多、使用避孕用品（阴道隔膜或杀精剂）、大肠杆菌感染、患者抵抗力差等。致病机制是性行为过程中，尿道旁、阴道、肛门附近的微生物菌群，被转植到尿道口与尿道中。[30,31]

反复性尿路感染也与女性私密解剖构造有关（参考图 16-1）。研究发现，有反复性尿路感染的女性和健康女性相比，前者平均"尿道口阴道口距离"较短（分别是 1.6cm、2.1cm），"尿道口肛门距离"较短（分别是 5.1cm、5.9cm），且"尿道口阴道口距离"比"尿道口肛门距离"更能预测反复性尿路感染。在排除干扰因子后，发现"尿道口阴道口距离"较长者，不容易得反复性尿路感染（优势比 0.3）。[31]

研究者定义"尿道位置"为"阴蒂尿道口距离"除以"阴蒂阴唇系带距离"，后者又被称为小阴唇长度。结果发现，"尿道位置"数值若为 0.54，也就是位置较低或较接近阴道，最能预测反复性尿路感染的发生。此外，40% 患者的尿道形态异常，在尿道口附近出现皮赘组织或肥厚的处女膜残块，可能较容易将带菌的黏液包覆在尿道口附近，在性交过程中促成了逆行性的尿路感染。[31] 解剖构造多为先天形成，不容易在后天做改变。因此，有先天解剖易感性的女性朋友，应积极留意外阴与尿道的清洁，以避免反复性尿路感染。

停经女性出现反复性尿路感染，最重要的风险因素是雌激素缺乏，引起阴道上皮变薄、肝糖原减少，阴道菌群因而改变，特别是能产生过氧化氢杀菌的乳酸菌减少，尿路病原菌（如大肠杆菌）在阴道前庭大量滋生，导致反复性尿路感染。[28,32]

✍ 04 外阴免疫失调：自身免疫病、癌症

外阴白斑

外阴白斑是皮肤的自身免疫病，可在大阴唇、腹股沟等处出现色素脱失的白色斑块，通常对称、边界清楚，病灶上的阴毛可能因色素脱失而变灰白。[8] 有时会合并硬化性苔藓（Lichen sclerosus），这类皮肤病也与自身免疫病有关系，20% 合并其他自身免疫病，40% 有异常的自身免疫抗体浓度。[33]

外阴癌前病变

在外阴部出现的乳房外佩吉特病（Extramammary paget disease, EMPD），呈现边缘清楚的红色斑块，有蛋糕糖衣般的鳞屑，伴随不同程度的烧灼感、瘙痒感，患者搔抓导致苔藓化增厚，通常出现在大阴唇。鉴别诊断需要排除表皮念珠菌感染、慢性单纯性苔藓、干癣等。占外阴癌症的 1%～2%，起源于顶泌汗腺的表皮或真皮内构造异常，是一种腺癌。

乳房外佩吉特病分为两种：原发性的是外阴上皮癌化，可能来自唇间沟（位于大小阴唇之间）、会阴、肛周的乳腺样腺体；继发性的来自其他部位癌症的散布，包括乳腺癌、胰腺癌、子宫内膜癌、膀胱癌、胃癌、直肠癌等。5 年存活率为 50%～90%。[34-36]

外阴上皮内瘤变（Vulvar intraepithelial neoplasia, VIN）是一种非侵袭性的外阴癌前病变，癌变风险最高的称为高度鳞状上皮内病变（High-grade squamous intraepithelial lesions, HSILs），风险因子包括抽烟、有多重性伴侣、第一次性交年龄较小、免疫力低下、有子宫颈癌病史。患者 5 年存活率约为 71%。[34,36]

外阴癌症

外阴癌症是主要发生在老年女性群体的癌症类别，被诊断出来的年龄中位数为 68 岁，其中 90% 是鳞状上皮细胞癌，其次是黑色素瘤、腺癌、基底细胞癌、肉瘤、未分化癌症等。[34]

鳞状上皮细胞癌呈现为突起斑块或疣状突起，有炎症性的皮肤变化，伴随或不伴随瘙痒、刺痛、溃疡、分泌物、流血或大小阴唇结构萎缩等。有 40% 为人乳头瘤病毒相关，特别是 16 型人乳头瘤病毒。

黑色素瘤表现为非对称的黑色斑块、丘疹或肿块，边缘不规则，直径超过 9mm，出现在大阴唇、小阴唇、阴蒂包皮等处，有 1/4 的病灶呈现为红色。它占外阴侵袭性癌症的 10%。外阴占体表面积的 0.7%，然而全身黑色素瘤却有 2% 发生在外阴部，这个部位显然比其他部位更容易出现黑色素瘤。预后不佳，黑种人的存活时间中位数为 16 个月，非黑种人为 39 个月。[34,36]

当阴部出现可疑的皮肤病灶，应尽快就诊，必要时进行病理化验，若确认为癌症要安排详细检查与治疗。

>>> **CHAPTER 17**

破解女性私密症状密码（下）:
激素、中枢神经与其他失调

01 激素失调造成的影响

▌停经与外阴阴道症状

女性在停经后，雌激素缺乏导致真皮胶原纤维与弹力蛋白被分解，黏膜因此丧失弹性，细胞间糖胺聚糖、真皮内玻尿酸也减少，导致黏膜水分流失。阴道外阴组织的血液供应明显减少。

当阴道上皮变薄，肝糖原含量减少，乳酸菌减少，将肝糖原转化为乳酸的量就会降低，阴道 pH 值因此从健康的 3.5 ~ 4.5 逐渐变为 5.5 ~ 7.5，pH 值在 5.0 以上就反映出雌激素活力降低（表 17-1）。此外，乳酸菌产生的用以杀菌的过氧化氢减少，导致阴道致病原如阴道加德纳菌、金黄色葡萄球菌、B 群链球菌、阴道毛滴虫、白色念珠菌等大量增生，造成外阴阴道感染。[1]

表 17-1 阴道 pH 值与外阴阴道萎缩程度 [2]

阴道 pH 值	外阴阴道萎缩程度
5 ~ 5.49	轻度
5.5 ~ 6.49	中度
>6.5	重度

停经后阴道的改变是多层面的，包括黏膜变薄、皱褶逐渐消失、分泌物减少、内径长度与宽度都变少、pH 值升高（由酸性向碱性方向变化）、肠道菌群发生变化；外阴皮肤与前庭黏膜变薄、皮下脂肪减少、阴道口松弛、敏感度下降、小阴唇宽度与体积变小（但长度不变）。以上变化称为外阴阴道萎缩（Vulvovaginal atrophy, VVA）。[3]

女性会感到阴道干燥、瘙痒、酸痛、性交疼痛，也更容易受伤、感染，出现白带异常等，统称为萎缩性阴道炎。由于性润滑液产生不足，阴道口径缩小，停经女性更容易抱怨性交后小阴唇摩擦疼痛、阴道口与阴唇系带干裂、阴道痉挛出血。性交疼痛导致性欲降低，又导致性润滑液产生不足。[1]

▌停经与泌尿症状

停经后，尿道也因雌激素缺乏而产生重大变化，尿道周围组织的胶原流失，尿道黏膜萎缩，导致尿频、夜尿、尿失禁，以及尿路感染。因此，在停经后，尿失禁，特别是迫切性尿失禁急速增加。这些症状统称为更年期泌尿生殖综合征（Genitourinary syndrome of menopause, GSM）。[3]

停经初期，10%～40% 女性有尿失禁症，但只有 25% 就医。到了 75 岁，2/3 女性有此症状。美国大型研究显示，20 岁以上女性有中度至重度尿失禁者占 17.1%。全球年长女性出现尿失禁者占 30%～40%。[4] 尿失禁为当事者带来焦虑，并损及自信心。因为担心在性行为中有异味与漏尿，所以女性性功能受到影响。[5]

尿失禁并非老化过程必然出现的现象。导致尿失禁有不可调整的因素，包括罹患慢性疾病、服用药物、生产、激素变化（包括更年期）及其他盆腔问题（包括曾经切除子宫），也有可调整的危险因素，包括肥胖、久坐不动及摄入液体（过量等）。急性尿失禁常因服用新药或尿路感染所致。[4,6] 4 种最常见的尿失禁形态如表 17-2 所示。

表17-2 最常见的尿失禁形态 [4]

	症状	致病机制
急迫性	尿急感出现时或之后出现不自主漏尿	无法抑制的逼尿肌收缩；逼尿肌内在过度活化；膀胱、脊髓或大脑皮质的感觉神经回路异常
应力性	在用力、运动、打喷嚏或咳嗽时出现不自主漏尿	膀胱与尿道支持组织变弱，尿道口闭合受损
混合性	同时和尿急感、用力、运动、打喷嚏或咳嗽有关的不自主漏尿	合并以上两类原因
余尿相关的失禁	类似以上3种表现症状	因为神经疾病、药物不良反应、直肠有大量粪便，造成膀胱收缩力异常

▌停经与盆腔器官脱垂

盆腔器官脱垂（Pelvic organ prolapse, POP），指阴道前壁、阴道后壁、子宫（子宫颈）、阴道顶端（阴道穹窿或子宫切除后的断端瘢痕）等部位下降，多半没有症状，如果脱垂部位超过阴道口就会受到困扰。盆腔器官脱垂者常伴随其他盆腔肌肉疾病，包括尿失禁、膀胱出口阻塞、大便失禁。[7] 因为盆底肌无力，容易产生应力性尿失禁、排尿不干净，甚至常出现尿路感染的情况。

2/3有生育经历的女性有客观证实的盆腔器官脱垂，在45～85岁的一般女性中，此比例达到40%之多，但只有12%发现症状。导致盆腔器官脱垂的 [8] 病因通常很多。[7,8]

- 生育史：这是主要的，怀孕、顺产直接导致盆底肌与结缔组织受伤，特别是多胎。生物力学研究显示，在第二产程中，肛提肌（Levator ani）被撑大到拉撑极限的200%，导致初产妇女有21%～36%出现肛提肌受伤。
- 子宫切除或接受过盆腔手术。
- 腹压升高：肥胖、慢性咳嗽、长期便秘、反复负重用力。
- 停经、年龄增加：雌激素浓度大幅降低导致骨盆结缔组织与肌肉组织萎缩。

美国一项大型女性健康研究发现，在将近 7.5 年的追踪中，8% 有中度至严重盆腔器官脱垂的女性出现股骨骨折的概率比起无腔盆器官脱垂或轻度盆腔器官脱垂的女性增加了 83%。有中度至重度直肠脱垂（Rectocele）且未接受激素治疗的人群，出现脊椎、前臂骨折的概率分别增加 161%、87%。[9]

雌激素不足导致胶原流失，一方面导致骨盆结缔组织与肌肉组织萎缩，和盆腔器官脱垂有关，另一方面很可能也恶化了骨质疏松。[9]

▌经前念珠菌外阴阴道炎

许多罹患念珠菌外阴阴道炎的女性发现，发作常在经前 1~2 周，也就是在黄体期，阴部瘙痒伴随白色分泌物。念珠菌外阴阴道炎真的容易在黄体期发作吗？

澳大利亚墨尔本大学针对 10 位曾经发作过念珠菌外阴阴道炎的女性进行研究，在黄体期（经前 2 周内）每天进行阴道涂片与微生物培养，结果发现有 3 位分别在第 16、19、22 天开始培养出高量的白色念珠菌，菌量分别为 5.8×10^4、3.7×10^5、5.5×10^3 CFU/mL（菌落形成单位 / 毫升），前两位分别在第 16、23 天出现瘙痒与分泌物的临床症状，第 3 位未出现任何临床症状。[10]

究竟是什么原因导致黄体期念珠菌外阴阴道炎发生的呢？

捷克一项针对反复性念珠菌外阴阴道炎的女性研究发现，患者抱怨症状的严重程度与临床客观检查发现之间，意外地存在落差。主观抱怨有症状且有培养出白色念珠菌的发作中，检查患者外阴，实际上并未发红，没有或只有极少的分泌物。和健康人相比，患者的孕酮浓度显著较低，尿液中的孕酮代谢物孕二醇（Pregnanediol）浓度也较低。显然，反复性念珠菌外阴阴道炎和孕酮浓度较低有关。[11]

研究发现，孕酮能降低白色念珠菌的毒性，也就是减少形成生物膜、减少定殖，以及减少侵犯阴道上皮，减少白色念珠菌毒性基因的表现。[12] 此外，孕酮能通过影响趋化因子梯度，促进中性粒细胞穿越阴道上皮而进入阴道中。相反，雌激素让中性粒细胞停留在基质中，这时阴道就容易受到感染。[13]

这能解释为何在雌激素较高的状态，如使用含雌激素的口服避孕药、接受激素替代疗法时，容易出现白色念珠菌感染。排卵期也是高雌激素状态，阴道内中性粒细胞数量减少。在高孕酮状态的黄体期，阴道内中性粒细胞数量理应是增加的。[13]

但在黄体期的女性，若雌激素／孕酮比例失衡，也就是雌激素过高、孕酮过低，则可能容易罹患念珠菌外阴阴道炎。

女性激素相关疾病与外阴解剖学变化

中山医院的研究，比较了 156 名患有多囊卵巢综合征的女性患者与 180 位年龄、BMI 及初经年龄相当的健康女性，抽血检测卵泡期早期的性激素发现，多囊卵巢综合征患者的促黄体素浓度（10.9 国际单位／升）、睾酮浓度（2.3nmol/L）明显较健康女性高（分别为 5.5 国际单位／升、1.5nmol/L），促卵泡素无显著性差异（分别为 5.5 国际单位／升、5.7 国际单位／升）。

研究团队测量肛门生殖器距离发现，多囊卵巢综合征患者的肛门阴唇系带距离、肛门阴蒂距离较健康女性长（表 17-3）。拥有较长肛门阴唇系带距离的前 1/3 人群比起后 1/3 人群，更容易罹患多囊卵巢综合征（优势比 18.8），拥有较长肛门阴蒂距离的前 1/3 人群也是（优势比 6.7）。在多囊卵巢综合征患者中，睾酮浓度越高，肛门阴唇系带距离、肛门阴蒂距离都越长；促黄体素浓度越高（或 B 超下呈现多囊卵巢形态），肛门阴唇系带距离越长。在健康女性中，睾酮浓度越高，肛门阴唇系带距离越长。[14]

肛门生殖器距离是胎儿受雄激素作用的生理指标，男性的数值是女性的 2 倍。[17,18] 以上研究结果华人与欧美人一致（表 17-3），显示女婴在母体子宫内就可能受到雄激素的过度刺激，和未来罹患多囊卵巢综合征有关。[14] 在其他研究中，也发现多囊卵巢综合征女性有阴蒂长度较长、小阴唇长度较长等特征。阴蒂长度最能预测多囊卵巢综合征，且与雄性化程度有关。[19]

表17-3 女性激素相关疾病与肛门生殖器距离研究 [14-16]

		健康女性	多囊卵巢综合征女性患者	子宫内膜异位症患者	分型1：深部浸润型子宫内膜异位	分型2：子宫内膜异位瘤（巧克力囊肿）
华人女性 [14]						
	肛门阴唇系带距离	2.2	2.7			
	肛门阴蒂距离	9.7	10.5			
欧美女性 [15]						
	肛门阴唇系带距离	2.7	2.8			
	肛门阴蒂距离	7.6	8.1			
欧美女性 [16]						
	肛门阴唇系带距离	2.7		2.4	1.9	2.5

注：单位为cm，平均值。两种"肛门生殖器距离"（Anogenital distance）定义：肛门阴唇系带距离（从肛门中心点至阴唇系带）、肛门阴蒂距离（从肛门中心点至阴蒂包皮最上方）。欧美女性研究数据在肛门部位的测量，是取肛门上缘而非中心，因此取得的数值较小。表所列女性激素相关疾病组数值与健康女性相比具有统计显著性差异。

外阴解剖学变化也能反映一般女性雄激素高的状态。《英国妇产医学期刊》针对女大学生研究发现，血清睾酮浓度越高，肛门阴唇系带距离越长，且睾酮浓度每增加0.06ng/mL（即0.2nmol/mL），肛门阴唇系带距离增加1cm。过高的雄激素从胎儿时期，就已经影响女性生殖器官的发育。[20]

高雌激素作用的子宫内膜异位症患者则呈现相反的外阴解剖学变化。

西班牙研究发现，子宫内膜异位症患者肛门阴唇系带距离较健康女性短，肛门阴蒂距离无差异（表17-3）。拥有较短肛门阴唇系带距离的前1/3人群比起后1/3人群，更容易罹患子宫内膜异位症（优势比7.6）；拥有较短肛门阴唇系带距离的前1/2人群比起后1/2人群，更容易罹患深部浸润型子宫内膜异位（优势比41.6）。[16]

研究数据显示，子宫内膜异位症确实与肛门生殖器距离有关，这是在胎儿阶段就受到母体激素影响决定的生理指标。子宫内膜异位症是一种雌激素依赖的妇科疾病。而雌激素的过度刺激可能在子宫内就出现，并且影响了女性外阴发育，形成较短的肛门生殖器距离，和患有多囊卵巢综合征的女性刚好相反。[16]

为何部分女性处于高雌激素状态？为何有 10% 女性得子宫内膜异位症？内分泌干扰物（Endocrine-disrupting chemicals, EDC）暴露是关键之一。

学者推测，还在胎儿时期就可能受母体使用的清洁护肤产品、环境污染的影响，接触到塑化剂、双酚 A、有机氯杀虫剂与其他雌激素作用的毒性化学物，导致女婴外阴出现较短的肛门生殖器距离，以及其他生殖器官构造功能异常，日后较易出现逆行性月经。因肛门生殖器距离较短，粪便菌群容易污染到外阴与下阴道，出现早期的生殖道菌群失调，影响对抗病原的抵抗力，巨噬细胞及 1 型、17 型助手 T 细胞分泌促炎性细胞因子增加，导致亚临床的慢性炎症，长期的免疫活化与失调状态开启了子宫内膜异位症的恶性循环。[21]

▍胰岛素抵抗与阴部感染

胰岛素抵抗是糖尿病、代谢综合征的核心问题。患有糖尿病的女性特别容易出现外阴阴道念珠菌感染。这是由于高血糖影响了单核细胞、中性粒细胞的活性，包括粘附、趋化、吞噬作用及杀病原体的能力。在念珠菌感染的时候，被感染组织的血糖升高会增加念珠菌的附着与侵袭。[22]

接下来，念珠菌会分泌水解酶，包括分泌型天冬氨酸蛋白酶（Secreted aspartyl proteinases, SAP）、磷脂酶、溶血素等，增加念珠菌的附着力、侵袭力，摧毁宿主的免疫攻击，并获得营养素。分泌型天冬氨酸蛋白酶能消化人类的白蛋白、角质、血红素，并摧毁免疫球蛋白 A（IgA）。磷脂就是人体细胞膜的主要成分，但念珠菌的磷脂酶会通过水解破坏它。研究发现，有糖尿病的女性外阴阴道念珠菌感染发作的概率达 50%，没有糖尿病的女性为 20%，且糖尿病女性患者的蛋白酶活性显著较高，代表毒性较强。[22]

一项巴西的研究显示，在 18 ~ 50 岁的女性人群中，有 26% 的阴道分泌物培养出白色念珠菌，再将此带菌人群分为 3 种状况，包括带菌但无症状者、急性外阴阴道念珠菌感染者、反复外阴阴道念珠菌感染者，人数比例相似。另外 74% 的阴道分泌物并未培养出白色念珠菌，为不带菌人群，列为对照组。结果发现，带菌人群比起不带菌人群，更容易出现高血糖（空腹血糖值 ≥ 5.56 mmol/L，涵盖了糖尿病前期与糖尿病人群；优势比 4.6），以及胰岛素抵抗（HOMA 指数异常；优势比 2.2）。

此外，还有以下发现：

- 反复外阴阴道念珠菌感染者比起不带菌人群、带菌但无症状者、急性外阴阴道念珠菌感染者，有较低的抗氧化能力。
- 带菌人群比起不带菌人群，助手 T 细胞与自然杀伤 T 细胞的比值（T helper/T cytotoxic lymphocyte ratios）较低，表示细胞媒介免疫反应较差。
- 急性外阴阴道念珠菌感染者、带菌但无症状者比起不带菌人群，更容易出现较强烈的阴道炎症（优势比分别为 9.5、5.2）。
- 带菌但无症状者、反复外阴阴道念珠菌感染者的阴道乳酸菌数量，和不带菌人群相当。急性外阴阴道念珠菌感染者比起带菌但无症状者、反复外阴阴道念珠菌感染者，阴道乳酸菌较少。[23]

抗氧化能力不足与抵抗力下降有关，同时也造成细胞氧化压力过大，活性氧、自由基能毁损脂质、蛋白质与 DNA。生理性抗氧化能力不足，就有赖于食物中的抗氧化营养素，才能抵消活性氧、自由基的破坏力。也许补充足够的抗氧化营养素，能预防反复外阴阴道念珠菌感染。[23]

02 脑神经失调造成的影响

压力与反复外阴阴道念珠菌感染

针对妇产科就诊女性的研究发现，有反复外阴阴道念珠菌感染者，比起没有此感染者，在过去 4 周有显著抑郁、焦虑与压力，且有较低性满足感、较少性高潮

（分别降低 39%、26%）。这可能因为抑郁、焦虑、压力会抑制免疫系统，影响压力激素作用（压力轴、HPA 轴）。此外，抑郁、焦虑、压力也与性功能降低有关。[24]

前面提到的巴西研究发现，比起带菌但无症状者、急性外阴阴道念珠菌感染者，反复外阴阴道念珠菌感染者早晨的皮质醇浓度比较低，表示压力轴反应弱化，是身体受到压力所致。研究发现，压力导致免疫系统功能受损与感染如念珠菌感染，过敏性疾病如特应性皮炎、哮喘、过敏性鼻炎，以及自身免疫病如系统性红斑狼疮等都有关。本研究也证实了，反复外阴阴道念珠菌感染与压力的关系。[23]

压力与细菌性阴道炎、性传染病

美国马里兰大学针对非裔女性的阴道菌群追踪研究发现，在排除干扰因素后，主观压力感受较大者，和未来罹患性传染病有关，包括滴虫性阴道炎、淋病、披衣菌感染等，且细菌性阴道炎的严重程度、性行为因素（性伴侣有其他性对象）可以解释此关联性。[25]

长期心理压力会降低自然杀伤细胞的杀菌能力，并且抑制淋巴细胞的增生反应。在压力下，一方面，交感神经通过支配淋巴组织里的 β 肾上腺受体，而抑制淋巴细胞活性。另一方面，"下丘脑－垂体－肾上腺轴"活化，促使肾上腺皮质产生皮质醇，会抑制 T 细胞增生。总体的结果是 1 型助手 T 细胞的细胞激素降低，导致杀菌的细胞免疫不足；2 型助手 T 细胞的促炎性细胞因子增加，导致受感染组织摧毁，让性传染病的病原菌侵入到更深层的组织中。[25]

压力可以导致阴道乳酸菌的数量（丰富度）下降，导致乳酸与过氧化氢产生减少，碱性增加，致病菌增加，阴道感染恶化。压力激素去甲肾上腺素，除了来自血液，也来自子宫颈阴道黏膜上的神经末梢，甚至连阴道上皮都能自行分泌，增加了细胞激素、趋化因子的生成，在阴道形成促炎性细胞因子，导致炎症。[26]

雌激素促使阴道上皮细胞成熟，并且储存肝糖原，供应乳酸菌生存，促成健康的阴道生态系统。然而，另一种压力激素皮质醇却会压抑这两大过程，导致阴道菌群失调，包括厌氧菌、病毒、霉菌等，形成后续的感染。[26]

▎压力与外阴慢性单纯性苔藓

外阴慢性单纯性苔藓（Lichen simplex chronicus, LSC），又称神经性抠抓，在大阴唇外侧、内侧，阴阜或肛周出现持续瘙痒，患者抠抓以消除不适，在夜间瘙痒特别严重，伴随失控抠抓，出现"痒－抓－痒"恶性循环。反复抠抓导致表皮异常增厚、粗糙、色素沉着等慢性湿疹变化，故称为苔藓化。多发生于年轻与中年女性，经前加重。[27]

慢性单纯性苔藓发作之前，可能有其他慢性瘙痒的病因存在，包括念珠菌感染、刺激性或过敏性接触性皮炎；但由于在苔藓化部位，皮肤屏障功能已经损坏，再接触到润肤剂、保湿乳液或类固醇药物，更容易引发刺激性或过敏性接触性皮炎。心理压力、患部的温湿度、接触化纤衣物等，都可能恶化病情，可通过剪指甲、戴棉手套来断绝"痒－抓－痒"。[27,28]

▎压力与外阴痛

各年龄层女性有 8%～10% 曾经历外阴痛（Vulvodynia），可能是自发性疼痛或碰触下疼痛（如性交、使用卫生棉条、穿着过紧衣物），可能是在性交或非性交的状况下。[29] 正式定义是，出现外阴疼痛大于 3 个月，且找不到确切原因，却伴随数个潜在相关因素，包括肌肉骨骼与神经因素、共病的疼痛综合征（如肌纤维疼痛综合征、肠易激综合征）与社会心理因素。外阴痛与其他症状一起出现，暗示它可能是综合征，或病理生理机制的一部分。[30]

外阴痛的部位分为两类形态。一是局部型，为阴道前庭或阴蒂疼痛，阴道前庭是从阴道口、尿道口连接到小阴唇（内侧）的区域，在哈特线（Hart line）以内；二是广泛型，为疼痛越过哈特线，影响到小阴唇、大阴唇、大腿或下腹。[31]

外阴痛被涵盖在《精神疾病诊断准则手册第五版》（DSM-5）中的"生殖器盆腔痛/插入障碍"（Genito-pelvic pain/penetration disorder）诊断下，隶属于性功能障碍症，之前被称为性交痛（Dyspareunia）与阴道痉挛（Vaginismus）。"生殖器盆腔痛/插入障碍"涵盖较外阴疼痛症广，因为前者不只包括外阴疼痛，也包括深部的疼痛与盆腔疼痛[29]（表 17-4）。

表17-4 《精神疾病诊断准则手册第五版》（DSM-5）"生殖器盆腔痛／插入障碍"定义[29]

持续或反复出现以下一项（或更多）困难，症状持续至少6个月，并引起临床上的苦恼：
(1) 性交时插入阴道口
(2) 阴道内性交或企图插入时，有显著外阴阴道或盆腔疼痛
(3) 在性交准备插入时、插入期间或插入后，对外阴阴道或盆腔疼痛有明显恐惧或焦虑
(4) 在性交插入时盆腔肌肉绷紧或紧缩

由于外阴痛引起性兴趣、性兴奋、性频率与性满足等多层面的低落，带给女性与其伴侣心理与关系的负面影响。主观心理负担是沉重的，包括羞耻感、作为性伴侣的自卑感、无法合理评价自己的身体等。患者中只有 60% 寻求协助，40% 从未被诊断。[32]

形成外阴痛的脑神经失调因素如下。

- 中枢神经敏感化与疼痛调控系统失调：脑部磁共振造影显示，在基底核、感觉运动中枢（额叶与顶叶相邻区）、海马旁回的灰质体积（代表神经细胞数量）较健康人大。在视丘、基底核、感觉运动中枢、脑丘等脑区间的感觉运动整合、疼痛处理的神经纤维增加，且和较严重的阴道肌肉疼痛、外阴疼痛有关。[29,33] 外阴痛属于"中枢敏感综合征"（Central sensitivity syndrome）之一，此综合征还包括肌纤维痛、慢性疲劳综合征、肠易激综合征、额颞叶关节疾病（磨牙症）。[34]

- 周边疼痛机制失调：在外阴与阴道区域，存在机械性的异常性疼痛（Allodynia）、痛觉过敏（Hyperalgesia），通常发生在重叠性慢性疼痛状况（Overlapping chronic pain conditions, COPCs）的脉络下，包括慢性疲劳综合征、慢性偏头痛、慢性下背痛、慢性紧张型头痛、子宫内膜异位症、肌纤维痛、间质性膀胱炎、肠易激综合征、颞颌关节疾病。此外，外阴痛患者在阴道前庭部位末梢神经纤维密度增加和慢性炎症有关。[29]

- 自主神经失调：患者基础心率过高、收缩压较低。动物试验发现，雌激素浓度下降时，阴道交感神经分布增加；若补充雌激素，阴道交感神经分布减少。[29,35]

形成外阴痛的生理因素还有以下几种。[29]

- 慢性炎症：在患者阴道前庭组织中，肥大细胞显著增加，血液中自然杀伤细胞减少。促炎性细胞因子是否增加尚无定论。

- 激素失调：临床研究发现，患者在排卵前后，卫生棉条引起的阴道疼痛感最低，这时雌激素浓度最高；在经前，疼痛感最高，这时雌激素浓度最低。这呼应了动物试验的发现——雌激素浓度低时，阴道神经分布较多。

- 盆底肌失调：患者即使在休息状态，依然盆底肌张力过高、肌肉控制差、过度敏感、收缩力异常。此外，在尝试插入阴道时，有自发性的盆底肌收缩，尚无法区分是疼痛的原因还是疼痛的结果。

- 遗传因素：患病牵涉基因多态性，包括制造 μ 型阿片类受体的基因（以及 β - 内啡肽浓度）、制造表皮感觉受体 TRPV1 的基因、制造神经生长因子的基因。

外阴痛患者存在多种心理社会因素，整理成表 17-5。

表 17-5 外阴痛的心理社会因素

病因分类	描述
曾遭受儿童虐待	和健康人相比，患者在儿童时期，受到肢体、情绪、性虐待或情绪忽略的风险较高 [29]
亲密感较低	患者的亲密感较低，包含同理反应较少与自我揭露程度较低；缺少性沟通，和性交疼痛有关。相反地，若患者与伴侣双方的亲密感较高，会拥有较佳的性满足、生活质量和较少的性压力。在性情境之外有较多身体情感互动（如拥抱、亲吻），会有较好的性功能（包括性兴趣、性兴奋）、性满足。培养亲密感，正是减少外阴痛负面影响的保护因子 [29]
依附关系障碍	患者的依附关系属于回避型，换句话说，依附回避者更容易有外阴痛。[36] 患者若有较高的依附焦虑与依附回避，性功能与性满足都会下降。[37] 这可能是因为依附回避者不愿意开口寻求伴侣的支持，在面对疼痛时感到孤单

续表

病因分类	描述
疼痛认知因素	患者有疼痛灾难化想法，面对疼痛的自我效能感越低，疼痛强度越高。相反，若提高疼痛的自我效能感，就能减少疼痛强度，即使疼痛灾难化想法或焦虑并未改善[29,39]
关系因素	面对患者，若伴侣采取促进性的态度，协助回应，患者疼痛度降低、性功能较佳，且与伴侣的关系与性满足较佳。相反，如果伴侣采取负面反应，比如敌意的、愤怒的和过度关心、注意与同情，反而和较高疼痛度、抑郁症状相关，双方的性功能、关系与性满足也较差[29]
性的动机	若患者自觉性活动是为了追求正向关系结果，就会感到疼痛较少，患者与伴侣均报告较佳性功能与较佳关系满意度；相反，若性的动机是为了回避负面关系，患者会有较强烈的疼痛、较差性功能，伴侣也会报告较差性功能[42]
情绪症状	过去有抑郁症或焦虑症者，现在罹患外阴痛的风险为一般人的4倍。[40]患者某天焦虑或抑郁程度高，尽管未达到焦虑症或抑郁症的严重度，但当天性行为的疼痛度较高，且性功能较差。[41]焦虑与抑郁可以是外阴痛的原因、结果或维持因素，表现为对疼痛过度敏感与情绪疾病[29]

外阴痛是个典型的妇科身心疾病，涉及脑神经、生理、心理、社会功能多重失调，需要身心整合的医疗照护。

03 阴道与肠道共生菌失调造成的影响

阴道乳酸菌的重要性

女性一生的性激素变化持续影响阴道菌群生态。当雌激素与孕酮浓度升高时，促使阴道上皮储存肝糖原。肝糖原是阴道菌群的营养来源，足够的肝糖原可让乳酸菌增加，它们分解肝糖原而形成乳酸，并制造了过氧化氢，可以杀菌，或抑制其他菌种的生长，形成健康的阴道生态系统。[43,44]

乳酸能拮抗组蛋白脱乙酰酶（Histone deacetylase, HDAC），促进基因转录与

DNA 修补。此外，诱发阴道上皮细胞启动自噬（Autophagy），分解细胞内微生物，维持恒定状态。乳酸菌还能抑制促炎细胞激素的分泌，然而情绪压力可以抑制乳酸菌在阴道菌群的丰富度，并且增加炎症反应。乳酸菌抑制感染并且能够抗炎的能力，可能帮助女性提高生育能力，优化怀孕结果。[44]

阴道菌群多样性，在刚要进入青春期、月经期、第一孕期（0～12 周）时达到高峰，而在其他阶段，像是卵泡期、第二孕期、第三孕期、停经前则较低。停经后，阴道菌群多样性又持续增加。[43]阴道菌群可分为6种社群状态类别（Community state types, CSTs），如表 17-6 所示。

表17-6　阴道菌群分类（CSTs）

第 I 型：乳酸菌 *Lactobacillus crispatus* 占优势
第 II 型：乳酸菌 *Lactobacillus gasseri* 占优势
第 III 型：乳酸菌 *Lactobacillus iners* 占优势
第 IV-A 型：厌氧菌，如链球菌、普雷沃氏菌占优势，乳酸菌不占优势
第 IV-B 型：阿托波菌等占优势，乳酸菌不占优势
第 V 型：乳酸菌 *Lactobacillus jensenii* 占优势

美国马里兰大学与约翰霍普金斯大学研究发现，停经状态（停经前、停经中、停经后）、外阴阴道萎缩与否，都与阴道菌群相关。停经前女性多为乳酸菌占优势的第 I 型、第 III 型，停经中女性为第 IV-A 型或第 II 型，停经后女性为乳酸菌不占优势的第 IV-A 型。此外，有轻度或中度外阴阴道萎缩的女性，和没有此状况的女性相比，前者有较大概率被归类为第 IV-A 型，而不是第 I 型（优势比 26）。以上发现对于预防或治疗停经女性萎缩性阴道炎有帮助。[45]

研究也发现，有抽烟习惯的女性，容易出现细菌性阴道炎，以及缺乏乳酸菌的阴道共生菌形态。在归类为第 IV-A 型阴道共生菌形态的人群中，抽烟的女性有更多的生物胺，包括色胺（Tryptamine）、酪胺（Tyramine）等，更容易出现阴道臭味，也有较高的病原体毒性，容易罹患泌尿生殖道感染。[46]

健康的阴道菌群如此重要，简言之，乳酸菌应该多些，有害菌应该少些。坊间

流行的阴道灌洗，到底有没有帮助呢？

研究发现阴道灌洗液抑制乳酸菌生长！已知阴道菌群失衡和多种妇科疾病有关，包括盆腔炎症、细菌性阴道炎、性传染疾病、子宫颈癌等，也和产科疾病，如流产、早产、宫外孕等有关。因此，不应该自行阴道灌洗。[47]

▌肠道共生菌与阴道菌的关系

临床上观察到，肠胃不好的女性容易患慢性阴道感染。为什么？

已经了解到，阴道黏膜上的免疫细胞是抵抗病原体的"正规部队"。然而，黏膜上的微生物生态更是抵抗病原体的"精锐部队"。阴道黏膜的微生物生态，相较于身体其他部位，多样性较低，乳酸菌占有绝对优势，其发挥抗菌的天职，与人体细胞和谐共生。

什么时候阴道黏膜上的微生物生态会出问题？那就是外来菌种开始在这里"占地盘"了。口腔与肠道的共生菌群，就是潜在的重要来源。若有口腔与肠道的共生菌群失衡，有害菌变多，可以直接或间接地通过淋巴循环进入全身血液循环系统，最后进入女性生殖道的黏膜中。[21]

🔥 04 错误饮食与营养失衡造成的影响

《临床营养学》（*Clinical Nutrition*）一项探讨膳食所含营养素与细菌性阴道炎是否有关的研究，发现富含纤维的饮食，和较丰富的阴道乳酸杆菌有关。相反，摄取反式脂肪及较少纤维，和较少的阴道乳酸杆菌有关，这类女性是细菌性阴道炎的高风险人群。[48]

原来，膳食纤维是刺激乳酸杆菌成长的益生元（Prebiotic），可能通过改善肠道黏膜完整性、微生物移行作用（Translocation）、炎症状态，最终影响到阴道乳酸杆菌的生长；也可能通过改善肥胖影响到阴道乳酸杆菌，因为有较高 BMI 的女性，阴道乳酸杆菌较少。[48]

研究发现，高饱和脂肪饮食、高血糖负荷（Glycemic load）饮食、较差的营养密度（Nutritional density）和细菌性阴道炎有关。相反，摄取较多的叶酸、维生素 E 与钙，不容易有细菌性阴道炎。细菌性阴道炎被发现与维生素 D 浓度过低（通常小于 20ng/mL 或 30ng/mL）有关，补充维生素 D 后有所改善。[49,50]

饮食中适量的碳水化合物是阴道黏膜肝糖的来源。提供乳酸杆菌的宜居环境，才能制造乳酸，以维持阴道 pH 值在 4.5 以下，这对于维持细菌生态平衡，避免感染非常重要。若饮食缺乏维生素 A、维生素 C、维生素 D、维生素 E、钙、叶酸、β 胡萝卜素，而脂肪、糖分过高，可能导致包含细菌性阴道炎在内的感染，并且和胎儿早产、艾滋病病毒感染、人乳头瘤病毒感染有关，甚至和子宫颈癌、子宫内膜癌、卵巢癌等也有关！[49]

研究发现，反复发作的外阴阴道念珠菌感染和每天吃 2 顿及以上的面包有关。[51] 最近的外阴阴道念珠菌感染和较少摄取牛奶有关。[52] 相关研究结论并不一致，机制仍不明。

在尿路感染的预防上，中国台湾花莲慈济医院针对 9724 名素食且未患尿路感染的佛教徒追踪 10 年，发现 661 位尿路感染个案。分析发现，在排除干扰因素后，素食能够降低 16% 尿路感染风险，且素食对尿路感染的保护效果，只发生在女性、未抽烟者及非复杂型的尿路感染患者身上。这可能和植物富含植物化学物质有关，如原花青素（Proanthocyanidins）等具有抗菌活性。[53]

饮食对于更年期症状有显著影响。研究发现，饮食整体抗氧化能力越低，女性更年期症状、生理与心理不适症状越多；相反，饮食整体抗氧化能力越高，以上症状越少——这已经排除了相关因素，如饮食中的纤维、营养补充剂等。饮食整体抗氧化能力高，减轻的更年期症状包括热潮红、盗汗、睡眠问题、焦虑、耗竭感、专注力差。[54]

此外，目前或过去食用大豆制品，和较低的尿失禁流行率有关。[6] 事实上，雌激素受体广泛分布在尿道、阴道、盆底肌、泌尿生殖韧带、筋膜与支撑泌尿生殖道的结缔组织中。更年期造成雌激素刺激不足而引起尿失禁。大豆异黄酮就像天然的雌激素受体调节剂，活化雌激素受体，可能因此改善尿失禁。[6]

🐚 05 血管功能障碍造成的影响

▊ 外阴静脉曲张

外阴静脉曲张，指大阴唇、小阴唇出现静脉扩张，有盆腔静脉曲张的女性的发病率为 22%～34%，怀孕女性的发病率达 18%～22%，且产后仍有 4%～8% 的患者持续外阴静脉曲张或恶化。外阴静脉曲张和血栓栓塞事件（如栓塞性静脉炎，产生充血与水肿）、性交疼痛、外阴痛等有关。[55]

外阴静脉的血液流动方向是注入内侧与外侧阴部静脉（Internal & external pudendal veins），再汇入盆腔的髂内静脉（Internal iliac vein）与腿部的大隐静脉（Great saphenous vein）。如果能减少髂内静脉的供血，就能减少因为阴部静脉回流所造成的外阴静脉曲张。[55]

盆腔淤血综合征（Pelvic congestion syndrome）可导致性交后疼痛、慢性下腹疼痛、外阴水肿等不适，特定姿势如站立可诱发，躺下能舒缓，在经前加重，内诊时有卵巢触痛。因盆腔静脉功能不足，常涉及卵巢静脉或髂内静脉，容易出现盆腔与外阴静脉曲张。[56]

▊ 外阴血管角化瘤

外阴血管角化瘤，又称为福代斯血管角化瘤（Fordyce angiokeratoma），是分布在女性大小阴唇（男性则分布在阴囊）的多发性丘疹，颜色从红色到紫色，大小为 0.5～2mm，可以更大，由扩张的表浅血管与增厚的表皮所形成，可能有鳞屑，多半无症状，有时会瘙痒、疼痛、出血。[57]

多半从中年开始出现，可能与血管周边弹力纤维组织退化、静脉高压、微血管受伤、男性的精索静脉曲张等有关。[57] 其他风险因素还包括体重过重、生育次数多、痔疮、盆腔炎症、切除子宫、静脉曲张、怀孕、使用避孕药等。[58,59]

一项美国研究发现，白种人外阴血管角化瘤的发生率为 30%（不分男女），当中女性占 27%，病灶数量 ≤ 5 的为 76.5%，6 ≤ 病灶数量 ≤ 10 的为 5.9%，11 ≤ 病灶数量 ≤ 20 的为 17.6%，女性不像男性那样会随着年纪增长而病灶变多。[57]

06 肝肾排毒异常与毒物造成的影响

在我的门诊中，难治的外阴瘙痒患者，常有肾功能不足（或下降中）、终末期肾病（尿毒症）等肾排毒异常疾病。她们频繁搔抓阴阜、腹股沟、大阴唇、小阴唇等部位，造成破皮、出血、溃疡、结痂、瘢痕等，病灶变多，采用一般治疗效果有限，且反复发作。在肾病患者中，外阴瘙痒所涉及的常见皮肤病，包括干皮症、尿毒性瘙痒、后天穿透性皮肤病（出现散布的、高度瘙痒的圆锥状结节）。[60,61]

此外，根据《美国皮肤医学期刊》文献回顾，在严重药物过敏的情况下，若出现中毒性表皮坏死松解症（Toxic epidermal necrolysis, TEN），有 70% 的风险出现外阴阴道病灶，当中近 30% 留有慢性外阴阴道后遗症，包括破皮、瘢痕、慢性皮肤改变、尿道并发症、腺病、癌化、外阴痛、性交痛等。[62]

在急性期，阴道黏膜破损可导致阴道或阴唇粘附，瘢痕组织可导致阴道粘连、部分或全部阴道闭锁、阴道狭窄、外阴组织减少，还可出现大阴唇、小阴唇、阴道、阴蒂包皮的部分或全部融合。进入慢性期，会出现外阴皮肤松弛（Anetoderma，失去弹性组织）、质地改变、炎症后色素沉着。阴道积血（Hematocolpos）也可能出现，因为阴道闭锁，导致经血持续闭锁在阴道腔内。长期如此造成性交痛、性交后出血，以及外阴阴道干涩、瘙痒、疼痛、有灼热感和脓性阴道分泌物等。[62]

07 从女性私密症状看全身健康

这里我将补充 Chapter 16 的开头 Sabina 受私密症状困扰 3 年的病史。

Sabina 的私密皮肤检查显示，阴道黏膜、小阴唇、会阴潮红肿胀，部分出现糜烂，阴道口有大量白色奶酪状分泌物。此外，在大阴唇、腹股沟延伸到臀沟，有大片圆形、边界明显且脱屑的红色丘疹。诊断有反复外阴阴道念珠菌感染、股癣（皮癣菌感染）。

她身材比较胖，有哮喘、过敏性鼻炎、特应性皮炎、荨麻疹、药物过敏等，以及高脂血症、中度脂肪肝、糖尿病前期等病史。

20 年来，她一大早 7 点就坐在办公桌前，直到晚上 10 点下班，回到家追剧到半夜 2 点，有时半夜和国外客户视频沟通，一天睡不到 5 小时。尽管业务忙碌，她并不觉得累，真是职场女强人！她喜欢"美式生活"，一感到饿就吃桌上的洋芋片果腹，喝含糖饮料，三餐不定时，吃美式快餐，晚上 12 点吃夜宵，常是麻辣香锅或牛排大餐。她喜欢穿牛仔裤，即使待在空调房，还是大汗淋漓。

应用本书介绍的功能医学检测，她终于了解到私密症状背后的关键病因，包括免疫、激素、脑神经、饮食营养等系统的失调。在常规治疗外，结合饮食营养疗法与生活方式调整，她的私密症状大幅减少、复发频率降低，而她长期的过敏性疾病、代谢综合征也得到显著改善。

私密症状，实为身体系统失调的"照妖镜"，更是开启全面健康的"金钥匙"。

PART 3

改善皮肤症状的
饮食与营养疗法

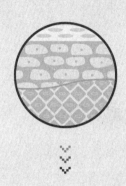

>>> CHAPTER **18**

改善皮肤症状的饮食疗法（上）：
低糖饮食与其他饮食疗法

01 低血糖指数 / 低血糖负荷饮食

前文提到新几内亚的基塔瓦岛岛民，以及巴拉圭的阿奇猎人的字典里，没有"痘痘"两字，这简直让现代男女梦寐以求！低血糖指数 / 低血糖负荷饮食（Low glycemic index/load diet）正是关键。

痤疮患者听到此事后，一脸无辜地说："糖？我真的没有吃糖，什么糖果、甜点、含糖饮料都没碰，为什么还是长痘痘？"

一般讲的糖是添加进食物的糖，包括蔗糖、果糖、葡萄糖、麦芽糖、乳糖等，但糖也存在于以精制淀粉为代表的加工食品中，如面包、面条、方便面、薯条、玉米片等，以及含高果糖玉米糖浆的市售饮料中。这些食物和饮料含的糖很快被胃肠道分解为葡萄糖并且吸收，造成较高的餐后血糖峰值、胰岛素浓度，以及餐后两小时内较大的血糖反应，但稍后血糖降得也快，出现头晕、注意力不集中、烦躁、饥饿等低血糖反应，这便是高血糖指数食物。[1]

相反，低血糖指数食物，如全谷物类、豆类、新鲜蔬果等富含膳食纤维的食物，提升血糖速度较慢，餐后血糖峰值较低，血糖反应稳定，维持较低的胰岛素浓度，且因带来持续的饱足感，最终摄取的热量自然也减少。[2]

食物的血糖指数比起包装上显示的碳水化合物含量，更能代表食物的实际生理效应，它包含添加糖、膳食纤维组成、淀粉与糖比例、液体与固体比例的总体效应。血糖指数通常以葡萄糖为标准，定为 100，面包的血糖指数为 70 左右，血糖指数在 70 及以上的就叫作高血糖指数食物，低血糖指数食物的血糖指数 ≤ 55，中血糖指数食物的血糖指数为 56～69。有些血糖指数以面包为标准，定为 100，这时葡萄糖的血糖指数为 143。[3]

食物的血糖指数因不同食物品种、来源地、成熟度、烹调方式、加工程度等而有所改变。通常，食物煮熟后血糖指数变高，加醋或搭配高蛋白与高膳食纤维食物来吃，血糖指数下降。根据《糖尿病照护》论文[4]，将常见食物的血糖指数整理如下表 18-1。

表 18-1 常见食物的血糖指数（GI 值，主要数值来自《糖尿病照护》论文[4]，标示 * 的数值来自《美国临床营养学期刊》论文[1]）

血糖指数	淀粉类	水果（汁）	蔬菜、豆类	乳制品与其他
高 （GI ≥ 70）	米浆 86 玉米片 81 白粥 78 面包 75 全麦面包 74 煮白米饭 73	西瓜 76	土豆泥 87	葡萄糖 100
中 （56 ≤ GI ≤ 69）	麦片饼 69 煮糙米饭 68 小米粥 67 什锦谷物 57	菠萝 59 蔓越莓汁 56*	煮南瓜 64 炸薯条 63 煮红薯 63	爆米花 65 蔗糖 65 蜂蜜 61 薯片 56
低 （GI ≤ 55）	乌龙面 55 燕麦粥 55 米线 53 杂粮面包 53 甜玉米 52 意大利面 49	芒果 51 香蕉 51 橙汁 50 草莓酱 49 葡萄 46* 橙子 43 枣 42 苹果汁 41 苹果 36 樱桃 22*	煮芋头 53 蔬菜汤 48 煮胡萝卜 39 豆浆 34 扁豆 32 四季豆 24 黄豆 16	酸奶 41 巧克力 40 全脂牛奶 39 果糖 15

血糖负荷（Glycemic Load, GL）等于"血糖指数"乘以"碳水化合物克数"再除以 100，反映该食物的升糖效应总量，包括血糖上升与胰岛素作用程度，可以独立预测肥胖、2 型糖尿病、心血管疾病与癌症（如大肠癌、乳腺癌）等。高血糖负

荷食物会释出大量糖分，造成血糖飙升，胰岛素大量分泌，但它的血糖指数可能并不高。高血糖负荷 ≥ 20，10< 中血糖负荷 <20，低血糖负荷 ≤ 10。[1,5,6] 根据《美国临床营养学期刊》论文 [1]，将常见食物的血糖负荷整理如下表 18-2。

表 18-2 常见食物的血糖负荷（GL 值，水果每份 120 克，饮料多为每份 250mL。数值来自《美国临床营养学期刊》论文 [1]）

血糖负荷	食物举例	每份所含碳水化合物（g）	每份固体（g）或液体 (mL)
高（GL ≥ 20）	白米饭 23	36	150
	玉米片 21	26	30
	巧克力蛋糕 20	52	111
中（20>GL>10）	方便面 19	40	180
	煮糙米饭 18	33	150
	可口可乐 16	26	250
	煮土豆 14	28	150
	苹果汁 12	29	250
低（GL ≤ 10）	面包 10	14	30
	甜玉米 9	17	80
	豆浆 8	17	250
	葡萄 8	18	120
	苹果 6	15	120
	杂粮面包 6	14	30
	乳酸菌饮料 6	12	65
	橙子 5	11	120
	西红柿汁 4	9	250

低血糖指数 / 低血糖负荷饮食在改善痤疮上，功效特别显著。

澳大利亚墨尔本皇家理工大学研究团队针对 43 名年龄在 15～25 岁的年轻男性

痤疮患者进行双盲分组研究，试验组连续执行 12 周的低血糖负荷饮食，食物组成为：25% 热量来自蛋白质，45% 热量来自低血糖指数的碳水化合物，对照组的痤疮患者吃富含碳水化合物的食物，但不限定血糖指数。

12 周后，对照组脸上痤疮数量平均减少 12 颗（31%），炎症性的病灶减少 23%，但低血糖负荷饮食的试验组痤疮数量减少了 24 颗（51%），炎症性的病灶减少 45%。对照组体重增加 0.5kg，但试验组减少 3kg，且 BMI 也下降了[1]。胰岛素抵抗 HOMA 指数，对照组增加了 0.47，试验组降低了 0.22，代表后者胰岛素敏感性有所改善。此外，后者胰岛素样生长因子结合蛋白（IGFBP）增加，雄激素降低。[7,8]

低血糖负荷饮食明显改善痤疮严重程度，可能是通过胰岛素敏感性改善进而改善了导致痤疮的生理机制。

- 减少胰岛素样生长因子 IGF-1 浓度，降低了毛囊中基底层角质形成细胞的增生。
- 减少了毛囊角质形成细胞的异常脱落。
- 降低雄激素，减少出油。
- 减少了痤疮杆菌的增生与炎症。[7,8]

虽然两组每天摄取的热量并无不同，但试验组减轻了体重。研究早已发现，低血糖指数饮食能够增加饱足感，延迟饥饿感的出现，自然降低食物摄取。相似地，在相同热量的情况下，高蛋白饮食比高碳水饮食、高脂饮食，更容易带来饱足感。低血糖指数饮食让人热量摄取减少了，完全不需要强迫限制热量。

韩国首尔国立大学皮肤科研究，针对痤疮门诊 32 位 20～27 岁的患者进行随机分组，试验组执行为期 10 周的低血糖负荷饮食，当中蛋白质占 25% 热量来源，45% 热量来自低血糖指数碳水化合物（如大麦、全谷物面包、水果、豆类、蔬菜、鱼肉等），30% 热量来自脂肪。对照组每天吃富含碳水化合物的食物。研究团队除了进行饮食调查、皮肤评估，还进行皮肤切片检验，测量组织生理变化、皮脂腺大小等。

到了第 10 周，试验组的痤疮严重度明显减轻，对照组则无变化；试验组的炎症性痤疮数量少了 30%，且在第 5 周就有明显减少，对照组则无变化。血糖负荷减少越多，痤疮总数也减少越多！

试验组的皮脂腺明显缩小，平均从 $0.32mm^2$ 变成 $0.24mm^2$。免疫组织学试验发现，炎症程度明显降低，固醇调节元件结合蛋白减少（这是一种促进皮脂合成的蛋白质），以及促炎激素白细胞介素 8 减少，因此痤疮减少。[9]

当我提到"出油是痤疮的核心原因"时，痤疮患者"无辜"地抱怨："为什么我没事也出油？"

我提醒他们："你是否喝了含糖饮料，吃了蛋糕、糖果，甚至只是吃了太多米饭？这些都是高血糖指数的精制淀粉，和痤疮有很大关系。若你改用低血糖负荷饮食，将大有帮助！"

事实上，若痤疮患者选择高血糖指数／高血糖负荷饮食，还会降低性激素结合球蛋白（SHBG）、增高游离（高活性）雄激素，又增加了长痤疮的风险。[10,11]

马来西亚一项案例对照试验发现，和不长痤疮的年轻人相比，长痤疮者饮食显著血糖负荷较高（122±28 比 175±35）。此外，后者也较常食用牛奶与冰激凌，特别是长痤疮的女性，明显从乳制品上摄取较高的热量。[12]

针对美国纽约年轻人的研究也发现，和完全不长或轻微长痤疮的人相比，中度至重度痤疮患者饮食的血糖指数较高，整体摄入糖量较多。此外，每天乳制品份数、饱和脂肪、反式脂肪也较多，而每天摄取的鱼肉份数较少。58.1% 的受试者注意到饮食与痤疮恶化之间的关系。[13]

若能注意到饮食与痤疮的关联性，因而进行饮食改变计划，那么将有机会避免痤疮复发的老问题。

低血糖指数／低血糖负荷饮食与皮肤抗老化

皮肤老化的重要机制之一，就是晚期糖基化终末产物的累积，低血糖指数／低血糖负荷饮食通过稳定血糖，降低晚期糖基化终末产物的产生。根据日本大型研究发现，若你有下列生活习惯，晚期糖基化终末产物会减少。你能做到几项？

☐ 断绝含糖食物

☐ 吃早餐

☐ 身体活动

☐ 不抽烟

☐ 睡眠充足

☐ 心理压力低 [14]

〰 02 地中海饮食

地中海饮食来自地中海周边国家，包括意大利、西班牙、希腊等。饮食核心组成包括全谷物、坚果、蔬果、豆类、橄榄油、深海鱼肉、红酒，富含 ω-3 不饱和脂肪酸、多酚（橄榄多酚、银杏类黄酮）及高膳食纤维等多样营养素，已发现能改善代谢综合征、血管内皮功能，降低心血管疾病风险，且有益于大脑抗老化，阻止轻度认知障碍、阿尔茨海默病产生，避免轻度认知障碍转变为阿尔茨海默病。[15-18]

根据 Panagiotakos 等人的《MedDiet 地中海饮食指数》论文 [15,19]，参照华人饮食文化与临床经验，我编制了地中海饮食指数表（表 18-3），你可以对照评分标准看看自己得几分。

表18-3 地中海饮食指数表 [15,19]

地中海饮食项目	代表性食物	份数（一份约为半碗）	单位	得分（有：1分；无：0分）
全谷物	糙米、全麦、燕麦、荞麦、五谷米	≥ 3	每天	
蔬菜	绿色与其他颜色蔬菜	≥ 3	每天	

续表

地中海饮食项目	代表性食物	份数（一份约为半碗）	单位	得分（有：1分；无：0分）
根茎类	红薯、土豆、山药	≥1	每天	
豆类与坚果	黄豆与豆制品（豆腐、无糖豆浆）、黑豆、绿豆、红豆，以及腰果、核桃、开心果、杏仁果	≥5	每周	
水果	不甜为佳，包含莓果类（草莓、蓝莓、蔓越莓、樱桃）	≥2	每天	
乳制品	以低脂牛奶、低脂干酪、无糖酸奶为佳	≤10	每周	
红肉	牛肉、猪肉、羊肉	≤1	每周	
鱼肉	以深海鱼肉为主	≥5	每周	
家禽肉	鸡肉、鸡蛋、鸭肉	≤3	每周	
橄榄油	也可用紫苏油、亚麻仁油、苦茶油等富含 ω−9 或 ω−3 脂肪酸的油类，低温烹调或凉拌	10 ~ 20mL	每天	
红酒	每天酒精量不超过 5g，相当于 10% 红酒半杯 50mL	<50mL（>0）	每天	
地中海饮食指数			总计	_____/11

评分标准：0~4分，低度地中海饮食；5~8分，中度地中海饮食；9~11分，高度地中海饮食。

地中海饮食汇集了多种营养素。

- 蔬果富含植物化学物质，如萝卜硫素、花青素等，豆类富含大豆异黄酮（Isoflavone）、精氨酸（L-Arginine），坚果含有生物类黄酮，红酒含有白藜芦醇（Resveratrol），皆有极佳的抗氧化功能，可避免自由基、活性氧、过氧化脂质、氧化型低密度脂蛋白（oxLDL）对全身细胞与基因的伤害。

- 全谷物富含 B 族维生素，其中维生素 B_6、维生素 B_{12} 和叶酸能降低同型半胱氨酸，避免血管老化与病变；维生素 A（β 胡萝卜素）、维生素 C、维生素 E、辅酶Q10与微量矿物质具有抗氧化能力，能降低氧化压力对皮肤的伤害。

- 好油，如 ω-9 非必需脂肪酸（橄榄油）、ω-3 不饱和脂肪酸（深海鱼肉），能改善血脂代谢，稳定免疫系统，提升身体抗炎能力，改善皮肤慢性炎症。深海鱼肉中的维生素 D 能改善皮肤角质分化。
- 乳制品含乳酸杆菌、比菲德氏菌等，能改善肠道菌生态、提升 T 细胞抗菌能力。全谷物与蔬果中的膳食纤维是肠道菌的食物，产生短链脂肪酸（SCFA）与细菌代谢物，能改善肠道、提升全身免疫力、促进大脑健康、稳定"肠-脑-皮轴"。[20-22]

实证医学显示，地中海饮食能减轻或预防多种皮肤症状，包括痤疮、干癣、皮肤癌等。

■ 改善痤疮

意大利罗马大学研究团队针对医院皮肤科门诊痤疮患者，进行健康状况与食物问卷调查。被调查者平均年龄为 16～17 岁，并与无痤疮的同年龄健康人对比。他们定义地中海饮食的九大特征如下：较高的非必需脂肪酸与饱和脂肪酸比值、少量饮酒、多吃豆类、多吃全谷物、多吃水果与坚果、多吃蔬菜、少吃肉与肉制品、少量选择牛奶与乳制品、多吃鱼。研究人员换算为 0～9 分的地中海饮食指数，0～2 分代表低遵从性，3～6 分代表遵从性中等，7～9 分代表高遵从性。

结果发现，当地中海饮食指数 ≥ 6 时，罹患痤疮的概率显著降低（优势比 0.2）。若具有家族性的高胆固醇血症、糖尿病或高血压，罹患痤疮的风险显著增加（优势比依序为 8.8、3.3、2.7），指数 ≥ 6 分的地中海饮食可扮演保护因子，大幅降低罹患痤疮的风险（优势比 0.3）。[23]

地中海饮食避免了高血糖指数饮食的问题，后者启动痤疮生成机制，如高胰岛素血症增加了胰岛素样生长因子（IGF-1），导致角质形成细胞增生与凋亡失调，家族性的高胆固醇血症、糖尿病或高血压，也意味着痤疮患者患高胰岛素血症的风险高。此外，地中海饮食改善了西式饮食中促炎的 ω-6/ω-3 比值，蔬果还富含抗氧化营养素，降低了毛囊的氧化压力，也有助于改善痤疮。[23]

▌改善干癣

地中海饮食被发现能够降低多种慢性炎症疾病的发生率，包括动脉硬化、类风湿性关节炎、克罗恩病等。富含抗炎营养素的饮食能够降低干癣的严重程度，摄取非必需脂肪酸（如橄榄油）能降低干癣的临床严重程度与炎症状况，而维生素 D（富含于深海鱼肉、乳制品中）有助改善角质形成细胞的分化与成熟，这与干癣的形成病理有关。[24]

法国一项为期 8 年的追踪研究，调查 35735 名参与者的地中海饮食程度，分为高、中、低度三组，研究干癣是否发作。结果发现，10% 干癣发作，当中严重个案占 24.7%。在排除干扰因素之后，发现地中海饮食程度高，较不容易出现严重的干癣（中度地中海饮食组和低度组相比，优势比 0.71；高度地中海饮食组和低度组相比，优势比 0.78）[24]。

为何地中海饮食能改善干癣呢？

事实上，免疫系统的淋巴组织与细胞，绝大多数位于肠道周边，从胚胎发育开始，就持续而直接地受到食物的影响。干癣与系统性炎症反应、代谢综合征彼此相关，炎性饮食可能加重干癣与代谢综合征。肠道与系统性炎症反应，也通过抗炎营养素得到改善，包括 ω-3 油脂、叶酸、维生素 A、维生素 D、维生素 E 等。

此外，特定饮食可以改变肠道菌群，促成不合适的免疫反应（如调节型 T 细胞与 17 型助手 T 细胞间的失衡），和炎性肠道疾病、自身免疫病、慢性炎症疾病，而益生菌与 ω-3 油脂能改变肠道菌群。[24]

▌预防皮肤癌

法国一项为期 15 年的追踪研究，调查 67332 名女性参与者的地中海饮食程度，分为高、中、低度三组。追踪期间出现 2003 例皮肤癌，统计分析显示，高度地中海饮食组和低度组相比，前者罹患皮肤癌的风险较低，相对风险降低了 17%，罹患黑色素瘤、基底细胞癌的风险分别降低 28%、23%，但与鳞状上皮细胞癌无关。就地中海饮食的组成来看，分析发现，蔬菜摄取越多，罹患皮肤癌的风险越低。[25]

地中海饮食能带来较低的皮肤癌发生风险，可能和当中的抗氧化成分有关，如

β 胡萝卜素、维生素 A、维生素 C、维生素 E，可以减轻紫外线引发的皮肤氧化伤害，具有皮肤癌的化学预防效果；多摄取蔬果也被发现能降低皮肤癌的发生风险；地中海饮食中的多酚、其他生物活性分子，也多具有抗氧化与抗炎症效果。[25]

🌀 03 蔬食主义

许多人脸上长黄褐斑、晒斑、皱纹，出现皮肤松弛，都焦急地往美容医院跑，通过先进仪器让皮肤老化症状消失，但过了几个月老化症状可能又原封不动地回来了。我发现许多爱美的人也是美食主义者，除了无肉不欢，三餐一定喝含糖饮料，狂吃蛋糕等点心，至于蔬果、全谷物，往往避而远之。这样吃，对皮肤好吗？

答案是否定的！

若想帮助皮肤抗老化，推迟全身老化，蔬菜、水果是必备的。本章我讲的蔬食主义，并不是指全素食（Vegetarian），它还涵盖了鱼、奶、蛋以及荤食，只是素食的量在饮食中占较大比例。

- 彩虹颜色蔬菜：菜花、圆白菜、萝卜、德国酸菜、胡萝卜、南瓜、菠菜、芹菜、洋葱、大蒜、甜椒、小黄瓜、茄子、蘑菇、西红柿。
- 低糖水果：柠檬、番石榴、莓果、牛油果。
- 全谷物及豆类：糙米、燕麦、全麦、小米、藜麦、薏米、黄豆、红豆。
- 坚果：核桃、胡桃、腰果、杏仁、开心果、夏威夷果。

蔬菜、水果富含大量植物化学物质，又称为第七营养素，保护植物免于紫外线、昆虫与微生物的侵害，且形成艳丽的色彩。彩虹颜色蔬菜包含绿、红、黄、白、紫色与其他颜色的蔬菜，具有抗炎、抗氧化、抗菌、抗病毒、抗癌、神经保护等功效。

植物化学物质的核心成分是多酚（Polyphenol），再分为黄酮类化合物（Flavonoid）、非黄酮类化合物。黄酮类化合物有 4000 多种，包括花青素、花黄素（Anthoxanthins），后者又包含黄酮醇（Flavonols）、黄酮（flavones）、异黄酮（Isoflavones）、黄烷酮（Flavanones）。非黄酮类化合物包括姜黄素（Diferuloyl-methane），即姜黄（Curcumin）；芪类（Stilbene），即白藜芦醇（Resveratrol）；酚酸类（Phenolic acids），如绿原酸、鞣花酸、阿魏酸、没食子酸。

我推荐成年人每天摄入蔬菜、水果7～9份。与此同时，中国台湾地区健康机构建议"天天5蔬果""3蔬2果"，每天至少吃3份蔬菜与2份水果，蔬菜1份是煮熟后的半碗，水果1份相当于1拳头大小。但2016年健康行为危险因素监测调查显示，成人每天"3蔬2果"的比例仅达12.9%（男性9.4%，女性16.3%），仅有20.7%的民众做到"天天5蔬果"。

意大利米兰的研究团队招募60位健康受试者，他们年龄为40～65岁，具有皮肤老化的临床症状。他们随机被分为两组，一组每天摄入新开发的发酵木瓜（Carica papaya L.）配方，其具有完整的氨基酸、维生素、矿物质等成分，另一组则摄取抗氧化物鸡尾酒配方，其具有10mg反式白藜芦醇、60μg硒、10mg维生素E、50mg维生素C，为期90天，测量受试者皮肤症状与生化变化。

结果发现，发酵木瓜配方组显著改善皮肤保湿度、弹性、色泽一致度，抗氧化物鸡尾酒配方组却没改变。两组均降低了皮肤中脂质氧化物丙二醛（MDA），提高了组织里的超氧化物歧化酶（SOD），但发酵木瓜配方组变化更显著，显示更好的抗氧化力。此外，只有发酵木瓜配方组能提升一氧化氮浓度，上调水分调节基因 AQP-3（和肤况改善有关），也下调皮肤癌症基因 CyPA 与 CD147，具有癌症预防的潜力。[26]

不只是蔬菜、水果，连西红柿酱，都可以是皮肤抗老化的"秘方"。

德国杜赛道夫大学（Heinrich-Heine-Universität Düsseldorf）一项研究，对22位健康成人进行随机分组，试验组每天食用西红柿酱40g，其含有16mg番茄红素（Lycopene）、0.5mg β 胡萝卜素、0.1mg 叶黄素，以及10g橄榄油，对照组则只食用10g橄榄油，为期10周。研究团队观察受试者肩胛骨上的皮肤接受紫外线照射后的红斑反应。到了第10周，食用西红柿酱组的血清番茄红素浓度，达到对照组的2倍，紫外线诱发红斑反应相较于对照组少了4成，呈现明显的防晒效果。[27]

《英国皮肤医学期刊》的类似研究也再次证实，每天摄取西红柿酱55g（相当于番茄红素 16mg)，为期 12 周，对于因紫外线照射引起的皮肤基质金属蛋白酶 1（ MMP-1 ）增加，以及皮肤细胞 DNA 损害，具有减轻的效果。[28]

需要注意，市售西红柿酱添加了糖与盐，效能大打折扣，所以摄食新鲜的西红柿是最可靠的做法。

除了以上包括番茄红素在内的植物化学物质，另一个抗老化的关键是膳食纤维。

根据美国疾病管制预防署的国家健康与营养调查（ National Health and Nutrition Examination Survey, NHANES ）研究发现，美国成年人每天摄取膳食纤维 15.6g，低于美国健康机构膳食建议的一半。进一步分析，每增加摄取膳食纤维 1g，抗老化生理指标端粒可以延长 8.3 个碱基对。以正常人增加 1 岁端粒减短 15.5 个碱基对的速度来看，每增加膳食纤维 10g，抗老化生理指标端粒可以延长 83 个碱基对，相当于生理年龄年轻了 5.4 岁。

若排除抽烟、肥胖、喝酒、活动量等因素，每增加膳食纤维 10g，抗老化生理指标端粒可以延长 67 个碱基对，相当于年轻 4.3 岁。[29] 显然，多摄取膳食纤维能够拥有更长的端粒，代表变得更年轻！

膳食纤维对于爱美却又 "体弱多病" 的人来说，真是不可多得的 "瑰宝"。研究发现，每天多吃 7g 膳食纤维，能降低脑卒中风险 7% [30]；每天增加 10g 膳食纤维，能降低罹患乳腺癌风险 7%。[31] 每天多吃 7g 或 10g 膳食纤维，实在是太容易了！

我提到炎性皮肤病和肠道菌失调有关，那么怎么改变肠道菌呢？

可喜可贺的，要增加厚壁菌门（与变形菌门），可简单通过增加饮食中的膳食纤维，而要增加拟杆菌门（与放射菌门），可通过多摄取脂肪来达到。研究证实，全谷物能增加肠道菌多样性，提高厚壁菌门与拟杆菌门的比值（Firmicutes/Bacteroidetes ratio, F/B ratio），降低白细胞介素 6 与饭后血糖，能改善炎症与代谢反应。[32]

⚶ 04 低敏饮食

湿疹或特应性皮炎患者常抱怨，吃了某种食物之后皮炎发作，因而试图回避某些食物。没有错，高达 40% 的特应性皮炎患者，其实合并免疫球蛋白 E（IgE）反应的食物过敏，食物过敏可能通过免疫机制以及非免疫机制，诱发或加重特应性皮炎病情。[33] 因此可以考虑回避过敏原的低敏饮食（Oligo-antigenic diet, elimination diet）。

你是否有这样的经历，听人家说喝牛奶、吃鸡蛋或吃芒果容易过敏，所以认真回避一段时间后，依然皮肤痒、冒红疹？这完全是可能的，因为牛奶、鸡蛋、芒果是别人的过敏原，而不是你的过敏原，你可能对豆制品过敏。考克兰循证医学数据库指出，只是用经验法则回避过敏原，并没什么效果。[34]

过敏反应是高度个人化的结果，有效的低敏饮食必须是高度个人化的。考克兰循证医学数据库指出，最好能够进行精准的过敏原检测，确认后再回避过敏原。在婴儿研究中，若对鸡蛋有急性过敏 IgE 反应，光是从饮食中移除鸡蛋，就让 51% 的孩子的病灶范围明显缩小，到了第 6 周或研究结束时，这项差异仍是明显的。[34]

要诊断 IgE 型的食物过敏，需要综合病史、皮肤穿刺测试、血清 IgE 测试、口服食物挑战（Oral food challenge）等，双盲安慰剂对照的食物挑战试验是黄金标准。[33,35,36] 对于特应性皮炎患者，若有客观的过敏原检测结果，选择低敏饮食是合理的，可以减轻特应性皮炎的严重度。对于威胁生命的严重过敏，选择低敏饮食则是必须的。回避了过敏原，在重新摄食或不小心吃到时，有可能出现速发型过敏反应（急性过敏反应），在实务操作上需要留意。[37]

为了避免婴儿出现特应性皮炎，怀孕的母亲是否应该进行低敏饮食呢？

研究发现并没必要。在怀孕与哺乳期间，有无进行低敏饮食与婴儿有无出现特应性皮炎并无关联。而且，如果母亲坚持低敏饮食，可能带来如胎儿体重增加不足、低出生体重、早产风险。对于高过敏风险的婴儿，在出生后前 4 个月喂母乳，明显降低特应性皮炎发生风险，且喝母乳明显比喝配方奶更能减少特应性皮炎的发生，喝水解配方奶也有帮助。但对于一般婴儿，喂食母乳并没有降低特应性皮炎发生风险。[38]

完整的营养咨询是必要的，以确保在低敏饮食下能维持营养均衡，避免孩子出现生长限制或营养素缺乏风险。[39] 食物过敏原也可能随生长发育、免疫系统状态的变化而改变，建议规律进行过敏原检测，精准回避过敏食物。

🌀 05 假性过敏原排除饮食

假性过敏原排除饮食（Pseudoallergen-free diet）是一种低敏饮食，指排除加工食品中含有的防腐剂、色素或香料，以及自然界含假性过敏原的食材。研究发现，排除假性过敏原能改善部分慢性荨麻疹患者的病情，包括那些对标准治疗无反应的患者，能减少药物的使用量，提升生活质量，减少尿液中的白三烯 E4，具有抗炎效果。[40]

执行假性过敏原排除饮食，首要的饮食原则是需要避免所有含香料、防腐剂、色素与抗氧化剂的加工食品，根据德国柏林夏里特医科大学教授、知名皮肤科医生与过敏学家托尔斯滕·祖贝尔拜耳（Torsten Zuberbier）研究，详细原则如表 18-4 所示。[41]

表18-4 假性过敏原排除饮食 [41]

食物项目	允许	禁止
碳水化合物	• 米饭、玉米、土豆（非炸薯条）、米制松饼 • 没有防腐剂的面包、无蛋的小麦面条、粗粒小麦粉（通心粉的原料）	其余
脂肪	奶油、植物油	其余
乳制品	鲜牛奶、奶油、凝乳、天然酸奶、奶油干酪	其余
肉与海鲜	鲜肉、未加调味料的碎肉、自制冷肉	所有加工肉类、蛋、鱼、虾蟹甲壳类
蔬菜	其余	蓟、豆类、蘑菇、菠菜、西红柿、西红柿酱、橄榄、胡椒
水果	无	所有水果、干果，包括水果制品
香料	盐、糖、细香葱、洋葱	蒜头，其余香料或草药
甜食	无	所有甜食，包括人工甜味剂
饮料	牛奶、矿泉水、咖啡、红茶	所有其余饮料，包含药草茶、酒精

德国柏林夏里特医科大学研究，55 位慢性荨麻疹患者接受三糖测试（Triple-sugar-test），包括用来测定胃十二指肠渗透性的蔗糖、测定小肠渗透性的半乳糖与甘露醇，饮用后接受尿液检测。27 位健康受试者也接受此检测。接下来，所有慢性荨麻疹患者进行为期 24 天的低假性过敏原排除饮食，也就是排除人工食品添加剂，若摄取的天然食物含已知假性过敏原（芳香族化合物、生物胺、水杨酸），则仅能低量摄取。完成后再进行一次三糖测试。

结果发现，53% 慢性荨麻疹患者的荨麻疹症状，在饮食疗法期间显著减少或完全消失了。比较改善者与未改善者，前者的胃十二指肠渗透性较高（平均为 0.36% 比 0.15%），且在饮食疗法后降低了（平均为 0.17% 比 0.16%）。两组在胃幽门杆菌的感染率上无差异。研究显示，半数慢性荨麻疹患者存在假性过敏原问题，且有胃十二指肠屏障功能问题，即渗透性异常（"肠漏"），且与胃幽门杆菌感染无关。[42]

〽 06 无麸质饮食

49 岁的银行主管 Judy，持续性下背与臀部瘙痒超过 2 年，到了晚上更严重，睡觉时也不自觉搔抓，导致黑色素沉着，诊断为湿疹。她勤洗被单、更换衣物也没改善，用药效果有限，一停药就复发。

我建议她接受完整的过敏原检测，她惊讶地发现，对小麦有中度免疫球蛋白 E（IgE）急性过敏，对小麦与麸质分别有严重与中度免疫球蛋白 G（IgG）敏感，对面粉里的面包酵母也有中度过敏与敏感。我问她："三餐怎么吃？"

她回答："我早上吃面包片或馒头，中午吃面包，下午茶吃蛋糕，晚上吃面条，夜宵吃甜甜圈啊！"

我说："你爱吃的全是含小麦麸质的食物，而且都是精制淀粉。我建议你开始无麸质饮食，回避小麦与面粉类制品。"

果然，在她回避小麦与面粉类制品 2 周后，困扰她 2 年的下背与臀部瘙痒，奇迹般地消失了。

在前面的章节中，我提到疱疹样皮炎来源于麸质敏感性肠病，看起来严重且难以医治，但只要一个方法就能改善：无麸质饮食（Gluten-free diet）。乳糜泻患者在执行无麸质饮食后，病情快速改善。像 Judy 这样的小麦过敏、非乳糜泻麸质敏感患者，也可从中获益。[40,43-46]

应回避的无麸质饮食，以及可食用的详细谷物如表 18-5 所示。

表 18-5　无麸质饮食内容

	应回避含麸质食物	可食用无麸质食物
谷物成分	● 小麦 ● 大麦 ● 麦芽 ● 全麦 ● 黑麦 ● 裸麦	● 米 ● 小米 ● 燕麦 ● 藜麦 ● 荞麦 ● 高粱
食品举例	面包、面条、馒头、比萨、早餐麦片、薯条、天妇罗、甜点、冰激凌、啤酒、小麦草	燕麦片、燕麦麸（标示无麸质），及以上述谷物为原料的食品

美国病例研究显示，一位 22 岁印度裔女性患有白斑，范围涵盖上下眼皮、上下肢，接受药物与光照治疗的疗效有限，但在辅助无麸质饮食后，一个月内出现显著的黑色素生成，持续 3 个月，在第 4 个月仍保持稳定。她并没有乳糜泻，白斑病情却因无麸质饮食得到改善。[47] 无麸质饮食是低敏饮食的一种，可能改善与过敏、炎症相关的免疫失调问题。

《美国肠胃学期刊》研究指出，无麸质饮食能改善肠易激综合征患者的肠胃症状。反之，吃麸质的肠易激综合征患者在 1 周内出现症状恶化，包括腹痛、腹泻、便秘、疲倦。研究建议，肠易激综合征患者应尝试无麸质饮食。[36]

由于小麦制品逐渐成为人们的主食，更是坊间美食的重点。无麸质饮食需要回避所有小麦制品，依靠患者本人，以及专业人员的饮食指导，才能成功执行。此外，麸质在许多麦类谷物中存在，米、燕麦、玉米则没有。大多数燕麦产品因生产线混有麦类谷物粉末，可能受到麸质污染，需要留意产品标示。

07 无乳制品饮食

Jane，35 岁，最近 3 年在鼻子、鼻侧、人中、下颚等处冒出红肿的痤疮，两颊也有多颗俗称粉瘤的炎症性囊肿。用药虽有些效果，但停药总复发。我发现她喜欢喝牛奶，早晚各喝 500mL 牛奶，外加一大杯珍珠奶茶，喝咖啡要加上 2 盒奶精和 3 个糖包，我劝她："已经累积不少研究，发现喝牛奶与长痘痘之间的关联性，既然你觉得痘痘治疗效果不佳，是不是考虑停掉牛奶？"

当时，《美国医学会期刊·皮肤医学》发表一项大型研究，针对近 25000 位法国成年人进行调查，再次印证痤疮与饮用牛奶之间的显著关系（优势比 1.28，和未曾得过痤疮者相比）。牛奶会刺激肝脏制造第一型类胰岛素因子（IGF-1），提升血液胰岛素浓度，和高血糖负荷饮食造成痤疮的机制类似。其他和痤疮有关的饮食还包括摄取碳水化合物、饱和脂肪，吃含油与含糖食品，喝含糖饮料。[48]

没想到我此话一出，Jane 就不再出现。直到一年后，她再度来找我，我好奇地问："你的痘痘状况如何？"

她说："对，我忘了告诉你，自从我听你的话停掉牛奶，一个月以后就很少长痘了，维持快一年了。但上周我压力大，嘴馋又开始喝，结果'爆痘'……"

无乳制品饮食（Dairy-free diet），或合并无麸质饮食，已被发现能改善肾病综合征，有抗炎效果，能提升调节型与助手型 T 细胞的比值、改善肠道菌群。相反，食物敏感反应诱发的炎症激素，可能伤害肾脏负责过滤功能的足细胞（Podocytes）。[49-51] 尽管无乳制品饮食在痤疮治疗方面的研究尚不完整，但临床观察仍可发现对部分痤疮患者疗效较好。若检测发现，患者对牛奶或乳制品有过敏或敏感反应，我会建议患者回避牛奶或乳制品，以改善痤疮、湿疹或其他难以解释的生理症状。

Daphne 是 43 岁上班族，抱怨这半年频繁冒痘，不只长在全脸，胸部、背部、臀部都非常严重。她自诉生活作息、睡眠、饮食习惯方面并未改变。我看她总是穿一袭运动紧身衣出现，便问："你固定上健身房吗？是否在吃蛋白粉呢？"

她愣了一下，说："对！我半年前开始吃，每天都上健身房，配合冲泡乳清蛋白粉，每周从大卖场抱一大桶回来，我喜欢布丁、奶茶、奶油、拿铁、水蜜桃等口味，超好喝，几乎当水喝。难道这和长痘痘有关？我的痘痘在多处就医，但怎么都不好。"

2 周后她来找我，主动说："我一停用蛋白粉，隔天痘痘就有改观了！这周已经好了 3 成。"

她因健身有补充蛋白质的需求，我建议她改吃大豆蛋白质。3 个月后她出现时，身材姣好，干净少痘。无乳制品饮食正是她最需要的治疗。

美国纽约皮肤科医生西尔博格（Silverberg）报告了 5 位青少年，为了足球训练锻炼肌肉而服用乳清蛋白，他们都长了痤疮，而且对口服抗痤疮抗生素与外用药物反应均不佳。当他们停用乳清蛋白之后，痤疮就完全消失了，一位痤疮复发是因为又服用了乳清蛋白。[52]

针对 5 位 18 岁年轻男性的系列案例分析显示，他们平均服用了 3 个月的乳清蛋白补充品，发现开始服用之后，也明显产生痤疮，集中在胸背，脸上却没有病灶。3 位患者在停掉乳清蛋白补充品并搭配治疗后，有轻度至中度的改善，2 位未停掉乳清蛋白补充品，只搭配治疗，则改善不如前者。[53]

人们开始接种牛痘终结了天花，开始喝牛奶却出现了痤疮变严重的情况。对于爱喝牛奶或爱吃乳制品却抱怨痘痘总不好的患者，我的建议是，别再用牛奶"灌溉"你的痘痘。

>>> CHAPTER **19**

改善皮肤症状的饮食疗法（下）：
热量限制饮食与相关饮食疗法

01 热量限制饮食

皮肤老化，是全身老化的必然结果。所谓"皮之不存，毛将焉附？"我说："身之不存，皮将焉附？"想要皮肤抗老化，必须做好整体抗老化。热量限制饮食，是最经典的抗老化饮食疗法。

美国威斯康星国家灵长类研究中心恒河猴研究

热量限制饮食（Caloric Restriction, CR），在许多种类的动物研究中发现，有延长寿命、抗老化效果。我在另一本书中介绍过美国威斯康星国家灵长类研究中心2009年发表在《科学》的跨世纪恒河猴研究[1]。

恒河猴平均寿命为27岁，最多活到40岁，20年后，一般饮食组（对照组）的猴子有37%死于老化相关疾病，但热量减30%的热量限制饮食组（限制组）只有13%死于老化相关疾病，差了3倍。限制组的猴子有较低的体重、体脂，较高的肌肉质量，没有任何猴子有血糖问题，大脑老化明确减少。[1]

观察皮肤，对照组的猴子有明显的脸部皱纹，两眼无神，毛发脱落严重，皮肤出现老化。限制组的猴子脸部没什么皱纹，双眼炯炯有神，浑身毛发浓密光亮，皮肤紧致红润，是真正从内（身）而外（皮）的"逆龄"回春。

美国国家老龄化研究所恒河猴研究

2012 年，美国国家老龄化研究所（National Institute on Aging, NIA）类似的恒河猴热量限制研究结果，也发表在《自然》上[2]，研究根据猴子开始热量限制饮食的年龄，将其细分为年轻限制组、年老限制组（16 ~ 23 岁）。写到这里，想必读者也期待着，结论应该跟前一个研究一样吧？

结果大爆冷门：进行热量限制饮食的猴子，并没有活得更久！

先讲年老限制组的猴子，它们与对照组在平均寿命、最长寿命上都没有差异。在死因上，如癌症、心血管疾病、器官衰竭等，两组也没有差异。不过，年老限制组的公猴子有一半寿命超过 35.4 岁，远超过平均寿命 27 岁，可以说获益于热量限制饮食。在身体健康程度上，年老限制组有些好处，甘油三酯较低，公猴子的胆固醇也较低，最老的公猴子血糖较低，此外，氧化应激指标显著较低。

再看年轻限制组的猴子，它们比对照组吃得更少、体重更轻，但空腹血糖、甘油三酯等数值并未达到统计显著性差异。年轻限制组有较好的血糖调控，但仍有少数罹患糖尿病，心血管疾病的发生率也并未降低。好消息是，相关研究显示，年轻限制组免疫功能较佳，癌症发生率显著降低。事实上，这个组没有猴子出现癌症！相反，对照组的猴子绝大多数（6 只中有 5 只）在 22.8 岁时被诊断出有癌症，之后也死于癌症。它们在年纪较轻时就开始有老化相关疾病，包括癌症、关节炎、憩室炎、心血管疾病，但与年轻限制组之间未超过统计显著性差异的标准（P 值为 0.06，未能小于 0.05）。[2]

两项经典恒河猴研究结果迥异的分析

这两项经典恒河猴研究都拥有高质量的兽医学支持，而且试验条件相当、恒河猴物种相同、介入方式相同，为何试验结果大不相同？

首要的差别在于饮食的构成。美国国家老龄化研究所的恒河猴吃的是以自然食物为基底，富含植物化学物质、微量矿物质与其他不能完全辨认的营养素，是全食物（Whole food）。威斯康星国家灵长类研究中心的恒河猴的饮食由特定营养素与额外矿物质与维生素补充所组成，概念就像配方（Formula）奶。

饮食的蛋白质来源完全不同。美国国家老龄化研究所的饲料蛋白质来自小麦、玉米、大豆、鱼肉、紫花苜蓿；威斯康星国家灵长类研究中心的配方蛋白质则来自乳清蛋白（Lactalbumin）。在油脂来源上，美国国家老龄化研究所的饲料含有生物类黄酮，具有高抗氧化能力，大豆油和玉米、小麦、鱼肉的油，以及鱼肉餐中包含了8%~12%富含ω-3不饱和脂肪酸的油脂。威斯康星国家灵长类研究中心的配方油脂来自玉米油。在碳水化合物上，美国国家老龄化研究所的饲料蔗糖含量是3.9%，但威斯康星国家灵长类研究中心的配方蔗糖含量竟达28.5%，超过了7倍！很明显，高糖和糖尿病的发生有关。

因为顾及热量限制饮食的猴子存在营养不良的风险，因此美国国家老龄化研究所增加了40%每天必需的营养素补充，而且限制组和对照组皆一视同仁地加入，等于对照组进行了加强版的营养补充。相对地，威斯康星国家灵长类研究中心给两组喂的是不同配方，只有限制组才接受营养素补充。[2]

另外的不同是，美国国家老龄化研究所的对照组猴子并非像威斯康星国家灵长类研究中心的猴子那样随意吃，而是进行了轻度的热量限制。威斯康星国家灵长类研究中心对照组的母猴子每天摄食热量就比美国国家老龄化研究所的多大约100kcal。美国国家老龄化研究所的对照组的母猴子和威斯康星国家灵长类研究中心的限制组的母猴子摄取热量相差不远。威斯康星国家灵长类研究中心对照组的猴子体脂率约30%，美国国家老龄化研究所的猴子体脂率仅约20%；美国国家老龄化研究所的对照组和威斯康星国家灵长类研究中心的限制组的体脂率相差不远。[3]

美国国家老龄化研究所两组猴子的体重，都比威斯康星国家灵长类研究中心相应组的猴子来得轻。以17岁的猴子来说，前者的公猴子体重轻了12%，前者的母猴子体重轻了18%，都在相对有益的体重范围内。[2]随着年纪增加，美国国家老龄化研究所的对照组猴子在血糖数值上和限制组类似，但威斯康星国家灵长类研究中心的对照组猴子却与限制组"分道扬镳"，血糖数值骇人地飙升，老化相关疾病，包括胰岛素抵抗、糖尿病、心血管疾病、癌症的患病率，都大幅增加。[3]

总结两项经典研究迥异的结果，带给人类重要的启发。

- 威斯康星国家灵长类研究中心的对照组猴子，就像吃着西式精制饮食的现代人，热量摄取过量、体重过重、体脂率过高，提早出现老化、慢性代谢疾病、癌症。30% 热量限制饮食带来压倒性的好处，发挥了抗老化、长寿及预防慢性病的优点。

- 美国国家老龄化研究所的对照组猴子，就像吃着全食物的养生一族，本身已有抗老化效果，预防了多种慢性病，额外进行热量限制虽有帮助，但效果相对有限。

▌ 美国国家老龄化研究所的人体热量限制试验

美国国家老龄化研究所曾经以人为研究对象进行热量限制试验，称为 CALERIE 研究。48 位男女被随机分配为 4 组：25% 热量限制组、12.5% 热量限制加运动组（相当于 12.5% 热量消耗）、低热量组（每天摄取 890kcal，达成体重减轻 15% 的目标）、健康饮食组（根据美国心脏学会指引，即对照组），持续 6 个月，测量生理心理指标变化。

结果发现，25% 热量限制组经过 6 个月 25% 的热量限制，让体重逐渐下降了 10%，脂肪量平均减少了 24%，非脂肪组织减少了 4%，内脏与皮下脂肪共减少了 27%。[4] 此外，腹部皮下脂肪细胞的大小减少了 20%，肝脏脂肪减少了 37%。[5]

25% 热量限制组的甘油三酯平均下降了 1.72mmol/L（相当于 18%），12.5% 热量限制加运动组的甘油三酯下降了 1.22mmol/L，低密度脂蛋白胆固醇下降了 0.89mmol/L，舒张压下降了 4mmHg。相反地，对照组的甘油三酯上升了 1.33mmol/L。根据高密度脂蛋白胆固醇、收缩压、年龄与性别等数据，推估 10 年患心血管疾病的风险，对照组没有改变，25% 热量限制组下降了 29%，12.5% 热量限制加运动组进一步下降达 38%！[6]

25% 热量限制组的核心体温降低了 0.2℃，空腹胰岛素浓度平均降低了 29%，24 小时能量消耗、睡眠代谢率明显降低，且比代谢质量（Metabolic mass，包含脂肪、肌肉等）的减少预估还少了 6%，导因于代谢率下降，并非代谢质量减轻。此外，氧化应激指标，也就是 DNA 受损产生的 8-OHdG 显著降低。这支持了热量限制能够降低能量代谢，以及氧化压力对 DNA 的损害，二者产生推迟老化的效果。[7]

6 个月的热量限制，让甲状腺素 T_3 浓度下降，但没有改变生长激素 GH、胰岛素样生长因子 IGF-1 浓度以及抗老化指标 DHEA-S 浓度。[8]

美国国家老龄化研究所进一步延伸了试验。218 位非肥胖、年龄介于 21 至 51 岁间的成年人，被随机分派为 25% 热量限制组或任意进食组。热量限制组最终只达成了 11.7% 的热量限制，维持了 10.4% 的体重减轻。热量限制组的基础代谢率（已根据体重校正）在第 12 个月时比任意进食组减少得更多，在第 24 个月时却无此现象，而每天能量消耗则均减少。[9]

甲状腺素 T_3 在第 12 个月、第 24 个月都较低，促炎性细胞因子、肿瘤坏死因子 - α 在第 24 个月时显著降低，C 反应蛋白（取对数）在两个时间点都较低。总胆固醇、甘油三酯、胰岛素抵抗 HOMA、平均血压等心血管代谢风险因素，皆大幅降低，但生活质量并没有负面影响。[9]

琉球群岛人长寿的观察性研究

琉球群岛人长寿研究也发现，他们的平均寿命为 83.8 岁，比日本本岛人的 82.3 岁和美国人的 78.9 岁都长。原因在哪里？比起日本本岛人，琉球群岛人相当于实行 17% 的热量限制饮食；比起美国人，相当于实行 40% 的热量限制饮食。琉球群岛饮食蛋白质含量偏低，只占热量的 9%，新鲜蔬菜、水果、地瓜、黄豆与鱼肉含量高。[10]

遗憾的是，随着快餐文化入侵当地，琉球群岛人的饮食习惯逐渐西化，琉球群岛人的 BMI、死亡率都逐年增加，到了 2010 年，琉球群岛新生儿的寿命期待值已与日本本岛人一样。[10]

大鼠与小鼠的热量限制饮食与寿命延长研究

从 1934 年至 2012 年的荟萃分析显示，热量限制饮食能够延长大鼠的寿命（中位数）达 14% ～ 45%，但在小鼠身上只能增加 4% ～ 27%。[11]

热量限制饮食对人类寿命的影响，目前尚无试验可证实，但老鼠的热量限制试验表明能够延长寿命。根据其预测公式来看，相当于对人类而言，若 25 岁就开始进行 20% 的热量限制饮食，且维持 52 年，寿命可增加 5 年，也就是活到 81 岁。若 55 岁才开始进行 30% 的热量限制饮食，且维持 22 年，寿命只能增加 2 个月，也就是活到 76 岁。[8]

马来西亚前总理马哈蒂尔·穆罕默德，截至 2018 年，已经 93 岁，但看起来只有 60 几岁！他怎么办到的?

他曾说："30 年前的衣服，我现在还穿得下！"他的食量很小，早餐只吃一片面包，晚餐吃两汤匙米饭。小时候妈妈曾告诫他："当觉得食物很美味时，就应该停止。"他读医学院时发现这句话是对的，逐渐养成习惯并轻松自制。

根据我的观察，有热量限制习惯的人，外表比同年龄人年轻 10 岁，且患慢性病较少；反之，嗜吃甜食，习惯吃到饱者，外表比同年龄人老 10 岁以上，且慢性病缠身。尝试过短期热量限制饮食的人，常称赞它对身体的益处。

我建议现代人进行"无痛"的热量限制饮食，依循以下原则。

- 每餐七八分饱，主要减少精制淀粉、饱和脂肪等高热量成分的摄入，并避免吃加工食品。
- 每天热量不建议低于 1400kcal（男性）或 1200kcal（女性）。
- 老年人或慢性病患者，应与医生或营养师讨论后才实施热量限制饮食。若出现身体不适，应立即停止，并向医生求助。

02 间歇性断食

间歇性断食

热量限制饮食在恒河猴、老鼠与其他物种的试验中，能减重并且延长健康存活年数（Healthy life span），但人类试验很少，主因是很难长期维持热量限制。因此，近年出现的间歇性断食（Intermittent fasting, IF），很快成为持续性热量限制的另一种选择，并且许多研究数据均支持它在心血管代谢健康上的好处。[12]

间歇性断食是进行断食某个时间长度，每次断食 12 小时或更长时间，详细的实施方案如下。

- 隔日断食（Alternate-day fasting, ADF）：一天完全不进食，隔天不加限制。

- 修订隔日断食（Alternate-day modified fasting, ADMF）：一天只进食所需热量的 25%，或更少，隔天不加限制。

- 五比二断食（5:2 fasting）：一周只断食 2 天，其他 5 天进食不加限制，属于周期性断食（Periodic fasting, PF），也可以只断食 1 天，其他 6 天进食不加限制。

- 限时进食（Time-restricted feeding, TRF）：在一天里的特定时段限制进食，通常 8～12 小时。

间歇性断食带来的全身性好处启动了与热量限制饮食相似的生理机制。间歇性断食能改善心血管代谢疾病的风险因素，包括胰岛素抵抗、高脂血症、炎症激素等，能降低内脏脂肪量，让体重减轻，也能改善血脂、退化性关节炎、血栓性静脉炎、难治型皮肤溃疡，以及提高手术耐受性等。[12]

当代谢开关从利用葡萄糖转到了利用脂肪酸与酮体时，造成呼吸气体交换率（Respiratory-exchange ratio）下降（二氧化碳的产生量与消耗掉的氧气量的比值）。这意味着代谢弹性增加，由脂肪与酮体而来的能量制造效率增加。[13]

酮体不只是断食状态下的能量来源，更是促进细胞与器官功能的强力分子，包括过氧化物酶体增殖物激活受体 γ 辅激活物 1α（Peroxisome proliferator–activated receptor γ coactivator 1α）、成纤维细胞生长因子（Fibroblast growth factor, FGF）、NAD+（Nicotinamide adenine dinucleotide）、Sirtuins、PARP1、CD38 等，影响健康与老化过程。酮体更刺激制造脑源神经营养因子（Brain-derived neurotrophic factor, BDNF）的基因，促进大脑健康与推迟老化。[14]

在断食状态下，细胞会增加抗氧化系统的表现、DNA 修复、蛋白质的质量管控、线粒体新生与自噬作用、细胞自噬作用，通过抑制 mTOR 蛋白质制造而下调炎症反应。这些反应让细胞能够移除已经受到氧化伤害的蛋白质与线粒体，回收未受伤害的分子，暂时减少制造整体的蛋白质，以保存能量与分子资源。这些机制在过量进食或久坐不动的人身上，是没被启动或者被抑制的。[15]

《新英格兰医学期刊》在 2019 年重要的文献回顾归纳出，间歇性断食能成功减重，预防或改善糖尿病、心血管疾病、癌症、脑神经退行性变性疾病，甚至能推迟或逆转老化。[14] 间歇性断食成为皮肤抗老化的重要策略之一。

▌ 隔日断食

奥地利格拉茨大学针对非肥胖的健康人进行一项随机分配试验。一组执行为期4 周的隔日断食。在断食日，完全避免任何固体、液体食物以及含热量的饮料，隔天可任意进食。另一组维持原来的饮食习惯。

结果，隔日断食组实际上少了 37% 的热量摄入，这是相当严格的热量限制，对照组减了 8%，这可能和参加研究的心理因素有关，自觉地限制了摄入热量。1 个月后，隔日断食组体重少了 3.5kg，其中总体脂肪少了 2.1kg，躯干脂肪少了 1.4kg（是减少得最多的部分），瘦肉组织少了近 1.6kg，脂肪与瘦肉的比值减了 6.3%，BMI 少了 1.2，收缩压、舒张压各降了 4.5 mmHg、2.5 mmHg。[16]

酮体 β - 羟基丁酸（β -hydroxybutyrate）增加了，即使在非断食日也是如此。在断食日，促老化的氨基酸甲硫氨酸（Methionine）降低，不饱和脂肪酸增高，可能带来促进免疫调节、保护心血管的作用。果然，弗雷明汉风险评分（Framingham risk score），指在 10 年内产生心血管疾病的风险分数，仅仅 4 周就能降低 1.4%。隔日断食若超过半年，则与老化相关的炎症因子 sICAM-1 会降低，低密度脂蛋白会降低，游离甲状腺素 T_3 也会降低。[16] 在甲状腺功能正常的情况下，较低的游离甲状腺素 T_3 和长寿有关。[17]

▎五比二断食

英国曼彻斯特大学医院一项研究，针对 107 位过重或肥胖的停经前女性进行为期半年的 25% 热量限制法。随机分为两组：一组为一周 7 天，每天进行热量限制，一组执行五比二断食，有 2 天执行非常低热量饮食（Very low-calorie diet, VLCD），其他 5 天不加限制。

每天热量限制组实际摄入热量为每天 6276kJ，按照 1kcal 等于 4.184kJ 来算，相当于 1500kcal，食物构成属于地中海饮食，30% 热量来源是脂肪（15% 非必需脂肪酸、7% 饱和脂肪酸、7% 不饱和脂肪酸），45% 热量来源是碳水化合物，但为低血糖负荷（Glycemic load）食物，25% 热量来自蛋白质。

五比二断食组每周 2 天的非常低热量饮食，摄入热量为每天 2700kJ，相当于 645kcal，包含 2 品脱的半脱脂牛奶（相当于 1.136L）、4 份蔬菜（一份 80g）、一份水果或含盐低热量饮料、一粒综合维生素与矿物质补充剂。按照之前的定义，严格来说，这算修订的五比二断食。[18]

结果发现，五比二断食组体重平均减少 6.4kg，每天热量限制组减少 5.6kg，两组体重在断食前（各为 81.5kg、84.4kg）、断食后半年（各为 75.8kg、79.9kg）统计上其实无差异。两组身体脂肪重量各下降 4.5kg、3.6kg，腰围各减少 6.1cm、3.9cm，臀围各减少 4.8cm、3.4cm，大腿围各减少 2.9cm、2.4cm。这多么让抱怨"肥胖""腰太粗""屁股太大""腿太粗"的女性朋友感到振奋！也许只有一个遗憾，就是胸围也缩小了，各缩小 4.8cm、4.3cm，产生了"缩胸"效果。[18]

两组在许多生理指标上呈现一致性且无差别的下降，包括瘦素、游离雄激素、高敏感度 C 反应蛋白、总胆固醇、低密度脂蛋白胆固醇、甘油三酯、血压。增加的生理指标包括性激素结合球蛋白（SHBG）、胰岛素生长因子结合蛋白 1、胰岛素生长因子结合蛋白 2。这些变化提示了发生心血管代谢疾病、癌症的风险下降。[18]

特别值得留意的是，两组的空腹胰岛素浓度、胰岛素抵抗均下降了，但对于这两个指标，五比二断食组比每天热量限制组来得更明显。此外，6 个月后的酮体浓度，只有在五比二断食组有明显升高。因此，五比二断食拥有持续性热量限制饮食的好处，可以改善肥胖、代谢疾病指标，提升胰岛素敏感度，是持续性热量限制饮食的替代选择。[18]

断食对皮肤的好处

许多人问我："吃什么皮肤才会年轻呢？"

我的答案是："少吃点，皮肤就会年轻。"

葡萄糖固然是生理运作的能量来源，但随之而生的糖化（Glycation）与氧化（Oxidation），也在皮肤胶原产生了糖氧化产物（Glycoxidation products），包括羧甲基赖氨酸（Carboxymethyl lysine, CML）与戊糖苷（Pentosidine）等，这些积累导致了皮肤老化。在老鼠试验中，60% 热量限制饮食能够减少这些糖氧化产物。[19]

此外，断食期的维 A 酸皮肤刺激反应降低了，归因于热量限制提升了皮肤抗氧化能力，以及基质金属蛋白酶的转译减少，皮肤组织破坏减少。此外，毛囊干细胞增加，可能和维持毛发有关，真皮血管网扩张，血管内皮生长因子增加。但也带来负面影响，真皮脂肪细胞减少，表皮与真皮的胆固醇制造减少，导致皮肤屏障功能下降，也就是"皮漏"。[19] 断食是预防皮肤老化的重要策略。

也常有人问我："吃什么伤口才会愈合得快呢？"

我打趣地回答："少吃点，伤口就会愈合得快。"

当老鼠每 2 周进行为期 4 天的断食持续 2 个月后，和对照组相比，前者伤口的愈合能力反而增加。原因可能和巨噬细胞活性增加有关，分泌了转化生长因子 - α（TGF-α），于"再上皮化"阶段促进了角质形成细胞增生，分泌血管内皮生长因子，促成"肉芽形成"阶段。[20] 短期的饥饿，能增加巨噬细胞的吞噬能力，促进伤口愈合过程，预防感染。[21] 但需要注意，若营养素缺乏会影响伤口修复。

断食减轻了炎性皮肤病。为期 2 周的间歇性断食，能改善特应性皮炎与掌跖脓疱病（Pustulosis palmaris et plantaris），这与不饱和铁、乳铁蛋白的减少有关，它们对于中性粒细胞有抗自噬（Anti-apoptotic）作用。[19] 断食也改善了干癣，机制是减少促炎的 CD4 型 T 细胞，增加抗炎的白细胞介素 4，整体减少了炎症。[22]

尽管断食在皮肤症状的动物试验已有许多，但随机分组的人体试验还是相当少的，我推测和体重、脂肪量、心血管代谢指标等比起来，皮肤的效果需要观察的时间比较长。皮肤抗老化需要"长期抗战"，无法速成。当皮肤已经老化，这时才想起谈"抗老化"，谈何容易呢！

🌀 03 限时进食

▎可以不用执行热量限制

现代人爱吃，当我建议患者执行热量限制或短期断食时，一般反应是"这会让我痛不欲生，怎么活得下去？"

因为，大家都用吃来缓解压力，似乎不吃就不能缓解压力。还好，医学界发现了新方法，可以不用痛苦地限制热量也能够达到相当的效果。

科学家在老鼠试验中曾发现，夜行性的老鼠虽然主要在半夜摄食，但在白天吃的食物才是决定体重增加的关键因素；即使让老鼠执行热量限制，但让它们整天都可以吃来代偿低营养密度的食物，像现代人的饮食习惯一样，却无法产生预期的寿命延长效果。热量限制之所以能够起作用，部分是因为不吃东西的时间长度，也就是有足够的断食时间。[13,23]

这就是限时进食，将摄食的时间限制在一天当中的 4～12 小时，但不降低所摄取的热量。从晚上 8 点开始"封口"，也就是睡前的 2～4 小时，禁食到隔天早上 8 点再"解封"进食，就能断食 12 小时或更久。这有什么好处呢？

▎美国威斯康星国家灵长类研究中心与美国国家老龄化研究所恒河猴研究结果迥异的另一关键

前面提到，威斯康星国家灵长类研究中心与美国国家老龄化研究所关于恒河猴热量试验结果不同，原因除了饮食内容不同，另一个关键是喂食的时间不同。[13]

威斯康星国家灵长类研究中心早上 8 点开始喂食猴子，没吃完的食物在下午 4 点移除，并且给一份能马上吃完的小点心，然后整个晚上断食。对照组也确保没吃完的食物在一天结束前被移除。美国国家老龄化研究所每天喂食猴子 2 次，早上 6 点半是第一餐，没吃完的食物在 3 小时后才移除，并且给一份小点心；第二餐是下午 1 点开始，没吃完的食物不会移除，让猴子在晚上或半夜也能吃到食物。[3]

威斯康星国家灵长类研究中心限制组的猴子能够长寿、老化相关疾病较少，而且外貌保持年轻，"秘密武器"有两个：一是热量限制，一是限时进食。美国国家老龄化研究所限制组的猴子，没有限时进食，"日也吃、夜也吃、想吃就吃"，抵消了热量限制与较佳的饮食内容带来的好处。原来，两个经典的热量限制恒河猴研究，其根本就是限时进食的试验。

在老鼠试验中，比起任意进食组，30% 热量限制组、日食一餐组拥有更长的寿命，且此效应和饮食内容无关。30% 热量限制组、日食一餐组自然出现限时进食的习惯，会在一天当中很短的时间内将食物吃完，且它们的寿命、健康存活年数，竟然和断食的时间长度成正比！[13]

▌缩短进食区间可以轻松减重，睡得更好

美国加利福尼亚州索尔克生物研究所的生理时钟专家 Panda 博士等人进行一项研究，请 156 位受试者利用手机记录下自己从早到晚的饮食内容。

研究发现，受试者在清醒的时间几乎都在吃东西，而且没什么规律，只有躺在床上的时间才出现难得的夜间断食。现代人的通病就是一直吃。而且，有晚吃的倾向，在中午前摄取的热量小于 25%，在傍晚 6 点后摄取的热量却大于 35%。25% 的受试者在周末早餐时间比工作日延后 2 个小时，工作日再调回来，就好像历经两个时区一样，称为代谢时差（Metabolic jetlag）。一半的受试者每天进食区间超过 14.75 小时，但他们自觉只有 12 小时。

研究者要求 10 位受试者，他们的饮食区间超过 14 小时且超重（BMI>25），改为每天 10 小时的进食区间，包括摄入饮料、零食等所有食物，此外无其他特别饮食限制，为期 4 个月。4 个月后，研究者意外地发现，受试者平均减掉体重的 4%，晚上睡得更好，白天精神更佳，饥饿感也减少，且效果维持了一年。[24]

近年流行"深夜食堂"，吃夜宵成了缓解压力的"浪漫行为"，然而吃进去的食

物却与身体的消化机制、细胞运作格格不入，让进食区间过长，提早耗损健康，加速老化进程。现代人多是脑疲劳者，除了熬夜看手机，还天天吃夜宵，搞得身体"坏光光"。

吃对时间，比吃什么更重要

西班牙一项研究中，420位健康人参加为期20周的饮食减重计划，包括以地中海饮食为基础的减重餐、营养教育、运动、认知行为技巧等。研究者调查受试者的进食时间，测量消化激素、体重相关指标以及减重效率。以午餐时间在下午3点前和后，可区分出"早吃族"与"晚吃族"，各占51%与49%，下午3点也是受试者午餐时间的中位数。他们早餐时间的中位数是上午9点，晚餐时间的中位数是晚上9点半。

结果发现，与"早吃族"相比，"晚吃族"（都指午餐时间）减重效果较差、减重的速度较慢，5个月下来减轻的体重分别是9.9kg、7.7kg，减重比例是11.3%、9.0%，每周减轻的体重是0.45kg、0.36kg，都有统计差异，"早吃族"的减重效率显然胜出。[25]

令人惊讶的是，两组在摄入热量、饮食组成、能量消耗、内分泌、睡眠长度方面，都是一样的！

"晚吃族"也是生理时钟上的"夜猫族"（Evening type），作息时间往后延。有趣的是，尽管午餐的"晚吃族"，几乎和晚餐的"晚吃族"重合，但此效应只有在午餐的早吃或晚吃才有差别，晚餐的早吃或晚吃，没有差别。"晚吃族"早餐吃得少，而且常不吃早餐，但早餐早吃或晚吃，对减重没有差别。显然，"吃的时间"对减重效果有影响，早些吃完午餐，能减下更多体重。[25]

研究还发现，生理时钟基因 CLOCK rs4580704 的变异（称为 SNP）会决定三餐的用餐时间，"晚吃族"有较高的次要等位基因频率（Minor allele frequency）。分析显示，睡眠长度、CLOCK 基因变异、晚睡，并不会直接决定减重效率。[25]

有研究发现，每天吃东西的时间越早，且睡前不吃，越能保持好身材。

美国哈佛医学院睡眠医学中心一项横断面研究，定义身材肥胖的成年人为男

性体脂率 >21%，女性体脂率 >31%。将身材肥胖者与身材标准者做摄食与睡眠行为的比较，分析两组人摄取每天热量一半的时间点以及最后一次摄取热量的时间点，都无差异。

若以每天褪黑素开始分泌的时间为参考点，本研究受试者平均为晚上 11 点。研究发现，身材肥胖者摄取每天热量一半的时间点，比身材标准者更靠近褪黑素开始分泌时间 1.1 小时，且最后摄取热量的时间，距褪黑素开始分泌时间更靠近了 0.9 小时。此外，在褪黑素开始分泌时间前 4 小时，约晚上 7 点，与入睡时间点之间，进食热量越多，体脂率越高，这一人群也常是较晚时间摄取每天热量一半的人。[26]

进一步分析发现，摄取每天热量一半的时间点越接近褪黑素开始分泌的时间，体脂率越高，BMI 越高。最令人讶异的是，进食的时间、热量、饮食内容、活动或运动量、睡眠长度、身体组成等传统因素和体脂率或 BMI 无关。也就是说，进食时间靠近"应该要去睡觉"的生理时钟时间，是和发胖最有关系的指标。[26]

原因可能和食物热效应（Thermic effect of food, TEF）有关。吃进食物后会有产热反应，可持续 6 小时以上，但 90% 在 5 小时内。在睡前或睡眠中进行食物热效应较小，导致更多热量被以脂肪储存在人体。相反，若在早些时间进食会产生较大热效应，带走更多热量，减少脂肪储存。[26]

生理时钟专家 Panda 博士综合相关研究指出，在摄取热量相同的条件下，少量多餐，从早吃到深夜，对减轻体重无益，但白天吃大餐晚上不吃东西，却有益减轻体重。正确的进食时间比进食内容更重要！

如果吃错东西，就要吃对时间

在大量研究中，高脂肪饮食被证实会造成肥胖与严重代谢疾病，是标准的不健康饮食。限时进食的威力甚至超越不健康饮食带来的危害。

Panda 博士在一项经典的动物试验中，设计出 4 种状况。一群老鼠进行高脂肪饮食，但分成两组：8 小时区间的限时进食组和任意进食组。另一群老鼠进行正常饮食，也分为上述两组。12 周以后，在这 4 组老鼠的体重排行榜中，始终大幅领先、最终勇夺第一名的是高脂肪饮食且任意进食组。

其他三组都远远落后，依次为高脂肪饮食且限时进食组、正常饮食且任意进食组、正常饮食且限时进食组。最令人惊讶的是，这 4 组老鼠每天摄取的热量，以及累积摄取的热量都一样，肥胖与否却天壤之别。[27]

此外，当高脂肪饮食且任意进食组血糖最高、葡萄糖耐受度最差、胰岛素浓度最高、瘦素浓度最高、体脂率最高、肝脏最重、肝炎指数最高、胆固醇浓度最高、促炎因子基因表现最高（包括肿瘤坏死因子 - α、白细胞介素 1、白细胞介素 6）……高脂肪饮食且限时进食组的表现几乎接近正常饮食的两组，在滚轮运动测试的表现上，竟还勇夺第一名！[27]

从肝脏切片评估脂肪肝严重程度，组织病理最轻微的是正常饮食且限时进食组，最严重的是高脂肪饮食且任意进食组，高脂肪饮食且限时进食组的状况接近正常饮食且任意进食组。再用电子显微镜观察比较细胞内组成体积占比，发现高脂肪饮食且任意进食组脂肪粒占比高、线粒体占比低，高脂肪饮食且限时进食组的脂肪粒占比极低、线粒体占比高，显然拥有更佳的能量生成效率。[27]

限时进食改善时钟基因的表现，调控炎症 mTOR 路径、葡萄糖新生的 CREB 路径、能量代谢的 AMPK 路径等，改善肝脏代谢、营养利用、热量产出，是对抗肥胖与相关疾病的非药物策略。[27]

限时进食与抗老化

2020 年 9 月 28 日凌晨，"湖南第一寿星"田龙玉老人过世，享年 127 岁。120 多岁的她体态微丰、耳朵灵敏、思考敏捷、脸色红润，头上大部分还是黑发，有六七颗结实的牙齿，常被误认为是 80 岁老人。

根据媒体报道，她很爱劳动，从小在家帮父母放牛、砍柴、打猪草。结婚后，她在家操持家务，在外帮人做工，80 多岁还当了几年保姆，一辈子没闲下来。因为家在二楼，每天上上下下 70 多个台阶，在院子里种辣椒、小葱，经常给蔬菜浇水，然后到露天阳台上去坐坐。

她一生坎坷，丈夫 1973 年就去世了，她生育过 13 个孩子都没有长大成人，最大的孩子只活到 18 岁，离世前她和养女的外孙女一起生活。她喜欢动物和外出散步，乐于和别人聊天。养女张桂英说："她就是心态好，思想上没什么压力。"

她是限时进食的实践者。她一天只吃两顿饭，上午 9 点左右吃早饭，下午 5 点左右吃晚饭，每顿吃 7 分饱。她爱吃玉米、红薯、绿叶菜，豆腐是她最爱的食物，她很少吃肉。可以简单将她的养生秘诀归纳为劳动、乐观、多吃菜。

从这个宝贵的例子可以看出，长寿 = 心情好 + 少吃 + 劳动。最根本的是心情好，现代人爱吃高热量食物与夜宵，就是因为无意识地用吃舒解压力。心情好一般不会吃过多，也想劳动。

一项研究对 11 位过重的成年人做随机分组试验，试验组为限时进食组，要求只能在上午 8 点至下午 2 点间进食，可谓"过午不食"，属于进食区间 6 小时、断食 16 小时的限时进食；对照组则在上午 8 点至下午 8 点间进食，其实也属于进食区间 12 小时的温和限时进食。两组试验皆为期 4 天，然后进行多项生理指标测量。

结果发现相对于对照组，试验组的 24 小时平均血糖降低 0.22 mmol/L、饭前血糖降低 0.11 mmol/L、饭前胰岛素浓度降低 2.9 毫单位 / 升、胰岛素抵抗 HOMA 指数降低 0.73，晚间血中皮质醇浓度也较低。此外，试验组在早餐前的断食状态，测到更多的酮体，即 β - 羟基丁酸增加 0.03μmol，抗老化（长寿）基因（如 *SIRT*1，*MTOR*）、自噬基因 *LC3A* 以及多个时钟基因的表现均活化。这表明，严格限时进食能改善血糖调控，促进抗老化机制。[28]

限时进食也能改善皮肤病。研究发现，经过一个月的限时进食，患者的化脓性汗腺炎，即毛囊慢性炎症出现了明显改善，但和体重减轻无关。[29]

>>> CHAPTER 20

改善皮肤症状的营养疗法（上）:益生菌、鱼油、维生素

🌾 01 益生菌对皮肤的效用

▌ 特应性皮炎、湿疹

研究发现，益生菌能够减少过敏炎症反应，通过抑制 2 型助手 T 细胞，减少产生白细胞介素 4、白细胞介素 10、白细胞介素 6，以及免疫球蛋白 E 的制造。过敏炎症反应由 2 型助手 T 细胞发动，产生白细胞介素 4、白细胞介素 5、白细胞介素 13。而在补充益生菌或出生后肠道菌群发育良好时，能启动 1 型助手 T 细胞，产生肿瘤坏死因子 - α、γ 干扰素、白细胞介素 2、白细胞介素 12、免疫球蛋白 A 等，启动免疫耐受，增强抗炎症反应，维持 1 型 /2 型助手 T 细胞免疫反应的平衡。[1]

在老鼠试验中发现多种益生菌株能改善特应性皮炎病灶，包括乳酸菌 Lactobacillus sakei WIKIM30、Lactobacillus casei variety rhamnosus、Lactobacillus salivarius LA307、Lactobacillus rhamnosus LA305 等，通过诱导调节型 T 细胞（Treg）调节肠道菌生态，尤其是增加乳酸菌、比菲德氏菌、肠球菌、脆弱拟杆菌数量，减少梭菌属（Clostridium coccoides）数量。益生菌的其他调控机制还包括保护肠道屏障功能、减少制造炎性的细胞激素。[2]

日本一项随机对照试验发现，成人特应性皮炎患者在服用一种比菲德氏菌（Bifidobacterium animalis subsp lactis LKM512）后，明显改善瘙痒。在瘙痒有所改善的患者中，一种止痒与止痛的代谢物犬尿酸（Kynurenic acid）明显增加。[3]

西班牙一项观察性前瞻性研究，招募 320 位患有特应性皮炎的婴幼儿与儿童（0～12 岁，平均 5.1 岁），提供 8 周的益生菌加上益生元的共生质（合生元）补充疗法。其中益生菌包含干酪乳杆菌（Lactobacillus casei）、乳双歧杆菌（Bifidobacterium lactis）、鼠李糖乳杆菌（Lactobacillus rhamnosus）、植物乳杆菌（Lactobacillus plantarum）。益生元指促进肠道菌生长的营养素，包括低聚果糖（Fructooligosaccharide, FOS）、半低聚乳糖（Galactooligosaccharide）与生物素（Biotin）。结果发现，受试者的特应性皮炎指数（Scoring Atopic Dermatitis, SCORAD）从治疗前的 45.5 分，降到治疗后的 19.4 分，瘙痒与睡眠都有所改善，疾病严重度为中重度者从 92.4% 降至 28.1%。研究显示，共生质补充疗法可能有助于改善婴幼儿与儿童的特应性皮炎。[4]

台北市联合医院仁爱院区小儿科主任张咏森医生在《美国医学会期刊·儿科学》上发表论文，针对所有益生菌加上益生元的共生质（合生元）治疗特应性皮炎的双盲随机试验（6 篇）进行分析发现，连续使用 8 周共生质，能降低特应性皮炎指数（SCORAD）6.6 分，特别是混合多种益生菌的配方（降 7.3 分）以及当儿童年龄 >1 岁时（降 7.4 分）。[5]

《欧洲皮肤性病学会期刊》集结多篇双盲随机研究的荟萃分析发现，整体来讲，补充益生菌能降低得特应性皮炎的风险（优势比 0.64）。进一步分析，一般人群或过敏高风险人群，补充益生菌能减少得特应性皮炎的风险（优势比 0.53、0.66）。单纯补充乳酸菌或合并乳酸菌与比菲德氏菌，都能降低特应性皮炎的患病风险（优势比 0.70、0.62）![6]

考克兰循证医学数据库显示，为高风险婴儿补充益生菌，能明显降低特应性皮炎的发生概率[7]。为婴儿补充益生元，也能产生此效果。[8] 湿疹患者补充益生菌 16 周，由患者或父母观察，湿疹严重度的改善不明显，生活质量无差别。研究者评估的严重度有所改善，却也是小的。[9] 这凸显了湿疹患者的高度异质性，反映出湿疹成因复杂，虽然益生菌有加分效果，但绝非灵丹妙药。有皮肤问题需要进行完整的病因分析，对症下药，才有机会改善。

妈妈怀孕期间补充益生菌，是否能减少孩子得特应性皮炎的概率？

答案是肯定的。《英国营养学期刊》一篇荟萃分析显示，孕妇补充益生菌能降低孩子在 2 ~ 7 岁得特应性皮炎的概率达 5.7%。进一步分析，只有乳酸杆菌是有效的，概率降低 10.6%，但混合多种益生菌却无此效果，不管是否包含乳酸杆菌。[10] 上述《欧洲皮肤性病学会期刊》荟萃分析显示，妈妈在怀孕期间补充益生菌，并让婴儿在出生以后持续补充，则特应性皮炎的患病风险会减少 39%，但如果只有在怀孕期间补充或只有在出生后补充，则没有明显效果。[6]

在肠道发生的食物敏感反应、肠道慢性炎症、黏膜渗透性异常、肠道菌失调，都和特应性皮炎的产生有关。富含乳酸菌或比菲德氏菌的益生菌（Probiotics）、以低聚糖为主的益生元（Prebiotics），都能改善肠道菌相，减轻肠道炎症，有机会改善特应性皮炎或湿疹。

▍痤疮

德国海德堡大学医院肠胃科参与一项双盲随机对照试验，有 82 位患者具有脸部红色丘疹与脓疱，包括痤疮、丘疹脓疱型玫瑰痤疮以及脂溢性皮炎等三种皮肤诊断。当中 20 位随机分派为对照组，37 位为试验组。所有患者都接受素食，以及外用皮肤药物治疗，包括四环素、类固醇、维 A 酸。试验组接受一个月的口服益生菌治疗，菌种为 Escherichia coli Nissle 1917（Mutaflor®），每天 500 亿菌落形成单位（CFU/g），这里是"好的"大肠杆菌。

结果发现，补充益生菌的试验组达到显著改善或痊愈的比例有 89%，对照组仅有 56%，前者生活质量显著提升，没有出现不良反应。临床症状的改善与血清免疫球蛋白 A 的增加，以及促炎激素白细胞介素 8 的下降有关。[11]

此外，试验组的肠道菌群，意外出现比菲德氏菌、乳酸菌开始占优势的现象（出现在 79%、63% 的受试者身上），1g 粪便中具有 1000 万菌落形成单位，这两者是有益菌，没有补充益生菌的对照组则无变化。试验组的肠道有害菌（葡萄球菌、酵母菌、拟杆菌、变形菌、柠檬酸杆菌、克雷伯菌）检测率从 73% 降至 14%，对照组无变化。研究人员还发现，试验组的粪便质地、颜色与味道，明显得到改善，变得正常。[11]

有趣的是，论文作者称这些脸部的炎性皮肤病为肠源性脸部皮肤病（Intestinal-borne facial dermatoses）。肠道有害菌会侵入黏膜屏障，消耗黏膜中的免疫球蛋白A（IgA），接着活化免疫系统，升高炎症激素，如白细胞介素 8、肿瘤坏死因子 - α，吸引单核细胞聚集在皮肤先前已有的病灶上，促进炎症，导致皮炎的产生。

相反地，补充的 Escherichia coli Nissle 1917 益生菌，在肠道形成保护性的生物膜（Biofilm），改善肠道蠕动，以及黏膜屏障功能，制造的短链脂肪酸可以增加黏膜的营养组成，能更好地吸收水分与钠，产生成形的粪便。更重要的是，黏膜屏障增强后，有害菌无法渗透到血液中，减少了系统性炎症，这类肠源性脸部皮肤病也减少了。[11]

为何益生菌能够改善皮肤炎症？

肠道补充的益生菌能影响调节型 T 细胞（Treg）的制造，降低 B 细胞、助手 T 细胞反应，通过抑制炎症细胞激素促进 sIgA 抗体的制造，制造抗炎的丁酸[12]；能改善系统性炎症与氧化压力，进而降低皮肤与毛囊周围的炎症现象，减少 P 物质的促炎效果，改善皮肤屏障功能，降低皮脂细胞的脂肪分泌，抑制痤疮杆菌生长，通过"肠 - 脑轴"改善心理，抵抗压力。[13]

▌ 干癣

一项为期 8 周的双盲随机对照试验中，26 位干癣患者被分配服用婴儿比菲德氏菌（Bifidobacteria infantis 35624），每天 100 亿菌落形成单位或安慰剂。在补充前，干癣患者具有比健康人更高的促炎性细胞因子（C 反应蛋白、肿瘤坏死因子 - α），补充后具有比对照组更低的两种促炎性细胞因子。此研究指出，益生菌不只改变肠道黏膜免疫，更能改善肠道之外的全身性免疫功能。[14]

另一项为期 12 周的双盲随机对照试验中，90 位斑块型干癣患者接受标准治疗（局部类固醇或加上钙泊三醇），额外被分派服用益生菌或安慰剂，前者益生菌成分为长双歧杆菌（Bifidobacterium longum CECT 7347）、雷特氏 B 菌（B. lactis CECT 8145）与鼠李糖乳杆菌（Lactobacillus rhamnosus CECT 8361），总共 10 亿菌落形成单位。

到了第 12 周，干癣症状指数明显降低，益生菌组为 **66.7%**，对照组为 **41.9%**，两者在统计上有明显差异。医生临床病灶观察达清除或几乎清除程度者，前者为 **48.9%**，后者为 **30.2%**。试验结束后 6 个月的追踪显示，干癣复发率前者为 **20%**，后者为 **41.9%**，在统计上有显著性差异。肠道菌分析显示，益生菌组的肠道小单孢菌属（Micromonospora）、红球菌属（Rhodococcus）完全消失，柯林斯放线菌属（Collinsella）、乳杆菌属（Lactobacillus）增加了。[15]

上述雷特氏 B 菌与鼠李糖乳杆菌已被发现有抗氧化效果，长双歧杆菌具有抗炎症以及调节肠道菌效果。本研究指出，益生菌有效地调节了斑块型干癣患者的肠道菌，并且可作为辅助疗法以改善干癣症状。[15]

▍女性反复性尿路感染

加拿大一项荟萃分析，针对患有反复性尿路感染的女性口服乳杆菌的疗效进行分析，在排除无效菌种与安全性试验后，口服乳杆菌者相较于对照组，前者出现反复性尿路感染的风险降低了 **49%**。研究指出，口服乳杆菌能预防女性反复性尿路感染，并且是安全的。[16]

尿路感染可归因于阴道菌群中的乳杆菌减少，致病菌如大肠杆菌在阴道繁殖，接着移行到尿道。乳酸杆菌可能通过三大机制预防反复性尿路感染。

- 在接受尿路感染的抗生素治疗后，补充乳酸杆菌可以恢复阴道菌群的平衡。
- 通过分泌乳酸维持阴道 pH 值在 4.5 以下。
- 制造杀菌的过氧化氢。[17]

特定的乳杆菌种属，如鼠李糖乳杆菌（Lactobacillus rhamnosus GR-1）与卷曲乳杆菌（Lactobacillus crispatus CTV-05），能够制造过氧化氢，给细菌细胞膜制造压力，预防大肠杆菌的生长以及附着到阴道黏膜上。发酵乳杆菌（Lactobacillus fermentum B-54）能成功在阴道环境附着与生长。[16]

▍阴道炎

中国台湾地区一项针对非怀孕女性阴道炎的系统性回顾与荟萃分析，包括了

细菌性阴道炎和 / 或外阴阴道念珠菌感染，在服用抗生素（抗细菌）的状况下发现，比起额外加入抗霉菌药物，额外补充益生菌降低了阴道炎复发的风险（优势比 0.27），增加了治愈 / 缓解率（优势比 2.28）。对于细菌性阴道炎患者，益生菌治疗能够增加正常阴道菌群（优势比 4.55）。[18]

德国一项针对非怀孕女性阴道炎的系统性回顾与荟萃分析，探讨口服混合型益生菌，包含卷曲乳杆菌、加氏乳杆菌（Lactobacillus gasseri LbV 150N, DSM 22583）、詹氏乳杆菌（Lactobacillus jensenii LbV 116, DSM 22567）、鼠李糖乳杆菌或安慰剂，对于细菌性阴道炎的影响。结果发现，比起对照组，口服益生菌组阴道细菌指标显著下降（优势比 3.9），显示补充适当的乳酸杆菌种系，能够改善细菌性阴道炎患者的阴道菌相。[19]

这是因为以上 4 种乳杆菌种系，生存于健康女性的阴道中，同时具有多项优势：增加过氧化氢酶（Catalase）与氧化酶（Oxidase）活性、制造细胞外的过氧化氢（抗菌）、利用肝糖原制造乳酸、抑制有害菌（包括大肠杆菌、阴道加德纳氏菌、白色念珠菌等）生长等。[19]

凝结芽孢杆菌（Bacillus coagulans）是可产生乳酸的革兰氏阳性菌。一项针对 70 位有阴道症状的育龄女性的临床试验，在前 4 天只使用含有凝结芽孢杆菌的阴道灌洗液与阴道塞剂，在第 5 天开始抗生素疗程（根据阴道分泌物涂片结果），为期 10 天。这段时间持续使用含有凝结芽孢杆菌的阴道灌洗液与阴道塞剂，并在第 20 天复诊，接受评估。结果发现，阴道酸碱值下降（偏酸），外阴阴道瘙痒、有烧灼感、阴道不适、阴道分泌物异常等都显著改善，且在前 4 天只使用益生菌的状况下，3 项阴道症状（外阴阴道瘙痒、有烧灼感、阴道不适）比加上抗生素后改善得更多。[20]

外阴阴道症状的改善，可能和凝结芽孢杆菌产生乳酸的能力以及免疫调节能力有关。过去研究发现，它能同时活化免疫，增加抗炎的细胞激素，上调生长因子，改善受伤后或炎症后的组织修复。[21]

一般建议益生菌每天补充剂量为 50~300 亿菌落形成单位（CFU）。

🐟 02 鱼油对皮肤的效用

▍晒伤、光老化与皮肤癌

鱼油对紫外线相关的一系列皮肤症状，包括晒伤、光敏感疾病、光老化、光癌化等，具有明确的保护能力。[22]

英国曼彻斯特大学皮肤医学中心团队将 42 位健康人随机分组，试验组每天摄取 4g 鱼油，其中 95% 为 EPA（3.8g），4% 为其他 ω-3 脂肪酸（0.16g），对照组每天摄取 4g 油酸（Oleic acid, OA，也就是橄榄油），皆为期 3 个月。结果显示，试验组的皮肤 EPA 浓度上升到补充前的 8 倍，且在紫外线照射下最小红斑剂量（Minimal erythema dose, MED）平均由 36mJ/cm^2，上升到 49mJ/cm^2，显示防晒能力增加，而对照组无变化。

在紫外线照射下当皮肤细胞 DNA 发生损坏时，会启动抑癌的 p53 基因，增加 p53 转录因子表现，协助 DNA 的修复。p53 基因产生突变和皮肤癌的发生有关。试验组上皮细胞表现 p53 的比率，由原先的每百个上皮细胞 16 个降为 8 个，显示较少造成对皮肤细胞 DNA 的破坏，对照组无变化。此外，周边血液淋巴细胞照射紫外线后的 DNA 破坏产物，在试验组也明显下降，对照组无变化。

试验组减少了紫外线引发的红斑、皮肤 p53 表现下降、DNA 破坏产物减少，显示 EPA 能预防紫外线引发的一系列基因毒性，长期补充鱼油可能降低皮肤癌的发生。[23]

该团队将 79 位女性进行随机分派，试验组每天摄取 5g 鱼油，内含约 3.5g 二十碳五烯酸，以及 0.5gDHA，对照组摄取相同重量的甘油类脂肪酸，为期 12 周，测试皮肤（臀部）对紫外线的反应，以及测量脂肪酸代谢产物。到了第 12 周，试验组比起对照组，前者在红细胞以及真皮的 EPA 浓度上都明显提高，AA（花生四烯酸）与二十碳五烯酸的比值，也就是 ω-6 脂肪酸与 ω-3 脂肪酸的比值降低，红细胞的 EPA 浓度为 4:1（对照组为 15:1），真皮的 EPA 浓度为 5:1（对照组为 11:1），抗炎能力显著增强。

在补充鱼油之前，紫外线照射增加了前列腺素 E$_2$（PGE$_2$）、十二羟基二十碳四烯酸（12-hydroxyeicosatetraenoic acids）。补充鱼油后，没有紫外线照射的皮肤，炎性的前列腺素 E_2 减少了，而有紫外线照射的皮肤，二十碳五烯酸的代谢产物十二羟基二十碳五烯酸、PGE3 增加，代表皮肤炎症状态减轻。此外，前列腺素 E_2 与前列腺素 E_3 的比值在未照射或照射紫外线的皮肤上都有减少，十二羟基二十碳四烯酸与十二羟基二十碳五烯酸的比值在有紫外线照射的皮肤上也降低了，代表皮肤的抗炎症能力增强。[24] 许多证据支持鱼油能预防皮肤癌，此研究阐述的抗炎机制是关键。[25]

进一步针对皮肤抗癌免疫的研究中，该研究团队又将 79 位女性进行随机分组，测试皮肤（中背部）在紫外线（模拟日光）照射后，再接触镍贴片以引起炎症反应，比较鱼油补充组和对照组所产生的免疫抑制反应是否有所不同。结果发现，在 $3.8 J/cm^2$ 的紫外线照射后再接触镍贴片，对照组的炎症反应下降了 21.4%，鱼油补充组的炎症反应下降了 0.5%，两者在统计上有明显差异，后者较无免疫抑制反应。紫外线暴露导致皮肤局部免疫反应下降，是形成皮肤癌的另一重要机制，补充鱼油可以减轻免疫抑制，可用于预防皮肤癌。[26]

▌ 干癣

补充鱼油，对干癣患者可能有益。大型荟萃分析显示，补充 ω-3 脂肪酸明显降低干癣严重程度。较高剂量补充时，同时能降低瘙痒、红斑与脱屑。[27]

▌ 痤疮

在一项初步研究中，痤疮患者每天服用鱼油中的二十碳五烯酸（EPA）1000mg，外加儿茶素（EGCG）200mg、葡萄糖酸锌 15mg、硒 200μg、铬 200μg，为期 2 个月，发现脸部平均痤疮数量从 62.8 个降至 40.4 个，炎性痤疮病灶数量平均从 20.8 个降至 6.8 个。生活质量指数（包括心理、情绪、社交层面）平均改善 24%，与病灶数量的改善不相关，这有可能是因为营养补充直接改善了大脑的情绪状态。[28]

二十碳五烯酸或 DHA 这类 ω-3 不饱和脂肪酸，能改善痤疮相关的炎症机制，包括 mTORC1 激酶、SREBP1、TLR-2、TLR-4 等，可能因此减轻痤疮。[29,30]

一般建议鱼油每天补充剂量为 1000～3000mg。由于 EPA 具有较强抗炎能力，EPA/DHA 组合比例应大于 2，EPA 的建议量为每天 1000～2000mg。

03 维生素对皮肤的效用

维生素 C

德国柏林夏里特医院（Charité-Universitätsmedizin Berlin）皮肤性病暨过敏科研究团队，将 33 名健康受试者进行分组，每天补充维生素 C 100mg、180mg，或补充安慰剂。他们采用最新技术电子顺磁共振（Electron paramagnetic resonance, EPR）光谱仪来测量受试者右手前臂内侧的皮肤自由基清除能力。受试者原本每天从蔬果摄取到的维生素 C 约为 76mg（标准偏差为 ±40mg）。4 周后，补充维生素 C 100mg 组，皮肤自由基捕捉能力提升了 22%，补充维生素 C 180mg 组提升了 37%，安慰剂组无改变。这项研究证实了，每天补充维生素 C 能有效提升皮肤自由基捕捉能力。[31,32]

德国慕尼黑大学（Ludwig-Maximilians-Universität München）皮肤科诊所将 20 位健康人进行随机分组，一组每天摄取维生素 C 2000mg，加上维生素 E 1000 国际单位，另一组摄取安慰剂，为期 8 天。研究人员进行紫外线照射，测量最小红斑剂量。结果发现，试验介入前两组的最小红斑剂量都是 80mJ/cm^2，摄取维生素 C/维生素 E 组在 8 天内增加到了 96.5mJ/cm^2，显示防晒能力变强，安慰剂组则减少至 68.5mJ/cm^2。摄取维生素 C/维生素 E 组的皮肤血流下降，而安慰剂组上升，显示前者炎症减轻，后者炎症加剧。

研究显示，通过口服补充足量维生素 C/维生素 E，就能减少晒伤反应，这意味着降低紫外线皮肤损害，更有可能避免光老化或皮肤癌的致病机制。此重要研究登载于《美国皮肤医学会期刊》。[33]

德国慕尼黑大学皮肤科诊所再针对 18 位成年人中 14 位具有黑色素瘤、基底细胞癌、鳞状上皮细胞癌的病史进行研究。他们每天口服维生素 C 2000 毫克，加上维生素 E 1000 国际单位（α-生育酚，D-α-tocopherol），为期 90 天，研究人员对受试者进行紫外线照射，测量最小红斑剂量。试验介入前，受试者血清维生素 C、维生素 E 浓度平均为 11.6mg/L、21.0mg/L，在补充 3 个月之后，血清维生素 C、维生素 E 浓度分别提升为 18.2mg/L、38.8mg/L，最小红斑剂量从 80mJ/cm^2 变为 113mJ/cm^2。

此外，通过皮肤切片与免疫组织化学技术，测量细胞 DNA 损坏指标，也就是胸腺嘧啶二聚体（Thymine dimer）。紫外线照射后 24 小时，具有胸腺嘧啶二聚体的细胞在每平方厘米表皮为 82.0 个，在补充 3 个月维生素 C/ 维生素 E 后，大幅降低为 48.2 个，这显示维生素 C/ 维生素 E 能够保护皮肤细胞，免于紫外线引发的 DNA 损坏。[34]

一般建议维生素 C 每天补充剂量为 500 ~ 3000mg。

▍维生素 D

来自《美国皮肤医学会期刊》的一篇波兰研究，提供成年特应性皮炎患者（年龄为 18 ~ 50 岁，平均 30 岁）每天补充维生素 D2000 国际单位，为期 3 个月，对照组为健康人群。在进行补充前，两组血清维生素 D 浓度并无差异。结果发现，血清维生素 D 浓度不到 30ng/mL 的患者（占了 82.4%），比起浓度在 30ng/mL 以上的患者（占了 17.6%），前者出现细菌感染的概率显著增高。服用维生素 D 的特应性皮炎患者，皮肤症状分数（SCORAD index）显著改善，从 45.1 降至 25.7，E 型免疫球蛋白 IgE 浓度从 1147.6 国际单位 / 毫升降至 994.9 国际单位 / 毫升，血清维生素 D 浓度从 7.4ng/mL 升至 13.1ng/mL。研究支持口服补充维生素 D，能够改善特应性皮炎症状，是安全且耐受性佳的治疗方式。[35]

美国哈佛医学院研究团队在蒙古国乌兰巴托市针对罹患冬季相关特应性皮炎的儿童进行双盲随机对照试验。患者平均 9 岁，60% 为男生。研究者给予儿童口服维生素 D 每天 1000 国际单位或安慰剂，为期 1 个月。两组都给予儿童与父母润肤剂，提供关于特应性皮炎与基本皮肤照护的宣教材料。结果发现，补充组比起对照组湿疹分数（包含范围与严重度）显著改善较多，两组分别降低了 6.5 分与 3.3 分。口服维生素 D 改善了儿童的冬季相关特应性皮炎，他们可能在冬天有维生素 D 缺乏的情况。[36]

在皮肤科领域，有多种外用维生素 D 衍生物的应用，包括钙泊三醇（Calcipotriol）、骨化三醇（Calcitriol）、他卡西醇（Tacalcitol），用于治疗寻常性干癣，具有高疗效与良好的耐受性。[37] 考克兰循证医学数据库显示，治疗干癣的外用类固醇合并钙泊三醇，效果比单用类固醇或者维生素 D 衍生物都好。[38]

外用钙泊三醇（0.005%）也开始应用于斑秃，效果与外用类固醇相似，甚至有作用更明显、更快的趋势。[39]

在美国大型的"护士健康研究"（Nurses' Health Study）与"健康专业人士追踪研究"（Health Professionals Follow-up Study）中，发现每天从饮食摄取与额外补充维生素 D，对皮肤癌症的预防效果不明显，对出现黑色素瘤、鳞状上皮细胞癌的风险没有影响，但患基底细胞癌的风险升高了。每天从饮食摄取或额外补充维生素 D 总量最高的人群，比起最低的人群风险多了 10% 机会。就预防皮肤癌来说，研究并不支持从饮食摄取或额外补充维生素 D。[40]

若怀疑有维生素 D 缺乏，建议先接受血液检验，确认不足后再摄取，每天补充范围是 2000～10000 国际单位，维持 25- 羟基维生素 D 血液浓度 40～60ng/mL，相当于 100～150nmol/L（换算公式：1.0nmol/L = 0.4ng/mL）。若未抽血检验，建议低剂量补充，如每天 400～1000 国际单位（400 国际单位的维生素 D，等于 10μg 维生素 D）。

维生素 D 的另一重要来源是日晒，前文强调防晒的重要，那么，涂抹防晒乳会不会降低我们的维生素 D 浓度呢？根据《英国皮肤医学期刊》文献回顾，现有证据支持，防晒乳对维生素 D 浓度未造成影响。[62]

B 族维生素

维生素 B₃（烟酸）

澳大利亚悉尼皇家阿尔弗雷德王子医院安德鲁·C. 陈（Andrew C. Chen）等人

在《英国皮肤学期刊》上发表的研究，292 位受试者被随机分组，一组每天口服两次 500mg 烟酰胺，另一组服用安慰剂，经过 20 个月后发现，前者能有效减少经皮水分丢失（Transepidermal water loss, TEWL），在额头减少 6%，在四肢减少 8%。[41] 这表示烟酰胺能减少经皮水分丢失，增加角质层含水量，因为它能增加神经酰胺、游离脂肪酸、胆固醇的制造，储存在细胞间隙，能应用在特应性皮炎的治疗上。

事实上，4% 烟酰胺凝胶外用于皮肤治疗，明显改善黄褐斑的色素沉着，效果接近淡斑药膏氢醌（Hydroquinone），而红、痒、灼热的不良反应较少，它能抑制黑色素体从黑色素细胞到角质形成细胞的传送过程；它能减轻皮肤老化症状，包括皱纹、晒斑，并增加皮肤弹性；它能改善痤疮，这可能和它控油、抗炎症、修复的特性有关。[42]

美国宾夕法尼亚州匹兹堡大学医学中心一项研究，针对 198 位痤疮患者（部分患者也同时合并玫瑰痤疮），提供 8 周口服烟酰胺补充，每天剂量为 750mg，添加锌 25mg、铜 1.5mg、叶酸 500μg，并追踪他们炎性病灶的状况。4 周后，有 79% 患者自觉有明显或非常大的改善。8 周后，单用烟酰胺的患者（占 74%），和那些同时服用抗痤疮抗生素的患者（占 26%）相比，自觉改善程度明显。研究显示烟酰胺在痤疮上的应用潜力，但这一发现仍须更严谨的研究设计来验证。[43]

《皮肤医学汇刊》（*Archives of Dermatology*）一项小型研究，针对 18 位大疱性类天疱疮（Bullous pemphigoid）患者，提供口服 500mg 烟酰胺每天 3 次，合并 500mg 四环素每天 4 次或传统治疗类固醇每天 40～80mg。前者达到完全改善的比率为 42%，后者仅为 17%。前者不良反应较少，后者有高血压、糜烂性胃炎、严重感染，甚至有 1 例因败血症死亡。口服 1500mg 烟酰胺合并四环素使用，可作为此种严重皮肤病变的治疗选项。[44]

一项小型双盲对照试验，针对寻常型天疱疮（Pemphigus vulgaris）患者，比较外用 4% 烟酰胺凝胶或安慰剂药膏的效果，发现病灶处的上皮化指数（Epithelialisation index）前者较高，增加 26 个单位，但后者减少 5.8 个单位[45]。烟酰胺改善天疱疮的机制尚不清楚，可能和它的抗炎特性有关，包括能抑制白细胞介素 1β、白细胞介素 6、白细胞介素 8、肿瘤坏死因子等。[46]

口服烟酰胺能改善癌前病变。澳大利亚悉尼皇家阿尔弗雷德王子医院进行另一项研究，具有至少 4 个光线性角化病（Actinic keratosis）病灶的患者被分为两组，一组连续 4 个月每天早晚各吃 500mg 烟酰胺，一组吃安慰剂，前者减少了 35% 的病灶数量。[47]

安德鲁·C.陈等人更进一步验证，口服烟酰胺是否能预防皮肤癌。受试人群为在过去 5 年中，至少有两处出现非黑色素瘤的皮肤癌，后来一共 386 位受试者进行随机分组，一组每天口服两次 500mg 烟酰胺，另一组服用安慰剂，为期 12 个月。每 3 个月皮肤科医生就来评估，观察 18 个月是否出现新的非黑色素瘤的皮肤癌病灶，以及其他相关病理。

到了第 12 个月，和对照组相比，口服烟酰胺组出现非黑色素瘤的皮肤癌概率降低了 23%，包括新的基底细胞癌降低 20%，以及新的鳞状上皮细胞癌降低 30%。而癌前病变，亦即光线性角化病，在第 3 个月、6 个月、9 个月、12 个月时，和对照组相比，口服烟酰胺组的新病灶发生概率分别降低了 11%、14%、20%、13%。口服烟酰胺组与对照组，在不良反应上并无差别。

在欧美，皮肤癌是十分常见的癌症，和长期的日光紫外线暴露有关。阳光在皮肤上产生免疫抑制作用。皮肤癌患者可能对阳光的此项作用特别敏感，烟酰胺发挥了免疫保护作用。此项研究指出，对皮肤癌患者与高风险人群，口服烟酰胺会是有效且安全的治疗。研究刊登于《新英格兰医学期刊》。[48]

一般建议剂量为每天 200～500mg。口服烟酰胺安全剂量在每天 3g 以下，若超过此剂量，需要注意肝功能变化，特别是比上述研究剂量高很多时。有病例报告显示，每天口服大于 9g 烟酰胺，可造成急性肝炎，在停药后可恢复。[49]

维生素 B5（泛酸）

美国纽约一项研究，从皮肤科门诊招募轻度至中度痤疮患者，他们有 50 个以上的炎症或非炎症痤疮病灶，后来总共有 41 位患者进入随机分组。一组每天摄取以泛酸为主的营养补充，每次 2 颗，每天 2 次，共含 2.2g 泛酸。另一组吃安慰剂，为期 12 周。观察其皮肤病灶数目以及生活质量的改变。

到了第 12 周，补充泛酸组的整体脸部病灶数量减少 **68%**，相较于对照组差异十分明显。整体非炎症性病灶、下巴痘和左脸颊痘大幅减少，皆与对照组呈现显著性差异。达到最佳效果，也就是几乎干净的皮肤有些许非炎症病灶与不多于一个炎症病灶，补充泛酸组的比例为 **43%**，对照组的比例为 **14%**。

在皮肤病生活质量指数（Dermatology Life Quality Index, DLQI）测量上，得分越高，代表生活质量越差。两组本来是中度影响生活质量，得分在 7.6 ~ 9.5 分之间，统计上无差异，经治疗后补充泛酸组得分 1.9 分，对照组得分 5.3 分，前者明显拥有较佳的生活质量。在临床医生的整体进步评估中，能进步一个级别（总共五级）的比例为：补充泛酸组 86%，对照组仅 36%。两组并未出现与试验相关的不良反应。[50]

泛酸为何能够发挥疗效？泛酸转化为辅酶 A 后，促进脂质代谢与细胞机制，影响角质形成细胞的增生与分化，改善了表皮屏障功能。[51] 此外，泛酰巯基乙胺酶（Pantetheinase）是在辅酶 A 分解过程中，用来回收泛酸的重要酶，缺乏此酶的老鼠会出现加剧的炎症反应。此酶在人体白细胞的细胞膜与胞内含量丰富，发挥免疫调节作用。[52]

一般建议补充剂量为每天 10 ~ 300mg。

维生素 B_7（生物素）

过去有研究发现，具有原发性脆甲的患者，每天服用维生素 B_7 2.5mg，持续 6 ~ 15 个月，可增加甲板厚度达 25%。但也有研究指出，维生素 B_7 并不对所有患者有效，通常每天补充剂量 1.0 ~ 3.0mg，至少持续 2 个月才能开始看到效果。补充生物素的疗效仍需更多临床研究来验证。[53]

脆甲症的治疗，还是需要结合外在的保湿，涂抹油脂，口服补充维生素 C、维生素 B_6、维生素 D、铁、钙、氨基酸、明胶（Gelatin）一起来改善。[53]

一般建议补充剂量为每天 25 ~ 300μg。

维生素 A

维生素 A 的衍生物外用维 A 酸，在使用数个月以后，可以改善日照老化的病灶，包括表皮角化减少、肤色不均改善、色素淡化、新胶原蛋白在乳突真皮中形成，使用更长时间还能持续进步。这显示了维生素 A，对于保护皮肤免于紫外线伤害、预防皮肤老化极为重要，也用于斑块型干癣的治疗。

德国一项荟萃分析发现，补充 β 胡萝卜素确实能够预防晒伤，需要至少补充 10 周才能观察到明显效果，且每多补充一个月，能够增加 0.5 个标准偏差的保护效果。因此，口服补充 β 胡萝卜素的光保护效果，随时间长度而增加。此外，β 胡萝卜素能达到内在防晒的效果，相当于防晒系数 4。[54]

韩国首尔国立大学医学院的一项研究，将 29 位年龄在 49 ~ 68 岁（平均 57 岁）的女性进行随机分组，一组每天服用 30mg（低剂量）的 β 胡萝卜素，另一组服用 90mg（高剂量）β 胡萝卜素，为期 90 天，运用皮肤皱纹量度测试仪、多功能皮肤检测系统测量她们脸部皮肤皱纹、弹性的变化，并以臀部皮肤进行紫外线照射，进行晒伤与染色体伤害研究。

结果显示，低剂量组的脸部皮肤明显改善，比如在粗糙度（depth of roughness）、平滑度（depth of smoothness）、计算平均粗糙度（arithmetic average roughness）上，显示皱纹减少；高剂量组无明显改变。低剂量组在皮肤的净弹性（net elasticity）上有明显改善，但高剂量组仍无明显改变。低剂量组在 I 型胶原基因表现明显增加，高剂量组无差别。

在紫外线照射下，低剂量组的红斑指数（Erythema index, EI）降低，显示不易晒伤。高剂量组的最小红斑剂量显著降低，表示皮肤变得容易晒伤。相反，低剂量组无变化。在破坏细胞染色体的测量上，紫外线诱发 DNA 氧化破坏的产物 8-OHdG（8-Hydroxy-2 -deoxyguanosine）以及含有这种破坏产物的细胞数量，在低剂量组明显减少，显示 β 胡萝卜素发挥了细胞保护作用，高剂量组无差别。[55]

根据研究，口服补充维生素 A 可让皮肤的 β 胡萝卜素浓度提升到原本的 17 倍。皮肤中的 β 胡萝卜素主要分布在表皮层，也是短波紫外线主要被吸收的地方。紫外线接触表皮细胞后产生活性氧与自由基，伤害细胞基因 DNA，减少胶原蛋白生成，增加基质金属蛋白酶（MMP）、皮肤炎症等系列危害。此时，维生素 A 可以清除活性氧与自由基，具有抗氧化（Anti-oxidant）作用，因而能减少皱纹与皮肤基因伤害。

但有证据指出，高剂量的维生素 A 反而有促氧化（Pro-oxidant）作用，导致脂肪过氧化，血红素加氧酶 -1（Heme oxygenase-1, HO-1）、白细胞介素 6 过度表现的问题。[55] 大型研究也发现，口服 β 胡萝卜素不仅没有癌症保护效果，还提高了罹患肺癌的风险。[56] 因此，在补充 β 胡萝卜素或维生素 A 时应该避免高剂量，可以并用其他抗氧化剂，如维生素 C、维生素 E、硒等。[57]

在工业化国家，每天食用蔬果可补充 1.7～3mg 维生素 A。从饮食补充是安全的。在日光照射前，建议服用 β 胡萝卜素 60mg，每天 3 次，为期 2 周，可以预防多形性日光疹。[58]

原则上由食物摄取较佳，若怀疑缺乏才额外补充。维生素 A 建议补充剂量：每天 5000～10000 国际单位，β 胡萝卜素为每天 10000～15000 国际单位，类胡萝卜素建议每天 5～10mg（10000 国际单位为 3mg）。

▌维生素 E

维生素 E 存在于皮脂中，在皮脂腺缺少的皮肤部位中，维生素 E 的量就少。通过口服维生素 E 400mg，连续 3 周，可在脸部皮脂测量到维生素 E 浓度显著提高。外用的维生素 E 可以减轻急性紫外线照射的皮肤红疹、脂肪氧化，并且减少晒伤细胞，持续使用可以减少皱纹形成。[57]

意大利一项单盲随机对照试验，将 96 位患有特应性皮炎的患者随机分组，每天口服维生素 E 400 国际单位（268mg）或者服用安慰剂，为期 8 个月，追踪病情变化。结果发现，服用维生素 E 组有 80% 出现显著不同程度的皮肤改善，包括脸部红疹与苔藓化减少，皮肤愈合速度加快等，安慰剂组仅有 10% 改善。前者出现很大改善或几乎痊愈者，血清 IgE 浓度降了 62%，后者仅降 34%。补充口服维生素 E，是特应性皮炎很有效果的治疗策略。[59]

干癣患者接受 PUVA 光照疗法（长波紫外线 UVA ＋补骨脂素 Psoralen）时，容易导致皮肤炎症与退化性病变，可补充维生素 E 来有效减轻不良反应。在医美手术中，运用较高浓度的口服维生素 E，每天 600～1000 国际单位，可以抑制过度的胶原合成反应，预防瘢痕形成。[37]

此外，维生素 C 与辅酶 Q10 在皮肤中发挥与维生素 E 的协同作用，将已经氧化的维生素 E 还原，可以增加维生素 E 的抗氧化特性。单独运用维生素 E 或维生素 C 的光保护效果，只有 2 倍，一旦维生素 E 与维生素 C 并用，光保护效果可达到 4 倍。[57]

在双盲临床试验中，比较口服维生素 E、维生素 C 或两者并用的作用，发现并用者在黄褐斑、色素性接触性皮炎方面改善较多。在双盲随机分组对照试验中，服用含维生素 E、维生素 C、维生素 A 与原花青素（Procyanidins）的营养补充品，显著改善了黄褐斑，减轻黑色素。[60]

维生素 E 被发现与类胡萝卜素能协同清除自由基。德国杜塞尔多夫大学一项研究，将健康受试者分为两组，一组每天口服补充 25mg 类胡萝卜素，另一组则服用同样类胡萝卜素，外加维生素 E（α - 生育酚）335mg（500 国际单位），为期 12 周。血清 β 胡萝卜素与 α - 生育酚浓度，都相对应有所增加。背部皮肤的紫外线红斑反应在第 8 周以后有显著降低，额外补充维生素 E 组退红较多，但与仅补充类胡萝卜素组未达到统计差异。[61]

一般建议维生素 E 每天补充剂量为 200 ～ 1200 国际单位。

CHAPTER 21

改善皮肤症状的营养疗法（中）: 矿物质、氨基酸与其他营养素

01 矿物质

锌

法国一项临床试验，30 位具有炎症性痤疮的患者接受口服葡萄糖酸锌（Zinc gluconate）每天 30mg，为期 2 个月，并且在治疗前和治疗后 1 个月、2 个月分别进行痤疮细菌采样。结果发现，治疗后患者的炎性痤疮数量明显减少，不管是否感染痤疮杆菌。这可能和锌能够抑制炎症反应（中性粒细胞的聚集、肿瘤坏死因子-α 的分泌）、刺激抗氧化酶如超氧歧化酶有关。此外，体外试验显示，添加锌还可以减少痤疮杆菌对药物治疗（红霉素）的抗药性，呈剂量反应关系，也就是锌浓度越高，对红霉素有抗药性的痤疮杆菌越少。[1]

《英国皮肤医学期刊》一项随机对照试验，招募难治型病毒疣（寻常疣、足底疣、扁平疣）患者，他们有超过 15 个疣，现有治疗效果差，还复发。研究人员提供口服硫酸锌或安慰剂（葡萄糖），硫酸锌的给法是每千克体重 10mg，含有 2.5mg 锌元素，若体重 60kg 则给予 600mg 硫酸锌，这是给予剂量的上限，研究刻意选择了高剂量。

检测发现，患者原先血清锌浓度较正常人低，平均值各为 625μg/L、878μg/L。口服锌组有 86.9% 在 2 个月内病灶完全消失，60.9% 在 1 个月内病灶消失，13.3% 在 2~6 个月仍无法达到病灶消失的目标。治疗反应与血清锌浓度增加程度直接

相关，那 60.9% 在 1 个月内实现病灶消失的患者，血清锌浓度达到 2037μg/L，13.3% 无法达到病灶消失目标的患者血清锌浓度平均为 778μg/L。安慰剂组没有任何改善出现。[2]

口服锌组出现轻微不良反应，包括恶心（100%）、呕吐（12.7%）、上腹痛（13%），可能和较高补充剂量有关。这项研究有受试者中断率高、样本数偏低等限制。[2]

韩国一项研究，提供斑秃患者口服葡萄糖酸锌（Zinc gluconate）每天 50mg，为期 12 周，且没接受其他治疗，评估头发生长状况。结果发现，血清锌浓度显著从 56.9μg/L 提升到 84.5μg/L，66.7% 患者出现正向治疗反应，不过在统计上差异不大。有正向治疗反应者所增加的锌浓度，比起没有正向反应者显著增加。因此，对于锌浓度较低的斑秃患者，补充口服锌是有效的辅助疗法，也可以在标准治疗效果不佳时应用。这可能是因为锌是毛囊退化的强力抑制剂，并且可以加速毛囊恢复。[3]

事实上，脂溢性皮炎的外用药，如吡硫翁锌（Zinc pyrithione）、二硫化硒（Selenium sulfide）等，就包含了锌、硫、硒等矿物质，具有抗菌消炎的作用。

口服锌补充剂量，依所含锌元素为主，每千克体重每天 <1mg 是安全的[2]，一般建议每天 12～15mg。

▍硅

硅能刺激胶原合成，维持与修复结缔组织功能。维持较高浓度的血清中硅水平，对皮肤老化症状、脆弱毛发与指甲都有帮助，还能协助骨矿物质化，改善骨质疏松、动脉硬化、阿尔茨海默病等。[4]

在比利时安特卫普大学（University of Antwerp）卡洛姆（Calomme）等人的一项双盲随机对照试验中，50 位女性的脸部皮肤具有光伤害症状，分组每天口服补充 10mg 硅，采用以胆碱稳定的原硅酸形态（Choline-stabilized orthosilicic acid, ch-OSA）或安慰剂，为期 20 周。结果，皮肤粗糙度在对照组恶化了，皱纹深度增加了 8%，而在硅补充组减少了 16%，皮肤粗糙度显著改善。皮肤弹性在对照组也有所恶化，在硅补充组显著改善。毛发与指甲脆弱度，在硅补充组显著改善。[5]

同一研究团队继续针对 48 位在头皮枕部毛发纤细（相对于正常、粗大来说，不属于雄激素性脱发形态）的女性，提供硅口服补充剂，每天 10mg 硅或安慰剂，为期 9 个月。结果发现，硅补充组的弹力梯度（Elastic gradient）改变较小，为 –4.5%，对照组则为 –11.9%。能承受断裂的重量（Break load），对照组明显降低较多，为 –10.8%，硅补充组为 –2.2%。头发断面范围在硅补充组显著增加，但对照组无改变。有趣的是，硅的尿液排泄量改变增加越多，头发断面范围也越大。显然，口服补充硅可以增加头发强韧度，并且让头发变粗壮。[6]

在一项双盲随机对照试验中，针对 22 位健康女性（年龄为 22～38 岁）提供口服硅补充剂，为在法国盛行的有机硅形态（Monomethylsilanetriol, MMST），且按最大建议剂量每天 10.5mg 或安慰剂，皆为期 4 周，并且期满后互换组别，再进行 4 周。结果发现，硅补充组的空腹血清硅浓度显著提升，此口服补充剂所贡献的硅，在血清为 50%，在尿液为 10%。试验期间未出现任何不良反应。

研究指出，补充有机硅形态与生理产生的无机硅，即原硅酸（Orthosilicic acid, OSA），安全性相同，且都吸收良好，是合适的硅补充剂。[7] 尚无建议补充硅剂量。

▌硒

前文提到，硒蛋白对于正常角质形成细胞功能、皮肤发育、伤口愈合是必要的。而且，干癣患者被发现硒浓度比健康人低。但是，硒的治疗窗口很窄，补充剂量在 0.1～1.0μg/kg 体重，也就是体重 60kg 的成人，硒补充剂量为 6～60μg，必须十分谨慎。

若每天摄入达到 400μg 以上，可能造成硒中毒。急性或慢性硒中毒的症状包括恶心、呕吐、疲倦、易怒、脆甲或指甲变色、毛发脱落、呼吸有蒜头臭味等。[8-10]

一般建议补充剂量为每天 50～100μg。在美国，建议的硒的摄取量为每天 55μg（14 岁以上）。原则上，从肉类、蔬菜、坚果类就能摄取到足够的硒。[9]

✣ 02 氨基酸

▍水解胶原

外用的胶原产品由于分子量过大（130 ~ 300 kDa），无法渗透表皮，也无法改善皮肤质地。但口服具有生物活性的胶原肽，包括"脯氨酸-羟基脯氨酸""甘氨酸-脯氨酸-羟基脯氨酸"，却因为分子量较小，能被有效地吸收而分布于全身组织。胶原肽能活化成纤维细胞，制造胶原、弹力蛋白、玻尿酸。[11]

一项双盲对照试验，120 位健康受试者被随机分为两组，一组每天喝一瓶 50mL 的营养品，另一组吃安慰剂，为期 90 天。此营养品含有 5000mg 的水解 I 型胶原（分子量为 0.3 ~ 8 kDa）、玻尿酸、琉璃苣油、N- 乙酰萄糖胺，以及抗氧化物（包括白藜芦醇、番茄红素、辅酶 Q10、巴西莓、肌肽等）。

结果发现，服用营养品组的皮肤弹性有显著改善，增加了 7.5%，皮肤质地也有所改善。有趣的是，在主观感受上，该组有 90% 以上受试者认为皮肤保水度和弹性改善，90% 以上认为指甲变强壮、健康，80% 以上认为头发变强韧、变粗，77% 认为关节状况有所改善，98% 认为生活质量有改善。补充水解胶原等复方营养品，确实发挥了光保护效果，且改善皮肤健康状况。[11]

水解胶原，尚无建议剂量。

▍谷胱甘肽

谷胱甘肽（Glutathione），是由人体细胞制造最强大的内生性抗氧化剂之一，是由谷氨酸、半胱氨酸、甘氨酸所组成的三肽。它对皮肤美白效果的机制如下：

- 直接抑制酪氨酸酶（黑色素制造的关键酶）：通过结合该酶含铜的活性结构。
- 间接抑制酪氨酸酶：通过抗氧化效果，清除自由基与过氧化物。
- 促进嗜黑色素（Pheomelanin）制造，而减少真黑色素（Eumelanin）的形成，后者是斑点主要的黑色素。
- 调节其他抗黑色素细胞的淡斑药物作用。[12]

菲律宾一项开放性试验，招募费氏分型为第 4 型或第 5 型的健康女性（黄种人常见肤色）共 30 名，都是在医学中心工作的员工。她们口服含谷胱甘肽 500mg 的口溶锭，为期 8 周，并检测皮肤色素。口溶锭剂型的好处是直接通过口腔黏膜吸收进全身血液中，达到最高浓度，而不必因为经过肠胃黏膜吸收，在肝脏的首过效应中被分解。

结果发现，到了第 8 周，不管在接触阳光的皮肤（右手腕外侧）还是不接触阳光的皮肤（胸骨中央），黑色素程度都显著减轻，前者在第 2 周结束时就改善显著。所有受试者都报告黑色素改善，90% 认为有中度改善。试验中没有出现严重不良反应，血细胞计数与肝功能都正常。研究支持谷胱甘肽溶剂型的皮肤美白效果与安全性。[13]

泰国一项双盲随机对照试验，招募 60 位医学院学生，分为口服谷胱甘肽每天 500mg 或安慰剂，为期 4 周，运用两种仪器测定全身 6 个部位的皮肤黑色素以及紫外线斑点、毛孔、平整度。测量范围包括左脸、右脸、左侧前臂外侧（阳光暴露区）、右侧前臂外侧（阳光暴露区）、左侧前臂内侧（未暴露阳光区）、右侧前臂内侧（未暴露阳光区）。结果发现，到了第 4 周，口服谷胱甘肽组，6 个部位的黑色素都变淡了，紫外线斑点减少，毛孔变小了，皮肤平滑度增加了。与安慰剂组相比，口服谷胱甘肽组的右脸与左前臂外侧的黑色素显著变淡。[14]

谷胱甘肽补充剂，被美国食品药物管理局认为"通常安全"（Generally recognized as safe）。它对皮肤美白的建议口服剂量为每千克体重每天 20～40mg，分为两次服用。通常需要服用数月到两年，在达到目标肤色后，维持剂量为每天 500mg。[12]

静脉注射谷胱甘肽的方式在全球已经常见，但菲律宾食品药物监督管理局曾报告过不同严重程度的过敏反应，从皮肤疹到史 - 约综合征与中毒性表皮坏死松解症，还有肾脏、甲状腺障碍等，并且指出，在高剂量注射 0.6～1.2g，每周 1～2 次时，缺乏安全性数据。静脉注射谷胱甘肽的唯一适应证是作为减轻化疗药物 Cisplatin 引起神经毒性的辅助疗法。[12]

谷胱甘肽的饮食来源包括芦笋、西红柿、牛油果、橙、核桃、乳清蛋白等。[12]一般建议口服补充剂量为每天 0.5～1g。

▋ N- 乙酰半胱氨酸

N- 乙酰半胱氨酸（N-Acetylcysteine, NAC）在体内会转化为半胱氨酸，协助产生谷胱甘肽（Glutathione），它是重要的抗氧化分子，它是常见的化痰药，又是乙酰氨酚中毒的重要解毒剂。

美国明尼苏达大学医学院精神科强·格兰特（Jon Grant）等人进行的随机双盲对照试验，让拔毛症患者服用 N- 乙酰半胱氨酸每天 1200～2400mg 或安慰剂，连续 12 周，发现前者拔毛症状有更明显的改善，其中有 56% 出现"很大或非常大的改善"，服用安慰剂者只有 16%。研究发现，需要服用 9 周后才开始看到明显的变化。[15]

N- 乙酰半胱氨酸能调节前额叶对伏隔核的神经调控，它是用谷氨酸作为传导物质的，又能增加大脑胶细胞的半胱氨酸与谷胱甘肽浓度。在高谷氨酸状态下，N- 乙酰半胱氨酸能保护胶细胞，增强胶细胞对突触高谷氨酸的回收，减少了高谷氨酸这种兴奋性神经传导物质的毒性。[15] 它可能是通过调节谷氨酸系统，让大部分的拔毛症患者出现明显的改善。另外少部分的拔毛症患者，可能对作用在血清素系统的治疗比较有效。[15]

强·格兰特等人在美国芝加哥大学医学院精神科的一项随机双盲对照试验中，让抠皮障碍患者每天服用 N- 乙酰半胱氨酸 1200～3000mg 或安慰剂，连续 12 周。发现，前者有更明显的改善，其中有 47% 出现"很大或非常大的改善"，服用安慰剂只有 19%。再次印证通过 N- 乙酰半胱氨酸来调节谷氨酸系统，能改善抠皮癖与其他强迫行为。[16]

双盲或随机对照试验显示，补充 N- 乙酰半胱氨酸，不同程度地改善了皮肤病，包括咬指甲症（Onychophagia）、痤疮、多发性硬化、特应性皮炎等。[17]

一般建议 N- 乙酰半胱氨酸补充剂量为每天 2～3g。

03 其他营养素

▌辅酶 Q10

辅酶 Q10 是一种内生性的脂溶性化合物，是线粒体产生能量必需的原料，同时也是抗氧化剂，对皮肤健康有重要作用。

一项斯洛伐尼亚的研究，招募 33 位 45～60 岁的健康女性，她们具有皮肤老化症状，包括皱纹、皮肤失去弹性、干燥等，并随机分为三组，第一组每天补充辅酶 Q10 50mg（低剂量），第二组每天补充辅酶 Q10 150mg（高剂量），以上都采用水溶性、较高生物可利用率的形式，第三组接受安慰剂，为期 12 周，测量皮肤状况的变化。结果发现，低剂量与高剂量辅酶 Q10 补充组，鱼尾纹范围减少了 10%～20%，两组并无统计显著性差异，同时，安慰剂组无变化。但在高剂量组，法令纹、口角纹、口周纹有明显减少，分别改善 25%、20%、60%，但低剂量组、安慰剂组无变化。

在追踪的 12 周期间，专家评估皮肤平滑度（Smoothness）、细纹（Microrelief），和安慰剂组相比，低剂量与高剂量辅酶 Q10 补充组都明显提升。自评皮肤紧致度（Skin firmness）也是类似状况。此外，安慰剂组的黏弹性（Viscoelasticity）显著减少了 25%，可能因为研究在冬季进行的关系。相反地，低剂量与高剂量辅酶 Q10 补充组皆无变化，成功地保护皮肤状态。

研究证实，口服辅酶 Q10 具有皮肤抗老化效果，减少皱纹，增加皮肤平滑度，减少细纹，增加紧致度。高剂量补充尤其能改善脸上多部位的皱纹。[18]

一般建议补充剂量为每天 30～60mg。

▌玻尿酸、软骨素

意大利一项研究，募集了 145 位罹患反复性尿路感染的停经女性，她们在过去半年中有 2 次或以上尿路感染，或者在过去一年中出现 3 次或以上，且尿液细菌培养为阳性，并且具有轻度至中度的泌尿生殖道萎缩症状。受试者被分为三组：第一组只用阴道雌激素乳膏（0.005% 雌三醇，estriol）治疗，第二组口服玻尿酸

（Hyaluronic acid）、软骨素（Chondroitin sulfate），外加姜黄素与槲皮素治疗，第三组合并前两种治疗，为期 1 年。结果发现，三组没再出现反复性尿路感染的女性比例分别为 8%、11.1%、25%。各组在 1 年的治疗后都有显著改善，但合并治疗的改善率是其他单一治疗的 2～3 倍。[19]

泌尿道黏膜的破损是后续大肠杆菌粘附以及感染症状的关键因素。泌尿道黏膜分成三层：Uroplakins、顶黏膜连接（Gap junctions）和糖胺聚糖（Glycosaminoglycan，GAGs），具有选择性的通透作用，以使信号分子能够传递到泌尿道黏膜下的感觉神经，引起逼尿肌（Detrusor）的收缩或放松，控制排尿行为。[20] 玻尿酸、软骨素都属于糖胺聚糖，能够修复泌尿道黏膜上的黏多糖涂层，膀胱内给药已发现可以预防反复性尿路感染，甚至优于抗生素。这是因为糖胺聚糖提升了黏膜屏障功能，而不是仅仅暂时性移除细菌。[19]

添加的植化素有增强作用：槲皮素及其活性代谢物，可以下调 *ICAM*1 基因与其他促炎性激素表现，抑制组织胺释放，抑制脂肪过氧化，具有抗过敏及炎症效果。姜黄素除了具有抗炎症、抗氧化作用，还能止痛，因为它有拮抗 TRPV1 受体（Transient receptor potential vanilloid-1）作用。[19]

在有尿路感染的停经女性中，70% 具有阴道萎缩症状，包括性交疼痛、瘙痒、阴道灼热与干燥感，都与雌激素浓度下降有关。这是由于胚胎发育时期，女性下泌尿道与生殖道有相同起源，导致同时对雌激素浓度极为敏感。[19] 因此，补充雌激素也有疗效。

研究还显示，单用口服营养素的疗效，可以胜过涂抹阴道雌激素乳膏，至少在反复性尿路感染上。当口服营养素作为常规治疗外的辅助疗法时，可以让疗效加倍。

玻尿酸无固定建议剂量，软骨素建议剂量为每天 1200mg。

▎多糖

多糖（Polysaccharide）是由碳水化合物聚合成的高分子，来源于植物、蕈菇、酵母菌等，包含甘露聚糖、β - 葡聚糖等，有益皮肤健康。

日本一项双盲随机对照试验，110 位年龄 30 ~ 49 岁的健康女性，被分派补充酵母菌甘露聚糖（Yeast mannan，这是一种高度分支且不可消化的甘露糖聚合物）或安慰剂，为期 8 周。结果发现，补充组的皮肤干燥症状主观上得到改善。[21] 进一步，对肠道菌群分析发现，相较于对照组，补充组的两种拟杆菌（多形拟杆菌）丰富度明显增加，粪便中的细菌代谢物酚类对甲酚（p-cresol）、吲哚（Indole）降低，它们分别由酪氨酸、色氨酸代谢而来。对甲酚被证明和皮肤保水度变差、角质层损害有关。[21,22]

尿液中的雌马酚（Equol）浓度增加，这是大豆异黄酮在肠道内通过肠道菌转换形成的代谢物，拥有很强的雌激素和抗氧化能力，能够减轻停经后、经前皮肤老化症状，卵形拟杆菌（Bacteroides ovatus）正是制造雌马酚的细菌。后面涉及的植物化学物质章节将再介绍雌马酚。[21] 补充组的排便次数也显著增加，减少了便秘症状。

本研究发现酵母菌甘露聚糖也是一种益生元，并支持"肠 – 皮轴"（Gut-skin axis）的机制，可能增加有益的拟杆菌，改善肠道菌群及代谢物，从而改善皮肤健康。[21]

β - 葡聚糖（β -Glucan），是以葡萄糖为基本单元形成的细胞壁多糖，来源有酵母菌、蕈菇、霉菌、细菌、海草、谷类等。它是可溶于水的病原相关分子模式（Pathogen-associated molecular patterns, PAMPs），能诱导发挥先天免疫功能，吸引巨噬细胞、中性粒细胞、其他免疫细胞到皮肤伤口，增强伤口处的抗感染能力，促进角质形成细胞与成纤维细胞的迁移与增生，具有抗氧化、抗炎症能力，能加速伤口愈合。在皮肤方面，能抗皱纹、抗紫外线、保湿，在全身方面，还有抗肿瘤、抗感染、降胆固醇、免疫调节等作用。[23,24]

多糖或 β - 葡聚糖无建议摄入剂量。

▌ α - 硫辛酸

α - 硫辛酸（Alpha-lipoic acid）是一种可以补充谷胱甘肽的二硫化物，研究证实，α - 硫辛酸可以有效增加血液谷胱甘肽浓度，提升艾滋病患者的淋巴细胞增生功能。[25] 因此也是一种补充谷胱甘肽的方式。临床试验已经发现，外用的 α - 硫辛酸凝胶能显著改善老化肌肤的外观。[26]

黑棘皮病是和胰岛素抵抗有密切关系的皮肤病。一项双盲随机对照试验，提供33 位黑棘皮病患者 12 周的营养补充疗法，以 α - 硫辛酸 200mg 为主成分，并有维生素 B_7（生物素）5mg、泛酸钙（维生素 B_5）200μg、硫酸锌 25mg 作为辅助成分，对照组则服用常见糖尿病药物二甲双胍（Metformin），早晚各 500mg。

结果发现，α - 硫辛酸补充组的脖子皮肤状况，一开始有相当显著的改善，二甲双胍组也是，两组皮肤改善程度并无差异。空腹胰岛素、血糖、总胆固醇、甲状腺刺激素等数值，两组都显著下降，体重、BMI、腰围也是如此。α - 硫辛酸的营养补充明显改善黑棘皮病皮肤病灶以及多项代谢综合征指标，效果与糖尿病药物相当，可作为黑棘皮病安全且有效的治疗。[27]

为何能够如此？ α - 硫辛酸是生物体内的强力抗氧化剂，是线粒体脱氢酶复合体的辅因子，过去研究已发现能改善糖尿病患者的葡萄糖代谢，增加胰岛素敏感性。[28] 维生素 B_7（生物素）也能通过增加鸟苷酸环化酶（Guanylate cyclase）活动，提升环磷酸鸟苷（Cyclic Guanosine Monophosphate）制造，刺激胰岛 β 细胞分泌胰岛素，提升胰岛素敏感性。[29] 此外，锌在胰岛素的制造、储存、分泌方面也扮演重要角色，影响胰岛细胞制造与分泌胰岛素的能力。[30]

一般建议补充剂量为每天 50 ~ 100mg。

▌褪黑素

特应性皮炎

褪黑素是由松果体分泌的激素，能够调节睡眠、帮助入睡、增加睡眠时间、提升睡眠效率，也有免疫调节、抗炎、抗氧化作用，能够改善特应性皮炎患者的皮肤炎症病理，维持良好的表皮屏障功能。[31]

中国台湾大学医院小儿部江伯伦医生等人注意到，罹患特应性皮炎的儿童有夜间褪黑素不足的问题，和他们的睡眠障碍、特应性皮炎的严重度都有关，因此进行了一项双盲随机对照试验，当中 48 位罹患特应性皮炎的儿童与青少年，病灶至少占全身体表面积 5% 以上，让他们每天口服 3mg 褪黑素或安慰剂，为期 4 周，并且在历经 2 周停药后，互换组别，再进行 4 周治疗，持续追踪皮肤症状、睡眠症状与生理指标。

结果发现，服用褪黑素者比起服用安慰剂者，特应性皮炎分数（SCORAD，总分在 1 ~ 103）下降了 9.1 分，而且前者平均提早 21.4 分钟入睡。不过，特应性皮炎分数的下降程度与提早睡眠的时间并无关联性。此外，试验期间没有产生不良反应。对于有特应性皮炎与入睡困难的孩童，口服褪黑素会是安全而有效的治疗方式。这篇论文登载于顶尖的《美国医学会期刊·儿科学》。[31]

雄激素性脱发

《英国皮肤医学期刊》一项双盲随机对照试验中，40 位具有弥漫性脱发或雄激素性脱发的女性，被分派每天使用 0.1% 褪黑素外用药水或安慰剂药水，涂抹于头皮，为期 6 个月，并评估毛发生长状况。

结果发现，有雄激素性脱发的女性在使用褪黑素后，比起安慰剂组，在后脑勺部位出现明显生长期毛发（Anagen），有弥漫性脱发的女性在使用褪黑素后，在前额部位的头发出现明显生长。使用褪黑素药水的女性，血清褪黑素浓度为 35 ~ 50pg/mL，显著高于安慰剂组的 5 ~ 10pg/mL，而且前者没有高于夜间褪黑素的生理峰值 250pg/mL。[32]

过去曾发现，给予山羊褪黑素，能够加速其毛发循环，诱导生长期毛发，促进毛囊母质细胞增生与毛发生长等。[32] 事实上，哺乳类动物的毛囊能够自行合成褪黑素，且具有褪黑素受体，头皮毛囊的褪黑素浓度高于血清，且能够受到去甲肾上腺素的刺激而增加浓度，去甲肾上腺素也能刺激松果体的褪黑素制造。褪黑素在调节毛发生长上扮演重要角色。[33]

在美国与加拿大，褪黑素被定位为健康食品，民众可自行在商场选购。在欧洲褪黑素为处方药，由医生评估后开处方。每晚摄取 3 ~ 5mg 的褪黑素，被认为是有效且安全的。

▌脱氢表雄酮

脱氢表雄酮（Dehydroepiandrosterone，DHEA）主要由肾上腺网状区（Zona reticularis）分泌，部分由性腺、大脑、胃肠道、皮肤等制造，通过转化循环全身的硫化脱氢表雄酮（DHEA-S）而得到。脱氢表雄酮/硫化脱氢表雄酮血清浓度在 20 岁达到最高峰，之后随着年龄增加而降低，到了 70 ~ 80 岁只剩下年轻时的 10% ~ 20%。脱氢表雄酮缺乏与多种老化疾病有关，包括皮肤老化、肌肉骨骼老化（特别是骨质疏松、肌少症、退化性关节炎）、免疫系统老化、动脉硬化、糖尿病、阿尔茨海默病等。脱氢表雄酮浓度也被发现与长寿有关。[34,35]

年轻成人脱氢表雄酮血清浓度约 30nmol/L，硫化脱氢表雄酮浓度约为其 300 倍，比任何类固醇激素都高。男性较女性浓度高，分别为 10μmol/L、5μmol/L，但男性脱氢表雄酮受年龄影响衰退较女性明显。[34] 补充脱氢表雄酮被发现能改善肌肉质量与强度、活动表现、骨质密度、情绪，以及提升不孕女性的生育力。[35,36]

改善皮肤老化

《美国国家科学院院刊》一项随机对照试验中，280 位健康老年人（年龄在 60 ~ 79 岁，男女都有，女性为停经后）被分为两组：每天服用脱氢表雄酮 50mg 或安慰剂，为期 1 年。

结果，服用脱氢表雄酮组的血清浓度回到年轻时代水平，睪酮与雌二醇也略上升，特别是女性。70 岁以上女性，可看到骨质疏松改善了，性欲提升了。而且，女性的肤况改善特别明显，包括保水度增加、皮脂制造增加、色素减少、表皮厚度增加，特别是在手背。研究并未出现负面危害。研究证实脱氢表雄酮的皮肤抗老化作用。[37]

更年期或停经期

考克兰循证医学数据库指出，由于脱氢表雄酮能依次转换为睪酮、雌激素，理论上，它可用于减轻雌激素不足所引发的更年期症状与性功能障碍，如性欲低落、性交疼痛、性满足低下等，有助于改善生活质量。根据双盲对照试验，脱氢表雄酮能改善性功能障碍，与激素替代疗法效果无显著性差异。脱氢表雄酮也确实有雄激素刺激效应，容易出现痤疮的不良反应（优势比 3.77）。至于是否能改善停经症状，目前研究结论尚不一致。[38]

外阴阴道萎缩

每天使用阴道内 0.5% 脱氢表雄酮剂型，连续 12 周，被证实能够改善多种停经后生殖泌尿症状，包括阴道组织细胞年轻化、酸碱值降低、性交疼痛减少、阴道干燥，无重大不良反应，属于性价比高的治疗方式。[39]

根据中国台湾地区更年期医学会建议，考虑脱氢表雄酮会转化为性激素，有刺激性激素相关癌变风险，如乳腺癌、子宫内膜癌、卵巢癌、前列腺癌等，因此有上述癌症病史或家族史者，或前列腺血清抗原（PSA）大于 4ng/mL 者，不应补充。

口服脱氢表雄酮的建议剂量为每天 25～50mg。最好能在睡前服用，以配合在夜晚结束时的脱氢表雄酮分泌规律。可能出现雄激素刺激的皮肤不良反应，包括皮肤油腻、痤疮、毛发过度生长（脸毛、腋毛、阴毛等）。由于缺乏补充脱氢表雄酮的长期追踪研究，仍须留意安全性，至少每年测量脱氢表雄酮与下游性激素浓度、前列腺血清抗原浓度等。[35]

生物同构型激素

大家熟悉的激素替代疗法（Hormone replacement therapy, HRT），使用的是来自怀孕母马的雌激素（Estrone sulfate, Equilin sulfate）、合成雌激素（Ethinyl estradiol, Quinestrol）或孕酮（Medroxyprogesterone acetate, Norethindrone acetate, Cyproterone acetate, Norgestimate, Norgestrel, Dydrogesterone），与内生性激素有所不同。所谓生物同构型激素（Bioidentical hormone therapy, BHT）在体内转化为与内生性激素相同的形态，多半来自植物如大豆、野山芋。[36]美国食品药物监督管理局批准了两类医疗使用：雌二醇口服剂、贴片、乳液/凝胶/喷雾等；微粉化孕酮（micronized progesterone）口服胶囊。[40-42]

研究发现，补充雌激素或加上孕酮，能改善多种更年期症状，提升生活质量，预防或减轻外阴阴道萎缩。雌激素也能减少骨质流失，降低大肠直肠癌的发生风险。然而，根据 2002 年美国国家卫生院妇女健康促进计划（Women's Health Initiative, WHI）研究结果，雌激素合并孕酮使用与较高的乳腺癌、脑卒中、心血管疾病、血栓栓塞患病风险有关。之后，激素替代疗法处方大幅降低，30% 停经症状女性转而寻求辅助替代疗法，包括生物同构型激素，目前在欧美非常流行。[36]

考克兰循证医学数据库显示，生物同构型激素确实能改善中度到重度的更年期热潮红，尽管较高浓度带来较佳效果，但不良反应也随之增加，包括头痛、阴道出血、乳房胀痛、皮肤反应等。建议避免单用雌激素，需合并孕酮以避免子宫内膜增生。目前尚无长期安全性资料，包括心肌梗死、脑卒中、乳腺癌等风险研究。[43]

有证据指出，使用生物同构型激素能减轻皮肤老化，改善皱纹，带来美容效果，但需要监控血清激素浓度。[44]

生物同构型激素的使用风险可能与合成激素类似，有刺激性激素相关癌变风险，研究数据仍较为缺乏，需要有经验的医生根据临床症状、检测数据、风险评估，谨慎使用。[40,41]

>>> CHAPTER 22

改善皮肤症状的营养疗法（下）：植物化学物质、药草

01 植物化学物质对皮肤的效用

大豆异黄酮

植物雌激素

女性停经后，雌激素浓度大幅衰退，皮肤成纤维细胞减少分泌细胞外基质（Extracellular matrix, ECM），加速皮肤老化。然而，停经女性接受口服激素疗法，被发现与乳腺癌[1]、子宫内膜癌[2]、卵巢癌[3]等癌症发生风险增加有关，这是和乳房、子宫内膜、卵巢等部位的雌激素受体 α（Estrogen receptor α）多、受到雌激素强烈作用有关。

大豆异黄酮属于植物雌激素（Phytoestrogens），包括金雀异黄酮（Genistein aglycone）、黄豆苷元（Daidzein）、雌马酚（Equol）等，是选择性雌激素受体调节剂（Selective estrogen receptor modulators），能够选择性地刺激雌激素受体 β（Estrogen receptor β），而对于雌激素受体 α 仅有雌激素千分之一的作用，因而减少了后者的罹癌风险。[4]

研究发现，尽管大豆异黄酮对乳腺癌细胞基因表现的作用，和雌激素是相似的，但前者更多促进细胞自噬，细胞增生较少，降低罹癌风险。综上，大豆异黄酮可以说是温和的激素替代疗法。[4]

皮肤抗老化

当大豆异黄酮活化了雌激素受体，能诱导真皮成纤维细胞形成胶原，逆转停经女性的皮肤老化影响，具有抗老化效果。[5]日本一项双盲随机对照试验，针对 40 岁左右的女性补充 40mg 大豆异黄酮或者安慰剂，为期 12 周。结果发现，补充组比起对照组，在第 8 周脸颊皮肤弹性进步显著，第 12 周出现皮肤细纹的改善。此外，和补充前相比，到第 8 周，补充组眼角细纹明显改善。试验期间，补充大豆异黄酮并未造成不适。[6]

雌马酚是大豆异黄酮之一，由大豆素（Daidzein）在肠道内通过肠道菌群的还原酶转换，在大豆异黄酮代谢物中，它拥有抗氧化能力。尽管动物能顺利产生雌马酚，但只有 1/3 到 1/2 的人能够产生雌马酚，显然和缺少还原酶的肠道菌群有关。因此，直接补充雌马酚是可行的方向。[7]

日本一项双盲随机对照试验，针对 101 位停经女性提供雌马酚 10mg、30mg 或安慰剂，为期 12 周。研究发现，比起安慰剂组，补充雌马酚的两组鱼尾纹范围减小，补充 30mg 组的皱纹深度也减小了。此外，在阴道细胞检查和子宫内膜厚度、乳房 X 线检查中，并未出现异常。[8]

植物雌激素能够促成皮肤抗老化的多重机制，如表 22-1 所示。

表22-1 植物雌激素的皮肤抗老化机制[9]

主要机制	说明
增加胶原、减少胶原的分解	• 诱导皮下血管内皮生长因子（VEGF）的表现，增加皮肤转化生长因子 β（TGF-β），增加皮肤胶原厚度 • 增加金属蛋白酶组织抑制剂（TIMPs），以抑制基质金属蛋白酶（MMPs）对胶原的分解
增加皮肤保水度	• 增加表皮生长因子和玻尿酸生成酶，以增加皮肤中的玻尿酸 • 刺激生成糖胺聚糖，增加皮肤中的水成分
保护皮肤免于氧化压力	• 与雌激素受体 β（ERβ）结合，而增加抗氧化酶的转译 • 改善线粒体膜功能，增加一氧化氮释放，降低皮肤氧化压力 • 增加谷胱甘肽浓度，减少活性氧

其他植物雌激素也具有抗皮肤老化效果，如迷你紫金牛（Labisia pumila）为马来西亚药草，含槲皮素、杨桃素、山柰酚、儿茶素，能减少基质金属蛋白酶对胶原的分解；以及红花苜蓿异黄酮、白藜芦醇等，将于后文介绍。[9]

改善热潮红与更年期症状

热潮红，是停经女性寻求治疗最常见的原因。根据美国大型研究，热潮红在停经前后平均出现 11.8 年。大豆异黄酮是一种植物雌激素，被推测能改善热潮红与更年期症状，但 20 多年来的多项研究，却没有一致认同的疗效。[10]

直到日本国立健康与营养研究所的系统性回顾与荟萃分析显示，和安慰剂组相比，服用大豆异黄酮者在热潮红发作的频率与严重度上，分别显著减少了 **20.6%** 与 **26.2%**。进一步分析发现，每天金雀异黄酮补充量 >18.8mg（所有临床研究的中位数）者，改善热潮红的频率，是金雀异黄酮补充量 ≤ 18.8mg 者的 2 倍以上。此外，从全黄豆萃取 40mg 大豆异黄酮，当中的金雀异黄酮含量是确定有疗效的。[11]

这项研究还破解了为何之前有些研究结果被认为无效的谜题：较低含量的金雀异黄酮通常从大豆胚芽萃取，较高含量的金雀异黄酮通常从全黄豆萃取。后者才有疗效，前者没有疗效，过去研究结论可能有误导性。[11]

意大利一项对照试验将停经女性分为两组，一组服用含有雌马酚的营养处方，每天服用 80mg 大豆发酵物，当中含有 10mg 雌马酚、10mg 白藜芦醇（具有抗氧化活性）、178mg 西番莲（Passiflora，作用在 GABA 受体而改善焦虑）、150mg 槲皮素（Quercetin，抑制体重），为期 8 个月。另一组服用安慰剂。两组都测量并追踪阴道成熟指数（Vaginal maturation index, VMI）、阴道酸碱值和阴道健康指数（Vaginal health index, VHI），从湿度、分泌物、形态、弹性、黏膜外观、酸碱值等方面综合评分。

在完成 8 个月的治疗后，雌马酚组的阴道成熟指数、阴道健康指数都显著提升，阴道酸碱值显著降低（平均为 4.1，治疗前为 5.1），性交疼痛症状减少。对照组无任何改善。雌马酚组在第 4 个月以后，就与对照组出现显著的疗效差异。[12]

服用大豆异黄酮是否百分之百安全呢？答案不是。在动物试验中，发现高剂量的金雀异黄酮抑制乳腺癌细胞生长，但低剂量的金雀异黄酮却促进乳腺癌细胞生长[9]。此外，尽管雌激素受体 α 仅有雌激素千分之一的作用，但大豆异黄酮在血液中的浓度可达到雌激素的 1 万倍[13]。因此理论上，在高剂量、特定体质的情况下或者在服用有雌激素作用的中药、成药时，仍有过度刺激雌激素受体 α 的癌症发生风险。

不少人体试验支持大豆异黄酮的疗效与安全性，欧洲食品安全局（European Food Safety Authority, EFSA）认为它并不会给停经女性的乳房、甲状腺、子宫带来负面影响。[10]

大豆异黄酮结合其他营养素

大豆异黄酮搭配其他营养素进行补充，可以获得更完整的效果。

《欧洲临床营养学期刊》一项双盲随机对照试验中，100 位健康的停经女性，年龄在 45～65 岁，随机分派服用营养补充品，内容为黄豆萃取物 350mg（包含 35mg 大豆异黄酮）、鱼蛋白多糖（Fish protein polysaccharides）188.7mg、绿茶萃取物 62.4mg（40% 多酚）、葡萄籽萃取物 27.5mg（含番茄红素）、西红柿萃取物 28.8mg、维生素 C 60mg、维生素 E 10mg、锌 5mg、洋甘菊萃取物 100mg，对照组服用安慰剂，为期半年，检测皮肤变化。

结果发现，完成 6 个月营养补充品的组比起对照组，额头、口周、眼周的皱纹，脸部斑驳色素，皮肤松弛、下垂，下眼皮黑眼圈等，整体都有显著改善。在第 2 个月、第 3 个月、第 6 个月可看到上胸部（Décolletage，裸露在外的胸部范围）皮肤改善，包括干皱（Crepyness）与整体肤况，在第 3 个月、第 6 个月看到手部皮肤干皱改善。脸部影像评估，在第 3 个月、第 6 个月都有显著改善。鱼尾纹部位的皮肤 B 超检查，在第 6 个月可看到皮肤密度的改善。[14]

本研究支持了大豆异黄酮改善停经女性肤况的论点，额外添加的抗氧化营养素也有帮助。较特别的鱼蛋白多糖，在过去的研究中被发现能改善光老化皮肤的质地、结构与外观。[14]

英国另一项双盲随机对照试验，让健康的停经女性服用补充饮品，第一试验组（较高浓度组）服用大豆异黄酮 70mg、番茄红素 8mg、维生素 C 250mg、维生素 E 250mg，外加鱼油胶囊 660mg；第二试验组服用大豆异黄酮 40mg、番茄红素 3mg、维生素 C 180mg、维生素 E 30mg，一样外加鱼油胶囊 660mg；对照组只服用安慰剂。试验为期 14 周，运用仪器检测脸部皱纹变化。

结果发现，试验组的皱纹深度明显比对照组减小，皮肤切片还显示，试验组的胶原质与量都显著增加。研究支持大豆异黄酮刺激产生胶原的发现，加上番茄红素、维生素 C、维生素 E、鱼油的光保护效果。[5]

大豆异黄酮的建议剂量为每天 10～100mg。服用应留意相关健康风险，建议接受医疗追踪。

▌红花苜蓿异黄酮

红花苜蓿（Red Clover）异黄酮也属于植物雌激素，含香豆雌酚（Coumestrol），能减少基质金属蛋白酶 MMP-1 对胶原的分解，增加胶原含量，还有 Biochanin A、Formononetin 等。[9]

丹麦一项双盲随机对照试验，招募 62 位在停经前后阶段的女性，年龄在 40～65 岁，一天出现至少 5 次热潮红，促卵泡素（FSH）≥ 35 国际单位 / 升。她们被分派口服红花苜蓿萃取物，含有糖苷配基异黄酮（Isoflavone glycosides），每天 34mg 或者安慰剂，为期 12 周，并采用 24 小时皮肤传导测定仪来检测停经前后的血管运动症状（Vasomotor symptoms, VMS）。

结果发现，服用红花苜蓿萃取物的女性每天热潮红频率、严重程度，不管和服用前相比还是和对照组比，都显著下降，分别减少了 23% 与 40%。自诉的热潮红频率也显著降低，平均每天减少 3 次，分别减少了 31% 与 25%，对照组却略有增加。[4]

红花苜蓿异黄酮建议剂量为每天 40mg。

▌原花青素、花青素

日本一项开放性试验，让有黄褐斑的女性受试者服用葡萄籽萃取物，富含原花青素（Proanthocyanidin），为期 6 个月或 11 个月。结果发现各自有 83%、54% 女性出现黄褐斑的改善，平均黑色素指标都有显著降低。[15]

葡萄籽萃取物有显著的自由基清除能力，且比维生素 C、维生素 E 或两者结合更强，且能抑制黑色素形成，对于紫外线引起黑色素沉着有美白效果，比维生素 C 更强，本研究支持它是改善黄褐斑安全又有效的方式。[15]

《美国皮肤医学会期刊》一项案例对照研究，针对 415 名罹患鳞状上皮细胞癌的患者，与无皮肤癌的人进行比较，厘清数种营养补充综合维生素、维生素 A、维生素 C、维生素 D、维生素 E、葡萄籽萃取物与皮肤癌的关系。[16]

结果发现，摄取葡萄籽萃取物者罹患鳞状上皮细胞癌的风险下降了 74%，综合维生素降低了 29%，至于维生素 A、维生素 C、维生素 D、维生素 E 则未改变风险。由于过去研究发现葡萄籽萃取物在乳房、大肠、前列腺等器官具有预防癌症的效果，此研究支持了它在皮肤上的防癌效果。[16]

黑醋栗萃取物则富含花青素多酚（Anthocyanin polyphenols），也能改善皮肤。日本一项针对女性皮肤成纤维细胞以及卵巢切除雌大鼠试验中，发现黑醋栗萃取物能上调女性成纤维细胞的雌激素传导相关基因，增加细胞外基质的蛋白质与酶基因表现，刺激产生 I 型胶原蛋白、III 型胶原蛋白、弹力蛋白。此外，雌大鼠在补充黑醋栗萃取物 3 个月后，皮肤胶原蛋白、弹力蛋白、玻尿酸都显著增加。[17]

原花青素、花青素建议剂量为每天 90～300mg。葡萄籽萃取物建议剂量为每天 50～100mg。

▍白藜芦醇

白藜芦醇（Resveratrol），来源是蓼科植物虎杖（Polygonum cuspidatum）萃取物，富含于葡萄、蓝莓、树莓、桑葚、花生的皮，是一种植物雌激素，具有皮肤抗老化作用，机制如下：

- 刺激金属蛋白酶组织抑制剂（TIMPs），抑制基质金属蛋白酶（MMPs）对胶原的分解，终而增加胶原与弹力蛋白。
- 刺激 SIRT 1（NAD-依赖性脱乙酰化酶 Sirtuin-1）、细胞外基质蛋白、抗氧化物，抑制炎症与皮肤老化指标。

- 刺激雌激素受体 β，上调粒腺体抗氧化酶——超氧化物歧化酶（SOD）的作用。
- 活化 SIRT 1，避免细胞自噬死亡。
- 下调活性氧引起的转录因子 AP 1（Activator protein 1）、炎症性核因子 NF κ B 增加。[9]

一项临床试验发现，健康人口服补充富含白藜芦醇、没食子酸、原花青素的葡萄果干，改善了皮肤的粗糙程度，伴随血浆抗氧化力的提升，过氧化物的减少，显示氧化压力降低了。[18]

白藜芦醇建议剂量为每天 1mg。

白皮杉醇

白皮杉醇（Piceatannol），富含于百香果籽萃取物，结构与性质类似白藜芦醇，能抑制黑色素制造、促进胶原制造、通过清除活性氧以抑制基质金属蛋白酶 MMP-1 活性。[19]

日本一项双盲随机对照试验中，32 位具有皮肤干燥症状的女性被分组，试验组每天服用百香果籽萃取物 37.5g，内含白皮杉醇 5mg，对照组服用安慰剂胶囊，为期 8 周。结果发现，第 4 周、第 8 周时，试验组的皮肤保水度较补充前明显改善，第 8 周时，试验组比起对照组有明显改善。同时，流汗、疲倦症状也改善了。[19]

虾红素

虾红素（Astaxanthin），是一种类胡萝卜素，抗氧化力是叶黄素的 2.75 倍，在视力健康上已被高度运用，能防止紫外线伤害晶状体而避免产生白内障，改善睫状肌功能而缓解眼睛疲劳，保护黄斑部。

在皮肤上，虾红素一样具有强抗氧化与抗炎症活性。体外研究已经发现，虾红素能够抑制紫外线 B（强紫外线）诱发皮肤角质形成细胞分泌炎症激素，以及抑制成纤维细胞分泌基质金属蛋白酶（Matrix metalloproteinase-1, MMP-1），炎症激素与基质金属蛋白酶都会引起胶原蛋白的分解，是皮肤老化的元凶。

日本学者富永（Tominaga）等人招募 65 位健康女性，年龄在 35～60 岁，随机分派一组每天服用虾红素 12g（高剂量），一组服用虾红素 6g（低剂量），另一组服用安慰剂，为期 16 周。

受试者所服用的虾红素胶囊为 5%（w/w）雨生红球藻（Haematococcus pluvialis）萃取物，来自血细胞菌科（Haematococcaceae）的淡水绿藻（Chlorophyta），并使用芥花油（canola oil）作为软胶囊材质。

试验完成时，服用安慰剂组的皱纹恶化、皮肤湿度降低，推测和日本秋冬季节紫外线暴露增加、气候变得干燥有关，但服用虾红素组皮肤状态则无恶化。在安慰剂组与低剂量虾红素组，观察到皮肤角质层白细胞介素 1α 增加，这是一种促炎性细胞因子。

研究人员认为长期服用虾红素，应能预防年龄增加与环境因素所导致的皮肤损害，和虾红素有抗炎效果有关。[20]

日本进行的另一项随机分派对照研究，观察每天服用虾红素 4g 或安慰剂，为期 9 周，对于紫外线造成的皮肤危害，虾红素是否有保护作用。

研究发现，服用虾红素组明显出现防晒效果，最小红斑剂量显著增加约 $5.0mJ/cm^2$，但安慰剂组则无差异。安慰剂组的皮肤湿度下降许多，而虾红素组下降少。在皮肤的质感与粗糙度上，虾红素组都有明显改善，但安慰剂组在皮肤粗糙度上反而呈现恶化的趋势。

服用虾红素明显能改善紫外线的皮肤危害，有光保护（Photoprotective）作用，且未产生不良反应。[21]

虾红素建议剂量为每天 3mg。

▌叶黄素、番茄红素

叶黄素（Lutein）是一种类胡萝卜素，是视力健康的重要营养补充品，本身即高度浓缩于眼球的黄斑部，是血液浓度的千倍，和玉米黄素协同作用，能中和蓝光对视网膜的自由基伤害，防止黄斑变性与病变。番茄红素（Lycopene）也是类胡萝卜素，抗氧化力比 β 胡萝卜素高，能抑制多种癌细胞生长。

叶黄素、番茄红素在皮肤健康上也起到重要作用。

德国杜塞尔多夫大学一项研究中，将36位成年健康人随机分派为三组，第一组每天服用纯 β 胡萝卜素（海藻来源）24mg，第二组服用混合类胡萝卜素24mg，组成包括 β 胡萝卜素8mg、叶黄素8mg、番茄红素8mg，第三组服用安慰剂，为期12周。研究人员测量受试者血清与皮肤（手心）中的类胡萝卜素浓度，还有皮肤接受紫外线照射之前与24小时后的反应。

到了第12周，纯 β 胡萝卜素组的血清 β 胡萝卜素浓度增为5倍，在混合类胡萝卜素组，β 胡萝卜素增为2倍、叶黄素增为4倍（增加倍数最多）、番茄红素增为2倍。在皮肤总体类胡萝卜素浓度的增加上，两组试验组类似，对照组在皮肤与血清浓度上皆无改变。

接受紫外线照射24小时后的皮肤红斑，在纯 β 胡萝卜素组、混合类胡萝卜素组都能明显减退，后者在第6周就出现明显减退，效果更为优异。对照组在第12周时红斑反而加重。[22]

这显示混合类胡萝卜素对皮肤的光保护作用，和纯 β 胡萝卜素至少是相当的，甚至有更佳的可能。除了叶黄素、番茄红素的个别优势，在植物化学物质与维生素的应用上，多种成分间的加乘作用，往往能发挥1+1>2的效果，也是营养治疗上非常重要的常识。

再者，不少证据指出，肺癌高风险人群补充高剂量 β 胡萝卜素，反而有提高肺癌发生的危险，因此改为补充包含叶黄素、番茄红素在内的混合类胡萝卜素。

叶黄素、番茄红素建议剂量分别为每天6～20mg、6～10mg。

柑橘类黄酮

静脉曲张的传统治疗包括局部照护、穿着压力袜或绷带、间歇性气动加压等。后来，生物类黄酮的补充疗法，以橙皮苷（Hesperidin）与洋芫荽苷（Diosmin）为代表，被发现能改善静脉曲张与痔疮问题。

以橙皮苷与洋芫荽苷为主成分的微粒化纯化黄酮类（Micronized Purified Flavonoid Fraction, MPFF）被用来治疗慢性静脉疾病。[23] 双盲随机对照试验显示，比起只有加压疗法与局部照护的腿部静脉溃疡患者，额外再接受微粒化纯化黄酮类治疗的患者，在第 2 个月疗效就开始出现差异，愈合所需时间减少了 5 周，在 6 个月后，愈合机会增加了 32%。[24] 它作为促进静脉溃疡愈合的辅助疗法，已经被列入治疗指引。[23]

研究发现，服用橙皮苷 50mg/ 洋芫荽苷 450mg（处方名称为 Detralex）的慢性静脉功能不全患者（第二级、第三级），血液中的 DNA 氧化伤害产物，较未服用者明显少。[25]

原来，橙皮苷 / 洋芫荽苷的抗氧化能力比维生素 C 强，能清除更多的自由基，具有抗炎症、抗过敏、抗癌效果，还能螯合重金属，包括铁、铜，免于铁引起的氧化压力，保护细胞免于细胞膜过氧化（这是一种严重的氧化伤害），保护血管。[25]

橙皮苷 / 洋芫荽苷的作用机制还包括降低内皮细胞活化、内皮细胞粘附分子与生长因子的血清浓度、白细胞的附着与活化、静脉瓣膜恶化与回流、促炎性细胞因子的制造与释放、微血管渗漏等，因而能改善静脉张力、慢性静脉疾病症状、水肿，促进腿部静脉溃疡的愈合，提高生活质量。[23]

橙皮苷 / 洋芫荽苷还被应用在外阴静脉曲张的治疗上。

临床试验发现，有外阴静脉曲张的患者每天服用 1000mg 微粒化纯化黄酮类，持续 2 个月，外阴疼痛、沉重感、会阴不适、大阴唇肿胀等症状明显改善，尽管未能完全化解疾病，但已减轻其严重度。患者也被建议使用加压疗法，穿着纱布或乳胶绷带卷制成的压力内裤。[26]

▌水飞蓟素

水飞蓟素（Silymarin）是牛奶蓟萃取物的主要成分，牛奶蓟属于欧洲传统医药，已被使用两千年，尤其是治疗肝病，常用来改善肝脏解毒功能。研究发现，它能清除自由基，防御长波紫外线，且具有抗胶原分解酶与弹性蛋白酶活性，推迟皮肤光老化。它也能防御短波紫外线，抑制皮肤癌的致癌机制，和它的抗氧化、抗炎症、抗细胞分裂活性有关。[27,28] 0.7%、1.4% 的水飞蓟素成功地应用在黄褐斑的治疗上，与外用淡斑药 4% 对苯二酚效果相当，但未像后者出现不良反应。[29]

在一项随机分派对照试验中，60 位痤疮患者被分派为三组：服用水飞蓟素每天 140mg、服用四环素药物（Doxycycline）每天 100mg 或二者并用，为期 2 个月。结果发现，三组痤疮都显著改善，但并用组疗效高于单用水飞蓟素。水飞蓟素能改善痤疮，可能因为抑制促炎的白细胞介素 1β、白细胞介素 2、肿瘤坏死因子、α 干扰素与 γ 干扰素。[30]

水飞蓟素建议补充剂量为每天 420mg，分 3 次，每次 140mg。

02 药草对皮肤的效用

绿茶

光老化

在一项双盲随机对照试验中，60 位女性受试者每天服用一杯绿茶多酚饮料，含 1402mg 儿茶素（以 EGCG 为主）或者安慰剂饮料，并隔一段时间接受紫外线诱发皮肤红斑反应测试。结果发现，和对照组比起来，服用儿茶素者在第 6 周、第 12 周的红斑反应分别降低了 16%、25%，显示其具有抵抗紫外线的皮肤保护效果。

此外，皮肤在弹性、密度、厚度、保水度、经皮水分散失上，都出现正向改善，皮肤血流量增加了 29%，含氧量增加了 34%，都比对照组好。研究也同步发现，在口服绿茶多酚胶囊后 30 分钟，可观察到皮肤血流量达到最大。皮肤质地发生改善，可能是因为微循环（Microcirculation）得到改善，便于氧气、营养素输送到皮肤组织。[31]

紫外线对皮肤的损害，是通过产生活性氧与活性氮（Reactive nitrogen species, RNS）造成的，而绿茶多酚具有抗氧化活性，能中和活性氧与活性氮，因而减轻光老化的影响。此外，绿茶多酚能增加胶原与弹性纤维数量，抑制胶原分解酶 MMP-3，因而带来抗皱纹效果。[32]

痤疮

痤疮涉及毛囊皮脂腺的病理，即皮脂制造增加、毛囊周边产生炎症。在动物试验中，发觉儿茶素EGCG能够减小皮脂腺的大小，应用在人体皮脂腺细胞时，能够强烈抑制细胞增生与皮脂制造，即使在促痤疮的IGF-1作用下也有相同效果。此外，EGCG也减少了白细胞介素1、白细胞介素6、白细胞介素8。显然，绿茶很有潜力作为痤疮治疗的选项。[33]

人体试验已经发现，外用的绿茶药膏持续使用6周，能显著改善痤疮。[34]那么，口服绿茶的结果呢？

吕柏萱医生等人进行一项双盲随机对照试验，募集80位具有中度至重度痤疮的成年女性，年龄在25～45岁，被分派每天口服1500mg去咖啡因绿茶萃取物或安慰剂，为期4周。结果发现，绿茶组比起对照组，有明显较少的鼻、口周、下巴炎性病灶，不过在额头、脸颊、整脸并无差异。绿茶组服用4周后比治疗前，在额头、脸颊、整脸都有较少的炎性病灶，但安慰剂组在治疗后，脸颊、下巴、整脸也出现较少的炎性病灶。也许需要更长的治疗期间，确定口服绿茶是否对痤疮有效。[35]

这项临床试验未能证明口服绿茶对痤疮的效用，其实也算合理。每个月，女性都会进入黄体期，即月经前的两周，雌激素常受到疲劳、压力、睡眠的影响而失调，产生经前综合征，痤疮是相当常见的症状。即使口服绿茶改善了经前的痤疮，也比卵泡期更容易出现痤疮。月经期，许多女性的经前综合征自然得到改善，即使没有口服绿茶。光是女性生理周期的激素变化，就使我们难以看清楚绿茶的疗效。

此外，研究难以控制受试者是否执行高糖（西式）饮食、高脂饮食，是否接触牛奶、乳制品，以及是否有急性压力、睡眠不足、睡眠质量不佳等……这些痤疮风险因素，都可能使绿茶的疗效无法清楚地显示出来。

但从大量试验证据、绿茶的多重生理疗效来看，我仍推荐痤疮患者饮用无糖绿茶或口服绿茶萃取物。

儿茶素建议剂量为每天100～250mg。绿茶萃取物建议剂量为每天300～400mg，相当于每天喝3～4杯绿茶，但后者含有240～320mg咖啡因，要留意可能带来焦虑、失眠等不良反应。

尖锐湿疣也能用绿茶来治疗吗

人乳头瘤病毒引发的尖锐湿疣，带给患者很大的困扰，也是临床医生治疗效果不佳的皮肤病之一。

《英国皮肤医学期刊》一项双盲对照试验，针对 503 位尖锐湿疣患者随机分组，分别接受 15% 绿茶萃取物药膏、10% 绿茶萃取物药膏或安慰剂治疗，涂抹在所有湿疣病灶处，每天 3 次。持续治疗并追踪到病灶完全消失（或到 16 周），并在治疗停止后追踪 12 周，看有无复发状况。

结果发现，接受 15% 绿茶萃取物药膏组有 53% 患者的湿疣完全清除，10% 绿茶萃取物药膏组有 51% 患者的湿疣完全清除，安慰剂组有 37% 患者完全清除（过去研究显示平均 8 个月可能自然缓解）。女性治疗效果较佳，在接受绿茶萃取物药膏的女性中有 60% 达到完全清除，男性只有 45%。接受绿茶萃取物的两组在达到完全清除的时间相差无几。治疗停止后追踪期间，15% 与 10% 绿茶萃取物组分别仅有不到 6% 与 4% 的患者有复发现象。[36]

在体外试验中，儿茶素（EGCG）通过细胞自伤、细胞周期停止、基因表达调节等机制，能抑制人乳头瘤病毒引发的子宫颈癌细胞生长。[37] 在人体试验中，外用绿茶萃取物可改善 74% 患者人乳头瘤病毒引发的子宫颈病灶，包括慢性子宫颈炎、子宫颈异常分化（轻度、中度、重度），合并口服绿茶萃取物胶囊，每天 200mg，为期 8 ~ 12 周，改善的患者比例可达 75%。口服绿茶萃取物（Poly-E）或 EGCG 胶囊，改善的患者比例分别为 50%、60%。[38]

这些研究结果印证了绿茶萃取物（富含多酚或儿茶素）的抗病毒效果，在过去研究中也观察到它具有抗自由基、抗细胞异常增生和抗癌、防癌的多层面特性。[36]

▌可可

在韩国首尔国立大学的双盲随机对照试验中，受试者皆为具有光老化症状的女性，即有可见的脸部皱纹，她们被随机分派两组，一组每天喝可可饮料，含可可类黄酮 320mg，另一组喝安慰剂饮料，为期 24 周，追踪皮肤粗糙指数改变。

结果发现，到了第 24 周，喝可可饮料的女性皮肤粗糙指数明显较对照组低，降低了 8.7%。皮肤整体弹性比起对照组，在第 12 周时，就增加了 9.1%，在第 24 周时增加 8.6%。补充可可组在紫外线照射下，最小红斑剂量比起未补充可可前，增加了 50mJ/cm²，与对照组呈显著性差异。补充可可组连体重也比对照组减轻了。但两组在皮肤保水度与屏障完整度方面无差异。以上证据显示，补充可可类黄酮能够预防皮肤的光老化。[39]

▌咖啡

新加坡华人健康研究（Singapore Chinese Health Study）募集了 63257 位年龄 45～74 岁男女，研究团队分析资料，探讨咖啡与咖啡因的摄取是否和非黑色素瘤皮肤癌有关。

每天喝 3 杯及以上咖啡的人，比起 1 周喝不到 1 杯咖啡的人，罹患基底细胞癌的风险降低了 46%，罹患鳞状上皮细胞癌的风险降低了 67%。喝咖啡的频率越高，罹患非黑色素瘤皮肤癌的风险越低。此外，每天摄取咖啡因量 ≥ 400mg 者，罹患非黑色素瘤皮肤癌的风险最低，可降低达 41%。[40]

为何咖啡能够预防非黑色素瘤皮肤癌呢？

试验显示，咖啡所含的咖啡因，能预防 DNA 受到紫外线损害而形成胸腺嘧啶二聚体（Thymidine dimer），对于受到紫外线伤害的角质形成细胞，以及已经形成的癌前细胞，都能够诱导细胞自戕。临床试验显示，去咖啡因的咖啡没有降低基底细胞癌发生风险的效果。[40]

对于有喝咖啡习惯的人，需要注意额外补充水分，因为咖啡的利尿效果，可能导致皮肤保水度不足，不利于皮肤健康。

每天摄取咖啡因不应超过 300mg。一般小杯咖啡（指 237mL）含 80～135mg 咖啡因，每天应少于 4 杯。

▋ 红茶、乌龙茶

新加坡华人健康研究分析了红茶与非黑色素瘤皮肤癌的关系后发现，比起不喝红茶者，每天喝红茶者罹患非黑色素瘤皮肤癌的风险降低 30%。每天摄取咖啡因量越大，罹患非黑色素瘤皮肤癌的风险越低。有趣的是，绿茶并未有此效果，可能和绿茶所含咖啡因比红茶低所致。[40]

在美国人群的临床试验中，也发现红茶能降低罹患非黑色素瘤皮肤癌的风险，包括基底细胞癌、鳞状上皮细胞癌。[41] 不过，仍存在相反的证据，预防皮肤癌需要更完整的策略。[42]

在一项开放性的临床试验中，121 位患有特应性皮炎的受试者每天喝 1000mL 乌龙茶，分 3 次饮用，持续 6 个月。1 个月后，63% 受试者的特应性皮炎有显著改善，6 个月后，仍有 54% 有显著改善。乌龙茶的疗效可能和所含多酚的抗过敏效果有关。[43]

▋ 松树皮萃取物

碧萝芷（Pycnogenol®）是一种法国海滨松树（Pinus maritima）皮的萃取物，以低聚体原花青素（Oligomeric Proanthocyanidins, OPC）为主要组成，包含了原花青素 B1、儿茶素、表儿茶素（Epicatechin）。[44]

中国一项临床试验中，30 位患有黄褐斑的女性口服 25mg 碧萝芷，每天 3 次，共 75mg，为期 30 天。结果发现，黄褐斑区域平均减少 $25.86mm^2$，色素指标减少 0.47 单位，有效率为 80%，并未出现不良反应。此外，受试者发现疲倦感、便秘、疼痛、焦虑等症状，也一并得到改善。[45]

日本一项开放性试验，招募了 112 位具有轻度至中度皮肤光老化症状的女性，年龄小于 60 岁，具有晒斑、色素不均、皮肤粗糙（干燥、脱皮）、皱纹、水肿等问题。她们被分组接受每天补充上述松树皮萃取物 100mg 或者 40mg，为期 12 周。结果发现，两组的皮肤光老化程度、晒斑的严重度，都显著减少。[44]

松树皮萃取物具有显著的抗氧化能力，能抑制基质金属蛋白酶，保护微血管。所含的低聚体原花青素具有抗光老化效果，可能有以下机制：促进组织弹性，愈合微创伤，强化血管以减少淤青与水肿，预防炎症后色素沉着，恢复真皮胶原，改善周边循环等。[44]

晒斑病灶出现慢性炎症，制造花生四烯酸（炎性脂肪），形成黑色素，与炎症相关的基因有加强的状况，原花青素能抑制这些基因的表现。碧萝芷也能促进表皮代谢（Epidermal turnover），使表皮黑色素不容易累积。前文研究也提到，原花青素能改善黄褐斑。[44]

中国台湾地区一项双盲随机对照试验，募集200位处于停经期前后（Perimenopause）的女性，也就是月经曾消失3～11个月，后来又出现，血清促卵泡素浓度>30国际单位/毫升，雌二醇<20pg/L。之后，分派一组每天服用碧萝芷200mg，另一组服用安慰剂，为期6个月。

结果发现，到了第3个月、第6个月，服用碧萝芷组比起对照组，所有更年期症状都出现显著改善，包括月经问题、血管运动问题、性行为、生理症状、外表吸引力、焦虑、抑郁、记忆力/专注力、睡眠等。此外，低密度脂蛋白胆固醇显著降低，动脉硬化指数（Atherosclerotic index），即低密度与高密度脂蛋白胆固醇的比值，也从2.49降至2.14，总体抗氧化能力显著提升。[46]

为何有此效果？原来，碧萝芷所含的植物化学物质包括儿茶素、紫杉叶素（taxifolin，或称花旗松素）、酚酸（Phenolic acid）、原花青素等，具有植物雌激素性质，改善了更年期相关症状，且能刺激血管内皮型一氧化氮合酶（Endothelial nitric oxide synthase, eNOS），促进大脑微循环（Cerebral microcirculation），终而改善脑神经症状。[46]

碧萝芷具有抗炎、抗氧化、改善血管内皮健康、抗血栓作用，临床试验显示全身性疗效，还包括降血压、改善动脉硬化、预防静脉血栓，以及改善糖尿病及视网膜病变、退化性关节炎、疼痛、前列腺肥大、男性勃起功能、老年认知功能等，是具有促进健康老化效能的营养素。[47]

一般建议剂量为每天50～200mg。

▌ 银杏

一项双盲随机对照试验，针对局限性、进展缓慢的白斑患者，提供银杏萃取物 40mg，每天 3 次或者安慰剂。结果，前者显著出现脱色素停止的反应。[48]

加拿大多伦多大学一项开放性临床试验，针对白斑患者提供 40mg 标准银杏，每天 2 次，为期 12 周。受试者的疾病进展停止了，白斑范围减少了 15%，意味着 15% 的病灶有了色素重现。[49]

银杏改善白斑的机制尚不清楚，但过去研究发现银杏能降低巨噬细胞与内皮细胞氧化压力，清除超氧化物（自由基），保护皮肤免于中波紫外线 UVB 毒性。此外，银杏能降低下丘脑皮释素 CRH、肾上腺素、唾液皮质醇等分泌，改善焦虑症状。银杏的免疫调节、抗氧化、抗焦虑特性，可能也是改善白斑患者病情的关键。[49]

一般建议剂量为每天 120 ～ 240mg。

▌ 人参

人参所包含的人参皂苷（Ginsenoside）与多酚化合物，具有免疫调节、抗氧化、抗炎、抗老化特性。在中国、韩国、日本已被用来治疗肝肾疾病、高血压、糖尿病、更年期综合征。外用的人参萃取物可用来改善特应性皮炎、皮肤炎症等。[50,51] 在双盲随机对照试验中，使用含有高丽参的护肤产品 6 个月或 1 年，都能明显改善皮肤光老化，减少皱纹。[52]

在韩国一项观察性研究中，25 名女性黄褐斑患者每天服用高丽参（Korean red ginseng）粉 3g，为期 24 周。结果发现黄褐斑严重度、黄褐斑相关的生活质量、黑色素、红斑等都呈现改善，并且未出现显著不良反应。[51] 这可能是因为人参皂苷能预防紫外线造成的细胞内活性氧累积，多酚能抑制制造黑色素的酪氨酸酶。[51]

一般建议剂量为每天 100 ～ 360mg，至多不超过 3g。

▌ 锯棕榈、β - 谷固醇

美国一项双盲随机对照试验，罹患雄激素性脱发的男性受试者服用锯棕榈（Saw palmetto）萃取物 200mg，加上 β - 谷固醇（β -sitosterol）50mg，每天 2

次，或者服用安慰剂，持续 5 个月，客观评估显示试验组成员 60% 的脱发有改善，对照组只有 11%；对照组主观认为恶化的比例为 33%，试验组为 0%。[53]

锯棕榈（Saw palmetto, Serenoa repens）是植物性的 5α 还原酶抑制剂（5α-reductase inhibitors），能避免活性双氢睾酮的形成，减少其对毛囊的伤害。它早已是欧洲治疗男性良性前列腺肥大的一线疗法，生化研究显示，它是药物 Finasteride 的 15 倍效果，并未产生性功能的不良反应，不影响前列腺特异抗原（Prostate- specific antigen, PSA），对于有雄激素性脱发的女性仍属安全。[53]

β - 谷固醇是锯棕榈（Saw palmetto）萃取物的副成分，也是植物性的 5α 还原酶抑制剂，能降低胆固醇的生物可利用率，已成功地应用在良性前列腺肥大的治疗上。[53]

美国另一项开放性临床试验，让雄激素性脱发患者口服营养补充剂，成分有能抗脱发的 β - 谷固醇、褪黑素以及其他抗氧化剂，包括绿茶萃取物、ω -3/ω -6 脂肪酸、维生素 D、大豆异黄酮，为期 24 周。结果发现，80% 受试者的脱发状况有轻度至中度改善，成熟的终毛（Telogen）数量与发量平均有 5.9%、9.5% 的改善。[54]

一般建议剂量为每天 320mg，且分 2 次服用，每次 160mg。

玛咖

玛咖（Maca, Lepidium meyenii），是原产于南美洲安第斯山脉的十字花科独行菜属植物，叶子椭圆，根茎形似小圆萝卜，营养成分丰富，早已被用来改善女性内分泌失调、不孕、贫血等，又被称为秘鲁人参（Peruvian Ginseng）。

回顾四项双盲随机对照且互换组别的试验结果发现，每天服用 2 ~ 3.5g 玛咖，为期 1.5 ~ 2 个月，可以显著改善女性整体更年期症状、性功能障碍、心理症状（如焦虑、抑郁）。[55,56]

玛咖改善更年期症状的机制尚未明了，推测是刺激卵巢产生雌激素，抑制促卵泡素或刺激激素库存，以维持内分泌平衡与对抗压力。[55]

玛咖曾被认为能改善性功能。回顾 4 项双盲随机对照试验结果显示，在两项针对健康的停经女性的研究中，玛咖改善了性功能障碍。在针对健康男性的研究中，玛咖提升了性欲。针对有勃起功能障碍的男性，玛咖改善了性功能，也有研究显示无效。[57]

一般建议剂量为每天 1000～2000mg。

▌圣洁莓

圣洁莓（Chaste Berry），或称西洋牡荆（Vitex agnus-castus），是地中海国家的传统药草，在欧美长年用以改善更年期症状、经前综合征、不孕、高催乳素等问题。[58]

《韩国家庭医学期刊》一篇双盲对照试验中，具有更年期症状的女性被随机分为两组，服用 30mg 的圣洁莓萃取物或安慰剂，为期 8 周。结果发现，前者在整体停经症状、血管运动症状、焦虑症状方面都显著改善。但在抑郁症状、身体症状、性功能障碍等方面，两组无差异。[58]

圣洁莓改善更年期症状的机制，可能是所含生物类黄酮直接作用在脑下垂体而分泌促黄体素，进而增加孕酮浓度，并含有植物雌激素，能微弱地刺激雌激素受体，[58] 也能调节促卵泡素而降低雌激素，以及通过多巴胺机制降低催乳素。德国药物与医材委员会（German Commission E; Bundesinstituts für Arzneimittel und Medizinprodukte, BfArM）建议每天摄取 40mg 圣洁莓，可用于痤疮的辅助治疗。怀孕与哺乳女性不能服用。[59]

圣洁莓常与圣约翰草合并使用，但在双盲对照试验中并未显示疗效。[60]

一般建议剂量为每天 30～40mg。

▌黑升麻、圣约翰草

黑升麻（Black cohosh, Cimicifuga racemose），早先被美国原住民用来处理多种症状，且在德国用以辅助缓解更年期症状的时间超过 50 年。它本身不会刺激产生雌激素，但可能调节血清素功能。部分研究发现，黑升麻能改善更年期以及停经女性的热潮红症状，不管在频率还是在严重度上，但部分研究发现无效。[61,62]

德国汉堡大学妇产内分泌学科系统性回顾研究显示，单用黑升麻无法改善更年期症状，但黑升麻（主成分为三萜醣苷 Triterpene Glycosides）合并圣约翰草（Hypericum perforatum）每天服用，能显著改善更年期症状，包括热潮红、身体症状、心理症状、外阴阴道萎缩等。[63]

黑升麻、圣约翰草的建议剂量各为每天 40mg（德国 E 委员会建议一次补充不超过半年，要留意安全性）、600～900mg（留意药物交互作用，包括抗凝血剂、阿片类戒瘾药物、镇静剂、抗排斥药物、抗心律不齐药物以及口服避孕药）。

▌亚麻籽

亚麻籽（Linum usitatissimum）含有丰富的木酚素（Lignan），摄食后能被肠道菌代谢为两种弱效的植物雌激素（Enterolactone, Enterodiol）。由于木酚素存在于亚麻籽细胞壁中，需要粉碎才能释出，因此亚麻籽粉会是更佳选择。常用的亚麻籽油是 α- 亚麻酸（α-linolenic acid, ALA）的良好来源，但不包含木酚素。[64] 木酚素能抑制芳香酶活性，减少睾酮或脱氢表雄酮代谢为雌二醇，并改善雌激素代谢指标，也就是提高尿液中 2- 羟雌酮与 16α- 羟雌酮的比值，又称 2/16 比值，可能具有预防雌激素依赖癌症，如乳腺癌的潜力。[65,66]

在一项随机分派对照试验中，90 位停经女性被随机分派为三组：第一组每天摄食 1g 亚麻籽萃取物，具有 100mg 活性成分；第二组每天摄食 90g 的亚麻籽粉，具有 270mg 活性成分；第三组为对照组，每天服用 1g 胶原，为期 6 个月。结果发现，第一组、第二组在接受治疗后，停经症状显著改善了，但第三组未改善。组间并未达到统计显著性差异，但倾向有利于第一组、第二组。第一组、第二组并未有显著雌激素效应，包括阴道上皮、子宫内膜、血液促卵泡素与雌二醇的变化。此外，没发现严重不良反应。[67]

亚麻籽在停经症状的疗效研究上，结果并不一致。[64]

▌月见草油

月见草油（Evening primrose, Oenothera biennis）富含 ω-6 必需脂肪酸，包括

γ - 亚麻酸（γ-Linolenic Acid, GLA），也包含没食子酸（Gallic acid）与儿茶素等多酚，具有抗氧化效果。随机对照试验，让停经女性每天服用 500mg 月见草油，为期 6 周，热潮红严重度较对照组显著改善。此外，在与热潮红相关的日常生活方面，如社交活动、人际关系、性功能，月见草油组的改善也很显著。[68]

随机双盲对照试验也显示，月见草油合并维生素 B_6、维生素 E，能有效改善经前综合征。但和它在改善停经热潮红的疗效上，都存在相反证据。[64]

一般建议剂量为每天 250 ~ 750mg。

▌蔓越莓汁

中国台湾大学医院急诊医学部分析全球关于蔓越莓的双盲对照试验，发现含蔓越莓的产品，能降低数个人群的尿路感染风险，包括女性（风险降低 51%）、反复性尿路感染的女性（风险降低 47%）、儿童（风险降低 67%），以及喝蔓越莓汁（风险降低 53%）或口服蔓越莓产品（包括胶囊等），且每天超过 2 次者（风险降低 42%）。[69]

研究发现，喝蔓越莓汁比口服蔓越莓产品更有效，可能因为前者有更好的水分补充，并且合并果汁中其他营养素的协同效果，因此更能避免尿路感染。尽管蔓越莓汁剂量越高似乎越有效，但若补充蔓越莓汁过多，当中的果糖或添加糖不利于血糖控制，会恶化糖尿病。[69]

蔓越莓（Cranberry）为越橘属，包含了数个种（Vaccinium oxycoccus, V. macrocarpon, V. microcarpum, V. erythrocarpum）。事实上，蔓越莓早已被民间作为预防尿路感染的圣品[70]。1920 年代认为它是因为酸化尿液而有疗效，但后来被否定了。1984 年被发现它能干扰细菌附着在泌尿上皮细胞上，1989 年发现特定营养素原花青素（Proanthocyanidins, PACs），能抑制大肠杆菌附着在泌尿生殖黏膜上。蔓越莓所含的数百种营养素也被研究是否具有抗细菌附着能力。[69]

不过，考克兰循证医学数据库并未支持蔓越莓有预防反复性尿路感染的功效。[71] 此外，蔓越莓并不适合用于急性尿路感染的处理。[72] 想根本解决尿路感染的问题，还是需要完整的检查分析，针对个别性的体质进行调整才行。

蔓越莓汁建议剂量为每天 90～300mL，蔓越莓萃取物建议剂量为每天 500～1000mg。

水龙骨

水龙骨（Polypodium leucotomos）是一种生长在中南美洲的蕨类，具有抗氧化、化学保护、免疫调节、抗炎等作用。

荷兰一项双盲随机对照试验，让 50 位接受窄频紫外线 UVB 治疗的寻常型白斑患者，额外每天 3 次服用水龙骨萃取物 250mg 或安慰剂，为期 25～26 周。结果发现，服用水龙骨者在头颈部的色素重现比率为 44%，服用安慰剂组只有 27%。[73]

在新加坡国家皮肤中心的双盲随机对照试验中，40 位黄褐斑患者正接受 4% 对苯二酚淡斑药膏治疗，并使用 SPF>50 的防晒乳，被随机分派为两组，每天服用水龙骨萃取物 480mg 或安慰剂，为期 12 周。结果发现，比起安慰剂组，水龙骨萃取物组在黄褐斑的范围与严重度上都有更显著的改善，且没有明显不良反应。可能和水龙骨萃取物的光保护作用有关，能减少光老化、日光性皮炎、光癌化、光相关皮肤病等。[74]

《美国皮肤医学会期刊》一项美国研究，针对 22 位白肤色（费氏分型第 1～3 型）患者进行紫外线照射，比较照射前与照射一天后的皮肤反应，接着服用水龙骨萃取物 480mg，再进行前述比较。结果发现，77% 受试者的紫外线 UVB 皮肤临床反应减少了，进一步检查皮肤组织发现，100% 的受试者都存在紫外线 UVB 皮肤伤害的减少。研究显示，水龙骨萃取物可作为减轻 UVB 光伤害的辅助疗法。

原来，当皮肤接触紫外线与可见光时，产生了超氧阴离子、过氧化脂肪、羟基自由基等，水龙骨萃取物所含的多酚，能发挥它的抗氧化效果而中和它们，具有光保护效果。[75]

中药

冬青叶（Mahonia aquifolium, Oregon grape root），属于小檗科（Berberidaceae）。

中国一项对照试验，通过口服含有冬青叶的中药来辅助治疗痤疮患者，对照组则服用米诺霉素（Minocycline），前者反应率达 98%，后者 91%，疗效在统计上无明显差异，显示小檗科在抗痘方面的功效。[76]

黄连（Berberine）也属于小檗科，能改善胰岛素抵抗，发挥抗炎效果，还具有抗菌（包括痤疮杆菌、金黄色葡萄球菌、白色念珠菌、马拉色菌等）作用。它能减少皮脂腺制造油脂，可改善痤疮；具有抗角质增生效果，用于特应性皮炎与干癣的辅助治疗。[59]

当归（Angelica sinensis）是常用来改善女性内分泌失调的中药。关于它的雌激素活性研究结论并不一致，双盲随机对照试验并未显示它能显著改善更年期症状，但和其他药草并用的"复方"，可能出现比较理想的效果。[64,77]

甘草（Glycyrrhiza glabra）也常用于改善更年期症状，它具有植物雌激素甘草精（Liquiritigenin），能选择性地刺激雌激素受体 β。双盲对照试验显示，每天服用 330mg 甘草，为期 8 周，能显著改善热潮红。[64]

根据《美国临床皮肤医学》的文献回顾，有不少中药或日本汉方的"复方"，成功应用于特应性皮炎、干癣等辅助治疗，证据力不等。[59]

中国台湾地区卫生数据库显示，中医最常开立更年期"复方"的中药有五种，包括丹栀逍遥散（含当归），调控雌激素、GABA 受体而改善更年期症状；知柏地黄丸（含山药），改善热潮红；杞菊地黄丸（含山药），缓解血管运动症状；甘麦大枣汤（含甘草），调控神经传导物质而能抗抑郁；酸枣仁汤（含甘草），能改善睡眠质量。

外用药草的皮肤疗效

● 痤疮

茶树（Melaleuca alternifolia）精油，最早被澳大利亚原住民用于淤青与皮肤感染，能抗病原，减少组织胺引起的皮肤炎症。双盲对照试验显示，外用 5% 茶树精油能改善轻度至中度痤疮，相较于安慰剂，改善痤疮数量效果为 3.55

倍，改善痤疮严重度效果为 5.75 倍。甘草萃取物能抗痤疮杆菌。[59]

- 炎性皮肤病

外用的圣约翰草（Hypericum perforatum）萃取物，在双盲对照试验中显著改善特应性皮炎，可能因为贯叶金丝桃素（Hyperforin）能抑制兰格罕细胞的抗原呈现能力。外用甘草萃取物改善特应性皮炎，和甘草次酸（Glycyrrhetinic acid）成分的抗炎症能力有关。金缕梅（Witch Hazel, Hamamelis Virginiana）抗炎症、保湿、稳定屏障功能，也用于特应性皮炎的维持治疗。辣椒素（Capsaicin）、芦荟（Aloe vera, Aloe barbadensis）在双盲对照试验中，都能显著改善寻常性干癣症病灶。[59]

- 感染性皮肤病

茶树精油也具有广效的抗病原能力，能对抗革兰氏阴性菌，如大肠杆菌，革兰氏阳性菌，如金黄色葡萄球菌以及白色念珠菌。圣约翰草能对抗革兰氏阳性菌，特别是多重抗药性的金黄色葡萄球菌株。印度乳香（Boswellia serrata）、迷迭香（Rosmarinus officinalis）、药用鼠尾草（Salvia officinalis）也能抗革兰氏阳性菌（包括抗药性菌株）、痤疮杆菌、棒状杆菌等。[59]

柠檬香蜂草（Melissa officinalis）萃取物，在双盲对照试验中显著改善唇疱疹，在愈合时间、感染扩散等方面都好于安慰剂组。桉树（Eucalyptus pauciflora）精油能改善皮癣菌感染，大蒜（Allium sativum）含有三硫结构的蒜素，具有抗霉菌效果，研究发现，使用 0.4% 的蒜素（Ajoene）药膏让 80% 受试者在 7 天内改善了足癣，另外 20% 在额外 7 天痊愈，且停用后 90 天未有复发。[59]

- 光相关皮肤病

药用鼠尾草（Salvia officinalis）富含二酚萜类（Phenolic diterpenes），能抑制紫外线诱发红斑。石榴（Pomegranate, Punica granatum）萃取物能保护角质形成细胞免于紫外线造成的氧化压力，并能抵抗光老化。[59]

- 伤口与其他

德国洋甘菊（Matricaria recutita）、金盏花（Calendula officinalis）、山金车（Arnica montana），因具有良好的抗炎症、抗病原能力，被使用在伤口照护上。外用紫锥花（Echinacea purpurea）萃取物在德国核准用于愈合伤口（口服用以改善尿路与呼吸道感染）。富含硫化合物的外用洋葱汁（Allium cepa），曾被发现能改善斑秃。[59,78]

外用药草也常纳入口服营养补充品的复方成分中。

皮肤药草治疗的风险

《美国临床皮肤医学》的文献回顾提醒，药草用于皮肤治疗要留意植物性皮炎（Phytodermatitis）的可能性。

- 非免疫性：毒性皮炎、光毒性皮炎。
- 免疫性：急性过敏、过敏性接触性皮炎、光照性过敏性皮炎。

民众熟知的精油，如茶树、薰衣草，也常是接触性过敏原。[59] 根据《英国皮肤医学会期刊》文献回顾，几乎所有药草都有过敏的可能性，严重度不等，使用皆须小心。[79] 根据已发表案例报告，我将口服药草的可能风险整理成表 22-2。

表 22-2 常见口服药草的不良反应 [79]

常见口服药草	用途	不良反应
紫锥花	免疫刺激剂	荨麻疹、全身性过敏
大蒜	降血脂	荨麻疹、血管性水肿
圣约翰草	抗抑郁	光敏感性
麦门冬汤（中药方剂）	健康保养	史－约综合征
受污染中药	多种	砷中毒、汞中毒

　　《美国皮肤医学会期刊》论文也提醒，部分药草，如钝顶螺旋藻（Spirulina platensis）、水华束丝藻（Aphanizomenon flos-aqua）、绿球藻（Chlorella）、紫锥花（Echinacea）、紫花苜蓿（Alfalfa）等，由于能够通过细胞激素或化学激素活化免疫细胞，可能导致皮肤自身免疫病发作，包括系统性红斑狼疮、皮肌炎、自身免疫水疱病等，需要格外小心。[80]

PART 4
专业临床指南

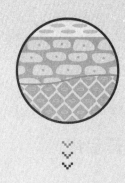

>>> CHAPTER 23

皮肤医美求诊者的身心照护

🌀 01 改善皮肤症状的心理治疗

▌心理治疗在常见皮肤病中的应用

《英国皮肤医学期刊》论文针对常见皮肤病的心理治疗进行文献回顾，分为七种形态，包括习惯反转法（Habit reversal）、认知行为治疗（CBT）、舒缓警觉（Arousal reduction）[包括渐进式肌肉放松法（Progressive muscle relaxation）和生物回馈辅助放松（Biofeedback-assisted relaxation）、正念冥想（Mindfulness meditation）]、团体治疗（Group therapy）、心理动力治疗（Psychodynamic psychotherapies）、情绪表达或治疗性书写（Emotional disclosure/ therapeutic writing）、结合治疗（Combined interventions）等，整理成表 23-1。[1]

表23-1　常见皮肤病的心理治疗（具有临床对照试验实证者）[1]

	特应性皮炎	干癣	痤疮	白斑	瘙痒或其他
习惯反转法	√				
认知行为治疗	√	√	√	√	√
舒缓警觉		√	√		√
团体治疗		√			
心理动力治疗	√				

	特应性皮炎	干癣	痤疮	白斑	瘙痒或其他
情绪表达或治疗性书写		√			
结合治疗	√			√	

　　荟萃分析显示，心理治疗改善痒 / 搔抓的效应值（Effect size）为中至高，对于心理社会功能、皮肤症状严重度为中。心理治疗在特应性皮炎、干癣的效应值为中，而在痤疮、白斑方面的研究尚不足。习惯反转法拥有最高的效应值，其次是认知行为治疗，为中至高。习惯反转法的疗效较舒缓警觉、结合治疗更佳，适合作为在诊所端的第一线治疗，较复杂的病情可再转介给心理师或精神科医生。[1]

　　心理治疗同样用于精神皮肤病，包括拔毛症、臆想症、嗅觉关系综合征，以及妇科身心疾病，如外阴痛等。限于篇幅限制，以下就代表性的心理治疗应用进行简单介绍，首先介绍最新的正念减压法。

█ 改善皮肤症状的正念减压疗法

　　正念减压疗法（Mindfulness-Based Stress Reduction, MBSR），或称正念冥想，是由美国麻省理工学院乔·卡巴金（Jon Kabat-Zinn）博士，在 1979 年于麻省大学医院开创，累积了大量循证医学研究的心理治疗方式，是一种专注、放松、不批判、接纳的身心状态。内容涵盖专注训练（专注于呼吸、饮食或当下），觉察注意力的分散、转移与带回，观察自己的感受、情绪和想法。[2]

正念呼吸指导语

步骤一

　　放松地坐在椅子上（或平躺在床上），双脚平踩在地上（如果躺在床上，双脚自然放松平放）；上半身保持挺直或轻靠椅背。准备好后，闭上眼睛（暂停 10 秒钟）。

　　把注意力集中在双脚与地面（或床板）接触的地方，感受此刻的感觉。注

意大腿与椅子（或床板）接触的地方，又有什么感受？注意当下全身的姿势（暂停 10 秒钟）。

步骤二

慢慢地，把注意力转移到鼻子，感受每次吸气时，空气经过鼻腔，进入身体；吐气时，空气经过鼻腔，离开身体。完完全全专注在呼吸。

呼吸就像潮来潮去，不需要用任何方法来控制，专心体验就可以了，把注意力完全集中在呼吸上（进行 5 分钟）。

步骤三

有时发现注意力跑到别的地方去了，可能是被外面的声音吸引或因为内心的杂念，无论是什么都没有关系，慢慢把注意力带回来，集中在呼吸上。

呼吸就像从船上抛下的锚，分心时让自己再回到此时此刻。请记住专注呼吸的美好感觉，把这个感觉带进一天的每一分、每一秒。

准备好时，在心里从 5 倒数到 1，做一次深呼吸，然后睁开眼睛。

卡巴金在马萨诸塞大学医学中心进行的经典研究，针对 37 位正在接受紫外线光疗的干癣患者，随机分为正念减压组，在接受光疗的同时聆听正念指导语，对照组则不听指导语。结果发现，正念减压组的干癣病灶比起对照组改善反应更快。[3]

美国一项随机分派对照试验，让受试者接受正念减压训练（每周 2.5 小时，为期 8 周，以及一个整天课程、每天家庭作业），或参加健康增能训练（同样时间设计）来作为对照组。在训练前后都用辣椒膏来引发受试者的前臂皮肤神经炎症，测量相关炎症指标。结果发现，训练后正念减压组的皮肤红斑范围比健康增能组小，正念减压练习时间越长，水疱液体内炎症因子（肿瘤坏死因子-α）浓度上升程度越低。正念减压能够改善皮肤炎症症状。[4]

荷兰研究将成年人随机分组，一组接受 8 周正念减压疗法，一组在等待名单上。研究人员在受试者身上制造人工伤口，测量愈合相关生理变化。结果发现，正念程度增加越多，伤口产生后的第 3～4 天皮肤渗透性降低越多，这反映出伤口严重度降低，在伤口产生的第 22 小时，伤口渗液中的白细胞介素 8 浓度较低，显示炎症反应较受控制。研究支持正念减压疗法对于伤口的早期愈合有正向帮助。[5]

为何正念减压疗法改善炎症机制，进而促进伤口愈合？西班牙一项研究发现，正念冥想者与一般休闲组在基础状态下，炎症基因的表现并没有差别，但在进行社交压力测试来刺激身体炎症后，前者组蛋白脱乙酰酶（Histone deacetylase）基因表现较低，促炎性基因表现较低，且经历压力后的唾液皮质醇下降（恢复）较快，显示正念减压疗法能启动抗炎症的免疫机制。[2]

加拿大英属哥伦比亚大学妇产科的临床试验中，将 130 位外阴疼痛症患者随机分派，接受正念认知疗法（Mindfulness-based cognitive therapy, MBCT）或传统的认知行为治疗（后文介绍），为期 8 周，每周 2.25 小时。正念认知疗法结合正念与认知行为治疗，通过一系列练习来培养患者的正念能力，包括正念饮食、身体扫描、正念呼吸、声音与想法的正念觉察、自我关怀、冥想疼痛，学会觉察与接纳疼痛相关的想法与感受。

结果发现，正念认知疗法和认知行为治疗，都能有效改善外阴痛，前者更适合于与伴侣关系时间较短、继发性外阴疼痛症（一段时间性交不痛，但一段时间又会痛），以及对正念认知疗法信任度高者。[6]

▍改善皮肤症状的习惯反转法

习惯反转法（Habit reversal therapy, HRT）是行为疗法，用于拔毛症以及抽动症（出现不自主声音或动作抽搐）治疗，包括以下技巧。[7,8]

- 注意训练：学习注意自己的拔毛行为，来增加自我控制力。填写自我监测表格，描述每天的情绪、触发拔毛冲动的线索、容易拔毛的情境等。
- 刺激控制法（Stimulus control）：降低出现拔毛的概率或者干扰、预防拔毛，譬如在高风险情境中戴上厚手套。
- 刺激反应法（Stimulus response）：当拔毛的欲望出现时，用一些活动来取代，包括练习肌肉放松法、散步。

- 竞争反应（Competing response）：当出现拔毛冲动时，运用生理上不兼容的动作作为替代反应，像是握拳并摆在身后，就无法做出拔毛动作，每次有冲动或想法时就这么做，持续固定时间或直到拔毛冲动消失。
- 动机技巧：增强使用替代反应的动机，避免再次出现拔毛行为。
- 习惯不便回顾（Habit inconvenience review）：通过脑力激荡，想到拔毛带来的负面后果，包括尴尬感、影响工作与社交生活、不方便等。
- 社会支持：当患者没有出现拔毛行为时，家庭成员、好友等给予口头或其他鼓励，协助观察患者出现拔毛行为的情境是哪些，并鼓励患者运用替代反应。
- 一般化训练：让患者想象身处于压力或引起拔毛冲动的情境，并想象自己控制了拔毛的冲动，应用替代反应。

▍改善皮肤症状的认知行为治疗

臆想症

认知行为治疗是臆想症治疗的黄金标准，治疗师协助患者觉察自动化思考，找出深层的"认知谬误"。

- 全有全无："我连半根头发都没，全世界只我有这样！"
- 读心术："别人都在注意我的鼻子很塌。"
- 自我预言："如果我出去被别人看到鼻子，他们肯定会在心里嘲笑我。"
- 情绪化推理："我感觉自己很丑，我肯定就是这样。"
- 贴标签："我是一个丑八怪！"
- 贬低正面："他们说我鼻子很好看，是善意的谎言。"
- 负面偏差："每个人只会注意我丑陋的下巴。"
- 个人中心："他刚刚皱了眉头，就是因为看到我的眉毛快掉光了。"
- 以偏概全："一周都没人找我出去吃饭，表示没人喜欢我。"
- 灾难化："我的秃头是人生最大灾难，活着没意义。"

- 不公平比较："为什么我不能跟杂志上的模特一样美？"

接着，挑战患者自动化思考，协助进行"认知重构"，逐渐形成合理思考。

- "秃头是不完美，但也不是世界末日。"
- "我不喜欢鼻子塌，但我可以忍受，晚上准时去约会。"
- "朋友喜欢的是我这个人，而不是我的下巴。"
- "她皱眉，因为我丑的关系？我没有读心术的超能力。"

此外，进行生活实境的"暴露/行为试验"（表23-2），学会辨识自己的情绪、关于身体形象的负面思考与预测，练习合理反应，渐进地减少回避或仪式行为，做出正向行为改变，评价负向思考与预测有无成真，奖励自己等。

表 23-2 "暴露/行为试验"[9]

暴露前	暴露后
我的暴露情境是什么？ 情境中什么部分最让我痛苦？ 我的负面思考与预测是什么？ 我的合理反应是什么？ 需要警惕哪些回避或仪式行为？ 暴露的目标：我如何知道自己做得好？	痛苦评分：开始_____，过程_____，结束_____（100分代表最痛苦，0分代表不痛苦） 评价我的努力： 我的负向思考与预测有无成真？ 我学到什么？ 我要如何奖励自己？

减少仪式行为（如照镜子、过多打扮、抠皮肤、寻求保证、在心里和别人比较等）的技巧。

- 减少每天执行仪式行为的次数。
- 减少每次执行仪式行为的时间。
- 推迟执行仪式行为的时间。
- 消除特定情境的仪式行为。
- 改变环境，让仪式行为难以执行。[9]

根据随机对照试验，针对臆想症的认知行为治疗每周进行，持续 12～22 周，有效率可达 80%。[10] 但在国外接受心理治疗的臆想症患者比例仅有 10%～17%，接受药物治疗（5-羟色胺再回收抑制剂）的比例只有 19%～34%[11]，需要皮肤科、整形外科与医美领域医生的关注，并转到身心科进一步诊疗。

嗅觉关系综合征

英国一份案例报告中，一位 45 岁男性小时候被同学嘲笑很臭，这样的言语霸凌持续数月。他变得远离人群，生怕他人闻到自己的怪味。如果他没闻到，会认为自己因为闻太久导致嗅觉麻痹。洗澡时他花许多时间，刻意摩擦、清洁却没用，并且觉得自己有代谢疾病，向医生寻求。家庭医生转介他给皮肤科医生，检查皮肤却未找到具体原因，于是转介心理治疗。

一开始，他认为"一切只是发生在脑中"的想法太荒谬。治疗中，他觉察到自己对他人的表情与身体语言太敏感，包括对方鼻子在抽动，都会解读为闻到"我的臭味"，治疗师引导他挑战这样的认定，重新评估，思考别的更有可能的原因，这样的练习逐渐打破了负向思考的恶性循环。

此外，治疗师随机邀请陌生人到会谈室，询问是否闻到患者身上的味道，结果他们都说没有。患者开始了解到，他的皮肤没有问题，并未散发臭味。他的压力、焦虑、羞耻感逐渐被增长的自信心取代了，他开始能靠近人群，并且与朋友、家人的关系更加亲密了。他非常惊讶于心理治疗带来如此大的效益！ [12]

外阴痛

外阴痛是典型的妇科身心疾病，心理治疗介入与物理治疗（针对骨盆肌肉）是第一线治疗。[13] 认知行为治疗结合疼痛管理、性治疗等，针对患者外阴疼痛相关的想法、情绪、行为以及与伴侣互动关系进行讨论，提升患者与伴侣的性生活质量以及关系满意度。[14] 外阴痛认知行为治疗的核心元素如下：

- 心理卫生宣传：了解外阴痛影响女性的性兴趣、性动机与性功能，了解压力如何影响慢性疼痛与外阴痛。

- 行为技巧训练：学习渐进式肌肉放松法、腹式呼吸法，以降低焦虑、放松肌肉，减轻疼痛感。
- 认知技巧：演练自我对话，面对疼痛时重构合理的思考。
- 沟通技巧训练：演练告知目前或未来伴侣，自己感到外阴疼痛。
- 增进"性沟通"：一开始是"非性的"生理与情绪亲密，再逐步增加"性的"互动方式，避免只聚焦在性交行为上。
- 培养情绪调节能力：针对情绪与焦虑障碍、关系冲突等议题，培养适应性的思考与情绪。[6,14]

　　瑞典一项临床试验，针对 60 位外阴痛患者，提供认知行为治疗结合黏膜去敏感化（Mucosal desensitization），为期 10 周。患者用自己一或两根手指插入阴道，去感觉骨盆肌肉与阴道的紧绷感及放松感，再逐步换为伴侣的手指。对于外阴疼痛的部位，请患者不逃避碰触，而是每天用小镜子自我检查外阴，碰触、按摩或用油指压（Acupressure）疼痛部位，月经期间鼓励使用插入式卫生棉条。在熟悉了这些练习后，逐步让伴侣参与。患者每周与治疗师会面 1 小时，需要讨论这些"家庭功课"。结果发现，在治疗结束时，患者有性幻想、性愉悦、性兴奋，且阴道润湿，外阴疼痛较少发生，较少回避性交行为，自慰与性交的频率增加。这些进步在 6 个月后仍旧维持，焦虑情绪也显著降低。[15]

　　其他临床试验显示，为期 13 周的团体认知行为治疗或为期 12 周的伴侣治疗，在改善外阴疼痛、提升性功能和性满足方面都效果显著。[14]

▎改善皮肤症状的表达性书写

　　表达性书写，指写下生活中最创伤或难过的经验，挖掘心里深处与事件有关的想法、感觉、情绪，可能先前没与任何人分享过。[16]

> **表达性书写典范的指导语（Pennebaker & Beall）[17]**
>
> 　　接下来 4 天，我要你写下内心最深处的想法与感觉，有关生命中最大的创伤经验，或影响人生极重要的情绪议题。书写时，需要真的放下，并探索最深的情绪与想法。
>
> 　　可能会把主题链接到和别人的关系上，包括父母、爱人、朋友或亲戚；过去、现在或未来；过去的样子、想要成为的样子以及现在的样子。可以写下每天同样的议题、经验，或不同的主题。
>
> 　　所有写的都将完全保密。别担心书写、文法或语句结构。唯一的规则——只要开始写，就持续到结束。

　　表达性书写一次通常进行 15～30 分钟，一周进行 3～4 天。

　　新西兰一项随机对照试验，将 49 位健康老人（64～97 岁）分派为两组：每天进行 20 分钟为期 3 天的表达性书写，描写不舒服的生活事件或进行一般书写（对照组），记录每天的活动事项。2 周后，在他们的上臂内侧进行 4mm 皮肤切片，量测心理压力与伤口表皮复原指标。

　　结果发现，在第 11 天表皮完全恢复的比例为表达性书写组达到 76.2%，对照组仅为 42.1%，在统计上有明显差异。在皮肤伤口出现的前一周若睡得好，能预测较快的伤口复原。表达性书写明显改善伤口愈合速度。[16]

　　表达性书写能减少当事者侵入性思考（Intrusive thoughts）、回避行为，促进情绪表达与自我抽离（Self-distancing），转化混乱情绪为有组织的思考，整合情绪与想法以形成一致性的叙事，从经验当中得到成长。改善伤口的生理机制可能涉及睡眠、压力、炎症等，仍需进一步研究。[16,18]

> **肉毒梭菌毒素也有抗抑郁效果吗**
>
> 　　美国加州大学尔湾分校的随机双盲对照试验，针对 255 位抑郁症女性患者提供 30U 或 50U 肉毒梭菌毒素（Onabotulinum toxin A）或安慰剂（生理食

盐水）注射，30U 组是在皱眉纹区域分别进行 6 个点的肌肉注射，包括眉心的鼻眉肌（Procerus m.）上下各 5U，两边的皱眉肌（Corrugator supercilii m.）内侧 5U、外侧 5U，50U 组则是 8 个点的肌肉注射，鼻眉肌上下各 10U，两边的皱眉肌内侧 5U、外侧 5U，增加最外侧 5U 皮下注射，并以数个抑郁量表（MADRS, HAMD-17, CGI-S）检查抑郁症状变化。

结果发现，肉毒梭菌毒素 30U 组的抑郁症状改善明显，在第 3 周、第 6 周、第 9 周、第 15 周、第 21 周等都与安慰剂组有显著性差异。此外，该组在第 15 周前，MADRS 抑郁分数比安慰剂组差距 4 分以上，在第 18～24 周仍保持差距 2 分以上，显示有明确的抗抑郁效果。但肉毒梭菌毒素 50U 组在第 6 周已与安慰剂组无差异。肉毒梭菌毒素组的不良反应比安慰剂组多，包括头痛、上呼吸道感染、眼皮下垂。研究人员认为，肉毒梭菌毒素是局部治疗，相较于抗抑郁制剂可能出现全身性不良反应，也许在未来会成为创新的抗抑郁疗法之一。[19]

过去研究显示，肉毒梭菌毒素的抗抑郁效果可持续 24 周以上，但脸部美容效果在第 12～16 周就已经消退，显然抗抑郁效果不只是因为肉毒梭菌毒素的肌肉放松效果。[20] 脸部回馈理论（Facial feedback hypothesis）指出，表达行为可以改变情绪状态，可能通过感觉神经调控，抑郁症患者在强烈负面情绪下，有过度活跃的皱眉肌肉。脑部影像检查显示，接受肉毒梭菌毒素注射者在模仿生气表情时，脑部左侧杏仁核活动降低了。可能因为三叉神经传递较少肌肉紧张的感觉信息到脑干，弱化了脑干与边缘系统（杏仁核）间的恐惧回路。[19]

显然，让脸部肌肉能够放松，是抗抑郁的潜在方法。肉毒梭菌毒素平均疗效期为 4 个月，许多人的皱眉纹、抬头纹再次原封不动地长回去，可能抑郁也悄悄地回笼。我鼓励接受肉毒梭菌毒素注射者，感受脸部肌肉放松的感觉，记住这感觉，随时提醒自己保持这种脸部放松的感觉，除了可延长肉毒梭菌毒素的疗效期外，也将同时维持心情的放松。

🌀 02 医美求诊者心理分析与沟通技巧

▌ 医美求诊者的风险心理特质

许多时候，医疗纠纷涉及患者的心理特质以及医患沟通质量（表 23-3）。研究指出，若医美求诊者出现表 23-3 的一些心理特质[21]，医护人员需要提高警觉，花更多时间沟通。

表 23-3 医护人员应留意的医美求诊者心理特质[21]

急性子、没耐性 对极小的异常表现极大的担忧 携带明星照片来 希望动手术取悦别人 一直问，却不愿意听 批评另外一位医生 完美主义者 对诊所同仁态度欠佳 对自我形象评价脱离现实	希望通过手术转换全新身份 刚经历重大（悲剧）事件 拒绝配合照相、实验室检测 去多家诊所和医院，寻求最低价格以及保证效果 狂找整形外科医生（Plasti- Surgiholic） 偏执或抑郁，或在接受精神方面的治疗 有个急性子的妈妈来付钱 医生直觉反感

上述心理特质的背后，是求诊者可能在精神疾病状态或具有某些神经质性格甚至人格障碍症。

▌ 医美求诊者的精神状态评估

医美求诊者有多少比例有精神疾病诊断？日本研究发现，美容外科患者有 47.7% 有精神疾病诊断，包括焦虑症 11.3%、臆想症 10.1%、抑郁症 8%、妄想症 4.8%、其他 4.8%、思觉失调症 4.1%、做作型人格 3.4%、妄想型人格 1.2%。此外，社会适应不佳者比例为 56.0%。[22]

《美容整形外科》（*Aesthetic Plastic Surgery*）针对整容外科患者的研究发现，51% 在精神症状问卷（GSI of SCL-90-R）分数达到精神疾病的严重度，最常出现的症状是人际敏感（Interpersonal sensitivity），在开放性（Openness）上得分最低。研究建议美容外科手术应进行例行性心理评估，通过筛检精神症状，可以减少不必要的手术，增加手术满意度。[23]

《美容整形外科》另一篇意大利研究中，针对接受缩胃减重手术后寻求体雕手术者，进行精神疾病诊断评估。与一般民众比较，发现前者较常出现臆想症以及罹患过抑郁症与焦虑症（恐慌症、广泛性焦虑症），也容易有冲动、暴食、身体不安等心理特质。研究建议整形外科医生与精神科医生合作，促进患者遵医嘱，体雕手术前应进行心理评估，所有整形外科患者都如此。[24]

医护人员可以初步通过以下两个问题，来得知求诊者身体病史、精神疾病史、心理社会史和当下精神状态。

- "我会问你一些术前'例行性'的问题：你生过哪些病？做过哪些手术？吃过哪些药？家里有哪些人？婚姻状态？做什么工作？"
- "最近一周以来，是否常感觉紧张不安？觉得容易苦恼或动怒？感觉抑郁、心情低落？觉得比不上别人？睡眠困难，譬如难以入睡、易醒或早醒？有自杀的想法？"

询问求诊者以下问题，以了解其对治疗是否存在不合理期待。

- "为何决定最近来做手术？之前考虑过手术吗？"
- "手术以后你对生活改变有什么愿望呢？说三项完全想象中的。"
- "手术以后你对生活改变有什么期待呢？说三项现实中可能发生的。有可能带来什么坏处呢？"
- "手术以后，你期待家人或亲友对你有何不同反应？陌生人呢？"
- "你要进行的手术部位，会让你想起谁吗？曾经遇到过的人？"[25]

求诊者未说出的需求与医疗纠纷

医美求诊者 Rita 上门，治疗一切顺利。两周后，她却抱怨"一点效果都没有"，外加疼痛、淤青，导致无法工作，不敢出门，心情非常痛苦。尽管医护人员尽量解释，她却听不进去。其他求诊者也遇到过类似术后状况，但多能理解医生的说明，为什么 Rita 就听不进去，情绪这么激动呢？

在诊室，医生询问 Rita 的第一个问题是："你想要整哪里？"第二个问题是："你想要整成什么样子？"第三个问题是："现在有 A 疗法，优缺点是……B 疗法，优缺点是……C 疗法，优缺点是……我推荐 A 疗法，你想选哪个？"

问题出在哪里？医生有好多"该问而未问"的问题，求诊者也有好多"没机会说出口"的话。如果有机会，医生可以这样问。

- 医生："你为何想做这项手术？"

  求诊者："我老公被那女人的大胸部给迷住了，嫌我的太小。我想要隆胸挽回他的心，结果现在……"

- 医生："想到你的外表，你会多不开心？"

  求诊者："我鼻子塌成这样，从小大家都笑话我，最近男友和我的闺蜜搞暧昧，说她鼻子高挺、我的鼻子塌。我希望挽回感情，所以找你隆鼻，结果现在……"

- 医生："你对这个部位不满意，之前是怎么处理的？"

  求诊者："颧骨这一小块斑有这么难除吗？我先去甲诊所进行激光治疗，根本没变淡，我当场发飙；去乙诊所，结痂掉了竟然变黑，我已经投诉……朋友介绍我来你们诊所，结果现在……"

- 医生："为何决定最近来做手术？之前考虑过手术吗？"

  求诊者："我准备嫁入豪门，花天价请了知名摄影师拍婚纱照，排了半年，终于下周开拍，结果现在……"

- 医生："手术以后，你期待家人或亲友对你有何不同反应？"

  求诊者："我教瑜伽，在网上被对手说越练越老态，导致学生流失一半，收入锐减，我花剩下的积蓄来改造，就是想翻身，结果现在……"

  在了解了患者寻求医美治疗的心理动机之后，才能讨论出合理的治疗期待，使患者接受术后并发症的可能性，慎重做出是否治疗的决定。

医美求诊者人格特质与咨询技巧

自恋型人格

有天我在门诊十分忙碌，到了傍晚还没吃午餐，赶紧利用空档时间出去快速吃饭，10 分钟后冲回诊所，一位坐在对面椅子上的女性患者瞪着我说：

"我已经坐在这里等很久了，结果你竟然还跑出去吃饭？！"

当下，我立即了解了什么是"没有同理心"。

我一进诊室，她马上说："你看起来很年轻，不会是刚毕业的学生吧？"

行医近 20 年的我，开玩笑地回复："可能因为我做抗老化医学吧，我今年已经 80 高龄了！"

接着她用严肃的口气问："你知道我是谁吗？"

我说："您最近有记忆力减退的困扰吗？"

这类自恋型人格者占了美容手术求诊者的 25%[25]，他们姿态傲慢，以自我为中心，要求多，又爱面子，自我感觉太良好，需要别人的赞美与崇拜，同时贬低别人，因为"我的成就是精美钻石，你的成就只是煤炭。"

自恋型人格者的内心话是"朕即天下""你看我多完美""你怎么还不赞美我"……其深层心理常是没有自信，因此自我膨胀、"过度补偿"。往往和早年过度保护与过高期待的教养过程有关，可能来自富裕家庭，一方面被父母逼得要有完美表现，另一方面被骂是妈宝受到羞辱。

若医护人员也爱面子，跟他陷入激烈争辩，后果将不堪设想！因为他一定使尽浑身解数，证明自己才是对的。医护人员应冷静，充分说明医疗风险，用信任的语气沟通，找机会赞美他，以提高治疗满意度。

对于自恋型人格者，可运用"三明治沟通法"（正－反－正，Positive-Negative-Positive），头尾都讲好话，中间穿插你想讲的。譬如这样和她说话：

（正）"你一出现，大家都抬头看你，因为你就像明星一样漂亮！"

（反）"不过，你有没有注意到，你皱眉纹太深、鱼尾纹太明显、肤色十分暗沉、眼睛太小、鼻子太塌、嘴巴太大……"

（正）"如果你改善那些微不足道的小地方，就真的成为大明星了！"

做作型人格

她用撒娇的语气说："医生，你是哪一家幼儿园毕业的？"

我说："哈佛幼儿园。"

她突然做出惊吓的表情，并且激动地说："什么？好巧合喔，我是斯坦福幼儿园毕业的！……医生，我感觉跟你好投缘喔，以后都要找你治疗。"

其实只谈了几句话，就好像认识很久。她接着说："上次和一个医生聊天聊得超投缘，结果，他不小心用激光把我的右边眉毛打坏了！他给我一罐眉毛生长液，用了半年才长回来。"

做作型人格者占了美容手术求诊者的9%[25]，他们表达时情绪高涨、言语夸大，很有戏剧效果。

做作型人格者的内心话是"曲意承欢""我想讨好你""你怎么还不看我"……其深层心理是寻求他人注意，和童年不被父母认同的核心经验有关。

医护人员除了说明医疗风险，可多给他们一些关注，他们将有极佳的治疗顺从性。千万不要表现厌恶感、冷漠或躲起来，如果他感情受伤，就会恼羞成怒，没完没了。

边缘型人格

她一进诊室，就生气地说："我不是看X医生吗？为什么是你？"

明明是自己弄错了却怪罪到我身上。我明智地咽下从心底涌上来的这句话："我没强迫你来看我，你去看X医生啊！"

开始治疗不久，她又抱怨："之前X医生帮我额外加强，为什么你没有？"

我耐心地解释："适合皮肤当下的治疗是最好的，太过加强会增加皮肤受伤的风险。"尽管她表情不悦，没再说什么。

最后，她说："你是我遇到过的最好的医生，上次X医生超烂的！"

边缘型人格者占了美容手术求诊者的9%[25]，他们对人态度反复而矛盾，这一秒钟信任你，下一秒钟不信任；今天感动地称赞你是他们生命中的英雄，明天激动地抱怨你就是害他们一辈子痛苦的那只"狗熊"。他们的世界是要么"全好"要么"全坏"的极端二元世界，他们非常会察言观色，专挑你的小毛病，总要证明你不喜欢他们，甚至一再欺负他们。没错，他们"很没安全感"，正是医疗纠纷的高危险人群。

边缘型人格者的心底话是"怎样？我就是个烂人""反正你就是不喜欢我""最后你一定会抛弃我"……其深层心理是无价值感、无安全感，害怕被对方抛弃。

互动要保持中立，医护人员最好"喜怒不形于色"，一方面给予明确设限，充分说明医疗风险，指出什么可以什么不可以，另一方面语气温和、有耐心。非常重要的是，维持医患适当界线，不要心软，千万别卷进由他们领衔主演的斗嘴闹剧中！

强迫型人格

在肉毒梭菌毒素的治疗过程中，她始终双手抱胸，用仇视的眼神看着我，就像我欠她500万。她紧皱眉头，握着镜子看我怎么打，如连珠炮般地问："你为什么在这个点打针？上次X医生没有打这里啊？你打多少剂量？这样够吗？万一没效果怎么办？如果你打太多，会不会出现不良反应？会不会流血？会不会淤青？……"

我耐心地聆听，回应："我看你真的非常紧张喔，肌肉一紧绷，就更容易出血喔！你可以放松一点，再放松，你可以更放松……"

强迫型人格者占了美容手术求诊者的4%[25]，吹毛求疵，拿着他们的"标准"跟你争辩，要求手术全程录像监控，完全不尊重医护人员的自主性。若你天性不受拘束，会痛恨跟这些人互动。

强迫型人格者的心底话是"你看，我没错""还好我注意到细节，要不然就危险了""果然控制一切，才会安全"……其深层心理是完美主义，过度重视细节，忽略整体结果。可能在早期家庭养育中，受到父母严厉管束，为了保护自己免于受到父母批评责罚，获得父母肯定与接纳，因而试图表现完美、控制一切。

医护人员应充分说明医疗风险，且认真聆听他们的话，展现了解并重视他们的姿态。他们很容易因为无法掌控情况而受挫，请适时安慰："别人并没有因为这些问题而疗效不佳，不用太担心！"

化解沟通危机的技巧："SET"（设定）

在人际沟通出现冲突时，双方都很难有清楚的脑袋，可以为冲突找到出路。这时，医护人员可以运用"SET"（设定）公式，来缓和彼此情绪，让沟通从无效变成有效。

第一招：支持他（Support）

- "你现在感觉不舒服，我们都很担心，会继续帮你。"
- "不管遇到什么状况，我们都会协助你。"

第二招：同理他（Empathy）

- "我知道这让你生气。如果是我，可能也会跟你一样生气。"
- "在这么不舒服的情况下，你还要继续工作，实在不容易！"

第三招：面对现实（Truth）

- "我很想帮你的忙，可是你这么生气，我没办法了解发生什么事。"
- "虽然状况比较复杂，我们都会陪你一起面对！"

🦱 **03 活动、运动治疗**

▌ **活动、运动与代谢当量**

1 个代谢当量（Metabolic equivalent, MET）的定义是安静坐着的能量消耗，成人平均为每小时每千克体重消耗 4.18kJ，或每分钟每千克消耗 3.5mL 氧气。常见活动的代谢当量如表 23-4 所示。

表23-4 活动方式与代谢当量[26]

代谢当量（MET）	活动量	举例
≤ 1.5	坐或站	久坐或久站不动，使用计算机、看电视、开车
1.5 ~ 3.0	轻度	慢走（时速小于 4km/h），坐着操作耗力的器械，站著做轻量活动
3.0（含 3.0）~ 6.0	中度	快走（时速 4 ~ 7km/h），骑自行车或走路通勤，大多数体力劳动（收垃圾、木作、砌砖）
≥ 6.0	强度	竞走（时速超过 7km/h），跑步、游泳、为了运动骑单车、搬重物

健康的年轻人或中年人心肺适能是 8 ~ 12 个代谢当量，表示在氧气或能量的消耗上可达到休息状态的 8 ~ 12 倍。心脏衰竭、病态性肥胖者或老年人的心肺适能仅为 2 ~ 4 个代谢当量。心肺适能小于 5 ~ 6 个代谢当量者，通常预后不佳，心肺适能为 9 ~ 12 个代谢当量或更多者，生存预后佳。心肺适能每增加 1 个代谢当量，死亡率下降 15%。[27]

健康成人活动最大心率 =（220 − 年龄），运动的目标强度为最大心率的 60% ~ 85%。最理想的运动方式是较低强度、较长时间，每次持续时间 20 ~ 60 分钟，并加上热身及缓和运动。建议运动频率为每周 3 ~ 5 次，或每天多次短时间运动。

▌ **全身抗老化**

《美国流行病学期刊》的美国护士健康研究（Nurses' Health Study）中，追踪 7813 位年龄 70 ~ 73 岁的女性，调查日常活动状态，计算代谢当量小时 / 周，中度或强度活动定义为需要 3 个以上代谢当量，也调查每周久坐不动（Sedentary behavior）的小时数，同时检测关键老化指标，也就是周边白细胞端粒长度（Telomere length）。

结果发现，每周代谢当量与白细胞端粒长度呈现正相关，端粒长度较长的组依序是：18< 代谢当量小时 / 周 <27、9< 代谢当量小时 / 周 <18、代谢当量小时 / 周 ≥ 27。和最少活动量的组相比，有中度或强度活动者端粒长度增加了 0.07 个标准偏差。若依照每周活动时间，白细胞端粒长度由长至短依序为 2～4 小时、4～7 小时、≥ 7 小时、1～2 小时、<1 小时。有较多活动且跳健美体操或有氧运动者，和最少活动者相比，前者端粒长度增加了 0.10 个标准偏差。中度或强度活动所延长的端粒长度，相当于年轻 4.4 岁，有趣的是，非抽烟者比起抽烟者年轻 4.6 岁。[28]

美国护士健康研究已发现较高活动量与较少的疾病发生率有关，包括乳腺癌、大肠癌、冠状动脉性心脏病、2 型糖尿病；反之，久坐不动与 2 型糖尿病、肥胖风险增加有关。端粒长度最长的是每周运动 2～4 小时组，再强的运动量并未继续延长端粒。运动之所以能延长端粒，出现抗老化效果，可能和减轻炎症、氧化压力、慢性压力有关，这三者正是加速端粒耗损、全身与皮肤老化的凶手。[28]

在《美国医学会杂志·内科学》研究中，分析 18000 多名美国老年妇女（平均年龄 72 岁）活动资料发现，走路能有效降低死亡风险。和每天走 2700 步的相比，每天走 4400 步的死亡率下降 41%。每天走越多，死亡风险就越低，直到每天走达 7500 步，死亡风险不再下降也不再上升。"日行万步"应改为"日行 7500 步"！[46]

▋ 皮肤排毒

皮肤的流汗功能，让皮肤成为肝脏、肾脏之外重要的排毒器官。有接触重金属或身体重金属负担大的人，汗液所含的重金属浓度，甚至超过血清与尿液。接触砷者和未接触者相比，前者皮肤排毒活动是后者数倍之高。镉在汗液的浓度比血清高。流汗是重金属解毒的重要方式。[29]

一项中国研究针对浙江居民进行血液重金属检测，发现血液重金属浓度随年龄而增加，有规律运动的受试者，大多数重金属血液浓度比不运动者低。重金属可以在汗液与尿液中发现，且在汗液的浓度比尿液还高。这显示通过运动流汗以及增加排尿，是排除重金属毒素的有效策略。[30]

恶名昭彰的环境毒物双酚 A 存在于血液、尿液、汗液中，即使血液未检测出双酚 A，也能在汗液中检测到，这显示只通过抽血或验尿会低估双酚 A 的身体累积量，汗液检测可能更敏感，且诱发流汗是排出双酚 A 的好方法。[31] 常见的阻燃剂多溴化二苯醚（Polybrominated diphenyl ethers, PBDEs）可以同时在血液与汗液中被侦测到，在尿液中却侦测不到，所以诱发排汗能够加速其排除。[32] 研究也发现，全氟烷化合物（Perfluorinated compounds, PFCs）的部分种类能够通过汗液被排出，但对于多氯联苯（Polychlorinated biphenyl）仍没办法。[33]

皮肤排油

《科学》在 2021 年有一篇惊世骇俗的论文，指出小鼠接受"胸腺基质淋巴细胞"（Thymic stromal lymphopoietin, TSLP）刺激后，毛发油腻，这是人类唯恐避之不及的皮肤症状。科学家却指出，这是身体脂肪正通过皮脂腺加速排出体外，导致脂肪组织流失。[34] 你没看错，皮肤可以排油，助你减肥！

过去研究已发现，热量限制可减少皮脂制造，高脂饮食增加皮脂制造，高热量饮食显著增加皮脂中甘油三酯、胆固醇的成分，可见皮脂腺功能也在将身体过量的脂肪与胆固醇排出体外。一项有趣的证据是，口服维 A 酸者的皮脂腺确实不太出油，但血液甘油三酯、胆固醇可能显著增高。从这里也看到，皮肤扮演了抗代谢综合征的角色！[35]

看到这里，你可能已经不再想问这老掉牙的问题"如何让皮肤不要出油"，而是"如何让我的皮肤多出点油"，答案就是"温热"（Hyperthermia）。温热能让皮肤血流量从每分钟 250mL 跃升为 6～8L，甚至是心输出的 60%！运动或者桑拿能够制造温热，以及让大量血液流经皮肤，将血液中循环的脂肪与胆固醇加速从皮脂腺排出。[35]

小鼠研究中，皮肤出油还牵涉免疫系统的 T 细胞移行到皮脂腺周围，刺激过度分泌，且皮脂含有可以杀菌的抗菌肽，增强了皮肤屏障功能与免疫力。[34] 原来，出油有这么多好处！

〰 04 物理治疗

▎温泉、桑拿、烤箱

"春寒赐浴华清池，温泉水滑洗凝脂"，白居易在《长恨歌》中写杨贵妃在微寒的春天泡在温泉池中，洗濯嫩白如脂的皮肤。医学证据显示，温泉真能改善皮肤与健康呢！

浴疗法（Balneotherapy）已应用在皮肤治疗中，干癣、特应性皮炎的改善已有随机对照试验证实，其他也包括白斑、痤疮、脂溢性皮炎等。死海水（Dead Sea water）与含硒泉水，被发现能降低干癣相关炎症指标；硫磺泉能够抑制特应性皮炎患者血液 T 细胞增生与促炎性细胞因子的制造，且呈现剂量反应关系；含硅与碳酸氢钙的泉水能减少嗜碱性细胞的分泌，而预防特应性皮炎的痒－抓－痒循环。温泉就是全身性的温热疗法，能刺激身体分泌内啡肽（β-endorphin）与脑啡肽（Enkephalin），活化阿片受体活性，减轻疼痛感。[36]

桑拿（Sauna）提升皮肤温度、促进流汗，可以减轻氧化压力，缓解中毒症状，改善生活习惯相关疾病。

- 提升皮肤酶活性：皮肤本身就有抗氧化酶，包括歧化酶、谷胱甘肽过氧化物酶，都可以移除活性氧。
- 从全身循环抓取有毒物质进行排毒。
- 通过汗液排出有毒物质。
- 通过皮脂腺排出脂肪与胆固醇。
- 汗液增加皮肤角质层保水度。
- 汗腺制造并分泌抗菌肽，包括真皮霉素（Dermcidin）、抗菌肽（Cathelicidin）、乳铁蛋白（Lactoferrin），增强皮肤抵抗力。[35,37]

桑拿不论干湿，都能够活化自主神经和肾上腺压力轴，启动多种细胞代谢变化，包括降低氧化压力，减少活性氧，抗炎症，增加一氧化氮生物可用率，增加胰岛素敏感性，改善血管内皮代谢，产生类似运动的效果。[38]

根据文献回顾，烤箱（芬兰浴或远红外线）提供的温热疗法可以降低整体死亡率，降低心血管事件或失智症，并有益于以下疾病：肌纤维疼痛综合征、类风湿性关节炎、强直性脊椎炎、慢性疲劳综合征、慢性疼痛、慢性阻塞性肺疾病、过敏性鼻炎等，但需要留意安全性。[38]

按摩疗法

按摩是直接刺激皮肤与皮下组织的方式，过去已发现有减轻疼痛、压力、抑郁、焦虑、癌因性疲劳、气喘等疗效。[39,40]

《替代与辅助医学期刊》（*Journal of Alternative and Complementary Medicine*）研究发现，接受 45 分钟的标准瑞典式按摩（Swedish massage），每周 1 次，为期 5 周，血液中淋巴细胞指标（Phenotypic lymphocyte）增加，丝裂原刺激细胞激素（Mitogen-stimulated cytokine）制造减少。若每周进行 2 次，催产素（Oxytocin）浓度增加，精氨酸血管升压素（Arginine vasopressin；又称抗利尿激素）降低，皮质醇降低，但伴随部分促炎性细胞因子与 1 型助手细胞的细胞激素增加。研究指出按摩带来累积性的生物效应，不同"剂量"带来不同的免疫学与神经免疫学效应。[39,41]

按摩降低了反应压力程度的皮质醇，增加了社交亲密感的催产素，增加了代表免疫力的淋巴细胞与 1 型助手细胞指标，降低了促炎性细胞因子等，在皮肤治疗机制中有潜力发挥作用。不过，按摩在皮肤病的直接疗效方面证据仍少，需要更多实证研究。

盆底肌训练

盆底肌训练（Pelvic floor muscle training, PFMT），又以凯格尔运动（Kegel Exercises）知名于世，强化盆底肌肉力量，能改善多种妇科身心疾病，包括盆腔器官脱垂[42]、应力性尿失禁[43]、性功能障碍[44]。目前研发出高强度聚焦电磁技术（HIFEM）训练仪器。盆底肌训练并无固定的流程，需要因人而异，但包含以下原则。

- 辨识出能够推迟或停止排尿的肌群。

- 以正确方式收缩该肌群。

- 反复做多次收缩、放松动作。

- 避免收缩髋（大腿）内收肌群（Hip Adductors）、腹肌或臀肌。

- 快速、慢速收缩交替进行。[45]

盆底肌训练指导语

- 在床上仰卧，双腿膝盖弯曲，臀部上抬，像在进行妇科内诊的姿势。

- 持续缩紧盆底肌 5（或 10）秒钟，就像憋尿的动作，再完全放松 10 秒钟，连续做 10 次。

- 快速收缩盆底肌 5 次，每下 1~2 秒，连续做 5 次。

- 早、中、晚都做此练习，通常持续练习 6~12 周可出现明显效果。

>>> **CHAPTER 24**

张医生的
皮肤抗老诊疗室

▌案例病史

    Wendy 是一位 56 岁女性，经营家族贸易公司 20 年。她肤色偏白（费氏 3 型），皮肤薄而松弛，已是满头白发，但有固定时间染发。她给人的第一印象就是老态：抬头纹、皱眉纹、皱鼻纹、鱼尾纹、眼下细纹、法令纹、嘴角纹、木偶纹……应有尽有，即使没有表情动作时，也有静态纹。她的抬头纹密密麻麻，如千层派般清晰可见。

    再者，她两侧颧骨与脸颊浮现黄褐色，在额头、眼尾、鼻子、嘴角处也有出现，还有三块椭圆形、轮廓明显的晒斑。问她是否常晒太阳或在户外时间较长？她说："我防晒很彻底，长期刻意不晒太阳。"她自觉干性肌肤，但额头、发际、太阳穴、鬓角前又出现许多闭锁型粉刺。

    她在脖子、小腿、脚踝处都有久病不愈的湿疹，没事就抓两下，留下黑色素沉着。时常有慢性荨麻疹发作，发作部位变来变去，有时是痛经吃止痛药发作，有时是在打扫时发作，大多数时候自己都搞不清楚原因。本身已有哮喘、过敏性鼻炎与过敏性结膜炎等过敏体质疾病。她脚上有 10 年的灰指甲，最近半年手指甲容易脆裂、粗糙，她否认频繁碰水导致干裂或其他局部刺激。我推测可能肠胃不好，矿物质吸收有问题，果然她说："你怎么知道？我最近胃食管反流又发作了，肠胃超级不舒服。"

    她从小肠胃不佳，容易拉肚子、腹胀或便秘，3～5 天解一次大便，确诊为克罗恩病。25 岁开始工作后，开始有胃食管反流，后来又陆续出现胃十二指肠溃疡，上下消化道内镜检查发现有胃息肉、增生性息肉与腺瘤性息肉，已切除。腹部 B 超检查显示有中度非酒精性脂肪性肝病。她本身是乙型肝炎病毒携带者。

她已结婚，但因有不孕症而未能生子。40～50 岁停经前，她因为痛经、经血量大、轻微贫血，被发现有 8 颗子宫肌瘤，最大 5cm，当时医生建议观察。两侧乳房有多颗纤维囊肿。经前一周就情绪低落、易怒，特别想吃麻辣香锅，吃完就在下巴、下颚、脖子疯狂地冒红肿的大痘，伴随乳房水肿疼痛。刚停经那 3 年，她经历明显的热潮红、盗汗、焦虑、失眠加剧、皮肤干痒、性欲下降、性交疼痛等症状。她时常感到外阴瘙痒不适，有段时间又灼热刺痛，诊断有外阴阴道念珠菌感染、外阴单纯性疱疹以及萎缩性外阴阴道炎，即使用药仍反复发作。

她本身是急性子，也是个工作狂，一周工作 7 天，即使难得有了空闲时间，也总是在看手机，或者打游戏、追剧，以为这就是放松，结果反而长期处于焦虑不安的状态。35 岁开始就有失眠困扰，半夜 1 点睡到 6 点都可能醒来，难以入睡，浅眠多梦，睡眠品质差，想早睡没办法，在床上躺久一点，隔天白天还是觉得很累。停经以后更严重，在床上翻来覆去也睡不着，既然无聊，又开始刷手机，没多久就听到邻居出门晨跑发出的声响，哇，已经早上 5 点！

她白天在室内工作，久坐不动，少运动。体检发现有高胆固醇血症、高甘油三酯、体脂肪与内脏脂肪过高、颈部轻度动脉硬化、多颗甲状腺结节等问题。

在饮食习惯上，她不爱喝白开水，把牛奶当水喝，不喝牛奶时就喝奶茶，她觉得不喝牛奶就很烦躁，喝了心情比较好，也喜欢喝酸奶、吃干酪。她爱吃面包、面条、馒头等小麦制品，每餐一定要有多多的红肉、香肠、火腿或炸肉。她特爱吃辣，吃蔬果少，吃完饭必喝含糖饮料配甜食，她觉得"这样才有疗愈的感觉"。

家族史方面，爸爸有大肠癌、高血压，妈妈有乳腺癌、糖尿病、高脂血症，弟弟有非酒精性脂肪性肝病、特应性皮炎，妹妹有子宫内膜癌、哮喘，爷爷死于肝癌，奶奶死于冠状动脉性心脏病引发的心肌梗死，外公死于胃癌，外婆死于脑卒中。

▌ 功能医学检测

我帮 Wendy 进行详细的皮肤与身体检查。基本测量值为：BMI 26.8，为体重过重；体脂肪 36%，内脏脂肪 14，皆超过女性正常值；心跳速度每分钟 92 下，为正常偏快。

然后，我根据她的症状与病史，挑选和她体质问题有关的功能医学检测。

饮食与营养失调检测

抗氧化维生素与维生素 D 检测结果如表 24-1 所示。

表 24-1 抗氧化维生素与维生素 D 分析

指标	数值	解读
维生素 A	45.5 µg/L	偏低
β 胡萝卜素	27.7 µg/L	偏低
番茄红素	14.4 µg/L	正常
叶黄素	20.8 µg/dL	正常
维生素 C	3.5 µg/mL	过低
维生素 D	10.2 ng/mL	过低
γ 维生素 E	1.3 µg/mL	偏低
δ 维生素 E	0.11 µg/mL	偏低
α 维生素 E	6.8 µg/mL	偏低
辅酶 Q10	30 µg/L	过低
总抗氧化能力（TAC）	348 µmol/L	过低

血液检测发现她浓度过低的矿物质包括锌、镁、硒、铬、锂，正常值矿物质有钙、钠、钾、铜、锰、钒、钼、钴、铁。

脂肪酸血液浓度结果如表 24-2 所示。

表24-2 脂肪酸血液浓度分析

重要指标	结果与解读
ω-3 脂肪酸	整体占比 3.5%：ALA（C18:3）偏低、EPA（C20:5）过低、DHA（C22:6）过低
ω-3 脂肪酸指数（ω-3 index）	2.4%（过低，小于 4%）
ω-6 脂肪酸	整体占比 38.5%（偏高，上限 39.7%）
ω-6/ω-3 比值	11（过高，上限 10.7）
LA/DGLA	6.5（正常）
ω-9 脂肪酸	整体占比 13.1%（过低，下限 13.3%）
饱和脂肪酸	整体占比 43.9%（过高，上限 43.6%）
反式脂肪酸	整体占比 0.8%（过高，上限 0.59%）

　　她的抗氧化营养素偏低，整体抗氧化能力偏低，加上重要矿物质不足（铬不足和胰岛素抵抗有关；锂不足，情绪容易不稳）、脂肪酸比例失衡，抗炎能力不足，难怪皮肤老化症状特别多。

免疫失调相关检测

　　Wendy 具有典型的过敏与炎症体质，安排全套过敏原与敏感原检测是必要的。检测结果如表 24-3 所示。

表24-3 过敏原与敏感原分析

	严重	中度	轻度	总计
IgE 急性过敏原	牛奶、酸奶、干酪、姜	白色念珠菌、蛋清、小麦、猪肉、螃蟹、牡蛎、鳗鱼、蜂蜜、辣椒	尘螨、构树花粉、鲑鱼、蚌、芒果、苹果、当归、甘草	21
IgG 食物敏感原	牛奶、小麦、黄豆、辣椒	奶酪、酸奶、蛋清、蛋黄、土豆、面包酵母、胡椒	鲔鱼、海带、四季豆、甜椒、菠萝、香蕉、绿豆、红豆、芝麻、姜、红枣、桂圆干	23

她爱吃乳制品、小麦制品，爱喝牛奶，这些正好是她的重度或中度过敏原、敏感原，辣味食物如麻辣香锅所含的姜、辣椒、胡椒也是。这可能和她"找不到原因"的慢性荨麻疹、长年的克罗恩病、肠胃炎症疾病、肠道蠕动问题等都有关。

氧化压力相关检测

首先看线粒体能量代谢分析（表 24-4）。

表 24-4 线粒体能量代谢分析

重要指标	结果与解读
脂肪酸代谢标记	正常：己二酸、辛二酸、乙基丙二酸
碳水化合物代谢标记	过低：丙酮酸、乳酸 正常：β－羟基丁酸
线粒体能量生成标记（柠檬酸循环）	过低：柠檬酸、顺式乌头酸、异柠檬酸、α－酮戊二酸 正常：琥珀酸、羟甲基戊二酸 过高：富马酸、苹果酸

氧化压力分析结果如表 24-5 所示。

表 24-5 氧化压力分析

重要指标	结果与解读
氧化伤害	过高：丙二醛（MDA）、脱氧鸟粪核糖核苷（8-OHdG）、花生四烯酸过氧化物（F2-IsoPs）、硝化酪氨酸（Nitrotyrosine）
抗氧化酶	偏低：谷胱甘肽过氧化物酶（GSHPx）、谷胱甘肽转硫酶（GSTs） 正常：超氧化物歧化酶（SOD）
抗氧化物	偏低：谷胱甘肽（GSH）、含硫化合物（f-Thiols）

总抗氧化能力（TAC）结果如表 24-6 所示。

表 24-6 总抗氧化能力

重要指标	结果与解读
总抗氧化能力（TAC）	348 μmol/L，过低

当线粒体能量代谢不足、氧化压力高、氧化伤害大时，皮肤修复能力差、老化快，也与代谢综合征（接近肥胖、高脂血症、脂肪肝、动脉硬化等）的出现有关。

激素失调相关检测

肾上腺激素皮质醇唾液检测显示，在早晨、中午、下午都远低于参考值，到了晚上、午夜却过高。抗压力激素脱氢表雄酮（DHEA）血清浓度为 1.3ng/mL、硫化脱氢表雄酮（DHEA-S）为 511ng/mL，皆低于参考值，皮质醇与脱氢表雄酮的比值为 7.42，高于参考值，显示肾上腺功能弱，压力激素失调，可以解释她的慢性疲劳、焦虑、失眠、胸闷、肠胃蠕动差（包括便秘、腹胀、胃食管反流等）等自主神经失调症状。

停经后的激素水平检测显示：雌二醇 4.8pg/mL、孕酮 0.02ng/mL，都低于参考值，和停经症状、皮肤干痒、萎缩性外阴阴道炎等直接有关。孕酮与雌二醇的比值为 4.2，过低，代表"雌二醇优势"。雌二醇活性过高，和子宫肌瘤、脸部黄褐斑有关。胰岛素样生长因子（IGF-1）为 85ng/mL，过低，这是抗衰老指标之一。加上游离睾酮过低、性激素结合球蛋白过高，整体性激素系统明显老化，既和皱纹、白发、皮肤老化症状有关，也与体重过重、脂肪肝、代谢综合征有关。

检测也发现有亚临床甲状腺功能低下，甲状腺自身抗体（抗甲状腺球蛋白抗体、抗甲状腺过氧化酶抗体）偏高，可能与皮肤症状、免疫失调有关。胰岛素与代谢综合征相关检测发现：空腹胰岛素浓度、晚期糖基化终末产物、甘油三酯、胆固醇、低密度脂蛋白胆固醇、脂蛋白都过高，空腹血糖、糖化血红蛋白偏高，已在糖尿病前期范围。动脉粥样硬化进展检测显示花生四烯酸过氧化物（F2-IsoPs）、氧化型低密度脂蛋白（oxLDL）都过高。

脑神经失调相关检测

神经内分泌分析显示如表 24-7 所示。

表 24-7 神经内分泌分析

重要指标	结果与解读
兴奋性神经递质	正常：谷氨酸、组织胺
抑制性神经递质	过低：γ-氨基丁酸、5-羟色胺、5-羟基吲哚醋酸（5-HIAA）
儿茶酚胺类神经递质	过低：苯乙胺（PEA）、去甲肾上腺素 正常：多巴胺、高香草酸（HVA）、肾上腺素、去甲肾上腺素与肾上腺素的比值、香草扁桃酸（VMA）

　　神经递质失调和她的急性子、压力感、焦虑不安、浅眠多梦等大脑症状有关，也与肠道蠕动不佳引发的腹胀、胃食管反流有关，因为肠道神经也受到神经递质调节。

　　色氨酸代谢指标显示，犬尿胺酸、喹啉酸（Quinolinate）过高，代表色氨酸与5-羟色胺加速被酶分解，这和身体处于慢性炎症状态有关。

肠胃功能与肠道菌群失调相关检测

　　肠菌基因图谱暨个人化肠道微生态调节报告结果如表 24-8 所示。

表 24-8 肠菌基因分析

重要指标	结果与解读
肠菌功能分数	58 分，偏低
轴线失衡指标	中度失衡："菌-肠道轴""肠-代谢轴" 高度失衡："肠-免疫轴""肠-神经轴"
肠型分析	瘤胃球菌型
变形菌门分析	偏高，为老化与疾病高风险
肠道微生物多样性分析	偏低
益生菌分析	双歧杆菌属、乳杆菌属多个菌种偏低
病原菌分析	偏高：孢梭杆菌属、克雷伯菌属 正常：幽门螺杆菌、沙门氏菌属、志贺氏菌属
肠道菌群相关疾病风险评估	高风险：肠易激综合征、大肠癌 中度风险：肥胖、糖尿病、高血压、心血管疾病、非酒精性脂肪性肝病、过敏 低风险：胃癌、炎性肠道疾病、类风湿性关节炎

肠道菌群失衡反映出"肠－脑－皮轴"失调的根源，与过敏、新陈代谢与激素失调、皮肤老化等症状都有关，需要根据肠菌基因图谱报告，给予个人化的益生菌调节疗程。

肝肾排毒异常与环境毒物伤害相关检测

雌激素肝脏代谢检测结果如表 24-9 所示。

表 24-9 雌激素肝脏代谢分析

肝脏代谢	指标	数值解读	正常值
"保护性"雌二醇代谢物	2-羟雌酮等	16.7%（过低）	≥ 60%
"致癌性"雌二醇代谢物	16α-羟雌酮等	83.3%（过高）	≤ 40%
第一阶段解毒"羟基化"	2-羟雌酮/16α-羟雌酮（2/16 比值）	0.15（过低）	≥ 1.9
第二阶段解毒"甲基化"	2-甲氧基雌酮/2-羟雌酮	0.23（过低）	≥ 0.34
	4-甲氧基雌酮/4-羟雌酮	0.58（正常）	≥ 0.34

她的"保护性"雌二醇代谢物过低，"致癌性"雌二醇代谢物过高，肝脏第一阶段"羟基化"、第二阶段"甲基化"解毒效能不佳，增加未来罹患雌激素相关疾病的风险，包括乳腺癌、子宫内膜癌或自身免疫病。

肝脏解毒能力差，一方面受到来自遗传的解毒酶基因多态性影响，另一方面受到后天环境、毒物暴露、饮食营养等影响，她本身又是乙型肝炎病毒携带者且有中度脂肪肝。肝脏解毒机制失灵与免疫失调、氧化压力、皮肤症状、提前老化都有关。

毒性重金属血液检测报告如表 24-10 所示。

表 24-10 毒性重金属分析

超标	正常
汞、铅、镉、镍	砷、锑、钡、铍、铋、铊、锡、铂、银

她由于喜欢吃甜食，常因龋齿去牙医诊所就诊，长期下来多处用银粉补牙，汞可能在受热时挥发而进入血液。其他重金属暴露来源可能包括丈夫有抽烟习惯、外出接触空气污染、使用染发剂和化妆品、摄入中草药等。

环境激素尿液代谢物检测结果如表 24-11 所示。

表 24-11 环境激素尿液代谢物分析

重要指标	结果解读（"超标"为以常模 75% 为临界值）
邻苯二甲酸酯类 （塑化剂）	超标：单乙基酯、单乙基己基酯（知名塑化剂 DEHP 尿液代谢物） 正常：单甲基酯、单丁基酯、单苄基酯
对羟基苯甲酸酯 （防腐剂）	超标：甲酯、乙酯、丙酯 正常：丁酯
酚类	超标：壬基苯酚、双酚 A 正常：辛基苯酚、丁基苯酚、三氯生

塑化剂、防腐剂、酚类的来源，包括皮肤产品（发胶、指甲油、香水、芳香剂、化妆品、沐浴乳、洗发水、保湿乳液、防晒乳等）、保鲜膜、塑料袋、食品添加剂、饮料容器等。对于现代人来讲，可说是"无所逃于天地之间"，每天都生活在"化学之海"中，但 Wendy 由于肝脏解毒效能差，喝水少，流汗少，可能导致以上环境毒物加速累积，恶化毒理学反应，和免疫失调、内分泌失调、代谢综合征、皮肤老化等有关。

疗程与改善

看过自己的功能医学检测报告之后，Wendy 才了解到，皮肤与全身症状的病因并不单纯，牵涉至少七大生理系统，除了接受常规治疗之外，也需要在饮食、生活方式、心理等多层面积极努力。

根据她的病史、检查与报告结果，我为她开出了"皮肤抗老的营养处方"，其中选取了合适她的饮食、营养补充策略，再搭配正念减压技巧，结合日行 7500 步的活动治疗和每周 2.5 小时的有氧运动。

皮肤抗老的营养处方

处方提示： 以下处方仅供参考，使用前应先咨询具备营养医学专业的医生、营养师，服药中或有疾病诊断的患者应与主治医生讨论后再行决定。

（一）饮食处方

☐ **低血糖指数／低血糖负荷饮食**

低血糖指数／低血糖负荷（Low GI/GL）饮食能稳定血糖，降低晚期糖基化终末产物的形成，减少痤疮，并且帮助皮肤抗老化。

☐ **地中海饮食**

三餐尽可能选择地中海饮食，包含全谷物、豆类、蔬果、坚果、深海鱼肉、橄榄油，少量饮用红酒，地中海饮食富含 ω-3 不饱和脂肪酸、多酚（橄榄多酚、银杏类黄酮）、高膳食纤维，并排除红肉、肉类加工品以及全脂乳品，能稳定"肠–脑–皮轴"，改善痤疮、干癣症，降低患皮肤癌的风险。

☐ **蔬食主义**

每餐摄取新鲜蔬果，以"天天 9 蔬果"为理想，至少吃到"天天 7 蔬果"，大量的膳食纤维能延长细胞端粒，这是抗老化指标，预防乳腺癌，并且改善慢性炎症与代谢综合征。

☐ **低敏饮食**

通过过敏原的生物芯片检测得知自己的急性环境与食物过敏原（免疫球蛋白 E 介导，属于第一型过敏反应），以及慢性食物敏感原（免疫球蛋白 G 介导，属于食物不耐）。它们都是和免疫系统过敏、炎症或失调相关的因素。即使是家人，每个人的报告结果都完全不同。低敏饮食能够减轻过敏与炎症的免疫失调，改善皮肤湿疹、克罗恩病、腹胀、便秘、肌肉酸痛、疲劳、焦虑、自主神经失调、代谢综合征等。但需要留意两大原则：维持营养均衡、两害相权取其轻。

☐ **热量限制**

每餐七八分饱，主要减少精制淀粉、饱和脂肪的高热量成分摄入，并避免加工食品，除了改善代谢综合征，更是全身抗老化的重要策略。

☐ **限时进食**

"168 进食"是最容易实践的方式，将摄食时间限制在一天的 8 小时内，不用降低摄取热量，可以在晚上 5 点前吃完晚餐，禁食到隔天早上 9 点再吃早餐，共断食 16 小时。若觉得困难，可以先试试断食 12 小时。限时进食可以帮助人轻松减重，睡得更好，改善代谢综合征，是抗老化的绝佳策略。

（二）营养补充处方

☐ **益生菌**

富含乳酸菌或比菲德氏菌的益生菌、以低聚糖为主的益生元，能改善肠道菌群，减轻肠道炎症，稳定"肠－脑－皮轴"，减轻痤疮、特应性皮炎或湿疹、干癣、女性尿路感染、阴道炎等，一般建议剂量为每天 50 亿 ~ 300 亿 CFU（菌落形成单位）。

☐ **鱼油**

含 DHA、EPA，为 ω-3 不饱和脂肪酸，对于与紫外线相关的晒伤、光敏感疾病、光老化、光癌化等，具有明确的保护能力，也能改善痤疮、干癣。一般建议剂量为每天 1000 ~ 3000mg。若 EPA 占比高，具有更佳的抗炎症能力。

☐ **维生素 C**

具有极佳的皮肤自由基清除能力，保护皮肤细胞免于紫外线引发的 DNA 损坏，预防光老化。同时，参与胶原制造，为皮肤健康所不可或缺的营养素，也能减少黑色素。一般建议剂量为每天 500 ~ 3000mg。

☐ **维生素 D**

能改善特应性皮炎，对改善免疫失调、内分泌失调、代谢综合征也相当重要。尽可能维持 25- 羟基维生素 D 血液浓度在 40～60ng/mL。建议先接受血液检验，确认不足后再摄取，补充剂量多为每天 2000～5000 国际单位，若未抽血检验数值，建议低剂量补充，如每天 400～1000 国际单位。

☐ **维生素 B$_3$（烟酸）、维生素 B$_5$（泛酸）及维生素 B$_7$（生物素）**

烟酸能减少经皮水分散失，增加角质层含水量，改善痤疮，预防癌前病变与皮肤癌。泛酸能改善痤疮，生物素有可能改善脆甲。建议剂量分别为每天 200～500mg、10～300mg、25～300μg。

☐ **维生素 E**

具有抗氧化作用，能清除自由基，与维生素 C 并用可提升光保护效果 4 倍，可以改善特应性皮炎，建议补充剂量为每天 200～1200 国际单位。

☐ **水解胶原**

能整体提升皮肤、指甲、头发健康。尚无固定建议剂量。

☐ **谷胱甘肽**

通过多重机制促进皮肤美白，改善皮肤黑色素沉着。一般建议口服补充剂量为每天 0.5～1g。

☐ **辅酶 Q10**

线粒体产生能量所必需的原料，也是抗氧化剂，能减少皱纹、增加皮肤平滑度、减少细纹、增加紧致度，具皮肤抗老化效果。建议补充剂量为每天 30～60mg。

☐ **玻尿酸、软骨素**

属于糖胺聚糖，能修复泌尿生殖道黏膜，改善泌尿生殖道萎缩症状、反复性尿路感染。玻尿酸无固定建议剂量，软骨素建议剂量为每天 1200mg。

☐ α - 硫辛酸

强力抗氧化剂，提升胰岛素敏感性，可以有效增加血液谷胱甘肽浓度，改善老化肌肤。建议补充剂量为每天 50～100mg。

☐ **脱氢表雄酮（DHEA）**

减轻雌激素不足所引发的更年期症状与性功能障碍，如性欲低落、性交疼痛、性满足低下等，提升生活质量。此外，可使皮肤保水度增加、皮脂制造增加、色素减少和表皮厚度增加，特别是在手背，具有皮肤抗老化作用。有刺激性激素相关癌变风险，有相关癌症病史及家族史者不应补充。或者在医生监督下使用，并定期接受血液检测。建议补充剂量为每天 25～50mg。

☐ **大豆异黄酮**

活化雌激素受体，诱导真皮成纤维细胞制造胶原，能改善皮肤弹性与细纹，逆转停经的皮肤老化冲击，且可能改善热潮红与更年期症状。在高剂量补充、特定体质或者已在服用有雌激素作用的中药成药时，需要留意仍有过度刺激雌激素受体的癌症风险。建议补充剂量为每天 10～100mg。

☐ **原花青素、花青素**

富含于葡萄籽萃取物，有显著的自由基清除能力，抑制黑色素形成，能改善紫外线引起黑色素沉着、黄褐斑。原花青素、花青素建议补充剂量为每天 90～300mg，葡萄籽萃取物建议补充剂量为每天 50～100mg。

☐ **白藜芦醇**

增加胶原与弹力蛋白，抑制炎症与皮肤老化指标，提升抗氧化力，改善皮肤的粗糙程度。建议补充剂量为每天 1mg。

☐ **虾红素**

强抗氧化与抗炎症活性，预防皱纹与皮肤干燥，改善皮肤质感与粗糙度，减轻紫外线的皮肤危害，有光保护作用。建议补充剂量为每天 3mg。

☐ **水飞蓟素**

能改善肝脏解毒功能，清除自由基，防御紫外线、抗胶原分解酶与弹性蛋白酶活性，推迟皮肤光老化，也能抗痤疮。建议补充剂量为每天 420mg，分 3 次平均给予。

☐ **绿茶**

富含儿茶素（EGCG），能减轻光老化，增加胶原与弹性纤维数量，抑制胶原分解酶而减少皱纹，且改善皮肤弹性、密度、厚度、保水度、经皮水分散失。能改善血液微循环，便于氧气、营养素输送到皮肤组织。儿茶素建议补充剂量为每天 100～250mg。绿茶萃取物建议补充剂量为每天 300～400mg，相当于每天 3～4 杯绿茶，但后者含有 240～320mg 咖啡因，要留意可能带来焦虑、失眠的不良反应。

☐ **可可**

富含可可类黄酮，能减少皮肤粗糙，提升皮肤弹性，具有光保护作用。一般建议每天补充可可类黄酮 320mg。

☐ **人参**

含人参皂苷（Ginsenoside）与多酚化合物，具有免疫调节、抗氧化、抗炎症、抗老化特性，观察性研究发现其能降低黄褐斑严重度，提升黄褐斑相关的生活质量。此外，它能支持肾上腺功能。一般建议补充剂量为每天 100～360mg，最多不超过 3g。

☐ **玛咖**

能改善女性整体更年期症状、停经后症状、性功能障碍、心理症状如焦虑和抑郁。一般建议补充剂量为每天 200～600mg。

☐ **圣洁莓**

能改善更年期女性的整体停经症状、血管运动症状、焦虑症状，并可用于痤疮治疗。一般建议补充剂量为每天 30～40mg。

1 个月后，Wendy 发现湿疹、慢性荨麻疹、过敏性鼻炎、便秘、失眠、疲劳、焦虑改善了 70%，腹胀感已经不再出现。3 个月后，她的体重减了 6kg，腹部的肉也少了不少。例行体检发现，胃食管反流、胃十二指肠溃疡、高甘油三酯、高胆固醇、脂肪肝、高血糖、胰岛素抵抗等都有明显改善。Wendy 同时表示，阴部瘙痒与疱疹很少再发作，性欲也有恢复。半年后，她发现脸部皱纹减轻，皮肤变得较为紧实，黄褐斑变淡，粉刺也减少了。

她感慨地说："张医生，谢谢！ 56 岁的我知道老化没法完全逆转，但通过整合医学的方式从根本改善体质，确实能够推迟老化。家人都有癌症，我也很担心自己患癌，但现在我对于预防癌症也有了信心。我只能说，抗老化的行动，应该越早开始越好，我觉得 30 岁就该开始了。我遇到你实在太晚了！"

别忘了多喝水

皮肤最基本却最容易被忘记的营养素，就是水。

想一想：一天喝多少白开水呢？每天需要的最少水量，是 30mL 乘以体重千克数，如果你是 60kg，就会需要 1800mL 水量。欧洲食品安全局（European Food Safety Authority）建议为 2000mL 水量。

研究发现，若每天在基本水量外，再多喝 2000mL 水量，维持 30 天，或者再多喝 1000mL 水量，维持 42 天，能有效提升角质层保水度。对于每天基本水量小于 3200mL 者，多喝 2000mL 水量，并维持 30 天，皮肤保水度的提升尤为明显。额外补充水分能减少皮肤干燥与粗糙，增加皮肤弹性、延展性、复原力。水分对于促进皮肤排毒、肝肾排毒十分关键。

若习惯饮用咖啡、茶等有利尿作用的饮品，也要记得额外补充水分喔！[1,2]

项目合作：锐拓传媒 copyright@rightol.com

版权贸易合同登记号　图字：01-2023-5241

图书在版编目（CIP）数据

不只是护肤：护肤、抗老、减轻炎症、平衡激素、提升免疫力的居家营养宝典 / 张立人著 . —北京：电子工业出版社，2024.4

ISBN 978-7-121-47358-6

Ⅰ. ①不…　Ⅱ. ①张…　Ⅲ. ①皮肤－护理－通俗读物　Ⅳ. ① TS974.1-49

中国国家版本馆 CIP 数据核字（2024）第 047143 号

责任编辑：于　兰
印　　刷：三河市良远印务有限公司
装　　订：三河市良远印务有限公司
出版发行：电子工业出版社
　　　　　北京市海淀区万寿路 173 信箱　　邮编：100036
开　　本：787×1092　1/16　印张：32.5　字数：568 千字
版　　次：2024 年 4 月第 1 版
印　　次：2024 年 4 月第 1 次印刷
定　　价：138.00 元

凡所购买电子工业出版社图书有缺损问题，请向购买书店调换。若书店售缺，请与本社发行部联系，联系及邮购电话：(010) 88254888，88258888。

质量投诉请发邮件至 zlts@phei.com.cn，盗版侵权举报请发邮件至 dbqq@phei.com.cn。

本书咨询联系方式：yul@phei.com.cn。